高职高专土建立体化系列规划教材

AutoCAD 建筑绘图教程
（第2版）

主　编　唐英敏　吴志刚　李　翔
副主编　李荣华　邢书美
参　编　张凤莲　黄雪峰
主　审　吴明军

内容简介

本书主要介绍 AutoCAD 2014 软件的基本功能和操作方法以及天正建筑软件在建筑工程图绘制中的应用，系统地阐述计算机辅助设计与绘图的主要内容，主要包括 AutoCAD 2014 基础知识，绘图环境及图层管理，绘制平面图形，编辑平面图形，图形注释与表格，辅助绘图命令与工具，尺寸标注，图纸布局与打印输出，绘制建筑施工图，天正建筑 TArch 概述，天正建筑绘制建筑平面图和天正建筑绘制立面、剖面图等内容。

本书采用全新体例编写，采用先进的行动导向教学理念，任务驱动型实例教学法，除附有大量案例外，还增加了引例与思考、特别提示及课后习题等模块。通过对本书的学习，读者可以掌握计算机辅助设计与绘图的基本理论和操作技能，具备自行绘制建筑施工图的能力。

本书既可作为高职高专院校建筑工程类相关专业的教材和指导书，也可作为土建类及工程管理类各专业计算机辅助设计的培训教材，还可作为建筑工程技术人员的自学参考书。

图书在版编目(CIP)数据

AutoCAD 建筑绘图教程/唐英敏，吴志刚，李翔主编. —2 版. —北京：北京大学出版社，2014.7
(高职高专土建立体化系列规划教材)

ISBN 978-7-301-24540-8

Ⅰ. ①A… Ⅱ. ①唐…②吴…③李… Ⅲ. ①建筑制图—计算机辅助设计—AutoCAD 软件—高等职业教育—教材 Ⅳ. TU204

中国版本图书馆 CIP 数据核字(2014)第 164109 号

书　　名：AutoCAD 建筑绘图教程(第 2 版)
著作责任者：唐英敏　吴志刚　李　翔　主编
策 划 编 辑：赖　青　王红樱
责 任 编 辑：王红樱　伍大维
标 准 书 号：ISBN 978-7-301-24540-8/TU・0417
出 版 发 行：北京大学出版社
地　　址：北京市海淀区成府路 205 号　100871
网　　址：http://www.pup.cn　新浪官方微博：@北京大学出版社
电 子 信 箱：pup_6@163.com
电　　话：邮购部 62752015　发行部 62750672　编辑部 62750667　出版部 62754962
印　刷　者：北京虎彩文化传播有限公司
经　销　者：新华书店
787 毫米×1092 毫米　16 开本　21.75 印张　504 千字
2011 年 8 月第 1 版
2014 年 7 月第 2 版　2021 年 12 月第 4 次印刷
定　　价：54.00 元

第 2 版前言

AutoCAD 软件是美国 Autodesk 公司开发的通用计算机辅助设计软件，具有功能强大、操作简单、易于掌握、体系结构开放等优点，使用它可以极大地提高绘图速度、缩短设计周期、提高图纸质量。目前，AutoCAD 2014 软件作为 Autodesk 公司推出的最新版绘图软件，能够绘制二维与三维图形、渲染图形、打印输出图纸等，深受广大建筑、机械与电气设计行业技术人员的青睐。本书自 2011 年出版以来，经有关院校教学使用，反映良好，随着计算机信息技术的发展，为了更好地满足教学和学习的需要，我们对本书进行了修订。

在原版教材的基础上进行修订，首先更新了 AutoCAD 软件版本，对部分章节的内容进行了调整和增加，调整了建筑工程制图标准在 CAD 软件中的应用，增加了建筑工程制图图幅、线型及建筑图例符号等内容；在基本命令讲解的基础上增加了综合案例，有助于学生掌握基本绘图设置以及基本绘图和编辑命令的综合应用，做到理论与实际相结合，达到熟练绘制建筑施工图的目的。

本书内容安排从教学实际需求出发，合理安排知识结构，由浅入深，从易到难，循序渐进地讲解 AutoCAD 2014 软件的基本知识和操作方法，以必要的基础知识作为铺垫，结合实例来逐步引导读者掌握软件的功能与操作技巧，在立足基本软件功能应用的基础上全面介绍软件的命令及操作方法，使读者全面掌握软件的强大功能。

本书突破了已有相关教材的知识框架，注重理论与实践相结合，采用先进的行动导向教学理念，任务驱动型实例教学法，突出重点，分散难点，顾及整体，分层要求，辅以课件，有利于建立以学生为主体的学习模式。全书解说翔实，图文并茂，语言简洁，思路清晰，通俗易懂，可以作为初学者的入门教材，也可作为工程技术人员的参考工具书。

本书第 2 版由四川建筑职业技术学院唐英敏、吴志刚、李翔担任主编，四川宜宾职业技术学院李荣华、郑州交通职业技术学院邢书美担任副主编，全书修订工作由四川建筑职业技术学院唐英敏负责统稿。参加本书编写的人员分工如下：李翔、唐英敏共同编写第 1 章；唐英敏编写第 2 章、第 10～12 章；李荣华编写第 3 章、第 4 章；邢书美编写第 5 章、第 7 章；吴志刚编写第 6 章、第 8 章；张凤莲编写第 9 章。四川建筑职业技术学院吴明军教授对本书进行了审读，并提出了很多宝贵意见；四川建筑职业技术学院黄雪峰老师对本书的编写工作也提供了很大的帮助，在此一并表示感谢！

限于时间仓促、编者水平有限，书中难免存在不妥之处，恳请广大读者批评指正。

编　者

2014 年 4 月

第 1 版前言

本书为北京大学出版社《21 世纪全国高职高专土建立体化系列规划教材》之一。计算机辅助绘图在建筑领域得到广泛应用，其中 AutoCAD 是目前使用最广泛的计算机辅助设计软件，TArch 是在 AutoCAD 基础上二次开发的专业软件，为计算机绘制建筑工程图提供捷径。

本书共分 12 章，主要包括 AutoCAD 2010 基础知识，绘图环境设置，绘制平面图形，编辑平面图形，图形注释与表格，辅助绘图命令与工具，尺寸标注，图纸布局与打印输出，绘制建筑施工图，TArch 8.2 概述，利用 TArch 8.2 绘制建筑平面图，使用 TArch 8.2 绘制立面、剖面图等内容。

本书内容可安排 60～98 学时，推荐学时分配如下：第 1 章 2～4 学时，第 2 章 2～4 学时，第 3 章 8～10 学时，第 4 章 8～12 学时，第 5 章 4～6 学时，第 6 章 4～6 学时，第 7 章 4～6 学时，第 8 章 2～4 学时，第 9 章 8～12 学时，第 10 章 2～4 学时，第 11 章 8～16 学时，第 12 章 8～14 学时。教师可根据不同的专业灵活安排学时，在课堂上重点讲解每章主要知识模块，章节中的案例和习题等模块可安排学生课后阅读和练习。

本书突破已有相关教材的知识框架，注重理论与实践相结合，采用先进的行动导向教学理念、任务驱动型实例教学法，突出重点，分散难点，顾及整体，分层要求，辅以课件，有利于建立以学生为主体的学习模式。

本书由四川建筑职业技术学院唐英敏、吴志刚、李翔担任主编，四川宜宾职业技术学院李荣华、郑州交通职业技术学院邢书美担任副主编，全书由唐英敏负责统稿。本书具体章节编写分工为：李翔、唐英敏共同编写第 1 章；唐英敏编写第 2 章、第 10～12 章；李荣华编写第 3 章、第 4 章；邢书美编写第 5 章、第 7 章；吴志刚编写第 6 章、第 8 章；四川建筑职业技术学院张凤莲、吴志刚共同编写第 9 章；同时，四川建筑职业技术学院王劲波、赵璐、高红艳也参与了本书的编写工作。四川建筑职业技术学院吴明军教授对本书进行了审读，并提出了很多宝贵意见，四川建筑职业技术学院黄雪峰老师对本书的编写工作，也提供了很大的帮助，在此一并表示感谢！

由于编者水平有限，加之编写时间仓促，本书难免存在不足和疏漏之处，敬请各位读者批评指正。

编　者

2011 年 7 月

第1版前言

CONTENTS

目录

第1章

AutoCAD 2014 基础知识

教学目标

通过实例操作，熟悉 AutoCAD 2014 界面组成及操作方法，掌握图形文件管理的操作方法、AutoCAD 命令操作的基本知识、坐标系的设置、坐标表示方法及坐标输入方式等内容。

学习要求

能力要求	知识要点	权重
用户界面	AutoCAD 2014 启动及退出，用户工作界面的组成及操作方法	20%
图形文件管理	图形文件的新建、打开、保存及关闭	20%
命令的基本操作	菜单、工具栏、命令行及其他方式	20%
坐标系及坐标表示方法	世界坐标系、用户坐标系、直角坐标、极坐标	20%
点的输入方式	坐标、直接输入距离、动态输入	20%

本 章 导 读

AutoCAD 软件是由美国 Autodesk 公司开发的，是当前最为流行的计算机绘图软件之一，对于工程技术人员来说，它的出现无疑是一次大的革命。AutoCAD 从诞生到现在，历经多次升级，功能也在不断增强和完善，已渗透到建筑、装饰、机械制图等各个领域。有人说：“AutoCAD 可看成是一种绘图工具，显示器可看成是图纸或图板，鼠标和键盘可看成是铅笔、直尺和圆规。”AutoCAD 具有良好的用户界面，通过交互菜单或命令行方式便于进行各种操作。如今 AutoCAD 软件和大幅面喷绘系统的推广，彻底摆脱了手工制图中效率方面的束缚，计算机绘制好图纸后就可以通过大幅面的喷绘设备直接喷绘到硫酸纸，省略了手工绘图、描图的烦琐，缩短了设计周期，极大地提高了设计人员的工作效率，使广大建筑设计人员从繁杂艰辛的绘图工作中解放出来。

计算机辅助设计的概念和内涵是随着计算机、网络、信息、人工智能等技术或理论的进步而不断发展的，以计算机、外围设备及其系统软件为基础，逐渐向标准化、智能化、可视化、集成化、网络化方向发展。

AutoCAD 是由美国 Autodesk 公司开发的通用计算机辅助设计软件，是目前世界上应用最广的 CAD 软件。AutoCAD 具有良好的用户界面，通过交互菜单或命令行方式便可以进行各种操作。

引 例 与 思 考

随着建筑技术的不断发展和进步，建筑设计软件不断更新，工程设计人员为了更好地、快速地、高质量地完成施工图纸，必须掌握辅助设计技术。

(1) 建筑工程中计算机辅助绘图有哪些优越性?

(2) 在工程设计过程中，人机对话是如何完成的?

(3) 在使用过程中，AutoCAD 2014 如何实现设计人员的意图?

1.1 AutoCAD 2014 概述

图形是表达和交流技术思想的工具。随着计算机辅助设计(CAD)技术的飞速发展和普及，越来越多的工程设计人员开始使用计算机绘制各种图形，从而解决了传统手工绘图中存在的效率低、绘图准确度差及劳动强度大等缺点。

AutoCAD 具有功能强大、易于掌握、使用方便、体系结构开放等特点，能够绘制平面图形与三维图形、标注图形尺寸、渲染图形及打印输出图纸，深受广大工程技术人员的欢迎。

特 别 提 示

本章引例与思考题目 1 的解答：为了满足设计人员的需求，计算机辅助绘图软件版本不断提高，功能不断增加，提高了绘图速度，缩短了设计周期。

1.1.1 AutoCAD 2014 的启动与退出

1. 启动 AutoCAD 2014

AutoCAD 2014 的启动方式有如下：

(1) 双击桌面上的图标。

(2) 选择“开始→“所有程序”→Autodesk→AutoCAD 2014-Simplified Chinese→AutoCAD 2014 命令。

(3) 用其他方式来启动，如双击*.dwg 格式的文件或单击快速启动栏中的AutoCAD 2014 缩略图标等。

2. 退出 AutoCAD 2014

AutoCAD 2014 的退出方式有如下几种。

(1) 单击图形界面右上角的“关闭”按钮。

(2) 选择“文件”→“退出”命令。

(3) 双击菜单控制按钮。

(4) 使用快捷键 Alt+F4。

1.1.2 AutoCAD2014 工作界面

1. 工作空间切换

AutoCAD 2014 中文版提供了“二维草图与注释”、“三维建模”和“AutoCAD 经典”3 种工作空间模式，可以单击(切换工作空间)按钮，从弹出菜单中进行切换，如图 1.1 所示。

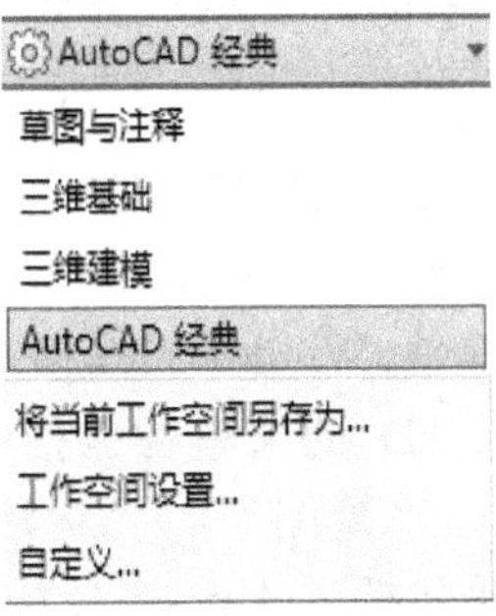

图 1.1 工作空间模式

在弹出的菜单中选择“AutoCAD 经典”模式的界面，如图 1.2 所示。

注意

本书中所有操作均在“AutoCAD 经典”模式中进行。

2. 工作界面

1) 标题栏

标题栏位于窗口的顶部，用来显示当前正在运行的程序名(AutoCAD 2014)和用户正在使用的图形文件。每次启动 AutoCAD 2014 时，将显示 AutoCAD 2014 启动时创建并打开的图形文件名称“Drawing1.dwg”，如图 1.2 所示。

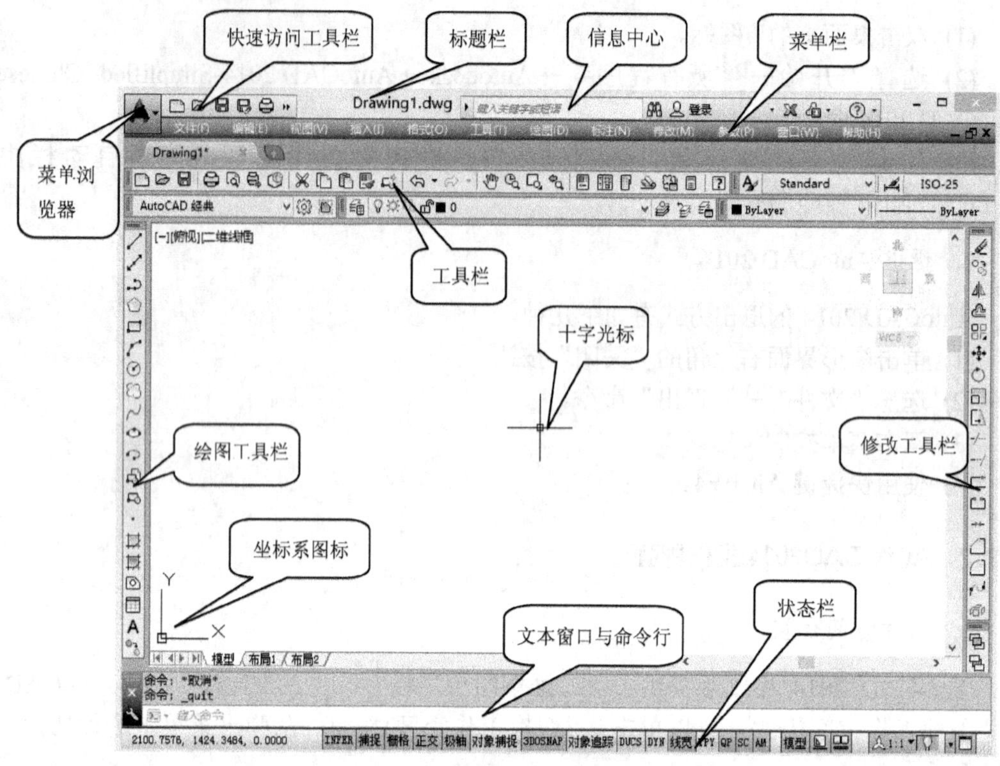

图 1.2 “AutoCAD 经典”模式的界面构成

2) 菜单浏览器、菜单栏与快捷菜单

AutoCAD 2014 界面包含一个菜单浏览器，位于界面的左上角，如图 1.2 所示。使用菜单浏览器可以方便地访问不同的项目，包括命令和文档。

菜单栏位于标题栏下方，同其他 Windows 程序一样，AutoCAD 的菜单也是下拉式的，菜单中也包含子菜单，AutoCAD 的菜单栏包括“文件”、“编辑”、“视图”、“插入”、“格式”、“工具”、“绘图”、“标注”、“修改”、“参数”、“窗口”、“帮助”12 个菜单项，几乎包括了 AutoCAD 中全部的功能和命令。

用户可用两种方法选择菜单：单击菜单，打开下拉菜单，从中选取命令；菜单栏中还定义了热键，例如，按 Ctrl+N 组合键新建图形文件，按 Ctrl+O 组合键能够打开已有的图形文件。菜单命令后有省略号(⋯)表示选择菜该单命令将打开一个对话框；菜单命令后有三角符号(▸)表示选择该菜单命令能够打开下级菜单。

快捷菜单又称为上下文相关菜单。在绘图窗口、工具栏、状态栏、模型与布局选项卡以及一些对话框上右击时，将弹出一个快捷菜单，该菜单中的命令与 AutoCAD 当前状态相关，使用它们可以在不打开菜单栏的情况下快速、高效地完成某些操作。

3) 工具栏

在 AutoCAD 中，调用常用命令最容易、最快捷的方法是使用工具栏。

在 AutoCAD 中，系统共提供了多个已命名的工具栏。默认情况下，“标准”、“图层”、“特性”、“样式”、“绘图”、“修改”“绘图次序”等工具栏处于打开状态。如果要显示或(隐藏)某个工具栏，可在任意工具栏上右击，此时将弹出一个快捷菜单，通过选择命令可以显示或隐藏相应的工具栏，如图 1.3 所示。

图 1.3 工具栏调用快捷菜单

默认情况下，工具栏是“固定”在绘图区边界的。当然也可把“固定”工具栏拖出，使它成为“浮动”工具栏。

4) 快速访问工具栏和信息中心

快速访问工具栏包括“新建”、“打开”、“保存”、“另存”和“打印”等常用的工具按钮，用户也可以单击此工具后面的小三角来设置需要的常用工具。

信息中心包括“搜索”、“Autodesk360”、“Autodesk Exchange 应用程序”、“保持连接”和“帮助”5个常用的数据交互访问工具按钮。

5) 功能区

在创建或打开文件时，会自动显示功能区，功能区提供一个包括创建文件所需的所有工具的小型选项板，即功能区集成了相关的操作工具，方便了用户的使用，如图 1.4 所示。

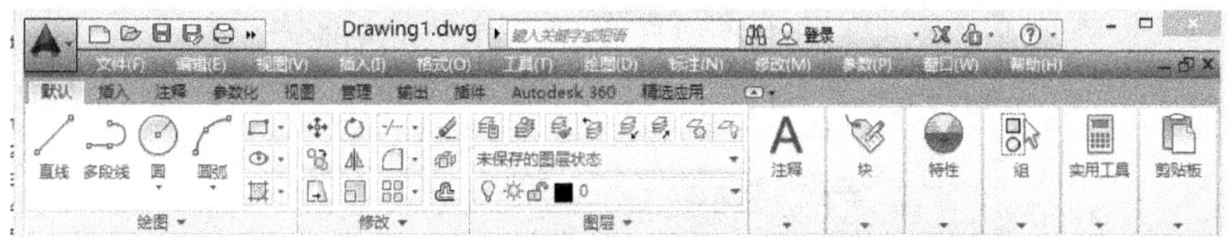

图 1.4 功能区

技巧点拨

开/关功能区的操作方式如下。

在命令行输入“RIBBON”或“RIBBONCLOSE”；选择“工具”→“选项板”→“功能区”命令。

6) 绘图窗口

在 AutoCAD 中，绘图窗口是用户绘图的工作区域，所有的绘图结果都反映在这个窗口中。默认情况下，AutoCAD 绘图窗口是白色背景、黑色线条。

技巧点拨

设置绘图窗口的颜色：选择“工具”→“选项”命令，打开“选项”对话框，如图 1.5 所示，选择“显示”选项卡(图 1.5)，再单击“窗口元素”选项区域中的“颜色”按钮“图形窗口颜色”对话框如图 1.6 所示。在“颜色”下拉列表中选择窗口的颜色(如白色)，然后单击“应用并关闭”按钮即可。

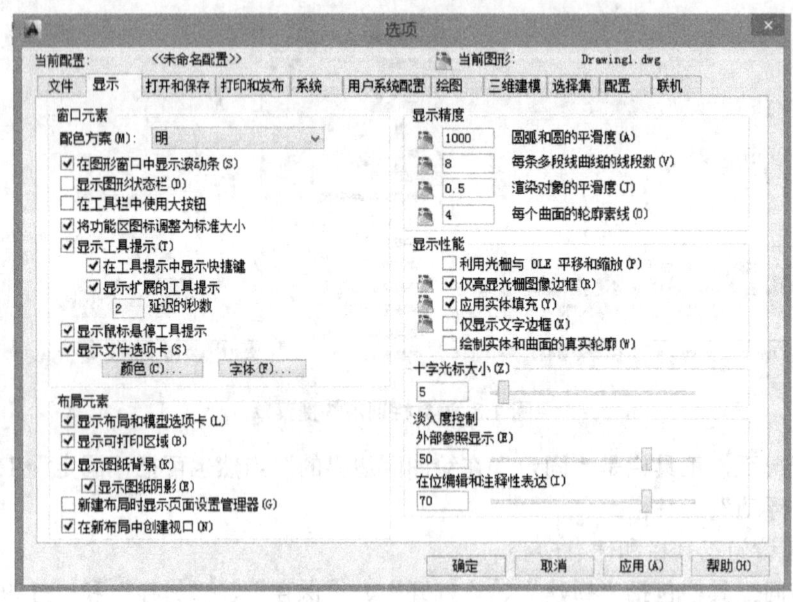

图 1.5 “选项”对话框

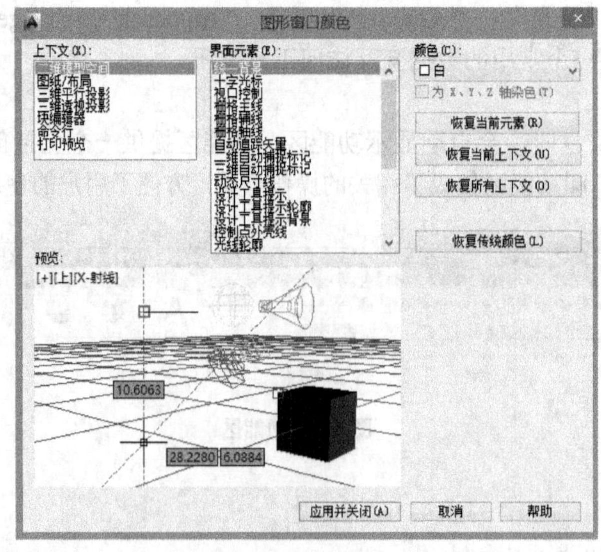

图 1.6 “图形窗口颜色”对话框

调整十字光标的大小：选择“工具”→“选项”命令，打开“选项“对话框，从中进行设置即可。

绘图窗口左下角的坐标系图标表示用户当前使用的坐标样式，选择“视图”→“显示”→“UCS 图标”即可对其进行显示或隐藏操作。

绘图窗口的下方有“模型”和“布局”选项命令，单击其标签可以在模型空间或图纸空间之间来回切换。

7) 文本窗口与命令行

AutoCAD 文本窗口是记录 AutoCAD 命令的窗口，是放大的命令行窗口，它记录了已执行的命令，也可以用来输入新命令。命令行窗口位于绘图窗口的底部，用于接收用户输入的命令，并显示 AutoCAD 提示信息。在 AutoCAD 2014 中，命令行窗口可以拖放为浮动窗口。

技巧点拨

在 AutoCAD 2014 中，可以选择“视图”→“显示”→“文本窗口”命令，执行 TEXTSCR 命令或按 F2 键来打开 AutoCAD 文本窗口。

8) 状态栏

状态栏在操作界面的底部，用来显示 AutoCAD 当前的状态，如左端显示当前光标的坐标，中间依次显示“捕捉模式”等功能开关按钮，单击可切换其开关状态。右端为状态托盘，包括一些常见的显示工具和注释工具按钮，如图 1.7 所示。

5034.7328, 231.1672 , 0.0000 INFER 捕捉 栅格 正交 极轴 对象捕捉 3DOSNAP 对象追踪 DUCS DYN 线宽 TPY QP SC AM 模型 1:1

图 1.7 状态栏

1.1.3 项目训练

目的及要求：熟悉 AutoCAD 2014 的工作界面。

AutoCAD 2014 的操作界面内容比较丰富，本实例要求学生了解 AutoCAD 2014 工作界面的构成，各组成部分的主要用途，掌握改变绘图窗口颜色及十字光标大小的方法，能熟练地打开、移动和关闭工具栏。

操作提示。

(1) 启动 AutoCAD 2014，进入工作界面。

① 启动 AutoCAD 的方法。双击桌面图标，或选择“开始”→“所有程序”→Autodesk→AutoCAD 2014-Simplified Chinese→AutoCAD 2014 命令，或双击*.dwg 格式的文件。

② 退出 AutoCAD 的方法。单击工作界面右上角的“关闭”按钮，或双击左上角的控制图标，或按 Alt+F4 组合键。

(2) 认识和调整工作界面的大小。认识 AutoCAD 工作界面的几个组成部分——包含“菜单浏览器”按钮、快速访问工具栏、标题栏、绘图窗口、文本窗口和状态栏等元素。

(3) 设置绘图窗口颜色与光标大小。

(4) 打开、移动、关闭工具栏。

① 打开或隐藏工具栏的方法。在屏幕的任一工具栏上右击，弹出的快捷菜单中列出了所有工具栏，上面打对号的是已经在屏幕上显示的工具栏，可以通过单击工具栏名字来打开(标记“√”)或关闭相应的工具栏。

② 工具栏的移动及改变形状。

a. 移动。工具栏可固定(在绘图区的任意边上，不能调整其大小)或浮动(在 AutoCAD 窗口的绘图区域的任意位置，有标题栏，且可将其拖到新位置、调整大小或将其固定)。可以通过将工具栏拖到新的位置来切换其状态。将鼠标指针置于工具栏端部双线处，或置于工具栏标题栏蓝色处，按住鼠标左键，拖动工具栏到合适的位置放开。

b. 改变形状。将鼠标指针置于工具栏的边框处，当指针变为双向箭头后，拖动工具栏边框，使其形状改变。

(5) 尝试用命令行、下拉菜单和工具栏绘制一些简单的图形。

特别提示

本章引例与思考题目 2 的解答：在 AutoCAD 2014 中，为了满足人机交互界面的操作，工程设计人员必须熟悉软件的工作界面及操作方法，提高绘图速度。

1.2 图形文件管理

在使用 AutoCAD 绘图之前，应先掌握 AutoCAD 图形文件的管理方法，如新建、打开、保存、关闭。

1.2.1 新建图形文件

创建新图形文件的方式有如下几种：

【工具栏】在快速访问工具栏中或标准工具栏单击□(新建)按钮。

【菜单】单击“菜单浏览器”按钮，选择 “新建”命令(NEW)，或通过下拉菜单选择文件→新建命令。

【命令行】在命令行输入“NEW”。

【快捷键】按 Ctrl+N 组合键。

执行命令后，打开“选择样板”对话框，如图 1.8 所示。在该对话框中可以选择一种样板作为模型来创建新的图形，在日常的设计中最常用的是 acad 样板和 acadiso 样板。选择好样板后，单击“打开”按钮，系统将打开一个基于样板的新文件。第一个新建的图形文件命名为 Drawing1.dwg，如果再创建一个图形文件，默认名称为 Drawing2.dwg，以此类推。

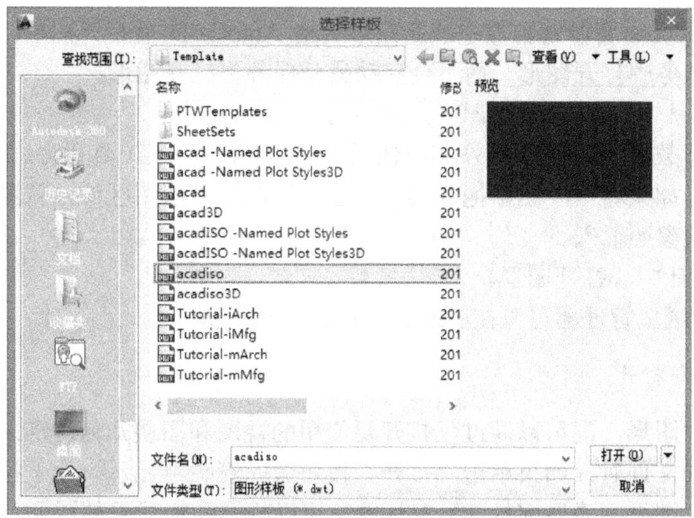

图 1.8 “选择样板”对话框

1.2.2 打开图形文件

用户在操作过程中往往不能一次性完成所要设计或绘制图纸的任务，很多时候要在下次打开 AutoCAD 时继续上一次的操作，所以这涉及对图形文件的打开。

1. 打开原有图形文件

【工具栏】：在快速访问工具栏中或标准工具栏单击(打开)按钮。

【菜单】单击“菜单浏览器”按钮，选择“打开”命令或通过下拉菜单选择“文件”→“打开”命令(OPEN)。

【命令行】在命令行输入“OPEN”。

【快捷键】按 Ctrl+O 组合键。

通过以上方式可以打开已有的图形文件，打开“选择文件”对话框，如图 1.9 所示。

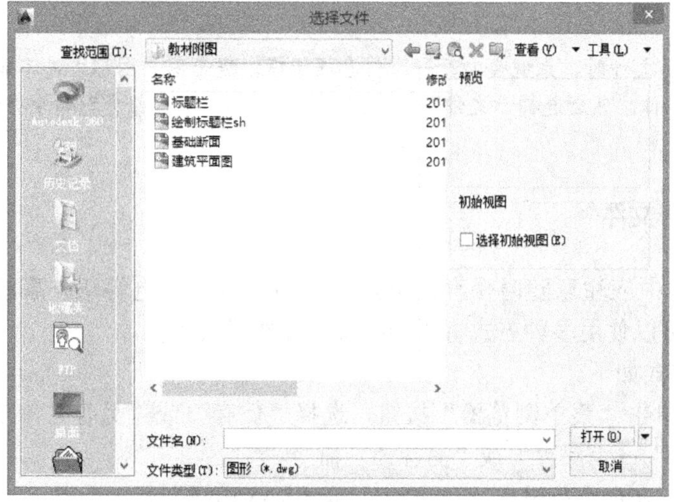

图 1.9 “选择文件”对话框

(1) 在 Windows 资源管理器中双击图形启动 AutoCAD 后打开图形。如果程序正在运行，将在当前任务中打开图形，而不会启动另一任务再打开图形。

(2) 将图形从 Windows 资源管理器拖动到 AutoCAD 中。

如果将图形放置到绘图区域外部的任意位置(如命令行或工具栏旁边的空白处)，将打开该图形。但是如果将一个图形拖放到一个已打开图形的绘图区域，新图形不是被打开，而是作为一个块参照插入。

(3) 使用设计中心打开图形。

(4) 使用图纸集管理器可以在图纸集中找到并打开图形。

2. 使用局部打开

如果使用大图形，则可以通过仅打开要使用的视图和图层几何图形来提高性能。在打开一个已存在的文件时，如果单击“打开”按钮旁的箭头将显示一个下拉菜单，选择“局部打开”命令，则显示“局部打开”对话框，可以打开和加载局部图形。

选择“局部打开”命令，用户可在“要加载几何图形的图层”列表框中选择需要打开的图层，AutoCAD 将只显示所选图层上的实体。局部打开是用户有选择地打开自己需要的内容，以加快文件装载速度。在大型工程项目中经常使用局部打开功能，局部打开功能只能一次打开一个图形文件。

3. 处理多个图形

按 Ctrl+F6 组合键或 Ctrl+Tab 组合键在多个图形间切换。

4. 打开不同文件

“选择文件”对话框中的“文件类型”下拉列表中可选择“.dwg(默认图形文件)”、“.dwt(样板文件)”、“.dxf(图形交换文件，是用文本形式存储的图形文件，能够被其他程序所读取)”、“.dws(标准文件，包含标准图层、标准样式、线型和文字样式的样板文件)”等。

技巧点拨

有时打开.dwg 文件时，系统会打开一个信息提示框，提示用户图形文件不能打开，在这种情况下可先退出打开操作，然后选择“文件”→“图形实用工具”→“修复”命令，调用 RECOVER 命令，来恢复文件。

1.2.3 保存图形文件

在绘图工作中应注意随时保存图形，以免因死机、停电等意外事故使图形丢失。在 AutoCAD 中，可以使用多种方式将所绘图形以文件形式保存。

命令执行方式如下。

【菜单】：单击“菜单浏览器”按钮，选择“保存”或“另存”命令、或者通过下拉菜单选择“文件”→“保存”或“另存为”命令。

【命令行】：在命令行输入“QSAVE”或“SAVEAS”。

【工具栏】：单击工具栏上的按钮。

【快捷键】Ctrl+S。

在第一次保存创建的图形时，系统将打开“图形另存为”对话框，如图 1.10 所示。默认情况下，文件以“AutoCAD 2014 图形(*.dwg)”格式保存，也可以在“文件类型”下拉列表中选择其他格式。

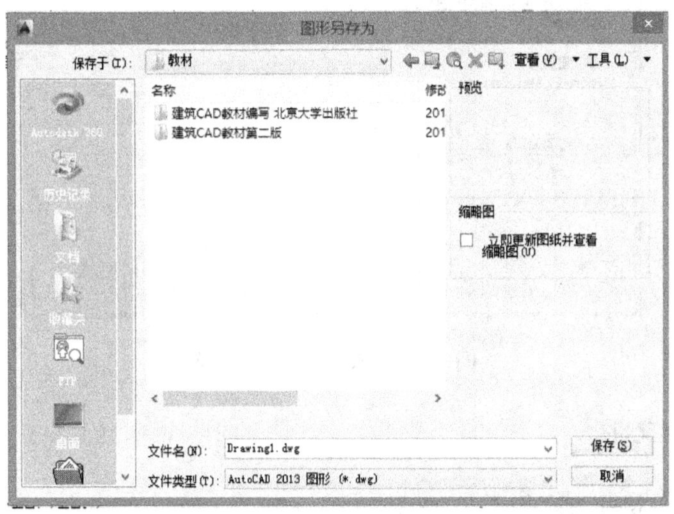

图 1.10 “图形另存为”对话框

特 别 提 示

在绘图过程中，要及时保存图形文件，否则可能会因断电等意外情况而发生丢失；同时要注意设置文件名，以便于查找。

技巧点拨

① 自动保存。在“选项”对话框的“文件”选项卡中设置自动保存文件的名称，在“打开和保存”选项卡中设置自动保存的时间间隔，如图 1.11 所示。

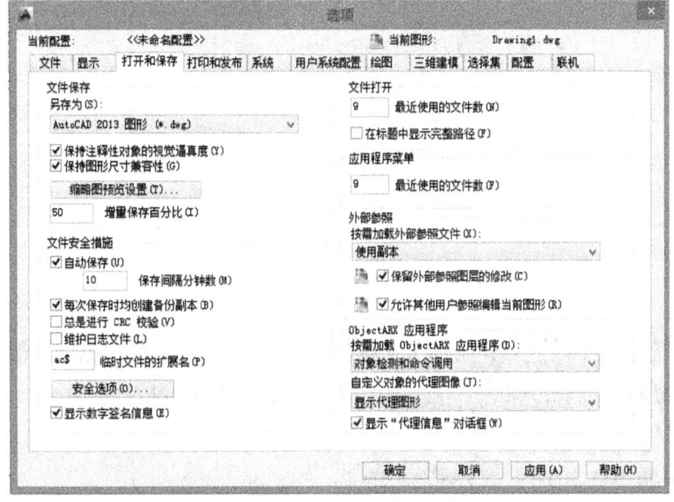

图 1.11 “打开和保存”选项卡

② 加密保护绘图数据。在“图形另存为”对话框中选择“工具”→“安全选项”命令，此时将弹出“安全选项”对话框，如图 1.12 所示，在“密码”选项卡中设置密码。

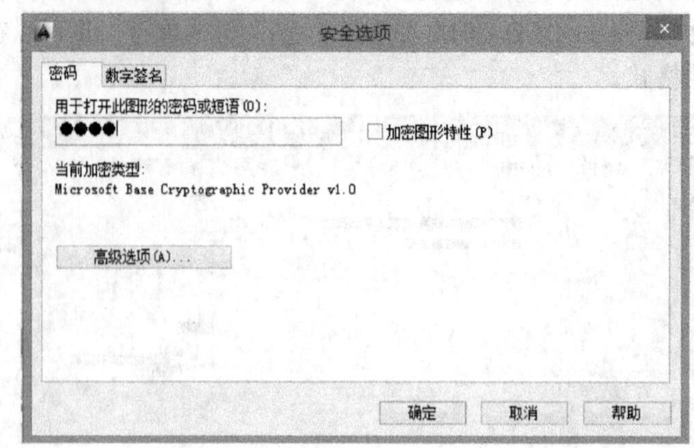

图 1.12 “安全选项”对话框

1.2.4 关闭图形文件

关闭图形文件操作方式如下。

【菜单】单击“菜单浏览器”按钮，在弹出的菜单中选择“关闭”命令(CLOSE)，或通过下拉菜单选择“文件”→“关闭”命令。

【工具栏】在绘图窗口中单击“关闭”按钮，可以关闭当前图形文件。

【命令行】输入 CLOSE 命令。

执行 CLOSE 命令后，如果当前图形没有保存，系统将弹出“警告”对话框，如图 1.13 所示，询问是否保存文件。此时，单击“是(Y)”按钮或直接按 Enter 键，可以保存当前图形文件并将其关闭；单击“否(N)”按钮，可以关闭当前图形文件但不保存；单击“取消”按钮，取消关闭当前图形文件操作，即不保存也不关闭。

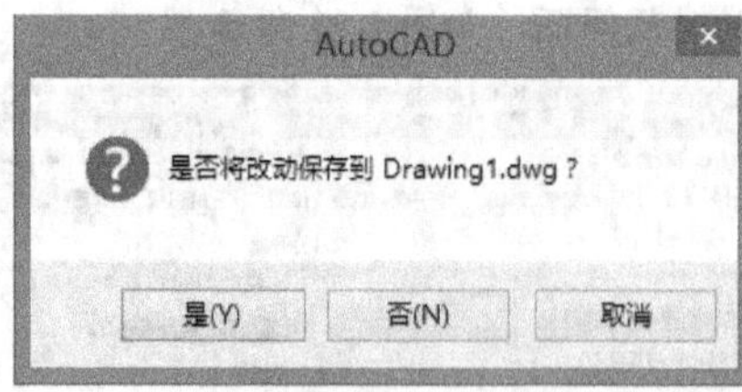

图 1.13 “警告”对话框

1.2.5 项目训练

目的要求：图形文件的操作包括文件的新建、打开、保存、加密和退出等。本实例要求学生熟练掌握 dwg 文件的保存、自动保存、加密及打开的方法。

操作提示。

(1) 启动 AutoCAD 2014，进入操作界面。

(2) 创建一张新的图形文件。

(3) 打开一幅已存在的图形。

(4) 保存方法。

① 进行自动保存设置。

② 原名保存：应用于已命名图形的快速保存。

③ 换名保存：应用于未命名图形或需换名保存的图形。

选择“文件→另存为”命令，弹出“图形另存为”对话框：在“保存于”下拉列表中选择存储文件的磁盘、目录；在“文件名”文本框中输入图形文件的名字“绘图环境”，扩展名“.dwg”应保留；单击“保存”按钮完成操作。

建议在 D 盘或 E 盘中建立一个自己的文件夹，用来存储所画图形文件。

技巧点拨

① 若单击保存图标，文件将以当前文件名称进行保存。如果不注意，很容易做出用一个文件覆盖另一个文件的错误操作。

② 在绘图过程中要记住经常保存，以免在发生事故(死机、断电)时，丢失文件。

(5) 退出该图形。

1.3 命令的基本操作

1.3.1 命令的调用

AutoCAD 的整个绘图与编辑过程都是通过一系列的命令来完成的，这些命令种类繁多、功能复杂，其参数各不相同。

在 AutoCAD 2014 中，可以使用多种方法来实现图形的绘制功能。

根据作图的具体情况和个人的习惯，可采用以下几种不同的形式(以画直线为例)。

1. 菜单栏

菜单提供了 AutoCAD 中的所有命令，且简单直观，通过选择“绘图”→“直线”命令，系统执行直线绘图命令。

命令行提示。

```
命令:_LINE 指定第一点,在绘图区指定一个点或输入一个点的坐标。
          指定下一点或[放弃(U)]。
```

命令行中不带括号的提示为默认选项(如上面的“指定下一点或”)，如果要选择其他选项，可输入选项标识符“U”或右击，在弹出的快捷菜单中选择“放弃(U)”命令，然后按系统提示输入数据即可。在命令选项的后面有时还带有尖括号，其中的数值为默认值。

2. 工具按钮

工具栏提供了命令的快捷按钮，如单击“绘图”工具栏中的□按钮，即可执行绘直线段的命令。

3. 在命令行打开快捷菜单

快捷菜单是加速绘图速度，方便用户使用的工具，应该充分利用它。在屏幕的不同区域中右击时，可以显示不同的快捷菜单，比如在绘图窗口中选定或没有选定任何对象时、绘图窗口内一个命令执行期间、在文字或命令窗口中、工具栏或工具选项板上等。通常快捷菜单中的选项有：重复执行输入的上一个命令，取消当前命令，显示用户最近输入的列表，剪切、复制及从剪贴板粘贴、选择其他命令选项等。

如果在前面使用过要调用的命令，可以在命令行右击，打开快捷菜单，在“近期使用的命令”子菜单中选择需要的命令，其中存储最近使用的 6 个命令。如果经常重复使用某 6 个以内的命令，这种方法就比较高效。

4. 利用屏幕菜单

“屏幕菜单”是 AutoCAD 的另一种菜单形式。默认情况下，系统不显示“屏幕菜单”。可选择“工具”→“选项”命令，打开“选项”对话框，并在“显示”选项卡的“窗口元素”选项区域中选中“显示屏幕”复选框。

5. 使用绘图命令

在命令行中直接输入命令或简化命令(命令字符不区分大小写)，按 Enter 键或空格键，并根据命令行的提示信息进行操作。如输入“line”或“l”就要执行画直线段的命令，这种方法快捷、准确性高，但需记忆命令。

6.“功能区”选项板

“功能区”选项板集成了“默认”、“块和参照”、“注释”、“工具”、“视图”和“输出”等选项卡，在这些选项卡的面板中单击按钮即可执行相应的绘制或编辑操作，如图 1.4 所示。

7. 使用 Windows 定义热键

如打开为 Ctrl+O、新建为 Ctrl+N、保存为 Ctrl+S、撤销为 Ctrl+Z。

特别提示

本章引例与思考题目 3 的解答：在绘图过程中，设计人员可以通过 AutoCAD 软件工作界面的菜单、工具按钮及绘图命令等来实现设计意图。

1.3.2 命令的重复、放弃、重做和终止

在 AutoCAD 2014 中，可以方便地重复执行同一条命令，或撤销前面执行的一条或多条命令。此外，撤销前面执行的命令后，还可以通过重做来恢复前面执行的命令。

1. 重复命令

如果要重复刚使用过的命令，可以 Enter 键或空格键，或在命令提示下右击，在快捷菜单中选取“重复”命令。

如果要翻阅以前执行过的命令，可按向上方向键，依次向上翻阅前面在命令行中输入的数值或命令，当命令行出现需要执行的命令后，按 Enter 键或空格键即可。

2. 放弃命令

在命令行中输入“U”(或 UNDO)，或者单击“标准注释”工具栏中的(放弃)按钮。

技巧点拨

在命令行中执行 OOPS 命令，可取消前一次操作时删除的对象。该命令只能恢复以前操作时最后一次被删除的对象而不影响前面所进行的其他操作。

3. 重做

与放弃命令执行相反的功能，在命令行中输入“REDO”，或者单击“标准注释”工具栏中的(重做)按钮。AutoCAD 2014 克服了以前版本中的只能重做一次，现在能够多次重做。

4. 终止命令

可以随时按 Esc 键终止任何正在执行的命令与操作。

1.3.3 透明命令

在 AutoCAD 中，透明命令是指在执行其他命令的过程中可以执行的命令。常使用的透明命令多为修改图形设置的命令、绘图辅助工具命令，如 SNAP、GRID、ZOOM 等命令。

要以透明方式使用命令，应在输入命令之前输入单引号。在命令行中，透明命令的提示前有一个双折号(>>)。完成透明命令后，将继续执行原命令。

在下面的例子中，在绘制直线时打开栅格并将其设置为一个单位间隔，然后继续绘制直线。

```
命令:LINE                                                 //激活直线命令
指定第一点:GRID                                           //打开栅格
>>指定栅格间距(X)或[开(ON)/关(OFF)/捕捉(S)/纵横向间距(A)]   //指定栅格间距为 5
<10.0000>: 5
正在恢复执行 LINE 命令
指定第一点:
```

技巧点拨

不选择对象、创建新对象或结束绘图任务的命令通常可以透明使用。透明打开的对话框中所做的修改，直到被中断的命令已经执行后才能生效。同样，透明重置系统变量时，新值在开始下一命令时才能生效。

1.4 坐标系与坐标输入方式

现实中的实体→面→线→点，即无论多么复杂的图形，都是由一个个坐标点组成的。所以要正确表达实物，归根结底必须正确定位点，在绘图过程中，常常需要使用坐标系作为参照，确定点的位置，以便快速、精确地绘制图形。

1.4.1 坐标系

在 AutoCAD 中，坐标系分为世界坐标系(World Coordinate System，WCS)和用户坐标系(User Coordinate System，UCS)。在两种坐标系下都可以通过坐标来精确定位点。

1. 世界坐标系 WCS

AutoCAD 的默认坐标系(用户刚进入时)就是 WCS，是一种三维绝对坐标系。它由 3 个相互垂直的 *X*、*Y* 和 *Z* 坐标轴组成。*X* 轴水平向右，*Y* 轴竖直向上，*Z* 轴垂直于 *XY* 平面并指向屏幕外侧。其坐标轴的交汇处显示“口”形标记，但坐标原点并不在坐标轴的交汇点，而是位于图形窗口的左下角。WCS 是坐标系统的基准，绘制图形时大多都是在这个坐标系统下进行的。

2. 用户坐标系 UCS

在 AutoCAD 中，为了能够更加方便地绘图，经常需要改变坐标系的原点和方向，这时 WCS 就变成了 UCS。选择“工具”→“新建 UCS”命令中相应子菜单项或在命令行输入“UCS”或单击 UCS 工具栏中的相应按钮即可执行新建坐标系命令。

AutoCAD 有两种视图显示方式：模型空间和图纸空间。模型空间使用单一视图显示，人们通常使用的都是这种显示方式。图纸空间能创建图形的多个视图，用户可以对其中每一个视图进行单独操作。默认情况下，当前 UCS 与 WCS 重合，如图 1.14 所示。其中图 1.14(a)为模型空间下的 UCS 坐标系图标，通常在绘图区左下角。若当前 UCS 现 WCS 重合，则出现一个 W 字，如图 1.14(b)所示；也可以指定其放在当前 UCS 的实际坐标原点位置，此时出现一个“+”字，如图 1.14(c)所示；如图 1.14(d)为图纸空间下的坐标系图标。

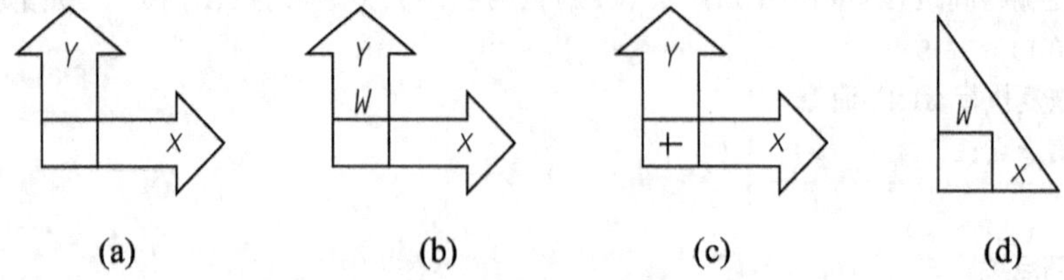

图 1.14 坐标系图标

1.4.2 坐标的表示方法

在 AutoCAD 中，点的坐标类型及表达形式见表 1-1。

表 1-1 点的坐标类型及表达形式

分类 表示	绝对坐标（以原点/极点为基点）		相对坐标（以某一指定点为基点）	
	直角坐标	极坐标	直角坐标	极坐标
表达形式	x，y 如 15,30	l<α 如 60<30	@x'，y' @20,60	@l'<α' @50<45
备注	分隔符“,”	分隔符“<”	以“@”打头以区别于绝对坐标	

注意

① 直角坐标系称为笛卡儿坐标系，它是 WCS 的一种特例——Z 坐标为 0，如图 1.15(a)所示。平面上任意一点 P 由 X 轴和 Y 轴的坐标所定义，即用一对坐标值(x，y)来定义一个点。

② 极坐标系由一个极点和一个极轴构成，如图 1.15(b)所示。其中极轴的方向水平向右，平面上任何一点 P 都可以由该点到极点的连线长度 l(>0)和连线与极轴的夹角 α (极角，逆时针方向为正)所定义，即用一对坐标值(l<α)来定义一个点，其中“<”表示角度。

技巧点拨

用键盘输入点的坐标数据时，输入法的状态必须是“半角字符”、“英文标点”，即所输入的数字、数据分隔符(“,”、“<”、“@”)必须是英文半角字符。

示例：如图 1.15(c)、(d)所示 A 点的 4 种坐标，相对点为 B 点。

绝对的直角坐标：10，10　　　　绝对极坐标：10<60

相对的直角坐标：@-5,5　　　　相对极坐标：@5<150

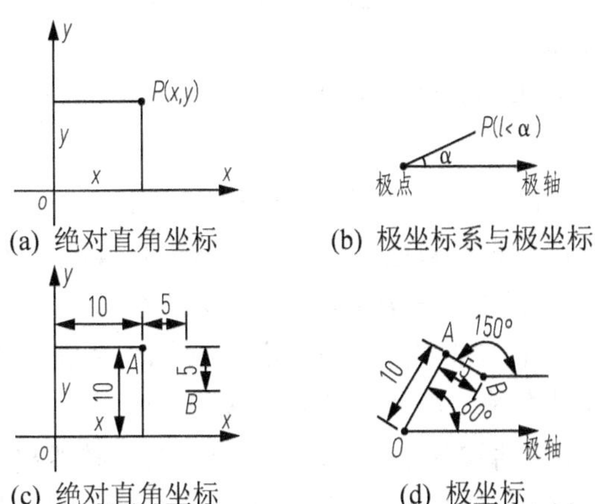

(a) 绝对直角坐标　(b) 极坐标系与极坐标

(c) 绝对直角坐标　(d) 极坐标

图 1.15 坐标系及点的坐标

1.4.3 坐标点的输入方式

坐标点的输入方式主要有以下几种。

(1) 输入绝对或相对坐标。

① 直角坐标。

a. 绝对坐标：-1,1，如图 1.16 所示的 *A* 点。

b. 相对坐标：@2,-4，如图 1.16 所示的 *C* 点，相对于 *B* 点。

② 极坐标。

a. 绝对极坐标：4<30，确定如图 1.17 所示的 *A* 点，基准为 WCS 原点。

b. 相对极坐标：@5<-90，确定如图 1.17 所示的 *B* 点。

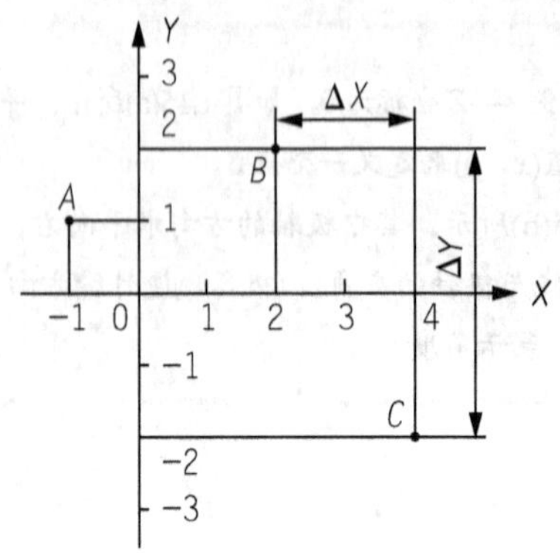

图 1.16　直角坐标系

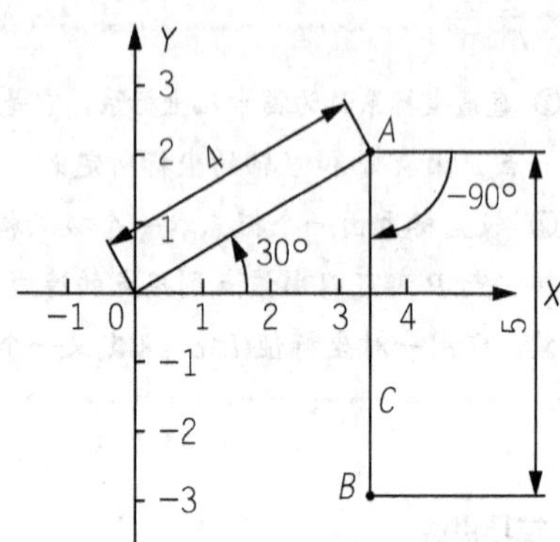

图 1.17　极坐标系

(2) 鼠标直接在绘图区域拾取点(可用目标捕捉方式捕捉绘图区已有图形的特殊点，需要打开状态栏的“对象捕捉”)。

(3) 直接距离输入(配合极轴、追踪和正交工具使用，即在用鼠标指明方向的前提下输入直线段的长度)。

在执行命令的第一个点后，通过移动光标指示方向，然后输入相对于第一点的距离，即用相对极坐标的方式确定一个点。

(4) 动态输入。使用动态输入功能可以在工具栏提示中输入坐标值，而不必在命令行中进行输入。

“动态输入”在光标附近提供了一个命令界面，以帮助用户专注于绘图区域。启用“动态输入”时，工具栏提示将在光标附近显示信息，该信息会随着光标的移动而动态更新。当某条命令为活动时，工具栏提示将为用户提供输入的位置。

在输入字段中输入值并按 Tab 键后，该字段将显示一个锁定图标，并且光标会受用户输入的值约束。随后可以在第二个输入字段中输入值。另外，如果用户输入值然后按 Enter 键，则第二个输入字段将被忽略，且该值将被视为直接距离输入。

如果用户不习惯这种输入方式，可以通过单击状态栏上的DYN按钮或按 F12 键关闭动态输入功能。

(5) 坐标的显示。在绘图窗口中移动光标的十字指针时，状态栏上将动态地显示当前指针的坐标。在 AutoCAD 2014 中，坐标显示取决于所选择的模式和程序中运行的命令，共有“模式 0，关”、“模式 1，绝对”、“模式 2，相对极坐标”3 种方式，如图 1.18 所示。

① 绝对坐标状态：显示光标所在位置的坐标。

② 相对极坐标状态：在相对于前一点来指定第二点时可使用此状态。

③ 关闭状态：颜色变为灰色，并“冻结”关闭时所显示的坐标值。

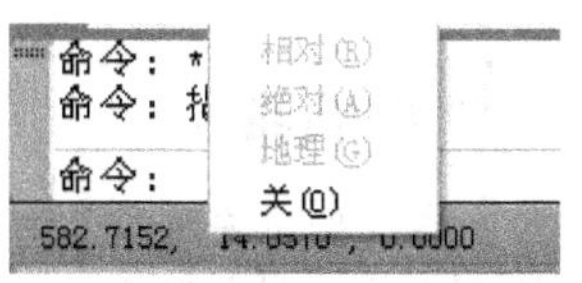

图 1.18 坐标显示模式

1.4.4 项目训练

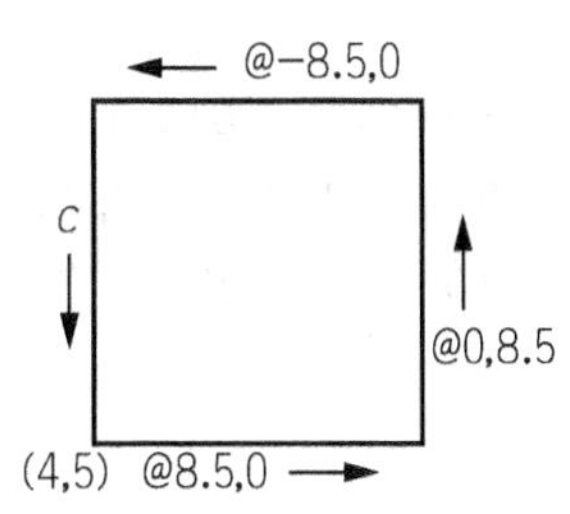

图 1.19 利用相对坐标绘制正方形

目的及要求：AutoCAD 人机交互的最基本内容就是点的输入。要求用户了解坐标系，熟练掌握数据的输入方式。

案例 试以不同方式画一长为 8.5 个单位的正方形，左下角点的坐标为(4,5)。

(1) 在命令提示窗口输入绝对或相对坐标，如图 1.19 所示。

单击绘图工具栏的╱按钮或选择“绘图”→“直线”命令调用 LINE 命令，然后按下面的值响应命令的提示。

```
指定第一点：4,5
指定下一点或[放弃(U)]：@8.5,0                       //(或@8.5<0)
指定下一点或[放弃(U)]：@0,8.5                       //(或@8.5<90)
指定下一点或[闭合(C)/放弃(U)]：@-8.5,0              //(或@8.5<180)
指定下一点或[闭合(C)/放弃(U)]：c
```

(2) 鼠标直接拾取绘图区域点(可配合捕捉和栅格使用)。

由于正方形边长为 8.5，因此利用 AutoCAD 的栅格捕捉、栅格显示功能，不需要输入坐标值就能方便地确定各直线的端点位置。

右击状态栏“栅格”，从弹出的快捷菜单中选“设置”命令，系统弹出“草图设置”对话框，将栅格捕捉间距、栅格显示间距设置为 8.5，同时启用捕捉间距与栅格显示功能。然后用 LINE 命令即可方便地完成绘制。

技巧点拨

通过单击状态栏中的“捕捉”和“栅格”按钮，可分别实现是否启用状态的切换。在“捕捉”或“栅格”上右击，从弹出的快捷菜单中选择“设置”命令，可打开“草图设置”对话框。

(3) 直接距离输入(配合极轴、追踪和正交工具使用)。

单击状态栏中的“正交”或“极轴”按钮，即启用正交或极轴模式。使用 LINE 命令，系统提示：

```
指定第一点：4,5
指定下一点或[放弃(u)]：
```

此时向右移动鼠标指针，输入“8.5”按 Enter 键，即可给出水平线。

同理绘制其他 3 条直线。

案例小结

本案例主要练习了绘制正方形，在绘制该图形的过程中，主要利用直线命令，并结合不同坐标输入方式绘制水平及垂直直线。通过本实例的绘制，可掌握坐标点的输入方法，以及利用鼠标的指向并在动态文本框中输入直线长度来绘制直线的方法。

本章小结

通过本章的学习，掌握 AutoCAD 2014 的一些基本操作，对 AutoCAD 2014 工具的使用有一个初步的认识。本章通过实例操作，介绍 AutoCAD 2014 界面组成及操作方法，熟悉图形文件管理的操作方法及 AutoCAD 命令操作的基本知识，掌握坐标的设置、坐标表示方法及坐标输入方式。

习题

1．通过实例说明 AutoCAD 2014 软件的启动与退出方法。

2．熟悉 AutoCAD 2014 工作界面组成及操作方法。

3．用 AutoCAD 2014 创建图形文件，以学号为文件名进行保存，同时进行另存为操作，将文件名更改为学生姓名。

4．创建图形文件，通过工具选项对文件进行自动保存及密码保护设置。

5．已知正方形第 1 点坐标为(10，15)，正方形边长为 20，利用直线命令及坐标绘制基本图形。

第 2 章

绘图环境及图层管理

教学目标

本章主要介绍 AutoCAD 2014 绘图环境设置的基础知识及图层的创建与设置，主要包括图形样板文件的创建、参数选项设置、图形界限及绘图单位、精度设置方法，掌握绘图过程中图形显示的控制方法，熟练掌握屏幕缩放、平移功能的使用，掌握图层的创建与设置。

学习要求

能力要求	知识要点	权重
绘图环境设置	参数选项、图形界限及绘图单位、精度设置	20%
图层创建及管理	图层的创建与设置、图层特性、图层状态、图层特性的修改、对象特性管理器、特性匹配	30%
图形样板文件的创建	样板文件概述及创建的方法	20%
图形显示控制	屏幕缩放、平移及其他操作	30%

本 章 导 读

使用计算机绘图就是为了提高绘图速度和效率，然而 AutoCAD 的绘图命令达几百条之多，要将这些绘图命令全部掌握，不但烦琐，而且没有必要。但是，在许多绘图命令里，活学活用，会给人们的绘图工作带来意想不到的效果，实践证明使用 AutoCAD 样板图会加快绘图速度，提高工作效率。能否将绘图中不变或变化较少的设置保存起来，在每次绘新图时自动进行初始化绘图环境呢？事实上利用样板图即可达到此目的，并可达到事半功倍的效果。

在使用 AutoCAD 绘图的过程中，是否经常为每次绘图前一些类似图层设置的重复工作而感到心烦呢？其实，根据个人的情况量身定做一个自己的模板(样板)就能够让这个问题迎刃而解。AutoCAD 是 Autodesk 公司推出的一套通用的绘图支撑软件，正是由于它的通用性，其工作环境难以满足所有人的需要，用户在使用 AutoCAD 绘图时，需首先进行一系列初始化绘图环境工作。

引 例 与 思 考

在使用样板图样 CAD 绘图时，软件有一个默认的绘图环境，具有一定的通用性，为了满足不同用户的要求，可以根据需要设置绘图环境。

(1) 如何创建图形样板文件？

(2) 计算机绘图的精度如何控制？

(3) 在绘图过程中，如何控制绘图范围的大小及图形显示？

2.1 设置绘图环境

2.1.1 设置参数选项

利用 AutoCAD 2014 提供的“选项”对话框，用户可以方便地配置它的绘图环境，如设置搜索目录、设置工作界面的颜色等。命令操作方式：选择“工具”→“选项”命令(OPTIONS)，将打开“选项”对话框，如图 2.1 所示。

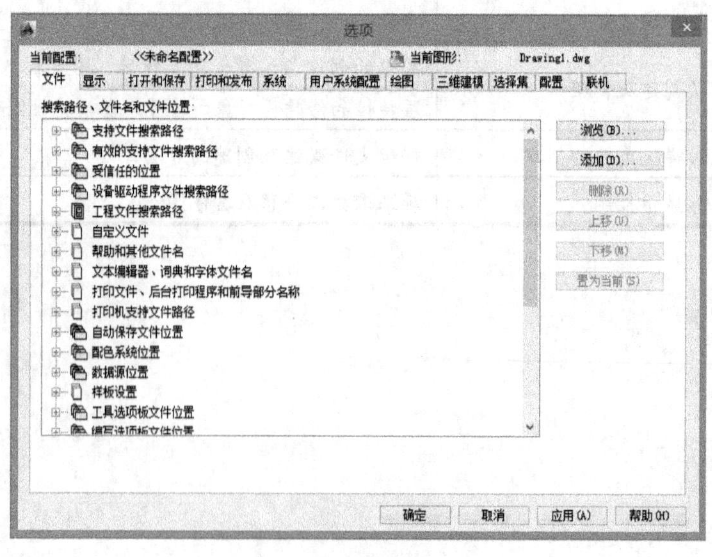

图 2.1 “选项”对话框

1. “文件”选项卡

“文件”选项卡列出程序搜索支持文件、工作支持文件、驱动程序文件、菜单文件和其他文件的文件夹。

2. “显示”选项卡

通过“显示”选项卡(图 2.2)可以设置窗口元素、布局元素、显示精度、显示性能、十字光标大小及淡入度控制等，用户在使用过程中主要设置配色方案、绘图区域背景颜色、曲线的显示平滑度、十字光标的大小等。

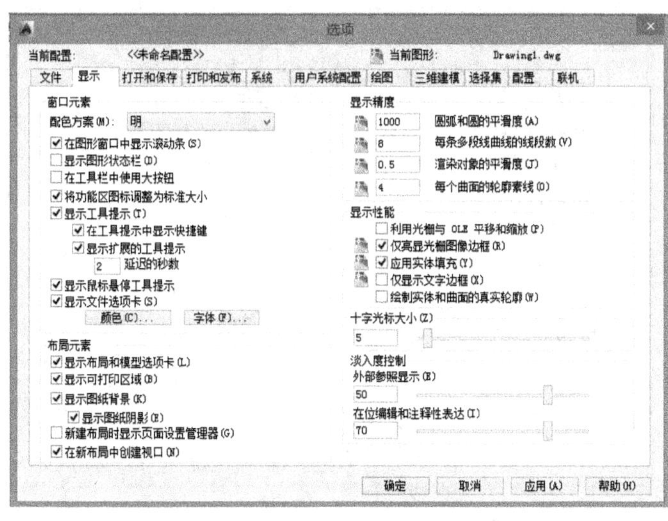

图 2.2 “显示”选项卡

3. “打开和保存”选项卡

“打开和保存”选项卡控制打开和保存文件的相关设置，包括文件另存设置、自动保存及安全选项等，如图 2.3 所示。

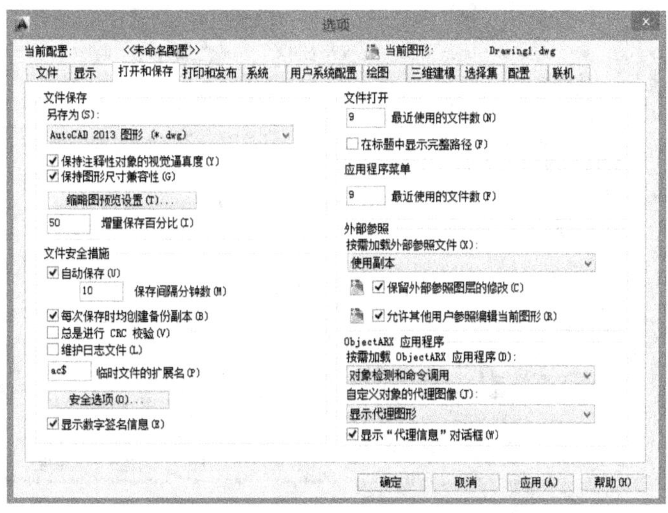

图 2.3 “打开和保存”选项卡

4.“打印和发布”选项卡

5.“系统”选项卡

6.“用户系统配置”选项卡

“用户系统配置”选项卡项目，主要用来设置 Windows 标准操作、插入比例、字段、坐标数据输入的优先级、关联标注、超链接和放弃/重做等，如图 2.4 所示。

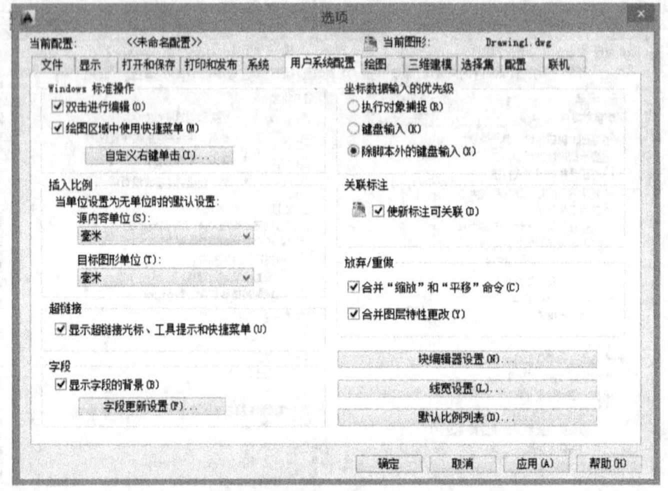

图 2.4 “用户系统配置”选项卡

7.“绘图”选项卡

“绘图”选项卡主要包括自动捕捉设置、自动捕捉标记大小、对象捕捉选项、AutoTrack 设置、对齐点获取、靶框大小等，如图 2.5 所示。

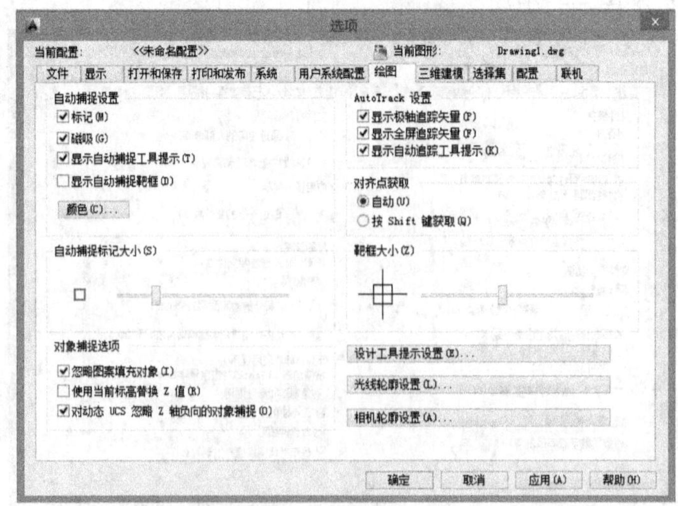

图 2.5 “绘图”选项卡

8. “三维建模”选项卡

“三维建模”选项卡主要包括三维十字光标、动态输入、三维对象设置等项目。

9. “选择集”选项卡

“选择集”选项卡主要包括在绘图过程中选择对象时拾取框大小、选择集模式及夹点设置等，如图 2.6 所示。

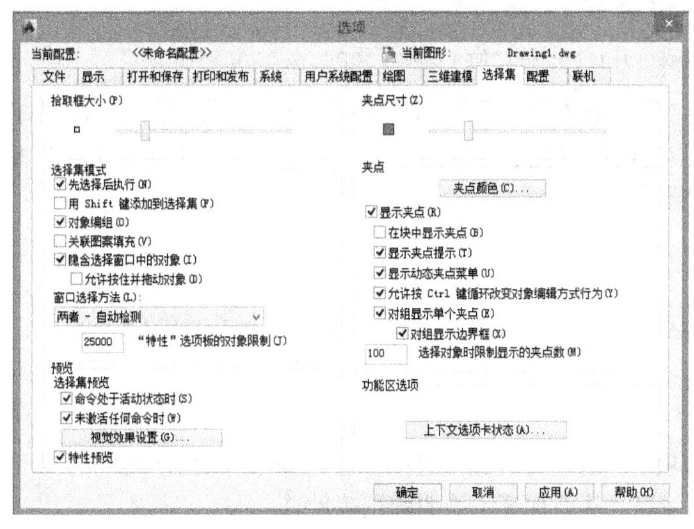

图 2.6 “选择集”选项卡

此外，还可以通过 AutoCAD 的系统变量控制某些功能和设计环境、命令的工作方式，它可以打开或关闭捕捉、栅格或正交等绘图模式，设置默认的填充图案，或存储当前图形和 AutoCAD 配置的有关信息。

建议初学者一般采用“默认值”即可，等熟练应用后可根据需要进行设置。

技巧点拨

用户在使用过程中可以根据需要通过“工具”→“选项”命令进行设置，为了避免高版本绘制的图形在低版本软件中无法打开，可以将图形保存为低版本的类型；为了提高绘图速度，可以更多地使用快捷菜单、自动捕捉、拾取框等功能。

2.1.2 图形界限

在 AutoCAD 2014 中文版中，使用图形界限(LIMITS)命令可以在模型空间中设置一个想象的矩形绘图区域，也称为图限。它确定的区域是可见栅格指示的区域，也是选择“视图”→“缩放”→“全部”命令时决定显示多大图形的一个参数。默认状态下，AutoCAD 2014 的绘图区为：A3 横向(420×297)。

执行方式如下：

【菜单】选择“格式”→“图形界限”。

【命令行】输入 LIMITS 命令(快捷命令 LIM)。

1. 操作步骤

选择“格式”→“图形界限”命令，即执行 LIMITS 命令，系统提示如下：

```
指定左下角点或 [开(ON)/关(OFF)] <0.0000,0.0000>:↙(执行默认值)
指定右上角点 <420.0000,297.0000>: 297,210↙(设置 A4 横向的图形界限)
```

再次执行 LIMITS 命令，系统提示如下：

```
指定左下角点或 [开(ON)/关(OFF)] <0.0000,0.0000>:on↙
```

选择“视图”→“缩放”→“全部”命令或命令行输入“z↙(回车)”，再输入“a↙(回车)”，使所设置的图限位于屏幕的中央。然后，可单击状态上的“栅格”按钮，用栅格点来显示新设置的图限。

技巧点拨

不要在一个图形文件中绘制多张图，这样设置图限就没有太大的意义了。

2. 操作说明

(1)“开”选项——表示打开图形界限检查，如果所绘图形超出了图限，则系统不绘制图形并给出提示信息，从而保证了绘图的正确性。

(2)“关”选项——表示关闭图形界限检查。

(3)“指定左下角点”选项——表示设置图形界限左下角的坐标。

(4)“指定右上角点”选项——表示设置图形界限右上角的坐标。

2.1.3 绘图单位和精度

在 AutoCAD 2014 中，用户可以采用 1∶1 的比例因子绘图，因此，所有的直线、圆和其他对象都可以以真实大小来绘制。用户可以使用各种标准单位进行绘图，对于中国用户来说通常使用毫米、厘米、米和千米等作为单位，毫米是最常用的一种绘图单位。不管采用何种单位，在绘图时只能以图形单位计算绘图尺寸，在需要打印出图时，再将图形按图纸大小进行缩放，操作步骤如下：

(1) 【菜单】选择“格式”→“单位”命令。

【命令行】输入 UNITS 命令(快捷命令 UN)。

(2) 打开“图形单位”对话框，如图 2.7 所示。

(3) 在“长度”选项区域内选择单位类型和精度，工程绘图中一般使用“小数”和“0.0000”。

(4) 在“角度”选项区域内选择角度类型和精度，工程绘图中一般使用“十进制度数”和“0”。

(5) 在“用于缩放插入内容的单位”下列表中选择图形单位，默认为“毫米”。

(6) 单击“确定”按钮，完成设置。

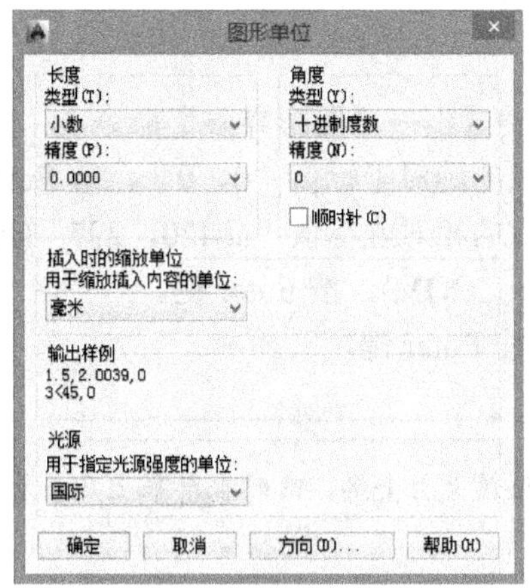

图 2.7 “图形单位”对话框

特别提示

本章引例与思考题目 2 的解答：为了保证绘图过程中图形正确性的要求，用户必须设置绘图单位与精度来满足图形的精确性。

2.1.4 项目训练

案例 了解图形界限、图形范围及显示范围的意义，要求熟悉其设置与操作。

操作提示。

1. 设置绘图单位

选择“格式”→“单位”命令，弹出“图形单位”对话框，在长度选项区域内设置“精度”为“0”或“0.00”(根据需要的绘图精度选择)；在角度选项区域内设置“类型”为“十进制度数”，“精度”为“0”；图形单位为“毫米”，单击“确定”按钮，完成设置如图 2.8 所示。

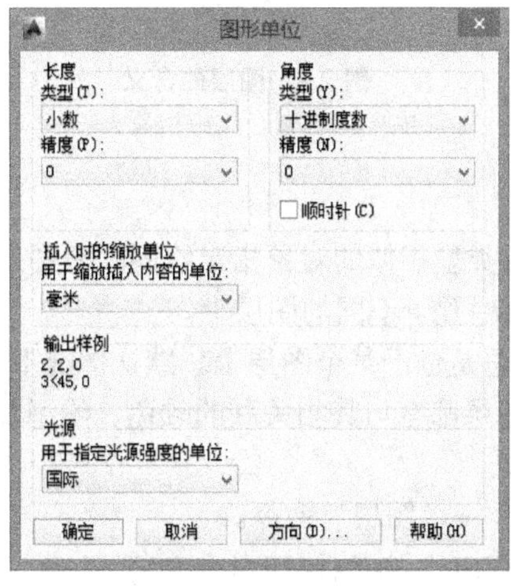

图 2.8 “图形单位”对话框

2. 设置图形界限

命令执行方式：选择“格式”→“图形界限”命令。

(1) 输入图形区左下角点的绝对坐标值“0，0”，按 Enter 键。

(2) 输入图形区右上角点的相对坐标值“@420，297”(A3 图幅)，按 Enter 键。

(3) 输入“Z”(缩放命令 ZOOM)，按 Enter 键。

(4) 输入“A”(全部)，按 Enter 键。

特别提示

最后两步的目的是将绘图区放大至全屏，此时在屏幕上几乎看不到什么变化，若将“栅格”打开，就可以看到变化了。

案例小结

本案例主要介绍基本绘图环境的设置，包括绘图单位、精度及图形界限的设置方法。

2.2 图层的管理

图层相当于图纸绘图中使用的重叠图纸。图层是图形中使用的主要组织工具。可以使用图层将信息按功能编组，以及执行线型、颜色及其他标准，如图 2.9 所示。

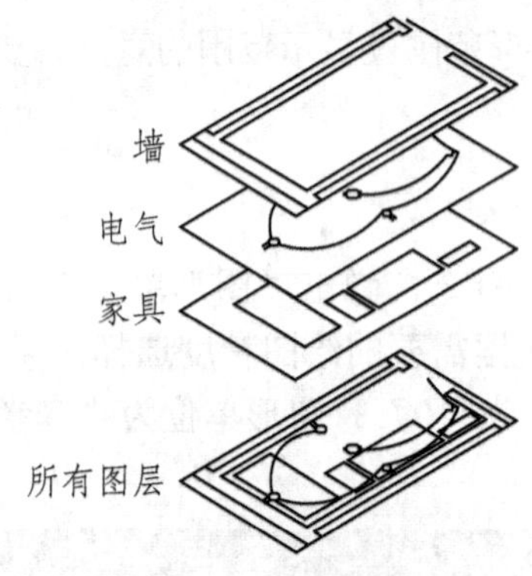

图 2.9 图层的含义

2.2.1 图层的创建与设置

通过创建图层，可以将类型相似的对象指定给同一个图层使其相关联。例如，可以将构造线、文字、标注和标题栏置于不同的图层上。

AutoCAD 的图形对象总是位于某个图层上。默认情况下，当前层是 0 层，此时所画图形对象在 0 层上。每个图层都有与其相关联的颜色、线型及线宽等属性信息，用户可以对这些信息进行设定或修改。

【菜单】：选择“格式”→“图层”命令。

【命令行】：输入“LAYER”命令(快捷命令 LA)。

【工具栏】单击图层特性管理器工具按钮。

执行命令后，AutoCAD 弹出，“图层特性管理器”对话框如图 2.10 所示。

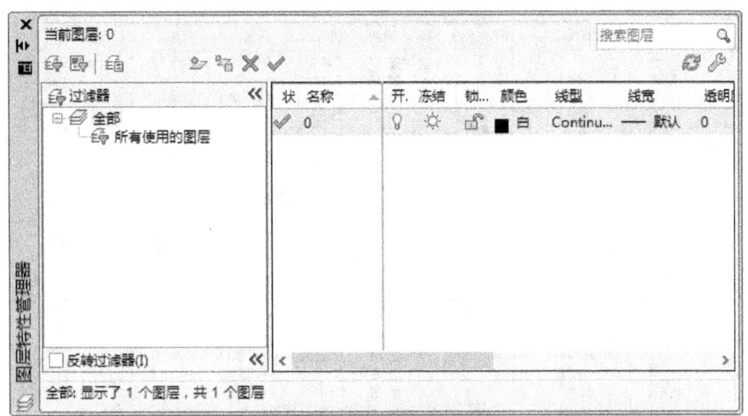

图 2.10 “图层特性管理器”对话框

用户可通过“图层特性管理器”对话框建立新图层，为图层设置线型、颜色、线宽，以及进行其他操作等。

1. 新建图层

(1) 执行“格式”→“图层”命令，打开“图层特性管理器”对话框。

(2) 在“图层特性管理器”对话框中单击“新建图层”按钮，在图层名称列表中自动添加名为“图层 *n*”的图层，所添加图层将高亮显示，如图 2.11 所示。

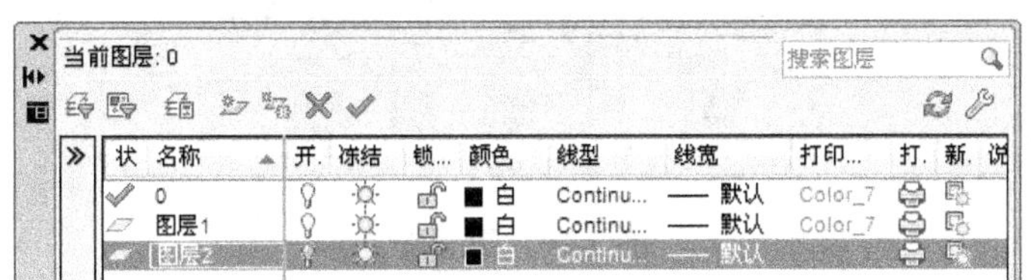

图 2.11 新建图层示意

技巧点拨

创建新图层时，新图层将继承图层列表中当前选定图层的特性(颜色、开/关状态等)。如果要使用默认设置创建图层，就不要选择列表中的任何一个图层，或在创建新图层前先选择一个具有默认设置的图层。

(3) 若需创建多个图层，可多次单击“新建图层”按钮，“图层特性管理器”会按照名称的字母顺序排列图层，如图 2.12 所示为创建的多个图层。

AutoCAD 允许人们创建无限多个图层，并为每一个图层设置相应的名称、颜色、线型等。

另外，用户在“图层特性管理器”对话框中可单击“在所有视口中都被冻结的新图层视口”按钮( )，也可创建出新的图层，并且在所有现有布局视口中将其冻结，如图 2.13 所示。

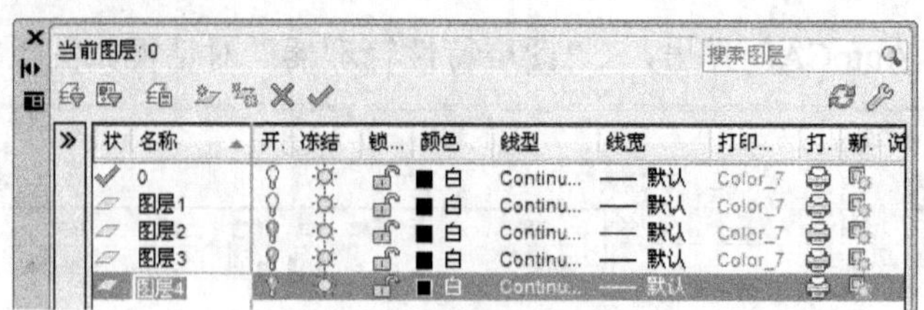

图 2.12　创建多个图层

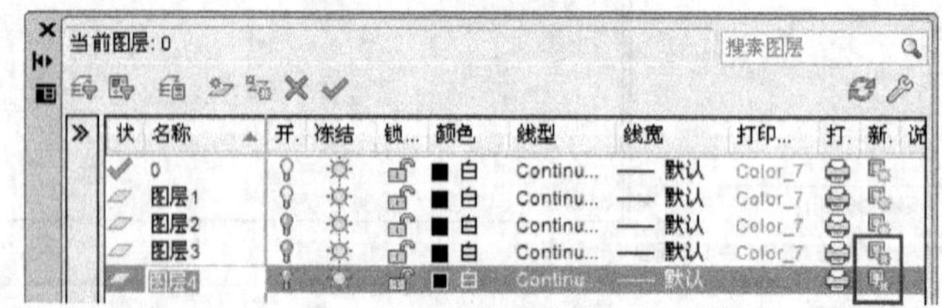

图 2.13　创建冻结新图层

2. 重命名图层

默认情况下，新建的图层名称都是“图层 *n*”，这个 *n* 代表不同的数字。对于有些特殊的图层，使用默认的名称显然不合适，这时就可以根据具体的情况对图层名称重命名。

在“名称”列选择要重命名的图层名称，单击其呈高亮显示，再次单击或按 F2 键出现文本插入符，如图 2.14 所示。用户最多可输入包括字母、数字、特殊字符等多达 255 个字符，来完成图层的命名操作。

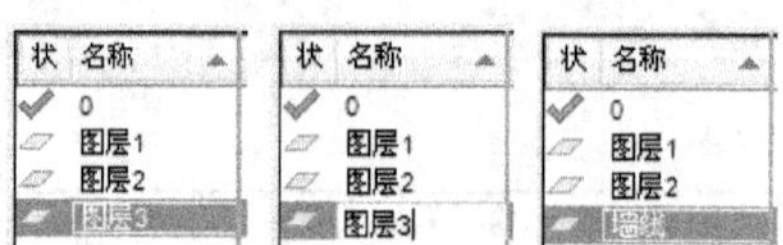

图 2.14　图层命令

3. 设置当前图层

在绘制图形时，所有对象的创建都是在当前图层上完成的，通过将不同图层指定为当前图层，绘图时可从一个图层切换到另一图层。

用户可以在“图层”工具栏的图层下拉列表中指定一个图层，该图层即为当前图层，如图 2.15 所示。

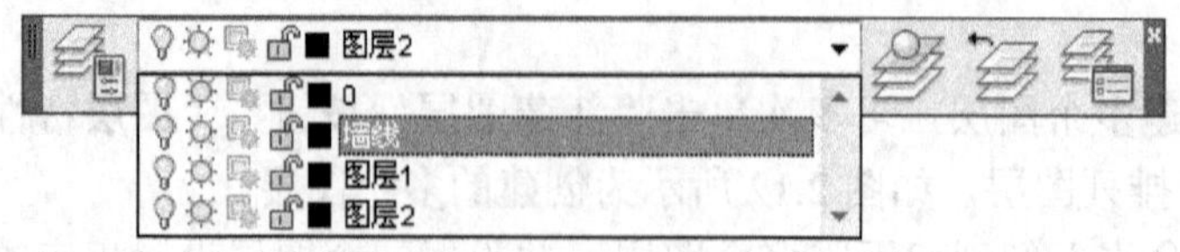

图 2.15　指定当前层(一)

用户还可以在“图层特性管理器”对话框中的图层列表中选择一个图层，然后单击“置为当前”按钮(✓)，如图 2.16 所示。也可在图层名称上右击，从弹出的快捷菜单中选择“置为当前”命令。

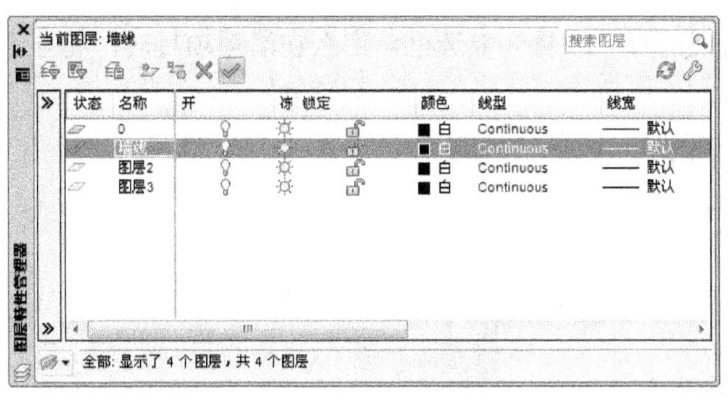

图 2.16　指定当前层(二)

如果将某个对象所在图层指定为当前图层，在绘图区域先选择该对象，然后在“图层”工具栏上单击“将对象的图层置为当前”按钮即可，也可以先单击“将对象的图层置为当前”按钮，然后再选择一个对象来改变当前图层。

**技巧点拨**

被冻结的图层或依赖外部参照的图层不可被指定为当前图层，并且在绘图中的当前图层只能有一个。

4. 删除图层

对于绘图中存在的多余图层，可以将其删除以压缩文件的大小。

在“图层特性管理器”对话框中的图层列表中选择要删除的图层，单击“删除图层”按钮✕就可以删除选中的图层。

如果用户选择了参照图层，并执行删除操作，AutoCAD 将弹出一个警示对话框，如图 2.17 所示，提醒用户选择的图层是不能被删除的。

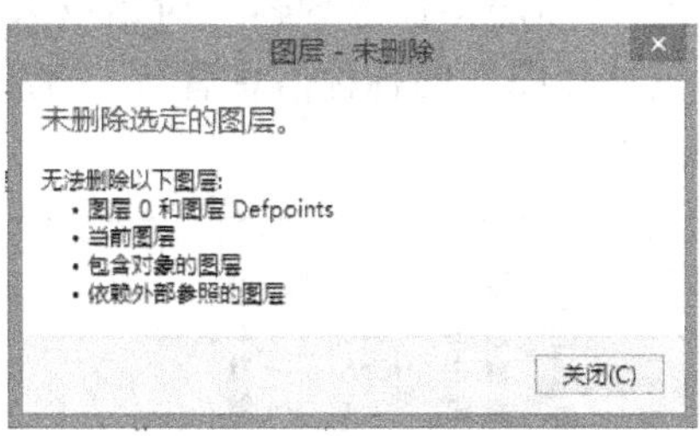

图 2.17　“未删除”对话框

不包含对象(包括块定义中的对象)的图层、非当前图层和不依赖外部参照的图层都可以用“清理”命令删除。

(1) 选择“文件”→“绘图实用程序”→“清理”命令；或者在命令行中输入“Purge”，按 Enter 键都可打开“清理”对话框，如图 2.18 所示。

(2) 在“清理”对话框的顶部有两个单选按钮，选中“查看能清理的项目”单选按钮，切换到树状图以显示当前图形中，可以清理的命名对象的概要。选中“查看不能清理的项目”单选按钮，切换到树状图显示当前图形中不能清理的命名对象的概要。如果用户选中了“确认要清理的每个项目”复选框，那么在清理项目时，将显示“确认清理”对话框，如图 2.19 所示。

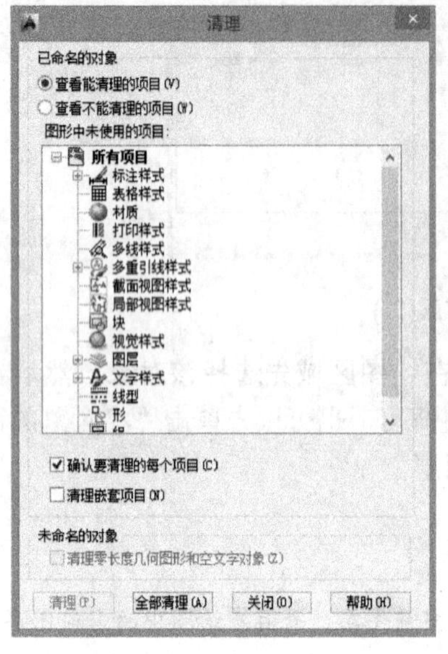

图 2.18 “清理”对话框

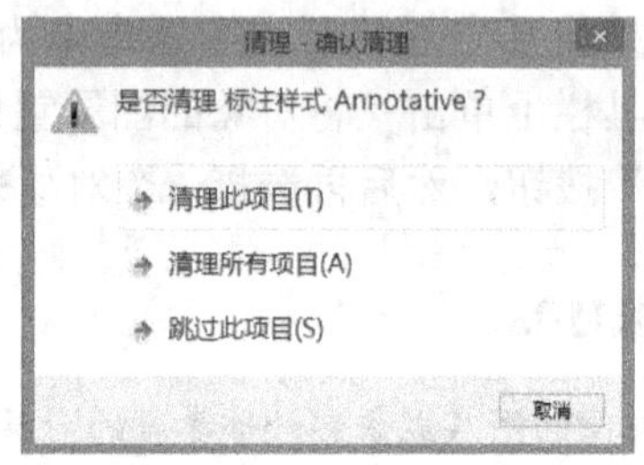

图 2.19 “确认清理”对话框

(3) 在“确认清理”对话框中单击“清理此项目”按钮可逐个对图层进行清理，单击“清理所有项目”按钮，可将多余图层一次性清除。

2.2.2 图层特性

图层特性包括颜色、线型、线宽和打印样式，如图 2.20 所示。所有这些图层状态设置和特性设置的改变都可通过“图层特性管理器”对话框来完成。使用“图层特性管理器”对话框来管理图层，不仅能使图形的各种信息清晰、有序、便于观察，而且也会给图形的编辑、修改和输出带来很大的方便。

状态	名称	开	冻结	锁定	颜色	线型	线宽	打印样式	打印	新视口冻结	说明
✓	0				■ 白	Con...	— 默...	Color_7			
	图层1				■ 白	Con...	— 默...	Color_7			
	图层2				■ 白	Con...	— 默...	Color_7			
	图层3				■ 白	Con...	— 默...	Color_7			

图 2.20 图层特性

1. 颜色

单击颜色名可以弹出“选择颜色”对话框，如图 2.21 所示。

为图层设置颜色，可以区别各个图层和控制打印输出。

图层的颜色有如下两种用途。

(1) 打印输出时，对某一种颜色指定一种线宽，该颜色的所有对象无论是否在一个图层内，都是以这样的线宽进行打印。用颜色代表线宽可以减少图形文件存在的储量，提高显示效率。

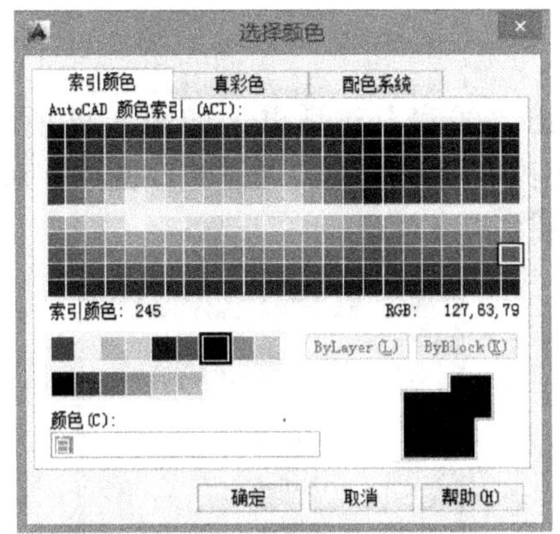

图 2.21 “选择颜色”对话框

(2) 在工程图中，粗实线和细实线是两种不同的线型，用以区分不同种类的图形，将粗实线和细实线设置为不同颜色就可以区分不同种类的图形。

2. 线型

单击线型名称可以弹出“选择线型”对话框，如图 2.22 所示。

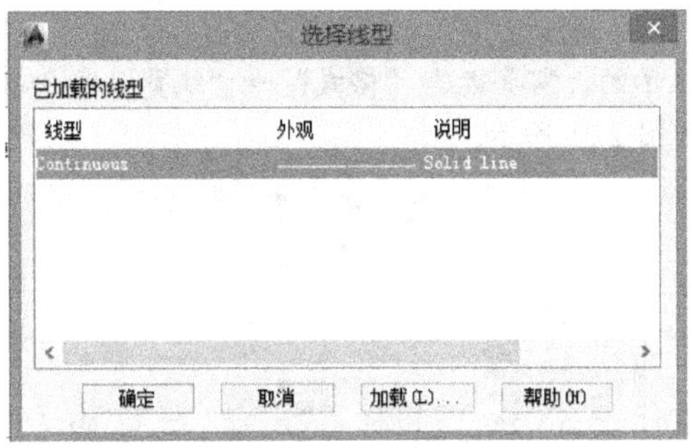

图 2.22 “选择线型”对话框

如果线型列表中没有需要的线型，可以单击“选择线型”对话框中的“加载”按钮，打开“加载或重载线型”对话框，如图 2.23 所示。在该对话框中选择要加载的线型，单击“确定”按钮，所加载的线型即可显示在“选择线型”对话框中。然后再从中选择需要的线型，最后单击“确定”按钮退出“选择线型”对话框。

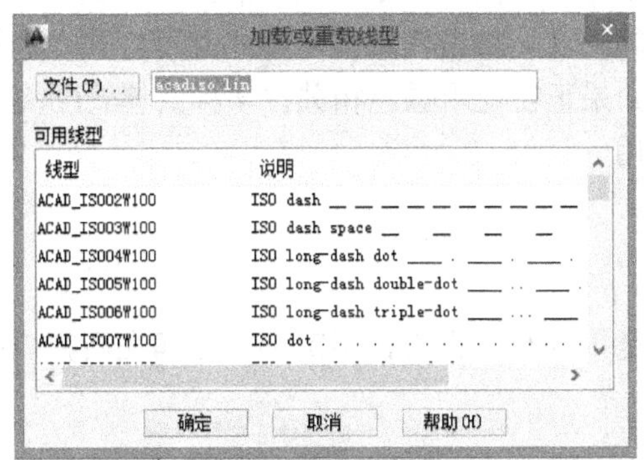

图 2.23 “加载或重载线型”对话框

3. 线宽

单击线宽名称可以弹出“线宽”对话框，如图 2.24 所示。从中选择需要的线宽类型，单击“确定”按钮即可改变默认线宽。通过更改图层和对象的线宽设置来更改对象显示于屏幕和纸面上的宽度特性。

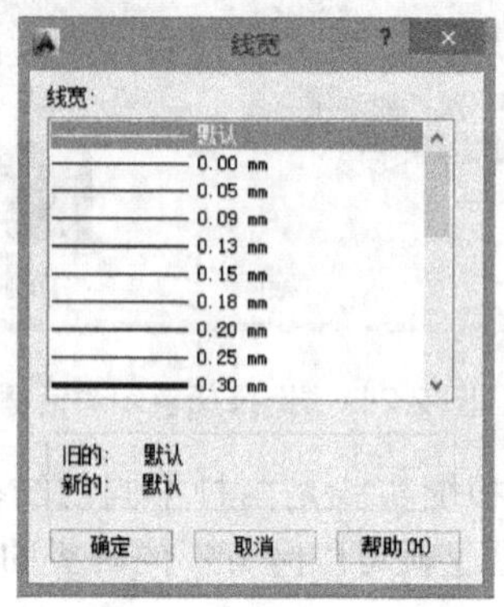

图 2.24 “线宽”对话框

技巧点拨

默认设置下线宽是不显示的，需要选择“格式”→“线宽”命令打开“线宽设置”对话框，选中“显示线宽”复选框，如图 2.25 所示。

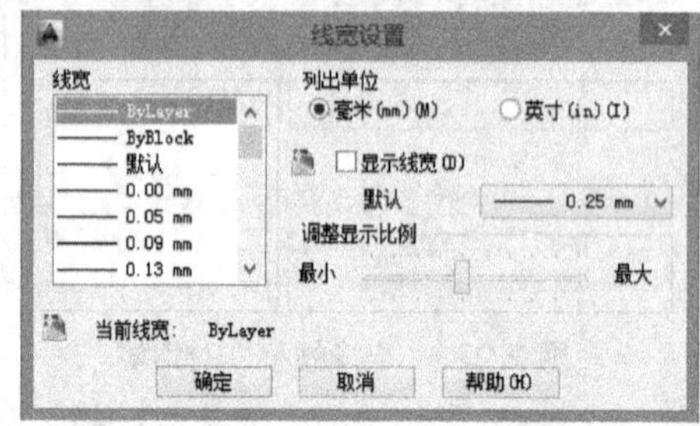

图 2.25 “线宽设置”对话框

4. 打印样式

打印样式可以应用于对象或图层，更改图层的打印样式可以替换对象的颜色、线型和线宽，以修改打印图形的外观。单击任意打印样式都可打开“选择打印样式”对话框，以选择合适的打印样式。如果正在使用颜色相关打印样式模式(系统变量 PSTYLEPOLICY 设置为 1)，此选项将不可用。

2.2.3 图层状态

图层状态包括图层是否打开、冻结、锁定、打印和在新视口中自动冻结等，如图 2.26 所示。

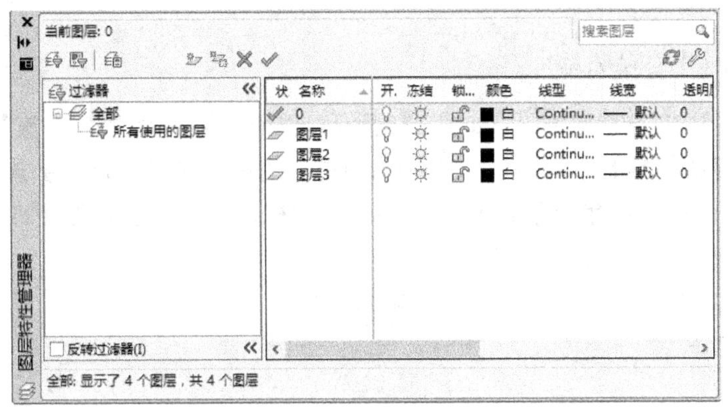

图 2.26　图层状态

1. 状态

“状态”栏指示项目的类型：图层过滤器、正在使用的图层、空图层或当前图层。

2. 名称

“名称”栏显示图层或过滤器的名称，按 F2 键输入新名称。

3. 开

“开”栏打开和关闭选定图层，如图 2.27 所示。当图层打开时，它可见并且可以打印；当图层关闭时，它不可见并且不能打印，即使已打开“打印”选项。

4. 冻结

“冻结”栏用于冻结所有视口中选定的图层，包括“模型”选项卡，如图 2.28 所示。可以冻结图层来提高 ZOOM、PAN 和其他若干操作的运行速度，提高对象选择性能并减少复杂图形的重生成时间。将不会显示打印、消隐、渲染或重生成冻结图层上的对象。

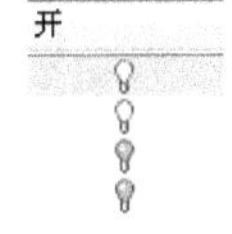

图 2.27　图层开关

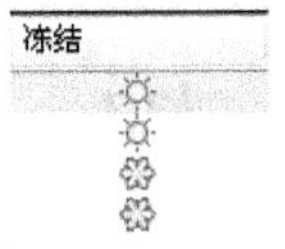

图 2.28　图层冻结

如果计划经常切换可见性设置，需使用“开/关”设置，以避免重生成图形。可以在所有视口、当前布局视口或新的布局视口中(在其被创建时)冻结某一个图层。

5. 锁定

“锁定”栏用于锁定和解锁选定图层。无法修改锁定图层上的对象，如图 2.29 所示。

6. 打印

“打印”栏控制选定图层是否被打印。如果图层设置为打印图层，但该图层若在当前图形中是冻结或者是关闭的，那么 AutoCAD 不打印该图层。如图 2.30 所示为图层的可打印和不可打印状态。

7. 在新视口中自动冻结

在新布局视口中冻结选定图层，如图 2.31 所示。例如，在所有新视口中冻结 DIMENSIONS 图层，将在所有新创建的布局视口中限制该图层上的标注显示，但不会影响现有视口中的 DIMENSIONS 图层。如果以后创建了需要标注的视口，则可以通过更改当前视口设置来替代默认设置。

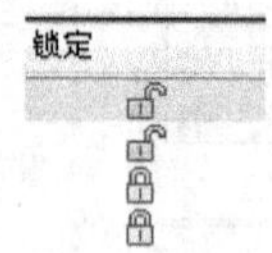

图 2.29 图层锁定

图 2.30 图层打印状态

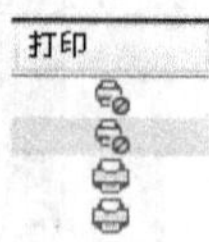

图 2.31 新视口中自动冻结

AutoCAD 为用户提供了“图层”和“特性”工具栏，如图 2.32 和图 2.33 所示。使用这两个工具栏可以方便地对线型、颜色及图层进行控制。

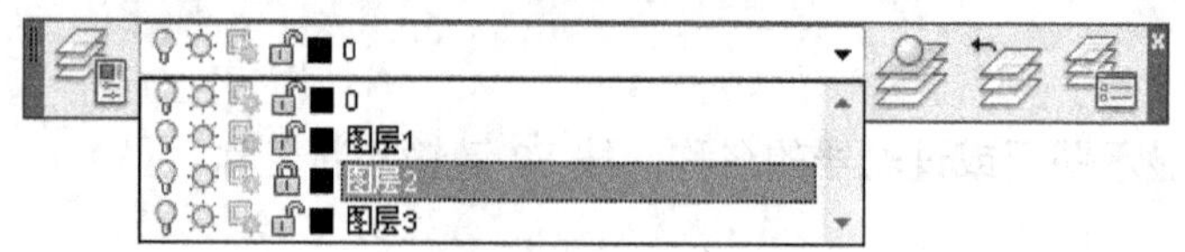

图 2.32 “图层”工具栏

图 2.33 “特性”工具栏

“图层”和“特性”工具栏为“图层特性管理器”对话框提供了一种快捷设置对象线型、颜色、线宽及对象所在图层等属性的方法。用户也可在“特性”工具栏中将想要使用线型、颜色等属性设置好以后，再在绘图区域中直接绘制具有这些属性的图形。

2.2.4 图层特性的修改

绘制的每个对象都具有特性。某些特性是基本特性，适用于大多数对象，例如图层、颜色、线型和打印样式。有些特性是特定于某个对象的特性，例如，圆的特性包括半径和面积，直线的特性包括长度和角度。

1. 对象特性管理器

用户可以通过多种途径使“特性”对话框在视窗中显示，如图 2.34 和图 2.35 所示。

【菜单】：选择“工具”→“选项板”→“特性或修改”→“特性”命令或在右键快捷菜单中选择“特性”命令。

【命令行】：输入“PROPERTIES”命令(快捷命令 PR)。

【工具栏】单击对象特性工具按钮。

【快捷键】：按 Ctrl+1 组合键。

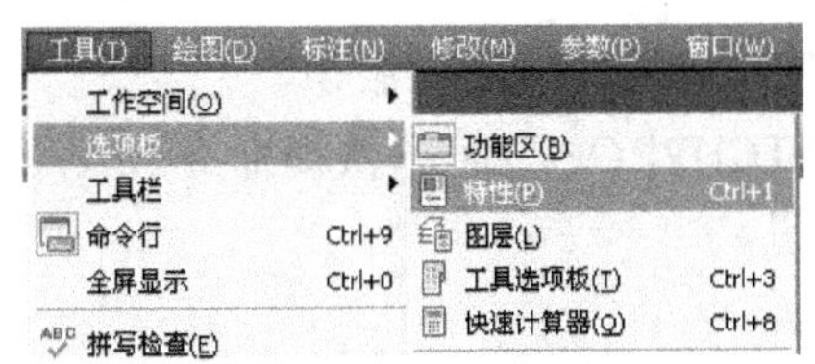

图 2.34 特性的菜单调用

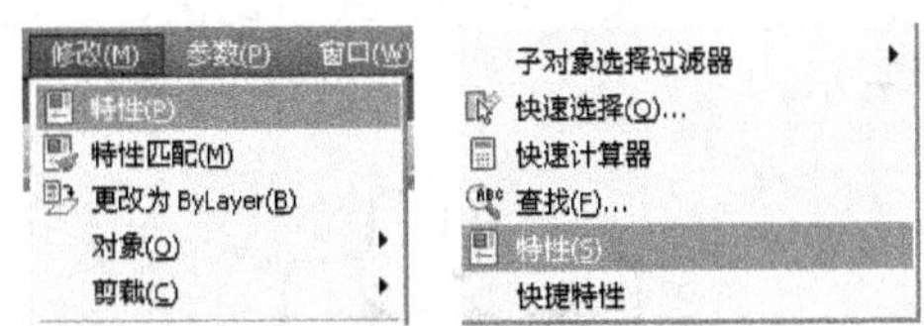

图 2.35 特性的菜单调用和快捷菜单调用

绘制的每个对象都具有特性，某些特性是基本特性，适用于大多数对象，如图层、颜色、线型和打印样式。有些特性是特定于某个对象的特性，例如，圆的特性包括半径和面积，直线的特性包括长度和角度。

“特性”对话框列出了选定对象或一组对象的特性的当前设置，如图 2.36 所示。可以修改任何可以通过指定新值进行修改的特性。

(1) 选中多个对象时，“特性”对话框只显示选择集中所有对象的共有特性。

(2) 如果未选中对象，“特性”对话框只显示当前图层的常规特性、图层的打印样式表的名称、视图特性及有关 UCS 的信息。

将 DBLCLKEDIT 系统变量设置为“开”(默认设置)时，可以双击大部分对象以打开“特性”对话框，块和属性、图案填充、渐变填充、文字、多线及外部参照除外。如果双击这些对象中的任何一个，将弹出特定于该对象的对话框而非“特性”对话框。

2. 特性匹配

将选定对象的特性应用于其他对象。特性匹配可以通过选择“修改”→“特性匹配”命令来调用，如图 2.37 所示。

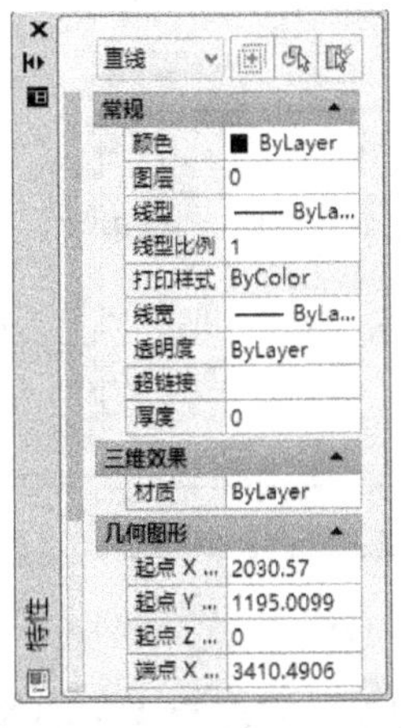

图 2.36 “特性”对话框

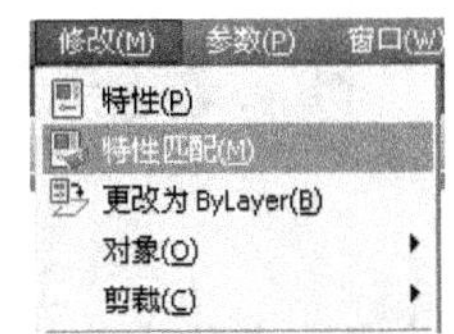

图 2.37 “特性匹配”命令

【菜单】：选择“修改”→“特性匹配”命令。

【命令行】：执行“MATCHPROP”命令(快捷命令 MA)。

【工具栏】：单击按钮。

系统提示如下：

利用“特性匹配”可以将一个对象的某些特性或所有特性复制到其他对象。可以复制的特性类型包括但不仅限于颜色、图层、线型、线型比例、线宽、打印样式、视口特性替代和三维厚度，如图 2.38 所示。

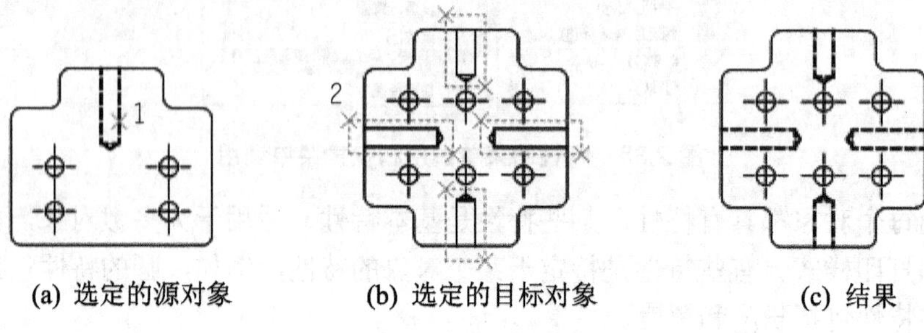

(a) 选定的源对象　　(b) 选定的目标对象　　(c) 结果

图 2.38　特性匹配

默认情况下，所有可用特性均可自动从选定的第一个对象复制到其他对象。如果不希望复制特定特性，则需使用“设置”选项禁止复制该特性。可以在执行命令过程中随时选择“设置”选项。

2.2.5　项目训练

案例 2　利用图层设置“中心线”和“轮廓线”参数。

根据中心线和轮廓线的特点，可将中心线设置为红色、“DASHDOT”线型，将轮廓线设置为蓝色、“Continuous”线型，具体操作如下。

(1) 选择“格式”→“图层”命令调出“图层特性管理器”对话框。

(2) 单击按钮，建立两个新图层，如图 2.39 所示。

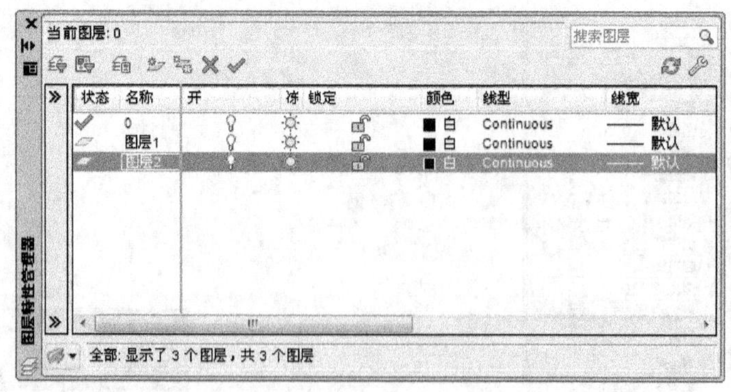

图 2.39　新建两个图层

(3) 分别单击“名称”栏下的“图层 1”和“图层 2”，更名为“中心线”和“轮廓线”，将新建的两个图层分别命令为“中心线”和“轮廓线”，如图 2.40 所示。

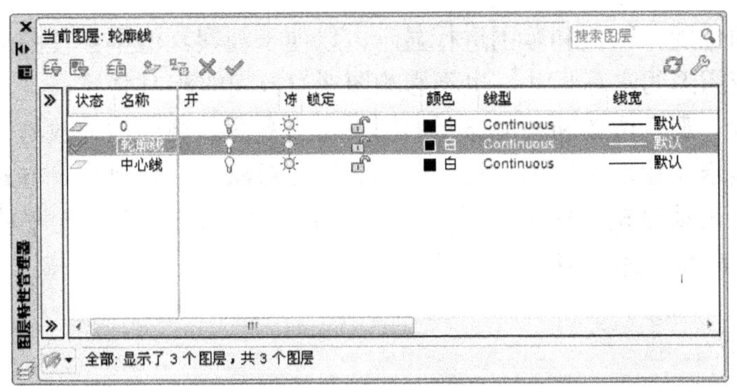

图 2.40　重命名图层名称

(4) 分别单击“中心线”和“轮廓线”的“颜色”框，在打开的“选择颜色”对话框中分别选择“红色”和“蓝色”。

(5) 分别单击“中心线”和“轮廓线”的“线型”框，在打开的“选择线型”对话框中分别选择“DASHDOT”和“Continuous”。

通过第(3)～(5)步，设置好图层的名称、颜色和线型，如图 2.41 所示。

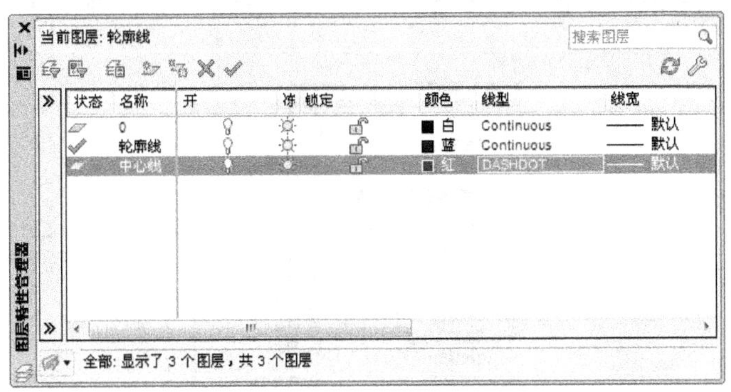

图 2.41　图层参数设置

(6) 关闭“图层特性管理器”对话框，结束图层设置。

这里只设置了中心线和轮廓线，其他如门窗、尺寸标注、家具等，也用同样的设置方式，设置完成以后，就可以在相应的图层上绘制图形。

案例小结

本案例练习了图层的设置，主要设置了名称、颜色和线型这 3 种最重要，也是最常用的设置。通过本案例的学习，可以进一步掌握图层相关参数设置的方法。

2.3　图形显示控制

通常人们是在模型空间以 1∶1 的比例即实际尺寸来绘制图形，而计算机显示屏幕的大小是有限的，也就是说人们的绘图区域受到计算机硬件的限制。为了便于绘图操作，AutoCAD 提供了控制图形显示的功能，这些功能只能改变图形在绘图区的显示方式，可以按用户期望的位置、比例和范围进行显示，以便于观察。但不会使图形产生实质性的改变，既不会改变图形的实际尺寸，也不影响图形对象间的相对关系。

按一定比例、观察位置和角度显示的图形称为视图。视图的缩放与平移只改变图形对象在屏幕上的显示尺寸、比例和位置，而不会改变对象的实际尺寸。方式有两种：第一，利用鼠标滚轮，滚动滚轮缩放视图(向上放大，向下缩小)，拖动滚轮平移视图；第二，利用 ZOOM 或 PAN 命令缩放或平移视图。

2.3.1 屏幕缩放

屏幕缩放(ZOOM)是指在绘图窗口内缩放图形，以改变其视觉大小。

【命令行】：输入 ZOOM 命令(快捷命令 Z)。

指定窗口的角点，输入比例因子(nX 或 nXP)，或者[全部(A)/中心(C)/动态(D)/范围(E)/上一个(P)/比例(S)/窗口(W)/对象(O)] <实时>。

【工具栏】：单击按钮。

【菜单】：选择“视图”→“缩放”命令。

常用的绘图区缩放命令有“实时缩放”、“窗口缩放”和“缩放上一步”，如图 2.42 和图 2.43 所示。

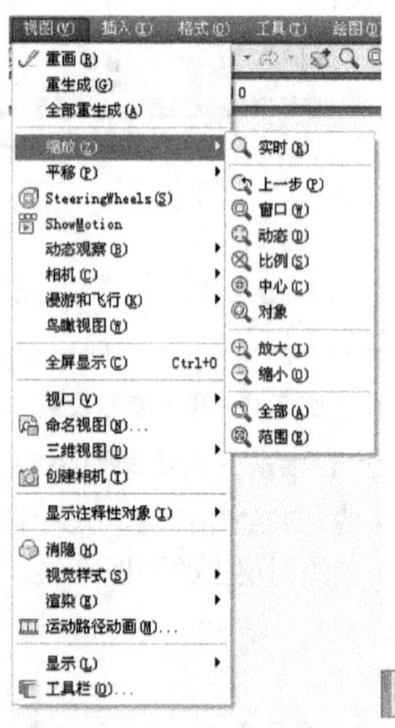

图 2.42 图形缩放工具栏

图 2.43 图形缩放命令

1．实时缩放

利用实时缩放，用户就可以通过垂直向上或向下移动鼠标的方式来放大或缩小图形。进入实时缩放状态，此时屏幕上出现一个类似放大镜的小标记。按住鼠标左键向上移动则将图形放大，向下移动则将图形缩小。这时命令行提示为：“按 Esc 键或 Enter 键退出，或右击显示快捷菜单”。

2. 窗口缩放

将由两角点定义的“窗口”内的图形尽可能大地显示到屏幕上。

3. 缩放上一步(P)

恢复图形窗口的前一幅图形，可连续使用，最多可以恢复到前 10 幅显示的图形。

2.3.2 平移视图

平移(PAN)是指在不改变缩放系数的情况下，观察当前窗口中图形的不同部位，它相当于移动图纸。

【命令行】：输入“PAN”命令(快捷命令 P)。

【工具栏】：单击 按钮。

【菜单】：选择“视图”→“平移”命令。

平移命令的默认选项为实时平移模式。AutoCAD 2014 中还提供了平移命令的其他选项，这些选项可从“视图”→“平移”的子菜单中选择，AutoCAD 提供了可沿指定的左、右、上、下任一方向平移图形，如图 2.44 所示。

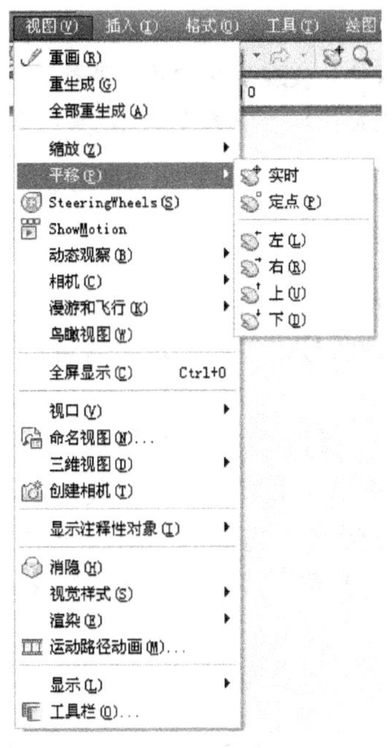

图 2.44 “平移”菜单

1. 实时平移

利用实时平移，能通过单击或移动鼠标重新放置图形。

实时平移命令执行方式。

【菜单】选择“视图”→“平移”→“实时”命令。

【工具栏】单击“标准注释”工具栏中 (实时平移)按钮。

【快捷菜单】在没有选定任何对象的情况下，在绘图区域右击，在弹出的快捷菜单中选择“平移”命令或者按住滚动滑轮平移。

执行命令后，十字光标变成手形光标，按住鼠标左键拖动，窗口内的图形就可按光标移动的方向移动。释放鼠标，可返回到平移等待状态，按 Esc 键或 Enter 键退出实时平移模式。

2. 定点平移

选择“视图”→“平移”→“定点”命令，可以通过指定基点和位移值来平移视图。它可以用来解决缩放或平移视图无效的现象。

3. 向左/右/上/下平移视图

选择“视图”→“平移”→“左/右/上/下”命令，可相应地向左、向右、向上、向下平移视图。

右击可以弹出快捷菜单。在快捷菜单中，可以实现缩放与平移之间的切换。控制图显示的主要方法是利用实时缩放和实时平移。

在 AutoCAD 中，平移功能通常又称为摇镜，它相当于将一个镜头对准视图，当镜头移动时，视口中的图形也跟着移动。

技巧点拨

鼠标中间的滚动滑轮也可以快速地实现屏幕缩放、平移功能，其中向前滚动滑轮，屏幕放大；向后滚动滑轮，屏幕缩小；按住滑轮按钮并拖动鼠标可以实现平移功能。

2.3.3 重画与重生成

在绘图和编辑过程中，屏幕上常常会留下对象的拾取标记，这些临时标记并不是图形中的对象，有时会使当前图形画面显得混乱，这时就可以使用 AutoCAD 的重画与重生成图形功能清除这些临时标记。

在 AutoCAD 中，使用“重画”命令，系统将在显示内存中更新屏幕，消除临时标记。使用“重生成”命令(REGEN)，可以更新用户使用的当前视区。

“重生成”命令有以下两种形式：选择“视图”→“重生成”命令(REGEN)可以更新当前视区；选择“视图”→“全部重生成”命令(REGENALL)，可以同时更新多重视口。

2.3.4 鸟瞰视图

在大型图形中，可以在显示全部图形的窗口中快速平移和缩放。

可以使用“鸟瞰视图”窗口快速修改当前视口中的视图。在绘图时，如果“鸟瞰视图”窗口保持打开状态，则无需中断当前命令便可以直接进行缩放和平移操作；还可以指定新视图，而无需选择菜单选项或输入命令。

视图框在“鸟瞰视图”窗口内，是一个用于显示当前视口中视图边界的粗线矩形，如图 2.45 所示。可以通过在“鸟瞰视图”窗口中改变视图框来改变图形中的视图。要放大图形，应将视图框缩小；要缩小图形，应将视图框放大。单击可以执行所有平移和缩放操作。右击可以结束平移或缩放操作。

2.3.5 视口

“视口”菜单如图 2.46 所示

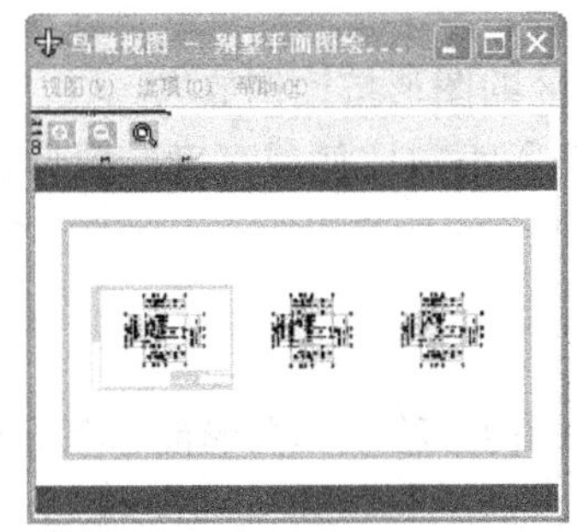

图 2.45 “鸟瞰视图”窗口

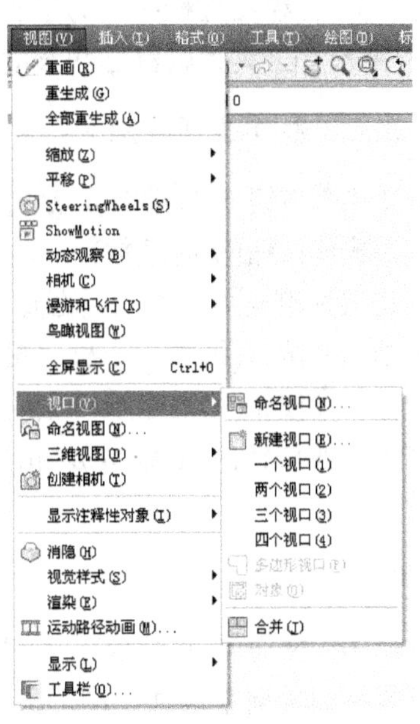

图 2.46 “视口”命令

2.3.6 控制圆和圆弧的显示

VIEWRES 命令控制当前视口中曲线式二维划线(如圆和圆弧)的显示精度。

AutoCAD 使用许多短直线段在屏幕上绘制出圆、圆弧等对象。VIEWRES 设置越高，显示的圆弧和圆就越平滑，但重新生成的时间也就越长。在绘图时，为了改善性能，可以将 VIEWRES 的值设置得低一些，如图 2.47 所示。

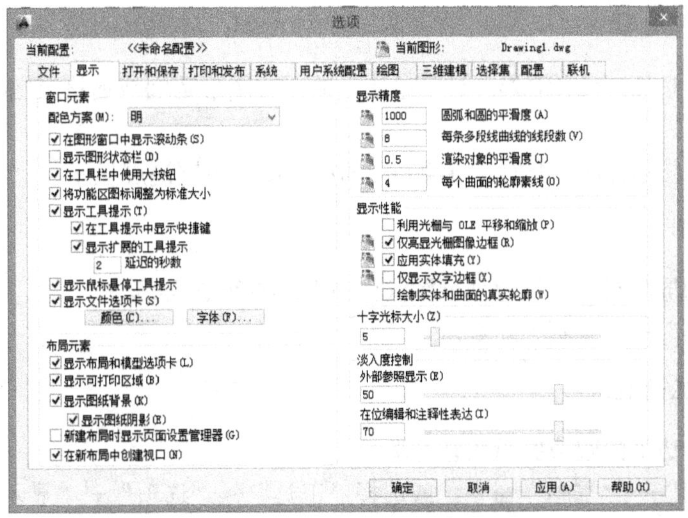

图 2.47 “显示”选项卡

2.3.7 项目训练

案例 3 在绘图过程中，为了画图和看图的需要，经常要调整图形的大小和位置，一般通过“缩放”工具栏、鼠标和滚动条来进行操作。

1. 放大图形(只是视觉放大，真实的尺寸并不改变)

(1) 单击按钮(窗口缩放)，选择需要放大的图形区域，被选择的区域被放大至满屏。
(2) 单击按钮(实时缩放)，按住鼠标左键，将光标向上移动，图形被逐渐放大。
(3) 将鼠标滚轮向上滚动，图形被逐渐放大。
(4) 单击按钮(每单击一次，图形放大一些)。
(5) 单击按钮(比例缩放)，输入放大比例，显示区的图形按比例放大。
(6) 单击按钮(中心缩放)，指定缩放中心点，输入缩放比例或高度，图形按照要求放大。

2. 缩小图形

(1) 单击按钮(实时缩放)，按住鼠标左键，将光标向下移动，图形被逐渐缩小。
(2) 鼠标滚轮向下滚动，图形被逐渐缩小。
(3) 单击按钮(缩放上一个)，缩小到上一个显示区域。
(4) 单击按钮(每单击一次，图形缩小一些)。
(5) 单击按钮(比例缩放)，输入缩小比例，显示区的图形按比例缩小 。

3. 移动图形

(1) 单击按钮(实时平移)，按压住鼠标左键移动图形。
(2) 按下鼠标滚轮拖动。
(3) 利用水平或垂直滚动条移动图形。

4. 显示所有图形

(1) 单击按钮(全部缩放)，显示绘制出的所有图形范围或栅格范围(包括图形界限外的图形)。
(2) 单击按钮(范围缩放)，将绘制出的所有图形范围满屏显示。

5. 重画图形

刷新当前的屏幕显示，以整理画图操作中形成的残缺画面。
选择“视图”→“重画”命令。

6. 改善圆弧的显示

将显示为多边形的圆或圆弧改善光滑。
选择“视图”→“重画”命令，或选择“工具”→“选项”→“显示”命令，在“显示精度”栏内更改“圆弧和圆的平滑度”，单击“确定”按钮。

本章引例与思考题目 3 的解答：为了改变图形在绘图窗口的显示及位置，用户可以利用屏幕缩放及平移的命令来进行具体的操作。

案例小结

本案例主要练习了在绘图过程中图形显示的控制方法，主要介绍屏幕缩放及平移功能的使用方法。通过本案例的操作，用户可掌握在绘图过程中改变绘图窗口图形显示的内容的方法。

2.4 图形样板文件

图形样板文件通过提供标准样式和设置来保证用户创建的图形的一致性，其扩展名为.dwt。如果根据现有的图形样板文件创建新图形并进行修改，则新图形中的修改不会影响图形样板文件。

如果想要把自己做的样板变成 AutoCAD 的默认样板，也可以把这个文件另存为系统的默认样板文件 acadiso.dwt 覆盖原文件即可。AutoCAD 样板文件做好之后，在以后的制图工作中，在新建文件的对话框输入文件名直接打开自己建立的样板，就可以免去重复做图层的设置工作了。

这样，用户在今后绘图时，只要启动 AutoCAD，系统就会首先调用 acad.dwg 中设置的参数，自动进行初始化过程，建立起相应的绘图环境，大大节省了初始化的时间，提高了工作效率。

在使用 AutoCAD 绘图前，经常需要对绘图环境的某些参数进行设置，以方便使用和查找，例如，对绘图单位、绘图界限和工具栏等进行必要的设置，然后将其保存为样板文件。

特别提示

本章引例与思考题目 1 的解答：为了提高绘图效率，用户在启动 AutoCAD 2014 对基本绘图环境进行设置后，通过下拉菜单将当前文件另存为.dwt 文件，即可将之创建为图形样板文件。

2.4.1 图纸幅面及格式

绘制技术图样时，应优先采用表 2-1 所规定的基本幅面。A0～A3 横式幅面如图 2.48 所示。标题栏如图 2.49 所示。

表 2-1 图纸幅面及图框尺寸(mm)

幅面代号 / 尺寸代号	A0	A2	A3	A4	A5
$b \times l$	841×1189	594×841	420×594	297×420	210×297
c	10			5	
a	25				

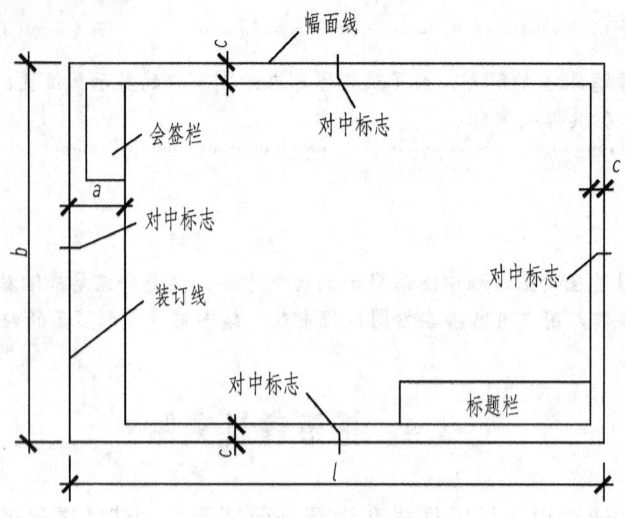

图 2.48　A0～A3 横式幅面

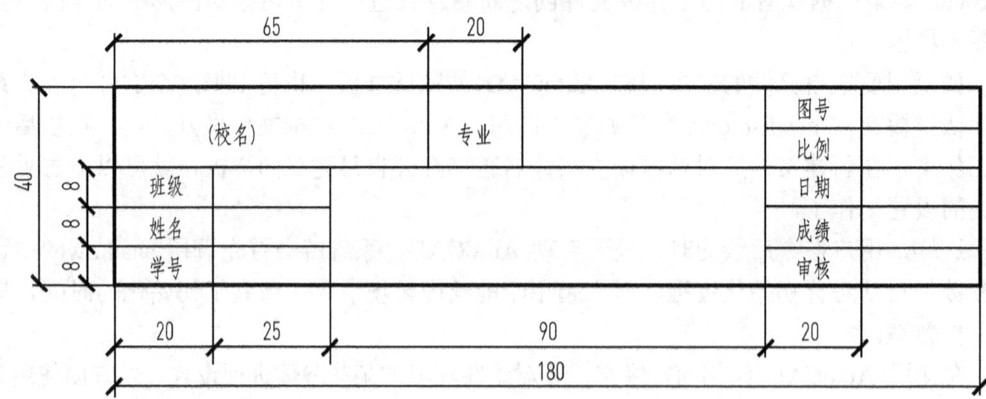

图 2.49　标题栏

2.4.2　建筑制图标准及线型规定

图线的宽度 *b*，宜从下列线宽系列中选取：2.0mm、1.4 mm、1.0 mm、0.7 mm、0.5 mm、0.35mm。每个图样，应根据复杂程度与比例大小，先选定基本线宽 *b*，再选用表 2-2 相应的线宽组，图线(表 2-3)，图框线、标题栏线的宽度(表 2-4)。

表 2-2　线宽组(mm)

线宽比	线宽组					
b	2.0	1.4	1.0	0.7	0.5	0.35
0.5*b*	1.0	0.7	0.5	0.35	0.25	0.18
0.25*b*	0.5	0.35	0.25	0.18	—	—

注：① 需要微缩的图纸，不宜采用 0.18mm 及更细的线宽。

② 同一张图纸内，各不同线宽中的细线，可统一采用较细的线宽组的细线。

表 2-3 图线

名称		线型	线宽	一般用途
实线	粗		b	主要可见轮廓线
	中		$0.5b$	可见轮廓线
	细		$0.25b$	可见轮廓线、图例线
虚线	粗		b	见各有关专业制图标准
	中		$0.5b$	不可见轮廓线
	细		$0.25b$	不可见轮廓线、图例线
单点长画线	粗		b	见各有关专业制图标准
	中		$0.5b$	见各有关专业制图标准
	细		$0.25b$	中心线、对称线等
双点长画线	粗		b	见各有关专业制图标准
	中		$0.5b$	见各有关专业制图标准
	细		$0.25b$	假想轮廓线、成型前原始轮廓线
折断线			$0.25b$	断开界线
波浪线			$0.25b$	断开界线

表 2-4 图框线、标题栏线的宽度(mm)

幅面代号	图框线	标题栏外框线	标题栏分格线、会签栏线
A0、A1	1.4	0.7	0.35
A2、A3、A4	1.0	0.7	0.35

2.4.3 图形样板文件创建步骤

手工设计绘图通常都要在标准大小的图纸上进行。大多数情况下，人们所用的都是印有图框和标题栏的标准图纸，也就是将图纸界限、图框、标题栏等每张图纸上必须具备的内容事先做好，这样既使得图纸规格统一，又节省了绘图者的时间，用 AutoCAD 绘图同样需要这样的准备工作。

AutoCAD 2014 自带标准样板图形，其文件扩展名为.dwt。用户也可自行创建样板文件，方法如下。

(1) 设置绘图环境(图层、文字样式、尺寸标注样式等)。

(2) 根据国标要求绘制图幅和标题栏。

(3) 将完成后的图形保存为.dwt 格式文件。

本章小结

通过本章的学习，可掌握绘图环境的设置，样板文件的概念及创建方法，系统参数选项的设置，在绘图过程中图形界限、精度及图形显示控制的方法等内容，掌握图层的创建及设置、图层管理及应用。

习 题

1. 图形样板文件的后缀名及作用是什么？
2. 如何设置图形显示精度、十字光标的大小、文件保存类型、自动保存时间间隔？
3. 绘图单位、图形界限及精度设置的方法是什么？
4. 在绘图过程中屏幕缩放、平移的作用是什么？
5. 绘图环境设置的方法及对绘图效率的影响是什么？
6. 创建如图 2.50 所示图层，并设置图层属性(图层名称、颜色、线型、线宽)。

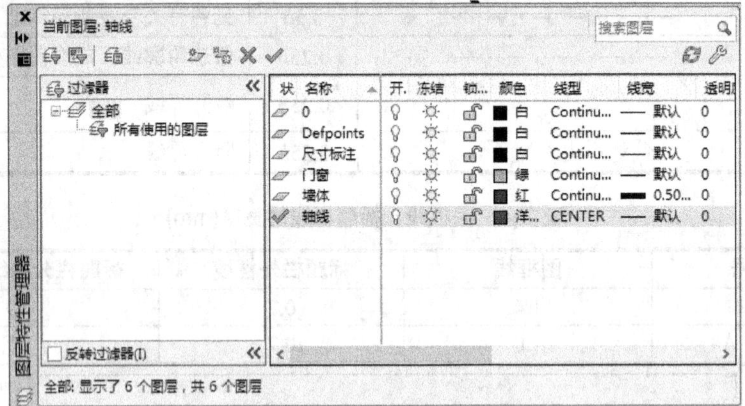

图 2.50　习题 6 图

第3章

绘制平面图形

教学目标

通过实例操作，熟悉 AutoCAD 2014 基本绘图命令及操作方法，掌握精确绘制图形的方法，以完成平面图形的绘制。

学习要求

能力要求	知识要点	权重
基本绘图命令	设置点样式、绘制点、定距等分、定数等分；绘制直线、射线、构造线、样条曲线、多段线、多线；绘制矩形、正多边形；绘制圆、圆弧、椭圆及椭圆弧	60%
精确绘制图形	正交绘图、设置捕捉、栅格工具、对象捕捉、极轴追踪、对象捕捉追踪、动态输入、快捷特性	40%

本章导读

建筑施工图是由一系列简单图形元素组成的，掌握点和图线等基本绘图命令的使用方法是运用AutoCAD进行设计的前提。为了方便绘图，AutoCAD还提供了一些精确定位工具、参数化约束等辅助工具，通过这些辅助工具和绘图命令的结合使用，用户能够快速、精确地完成图形的绘制，其中参数化约束功能，用户可以对图形对象建立几何约束，以保证图形对象之间有准确的位置关系，如平行、垂直、相切、同心、对称等关系；可以建立尺寸约束，通过该约束，既可以锁定对象，使其大小保持固定，也可以通过修改尺寸值来改变所约束对象的大小。

引例与思考

运用AutoCAD建筑辅助设计软件，工程设计人员可以更好地、快速地、高质量地完成设计图纸。

(1) 在建筑工程中，计算机辅助绘图需要换算比例绘制吗？

(2) 如何运用AutoCAD精确绘制图形？

3.1 绘制基本图形

AutoCAD 2014对于常用的绘图功能集中在“功能区”面板。“功能区”面板可以通过选择菜单“工具”→“选项板”→“功能区”调用，也可以通过“绘图”菜单来调用绘图命令，如图3.1所示。

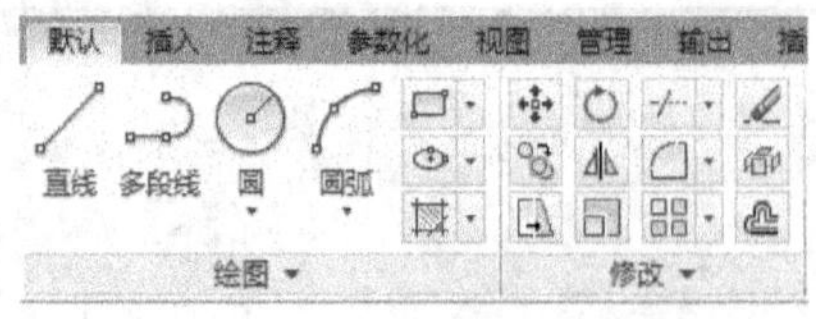

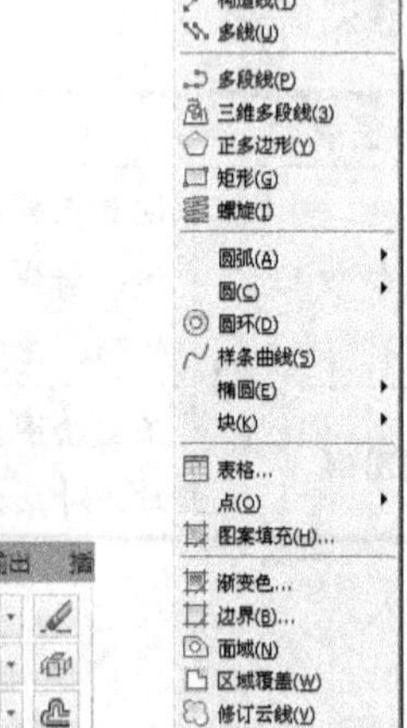

图3.1 绘图命令

对于熟悉了老版本操作界面的用户来说，如果还是习惯用前面的模式，可以选择“工具”→“工具栏”→AutoCAD命令把工具栏调用出来。例如，选择“工具”→“工具栏”→AutoCAD命令调出“绘图”工具栏，如图3.2所示。

图3.2 “绘图”工具栏

特别提示

本章引例与思考题目 1 的解答：在运用 AutoCAD 进行建筑计算机辅助绘图时采用 1∶1 的比例绘制，最后通过图框和布局的设置来控制最后的出图比例。

3.1.1 点

在 AutoCAD 中“点”对象是最简单的图形对象，用户只需指定其坐标即可。可以通过选择“绘图”→“点”命令来调用绘制“点”命令，也可以通过选择“功能区”→“常用”选项卡中的“点”按钮来调用“点”绘制命令，如图 3.3 所示。

图 3.3 “点”命令调用

虽然“点”绘制简单，但 AutoCAD 2014 仍提供了多种绘制方式。

(1) 单点：调用一次命令只绘制一个点。

(2) 多点：调用一次命令可绘制多个点。

(3) 定数等分：将指定的对象等分为指定的段数，并用点进行标记。

(4) 定距等分：将指定的对象按指定的距离等分，并用点进行标记。

1. 设置点样式

AutoCAD 为用户提供了多种点样式，在绘制点之前，先来设置点的样式。

【菜单】：选择“格式”→“点样式”命令。

【命令行】：输入“DDPTYPE”命令。

AutoCAD 弹出如图 3.4 所示的“点样式”对话框，用户可通过该对话框选择自己需要的点样式。此外，还可以利用对话框中的“点大小”文本框来确定点的大小。

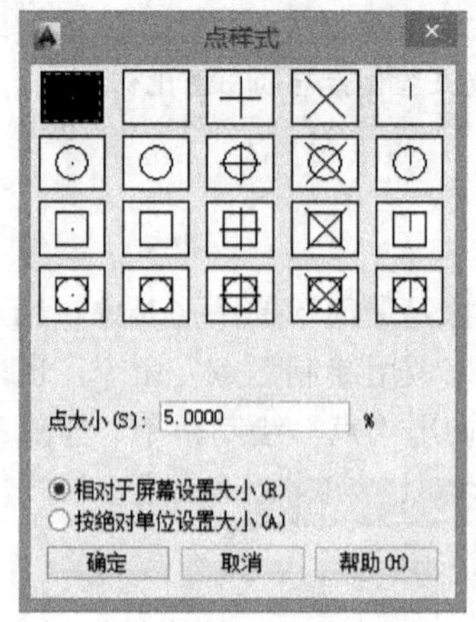

图 3.4 “点样式”对话框

技巧点拨

相对于屏幕设置大小：按屏幕尺寸的百分比设置点的现实的大小。当进行视图缩放操作时，点的大小并不改变。

按绝对单位设置大小：按“点大小”文本框中制订的实际单位设置点的显示大小，进行视图缩放时，显示的点大小随之改变。

2. 绘制点

【菜单】：选择“绘图”→“点”→“单点/多点”命令。
【命令行】：输入“POINT” 命令(快捷命令 PO)。
【工具栏】：单击按钮。
系统提示如下：

```
当前点模式:PDMODE=0,PDSIZE=0.0000
指定点:
```

其中，PDMODE 为点的样式，PDSIZE 为点大小。
绘制单点，可以在绘图窗口中一次指定一个点。
绘制多点可以在绘图窗口中一次指定多个点，最后可按 Esc 键结束。

3. 定数等分

定数等分可以将所选对象等分为指定数目的相等长度。
【菜单】：选择“绘图”→“点”→“定数等分”命令。
【命令行】：输入“DIVIDE”或“DIV”命令。
系统提示如下：

```
选择要定数等分的对象:                    //选择对应的对象
输入线段数目或 [块(B)]:
```

在此提示下直接输入等分数，即响应默认项，AutoCAD 在指定的对象上绘制出等分点。另外，利用“块(B)”选项可以在等分点处插入块。

4. 定距等分

使用定距等分可以从选定对象的一个端点开始，根据指定的长度，在对象上创建点对象。

【菜单】：选择“绘图”→“点”→“定距等分”命令。

【命令行】：输入“MEASURE”或“ME”命令。

系统提示如下：

```
选择要定距等分的对象：                    //选择对象
指定线段长度或 [块(B)]：
```

在此提示下直接输入长度值，即执行默认项，AutoCAD 在对象上的对应位置绘制出点。同样，可以利用“点样式”对话框设置所绘制点的样式。如果在“指定线段长度或[块(B)]:”提示下执行“块(B)”选项，则表示将在对象上按指定的长度插入块。

3.1.2 线

1. 直线

使用“直线”命令绘制直线时，只需在绘图窗口中任意位置单击即可绘制直线。

【菜单】：选择“绘图”→“直线”命令。

【命令行】：输入“LINE”命令或(快捷命令 L)。

【工具栏】：单击按钮。

系统提示如下：

```
第一点：(确定直线段的起始点)
指定下一点或 [放弃(U)]：              //确定直线段的另一端点位置，或执行“放弃(U)”选项
                                        重新确定起始点
指定下一点或 [放弃(U)]：              //可直接按 Enter 键或空格键结束命令，或确定直线段
                                        的另一端点位置，或执行“放弃(U)”选项取消前一
                                        次操作
指定下一点或 [闭合(C)/放弃(U)]：      //可直接按 Enter 键或空格键结束命令，或确定直线段
                                        的另一端点位置，或执行“放弃(U)”选项取消前一次
                                        操作，或执行“闭合(C)”选项创建封闭多边形
指定下一点或 [闭合(C)/放弃(U)]：↙    //也可以继续确定端点位置、执行“放弃(U)”选项、执
                                        行“闭合(C)”选项
```

AutoCAD 绘制出连接相邻点的一系列直线段，用 LINE 命令绘制出的一系列直线段中的每一条线段均是独立的对象。

2. 射线

射线是指向一个方向无限延展的直线，当指定起点和方向之后，就可以绘制一条射

线，射线可以作为创建其他对象的参考线。射线命令可以通过菜单栏调用，也可以通过功能区调用，如图 3.5 所示。

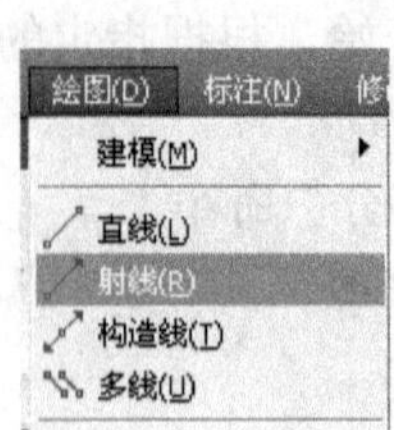

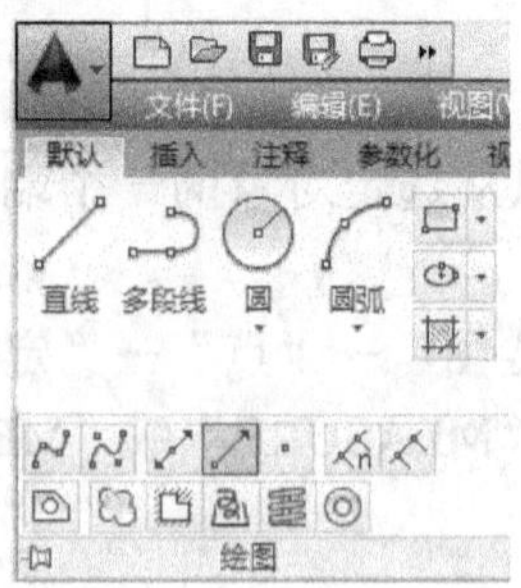

图 3.5 “射线”命令

【菜单】：选择“绘图”→“射线”命令。

【命令行】：输入“RAY”命令。

系统提示如下：

指定起点：　　　　　//确定射线的起始点位置

指定通过点：　　　　//确定射线通过的任一点，确定后 AutoCAD 绘制出过起点与该点的射线

指定通过点：↙　　　//也可以继续指定通过点，绘制过同一起始点的一系列射线

画图之前先设置对象捕捉。选择“工具”→“绘图设置”命令，从弹出的“草图设置”对话框中选择“对象捕捉”选项卡，如图 3.6 所示[在状态栏上的“对象捕捉”按钮(□)上右击，从弹出快捷菜单选择“设置”命令，也可以打开此对话框]。选择常用的端点、中点、圆心、节点、垂足。利用对象捕捉功能，可以在绘图过程中快速、准确地确定这些特殊点。

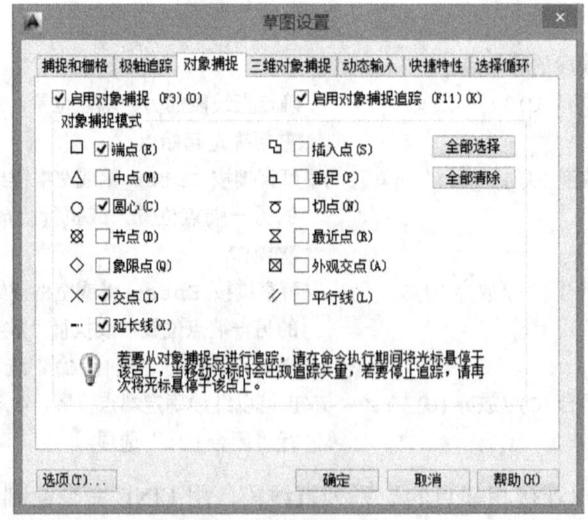

图 3.6 “对象捕捉”对话框

3. 构造线

构造线是指向两个方向的无限延伸的直线，射线是由一个指定点开始，沿某个方向无

限延长的构造线。这两种线形都可以作为帮助用户进行精确绘图的参考线，虽然用户不能对它们进行计算或延伸，但可以通过一些旋转、复制或移动等变换操作进行修整。构造线可以通过绘图命令和功能区调用，如图 3.7 所示。

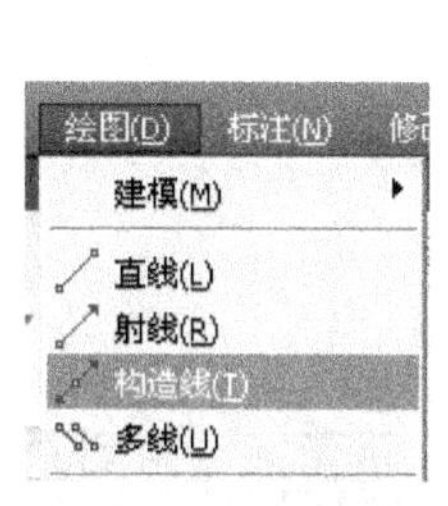

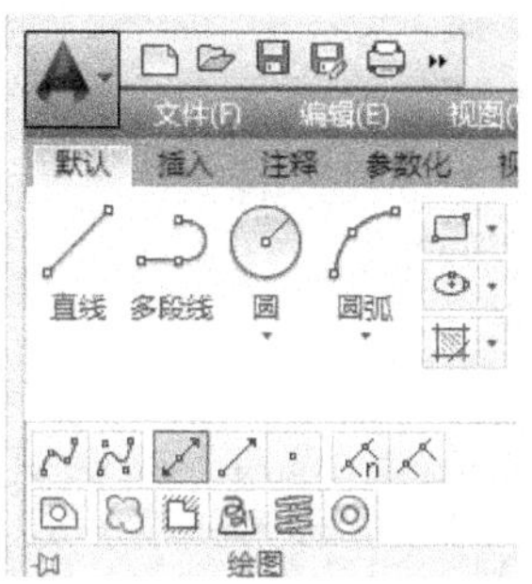

图 3.7 “构造线”命令

【菜单】：选择“绘图”→“构造线”命令。
【命令行】：输入“XLINE”命令(快捷命令“XL”)。
【工具栏】：单击按钮。
系统提示如下：

```
指定点或 [水平(H)/垂直(V)/角度(A)/二等分(B)/偏移(O)]:
```

其中，“指定点”选项用于绘制通过指定两点的构造线；“水平”选项用于绘制通过指定点的水平构造线；“垂直”选项用于绘制通过指定点的垂直构造线；“角度”选项用于绘制沿指定方向或与指定直线之间的夹角为指定角度的构造线；“二等分”选项用于绘制平分由指定 3 点所确定的角的构造线；“偏移”选项用于绘制与指定直线平行的构造线。

4. 样条曲线

样条曲线是经过或接近一系列给定点的光滑曲线，如图 3.8 所示。样条曲线命令可以通过菜单和功能区调用，如图 3.9 所示。

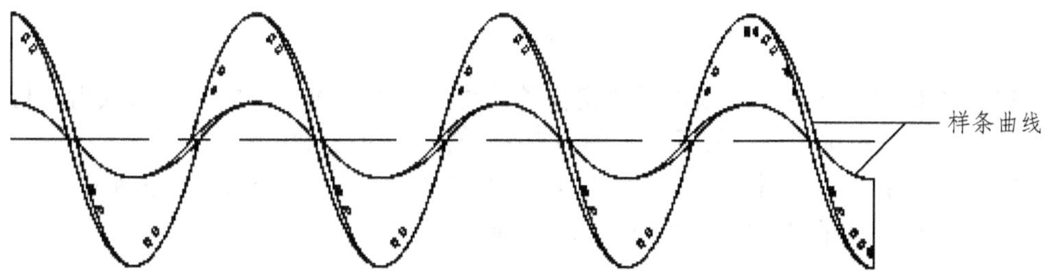

图 3.8 样条曲线

1) 样条曲线的绘制
【菜单】：选择“绘图”→“样条曲线”命令。
【命令行】：输入“SPLINE”命令(快捷命令“SPL”)。
【工具栏】：单击按钮。

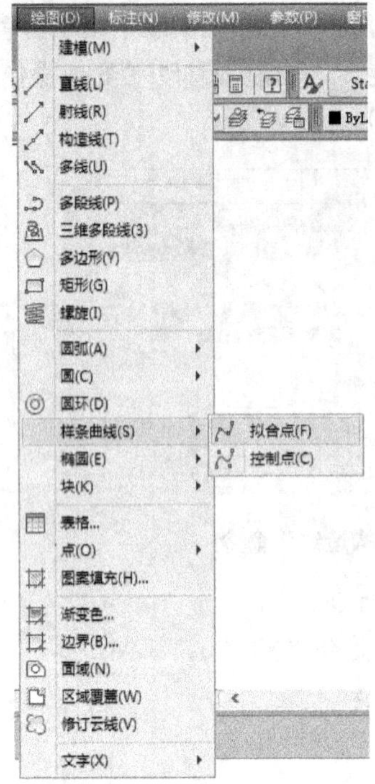

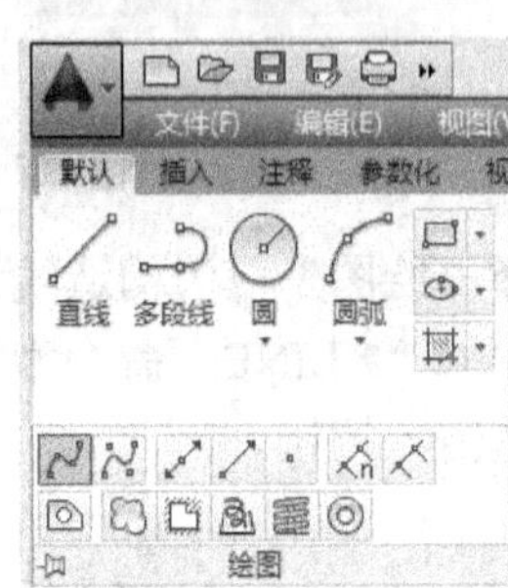

图 3.9 “样条曲线”命令

系统提示如下：

指定第一个点或 [对象(O)]:

(1) 指定第一个点。确定样条曲线上的第一点(即第一拟合点)，为默认项。执行此选项，即确定一点，系统提示如下。

指定下一点:

在此提示下确定样条曲线上的第二拟合点后，系统提示如下。

指定下一点或 [闭合(C)/拟合公差(F)] <起点切向>:

其中，“指定下一点”选项用于指定样条曲线上的下一点；“闭合”选项用于封闭多段线；“拟合公差”选项用于根据给定的拟合公差绘制样条曲线。

(2) 对象(O)。将样条拟合多段线(由 PEDIT 命令的“样条曲线(S)”选项实现)转换成等价的样条曲线并删除多段线。执行此选项，系统提示如下。

选择要转换为样条曲线的对象:
选择对象:

在该提示下选择对应的图形对象，即可实现转换。

2) 样条曲线编辑

样条曲线绘制完成后，如果需要调整，可以调用样条曲线的修改命令，可以选择“修改”→“对象”→“样条曲线”命令调用，也可以通过选择“工具”→“工具栏”→“AutoCAD”→“修改 II”命令调用，如图 3.10 所示。开启的“修改 II”工具栏如图 3.11 所示。

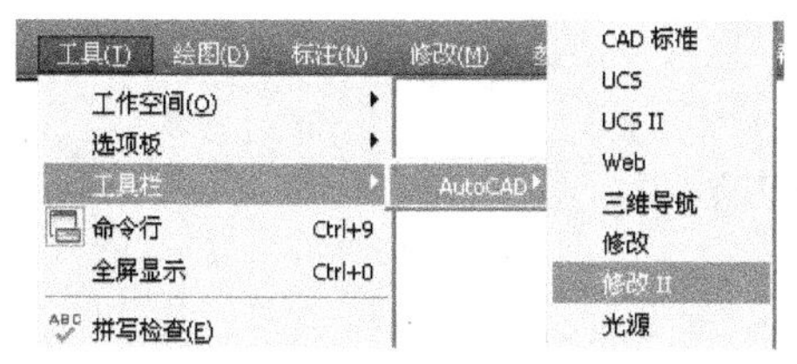

图 3.10 “修改 II”命令调用

图 3.11 “修改 II”工具栏

【菜单】：选择“修改”→“对象”→“样条曲线”命令。
【命令行】：输入“SPLINEDIT”命令。
【工具栏】：单击“修改 II”编辑样条曲线按钮，如图 3.11 矩形框标识区域所示。
系统提示如下：

```
命令: _splinedit
选择样条曲线:
输入选项 [拟合数据(F)/闭合(C)/移动顶点(M)/优化(R)/反转(E)/转换为多段线(P)/放弃(U)]:
```

5. 多段线

多段线是作为单个对象创建的相互连接的序列线段，它可以创建直线段、弧线段或两者的组合线段。与直线相比，多段线提供了单个直线所不具备的编辑功能，用户可根据需要分别编辑每条线段、设置各线段的宽度、使线段的始末端点具有不同的线宽及封闭、打开多段线等。运用多段线可以完成一些复杂图形的绘制，如图 3.12 所示。

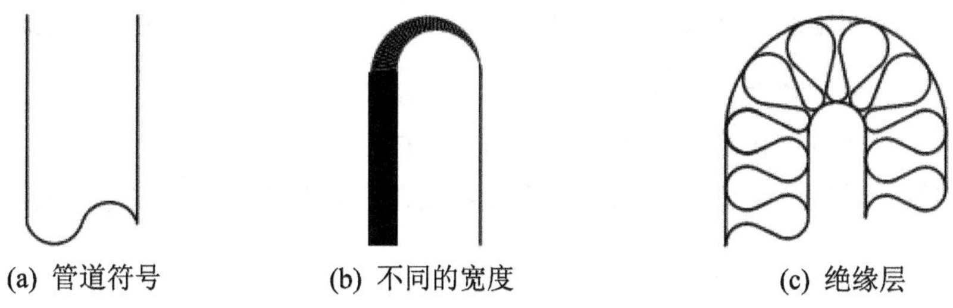

(a) 管道符号　(b) 不同的宽度　(c) 绝缘层

图 3.12 多段线

多段线可以通过单击功能区绘图面板的按钮调用，也可以通过选择“绘图”→“多段线”命令调用，如图 3.13 所示。

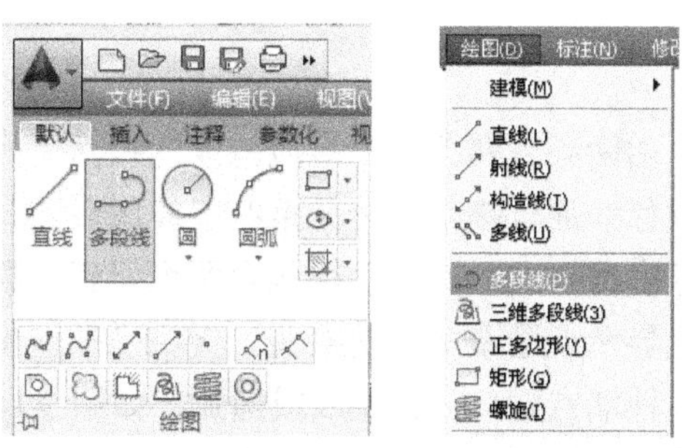

图 3.13 “多段线”命令

1) 多段线的绘制

【菜单】：选择“绘图”→“多段线”命令。

【命令行】：输入“PLINE”命令(快捷命令 PL)。

【工具栏】：单击按钮。

系统提示如下：

```
指定起点：                    //确定多段线的起始点
当前线宽为 0.0000             //说明当前的绘图线宽
指定下一个点或 [圆弧(A)/半宽(H)/长度(L)/放弃(U)/宽度(W)]：
```

其中，“圆弧”选项用于绘制圆弧；“半宽”选项用于确定多段线的半宽；“长度”选项用于指定所绘多段线的长度；“宽度”选项用于确定多段线的宽度。

2) 多段线的编辑

多段线绘制完成后，如果需要调整，可以调用多段线的修改命令，可以通过选择“修改”→“对象”→“多段线”命令调用，也通过选择“工具”→“工具栏”→“AutoCAD”→“修改 II”命令调用，如图 3.14 所示。开启的“修改 II”工具栏如图 3.15 所示。

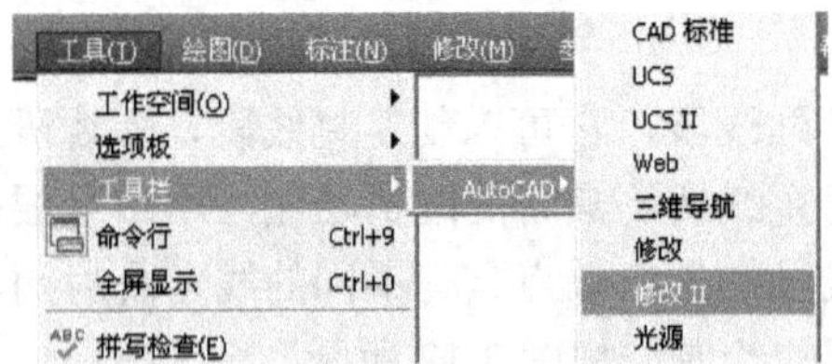

图 3.14 “修改 II”命令调用

图 3.15 “修改 II”工具栏

【菜单】：选择“修改”→“对象”→“多段线”命令。

【命令行】：输入“PEDIT”命令(快捷命令 PE)。

【工具栏】：单击“修改 II”编辑样条曲线按钮，如图 3.15 矩形框标识区域所示。

系统提示如下：

```
命令：PEDIT
选择多段线或 [多条(M)]：
输入选项 [闭合(C)/合并(J)/宽度(W)/编辑顶点(E)/拟合(F)/样条曲线(S)/非曲线化(D)/线型生成(L)/反转(R)/放弃(U)]：
```

6. 多线

绘制多条平行线，即由两条或两条以上直线构成的相互平行的直线，且这些直线可以分别具有不同的线型和颜色。通过指定每个元素距多线原点的预想的偏移量可以确定元素的位置。可以创建和保存多线样式，或者使用包含两个元素的默认样式。还可以设置每个元素的颜色、线型，以及显示或隐藏多线的接头。接头是那些出现在多线元素每个顶点处的线条。多线可以使用多种端点封口，如直线或圆弧，如图 3.16 所示。

多线命令可以通过选择“绘图”→“多线”命令调用，如图 3.17 所示。

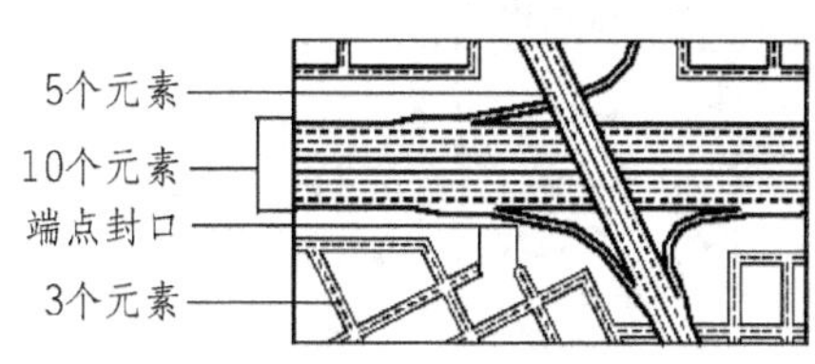

图 3.16 多线示例

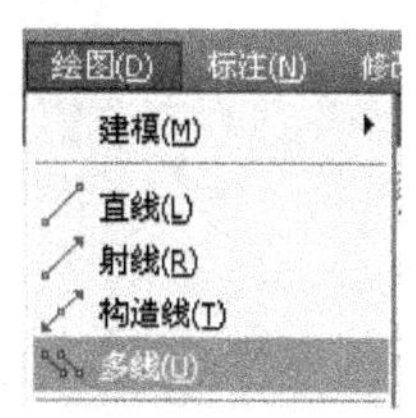

图 3.17 “多线”命令

1) 多线的绘制

【菜单】：选择“绘图”→“多线”命令。

【命令行】：输入“MLINE”命令(快捷命令 ML)。

系统提示如下：

```
当前设置：对正=上，比例=20.00，样式=STANDARD
指定起点或 [对正(J)/比例(S)/样式(ST)]：
```

提示中的第一行说明当前的绘图模式。本示例说明当前的对正方式为“上”方式，比例为 20.00，多线样式为 STANDARD；第二行为绘多线时的选择项。其中，“指定起点”选项用于确定多线的起始点；“对正”选项用于控制如何在指定的点之间绘制多线，即控制多线上的哪条线要随光标移动。

(1) 上。从左往右绘多线时多线上最顶端的线将随光标移动；从右往左绘多线时多线上最底端的线将随光标移动，如图 3.18 所示。

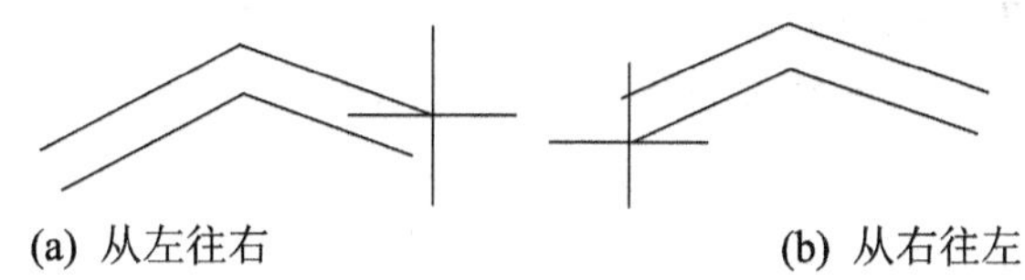
(a) 从左往右　　(b) 从右往左

图 3.18 多线对正=上

(2) 无。多线中间随光标移动，如图 3.19 所示。

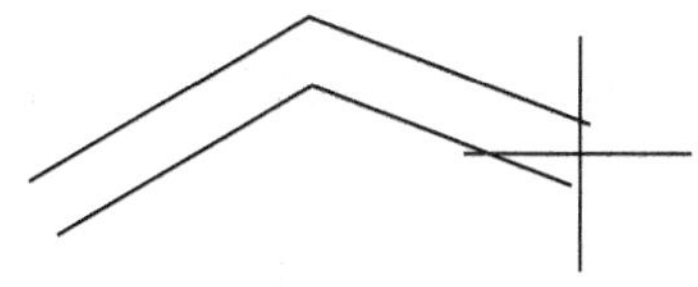
图 3.19 多线对正=无

(3) 下。与“上”含义相反。

“比例”选项用于确定所绘多线的宽度相对于多线定义宽度的比例。默认为 20，值越大，多线之间的距离就越大。

“样式”选项用于确定绘多线时采用的多线样式。

2) 定义多线样式

【菜单】：选择“格式”→“多线样式”命令。

【命令行】：输入“MLSTYLE”命令(快捷命令 MLST)。

弹出“多线样式”对话框，如图 3.20 所示。

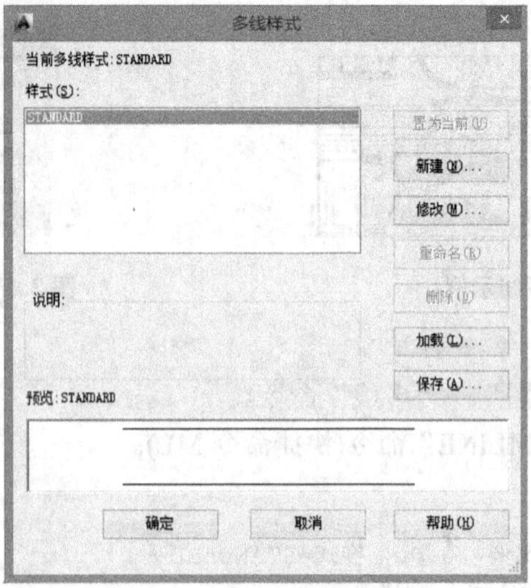

多线样式
当前多线样式：STANDARD
样式(S)：
STANDARD
置为当前(U)
新建(N)...
修改(M)...
重命名(R)
删除(D)
说明：
加载(L)...
保存(A)...
预览：STANDARD
确定
取消
帮助(H)

图 3.20 “多线样式”对话框

置为当前：可以从下拉列表中选取已定义的样式置为当前样式。

新建：新建多线样式。

加载：从多线库文件(acad.mln)中加载已定义的多线。

修改：对已定义的多线样式进行修改。

重命名：对当前多线样式改名。

删除：删除选中的多线样式。

保存：将多线样式存入多线文件中(扩展名为.MLN)。

技巧点拨

若已用定义的多线样式画了多线，则“修改”、“重命名”、“删除”操作不能进行，只有删除所画多线才能进行。

操作方法如下：

(1) 在“多线样式”对话框中，单击“新建”按钮，弹出“创建新的多线样式”对话框，如图 3.21 所示。

图 3.21 “创建新的多线样式”对话框

(2) 在“创建新的多线样式”对话框中，输入多线样式的名称并选择开始绘制的多线样式后单击“继续”按钮。例如，输入墙线的首字母“qx”，如图 3.22 所示。

(3) 在“新建多线样式”对话框中，选择多线样式的参数，也可以输入说明，如图 3.23 所示可以设置封口、偏移距离等。

图 3.22 创建新的多线样式举例

新建多线样式:QX
说明(P):
封口
起点 端点
直线(L):
外弧(O):
内弧(R):
角度(N): 90.00 90.00
填充
填充颜色(F): □ 无
显示连接(J):
图元(E)
偏移 颜色 线型
0.5 BYLAYER ByLayer
-0.5 BYLAYER ByLayer
添加(A) 删除(D)
偏移(S): 0.000
颜色(C): ByLayer
线型: 线型(Y)...
确定 取消 帮助(H)

图 3.23 “新建多线样式:墙线”对话框

(4) 单击“确定”按钮。

(5) 在“多线样式”对话框中，单击“保存”按钮将多线样式保存到文件(默认文件为“acad.mln”)。可以将多个多线样式保存到同一个文件中。

如果要创建多个多线样式，需在创建新样式之前保存当前样式，否则，将丢失对当前样式所做的修改。

3) 多线编辑

多线绘制完成后，如果需要调整，可以调用多线的修改命令，可以通过选择“修改”→“对象”→“多线”命令调用，开启多线编辑工具，如图 3.24 所示。开启的“多线编辑工具”对话框如图 3.25 所示。

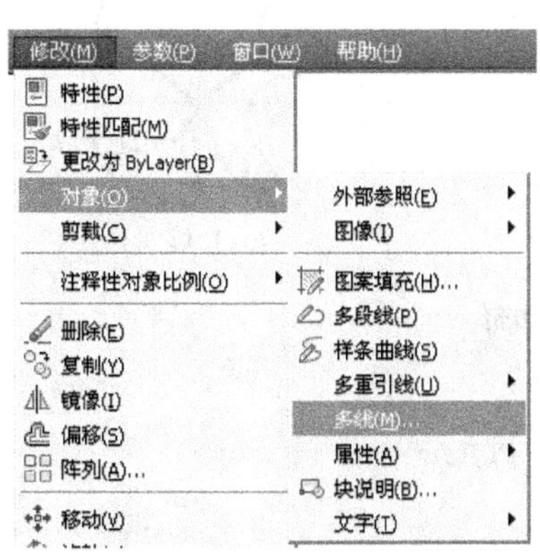

图 3.24 修改多线命令

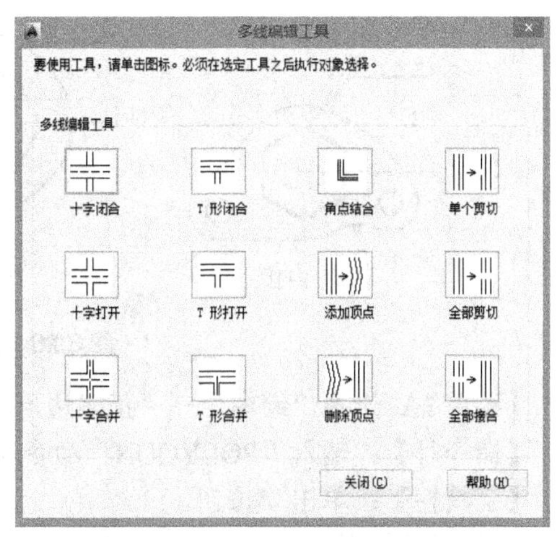

图 3.25 “多线编辑工具”对话框

【菜单】：选择“修改”→“对象”→“多线”命令。
【命令行】：输入“MLEDIT”命令(快捷命令 MLED)。
系统提示如下：

```
命令：_mledit
选择第一条多线：
选择第二条多线：
```

3.1.3　多边形的绘制

根据指定的尺寸或条件绘制矩形或多边形。

1. 矩形

【菜单】：选择“绘图”→“矩形”命令。
【命令行】：输入“RECTANG”命令(快捷命令 REC)。
【工具栏】：单击□按钮。
系统提示如下：

```
指定第一个角点或 [倒角(C)/标高(E)/圆角(F)/厚度(T)/宽度(W)]:
```

其中，“指定第一个角点”选项要求指定矩形的一个角点。执行该选项，系统提示如下。

```
指定另一个角点或 [面积(A)/尺寸(D)/旋转(R)]:
```

2. 正多边形

正多边形可创建具有 3～1024 条等长边的闭合多段线。创建正多边形是绘制正方形、等边三角形、八边形等图形的简单方法。如图 3.26 所示为使用这 3 种方法创建的多边形。在每个例子中，都指定了两点。

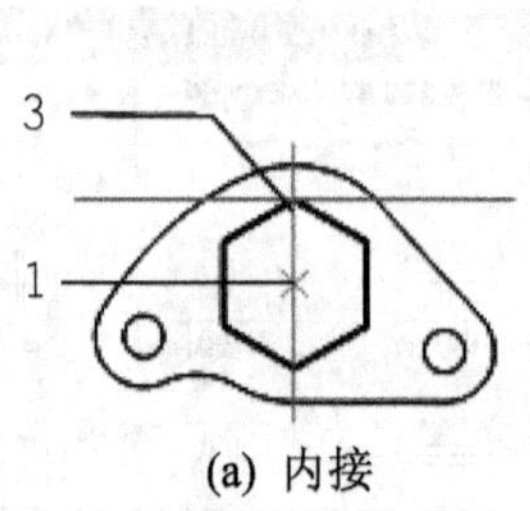

(a) 内接

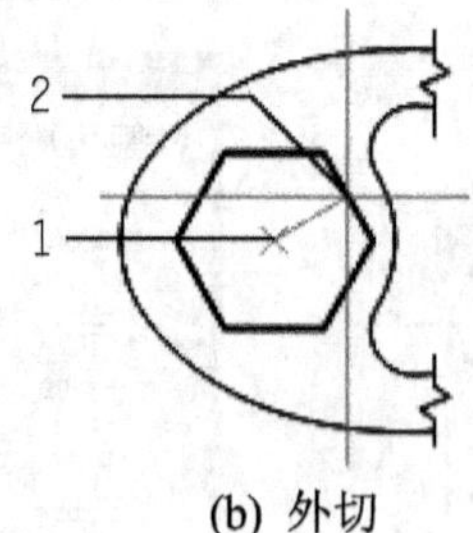

(b) 外切

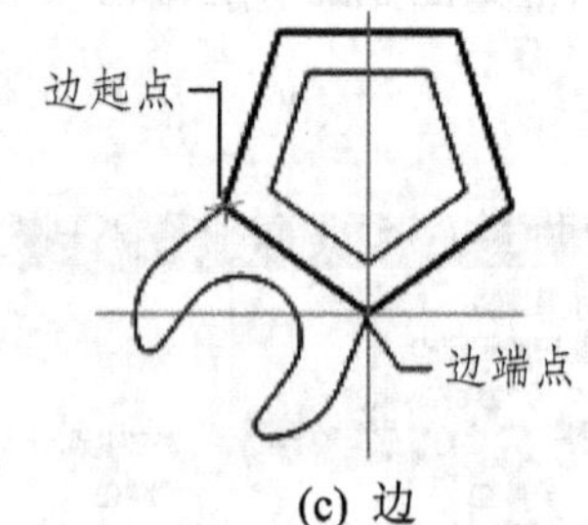

(c) 边

图 3.26　创建正多边形

【菜单】：选择“绘图”→“正多边形”命令。
【命令行】：输入“POLYGON”命令(快捷命令 POL)。
【工具栏】：单击⬠按钮。
系统提示如下：

指定正多边形的中心点或 [边(E)]:

1) 指定正多边形的中心点

此默认选项要求用户确定正多边形的中心点，指定后将利用多边形的假想外接圆或内切圆绘制等边多边形。执行该选项，即确定多边形的中心点后，系统提示如下。

输入选项 [内接于圆(I)/外切于圆(C)]:

其中，“内接于圆”选项表示所绘制多边形将内接于假想的圆，“外切于圆”选项表示所绘制多边形将外切于假想的圆。

2) 边

根据多边形某一条边的两个端点绘制多边形。

3.1.4 圆及圆弧的绘制

1. 圆

AutoCAD 提供了多种绘制圆的方法，可通过如图 3.27 所示的“圆”子菜单执行绘制圆的操作。

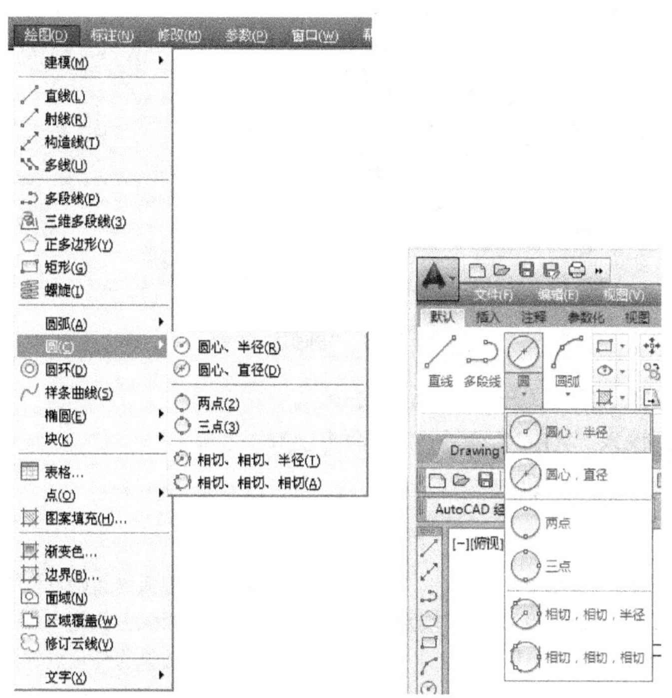

图 3.27 “圆”命令

【菜单】：选择“绘图”→“圆”命令。

【命令行】：输入“CIRCLE”命令(快捷命令 C)。

【工具栏】：单击按钮。

系统提示如下：

指定圆的圆心或 [三点(3P)/两点(2P)/相切、相切、半径(T)]:

其中，“指定圆的圆心”选项用于根据指定的圆心及半径或直径绘制圆弧；“三点”选项用于根据指定的三点绘制圆；“两点”选项用于根据指定的两点绘制圆；“相切、相切、半径”选项用于绘制与已有两对象相切，且半径为给定值的圆。

2. 圆弧

圆弧命令可以选择“绘图”→“圆弧”命令来调用，也可以通过功能区来调用，如图 3.28 所示。

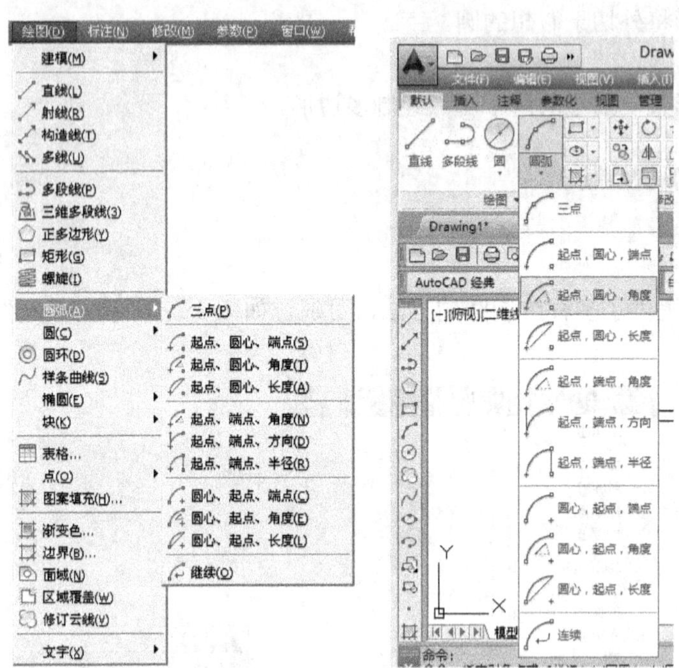

图 3.28 “圆弧”命令

【菜单】：选择“绘图”→“圆弧”命令。

【命令行】：输入“ARC”命令(快捷命令 A)。

【工具栏】：单击按钮。

系统提示如下：

```
指定圆弧的起点或 [圆心(C)]:                    //确定圆弧的起始点位置
指定圆弧的第二个点或 [圆心(C)/端点(E)]:         //确定圆弧上的任一点
指定圆弧的端点:                                //确定圆弧的终止点位置
```

在 AutoCAD 中可使用“ARC”命令来绘制圆弧。根据圆弧的几何性质，AutoCAD 提供了多种方法来绘制圆弧。首先来了解一下圆弧的几何构成，如图 3.29 所示。圆弧的几何元素除了起点、端点和圆心外，还可由这 3 点得到半径、角度和弦长。

当用户掌握了其中某些几何元素的数据后，就可用来创建圆弧对象，可以使用多种方法创建圆弧。除第一种方法外，其他方法都是从起点到端点逆时针绘制圆弧，具体方法见表 3-1。

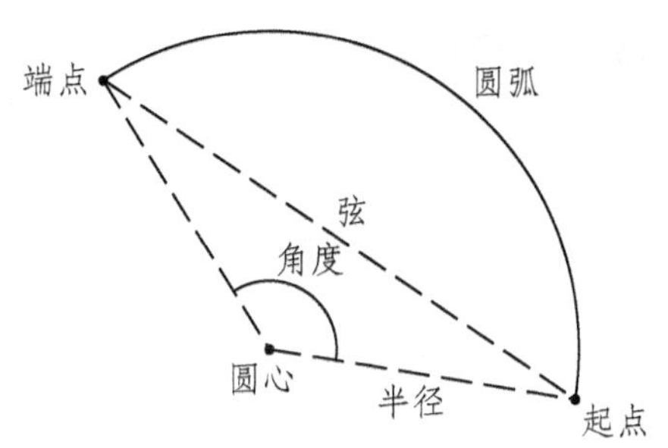

图 3.29 圆弧的几何构成

表 3-1 圆弧的绘制方法一览表

方　式	说　明
三点	三点法，依次指定起点、圆弧上一点和端点来绘制圆弧
起点、圆心、端点	起点、圆心、端点法，依次指定起点、圆心和端点来绘制圆弧
起点、圆心、角度	起点、圆心、角度法，依次指定起点、圆心角和端点来绘制圆弧，其中圆心角逆时针方向为正(默认)
起点、圆心、长度	起点、圆心、长度法，依次指定起点、圆心和弦长来绘制圆弧
起点、端点、角度	起点、端点、角度法，依次指定起点、端点和圆心角来绘制圆弧，其中圆心角逆时针方向为正(默认)
起点、端点、方向	起点、端点、方向法，依次指定起点、端点和切线方向来绘制圆弧。向起点和端点的上方移动光标将绘制上凸的圆弧，向下方移动光标将绘制下凸的圆弧
起点、端点、半径	起点、端点、半径法，依次指定起点、端点和圆弧半径来绘制圆弧
圆心、起点、端点	圆心、起点、端点法，依次指定起点、圆心和端点来绘制圆弧
圆心、起点、角度	圆心、起点、角度法，依次指定起点、圆心角和端点来绘制圆弧，其中圆心角逆时针方向为正(默认)
圆心、起点、长度	圆心、起点、长度法，依次指定起点、圆心和弦长来绘制圆弧
连续	AutoCAD 将把最后绘制的直线或圆弧的端点作为起点，并要求用户指定圆弧的端点，由此创建一条与最后绘制的直线或圆弧相切的圆弧

3. 椭圆及椭圆弧

椭圆(Ellipse)的几何元素包括圆心、长轴和短轴，但在 AutoCAD 中绘制椭圆时并不区分长轴和短轴的次序。AutoCAD 提供了两种绘制椭圆的方法。

(1) 中心点法。分别指定椭圆的中心点、第一条轴的一个端点和第二条轴的一个端点来绘制椭圆。

(2) 轴端点法。先指定两个点来确定椭圆的一条轴，再指定另一条轴的端点(或半径)来绘制椭圆。

在 AutoCAD 2014 中还可以绘制椭圆弧。其绘制方法是在绘制椭圆的基础上再分别指定圆弧的起点角度和端点角度(或起点角度和包含角度)。注意，指定角度时长轴角度定义为 0°，并以逆时针方向为正(默认)。椭圆命令调用可以通过选择“绘图”→“椭圆”命令调用，也可以通过功能区调用，如图 3.30 所示。

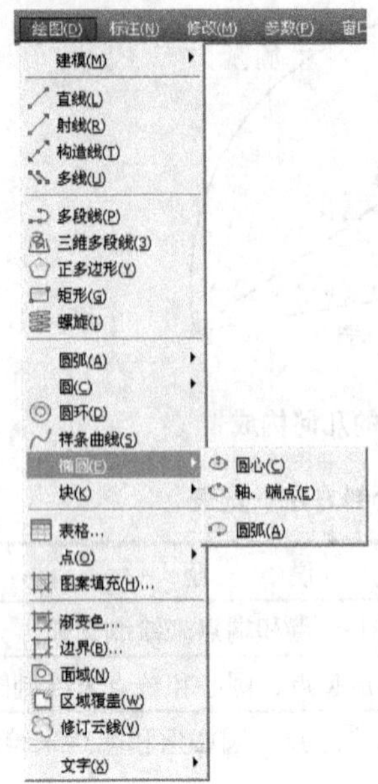
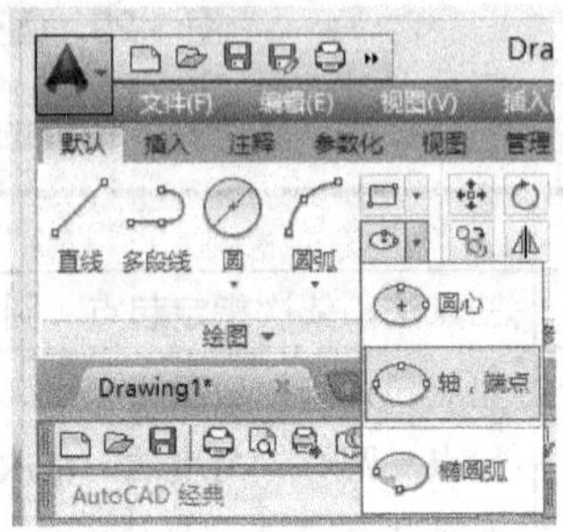

图 3.30 “椭圆”命令

【菜单】：选择“绘图”→“椭圆”命令。

【命令行】：输入“ELLIPSE”命令(快捷命令 EL)。

【工具栏】：单击(椭圆)或(椭圆弧)按钮命令。

系统提示如下：

```
指定椭圆的轴端点或 [圆弧(A)/中心点(C)]:
```

其中，“指定椭圆的轴端点”选项用于根据一轴上的两个端点位置等绘制椭圆；“中心点”选项用于根据指定的椭圆中心点等绘制椭圆；“圆弧(A)”选项用于绘制椭圆弧。另外，椭圆弧也可以通过单击工具栏中的相应按钮实现绘制。

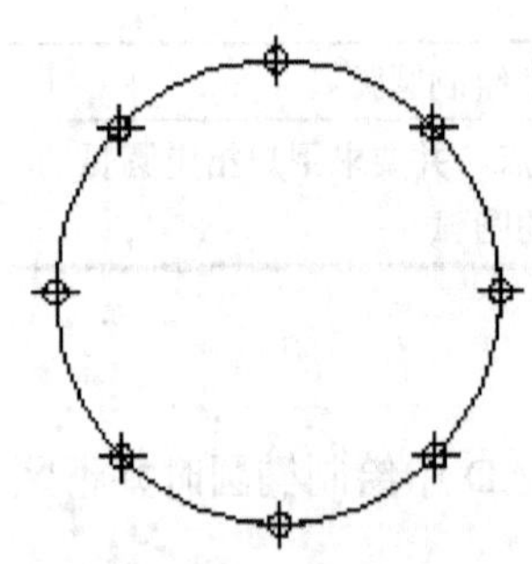

图 3.31 8 等分圆

3.1.5 项目训练

目的及要求：复杂的图形都是由简单的图形元素组合而成的，通过基本绘图命令的训练，由易而难掌握平面图形的绘制。

案例 1 绘制半径为 20 的圆，对其进行 8 等分并设置点样式，如图 3.31 所示。

```
命令: CIRCLE                                   //输入圆命令“CIRCLE”并按空格键确认命令
CIRCLE 指定圆的圆心或 [三点(3P)/两点
(2P)/切点、切点、半径(T)]:                      //在视图任意位置单击创建圆心
指定圆的半径或 [直径(D)] <10.0000>: 20          //输入半径“20”
命令: div                                      //输入定数等分命令“DIV”
DIVIDE 选择要定数等分的对象:                    //单击选取圆
输入线段数目或 [块(B)]: 8                       //输入线段数目“8”并按空格键结束命令
```

在 AutoCAD 中操作时，空格键和 Enter 键具有相同的功能，即确认命令、结束命令、重复命令等。

定数等分命令根据等分数目在图形对象上放置等分点，这些点并不分割对象，只是标明等分的位置。AutoCAD 中可等分的图形元素包括直线、圆、圆弧、样条线及多段线等。

案例小结

本案例主要练习了定数等分，在绘制该图形的过程中，主要利用圆命令和定数等分命令。通过本案例的绘制，可掌握定数等分的操作、利用空格键来确认或结束命令的方法。

案例 2 以定数 15 等分长度为 50 的线段，如图 3.32 所示。

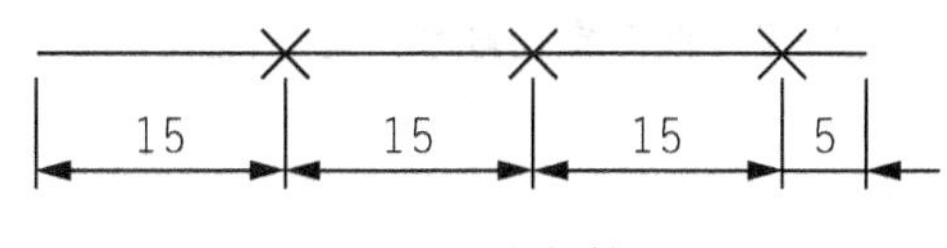

图 3.32 定数等分

```
命令: LINE                              //输入直线命令"LINE"并按空格键确认命令
LINE 指定第一点:                        //在视图任意位置单击创建第一点
指定下一点或 [放弃(U)]: 50              //输入长度"50"
指定下一点或 [放弃(U)]:                 //按空格键结束命令
命令: ME                                //输入定数等分命令"ME"并按空格键确认命令
MEASURE 选择要定距等分的对象:           //单击选择直线
指定线段长度或 [块(B)]: 15              //输入线段长度"15"，并按空格键结束命令
```

有时定距等分对象的最后一段的长度有可能不等于指定的长度，也就是对第一个端点最后一个端点之间可能不等于指定的距离值。

定距等分命令对于不同类型的图形元素，距离测量的起始点是不同的。当操作对象为直线、圆弧或多段线时，起始点位于距选择点最近的端点。如果是圆，则一般从 0° 开始进行测量。

案例小结

本案例主要练习了定距等分，在绘制该图形的过程中，主要利用直线命令和定距等分命令。通过本案例的绘制，可掌握定距等分的操作，以及明白定距等分与定数等分的区别。

案例 3 用直线命令绘制如图 3.33 所示的简单图形。

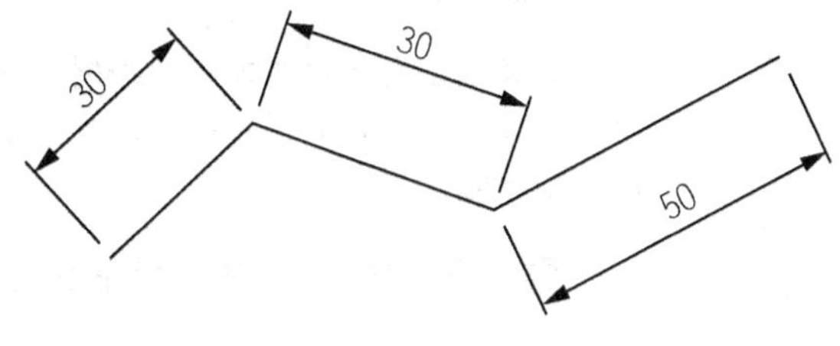

图 3.33 直线命令

```
命令:_LINE 指定第一点:                      //在屏幕上任意位置单击
指定下一点或[放弃(U)]:30                     //输入“30”
指定下一点或[放弃(U)]:40                     //输入“40”
指定下一点或 [闭合(C)/放弃(U)]:50            //输入“50”
指定下一点或 [闭合(C)/放弃(U)]:              //按空格键结束命令
```

技巧点拨

如果要画水平线或垂直线，可以开启正交模式。要开启正交模式可以单击状态栏的按钮，也可以使用快捷键 F8。

在 AutoCAD 中可按 Enter 键或空格键结束命令，也可右击，并在弹出的快捷菜单中确认来结束命令。为提高绘图速度，一般按空格键来结束命令。空格键还有一个重要用途就是用于重复命令，当结束命令以后，可以继续按空格键来重复命令。

案例小结

本案例主要练习了直线绘制，在绘制该图形的过程中，主要利用直线命令。通过本案例的绘制，可掌握直线的绘制方法。

案例 4 绘制射线。

(1) 运用之前所讲的定数等分画出半径为 20，等分数为 6 的圆，如图 3.34 所示。

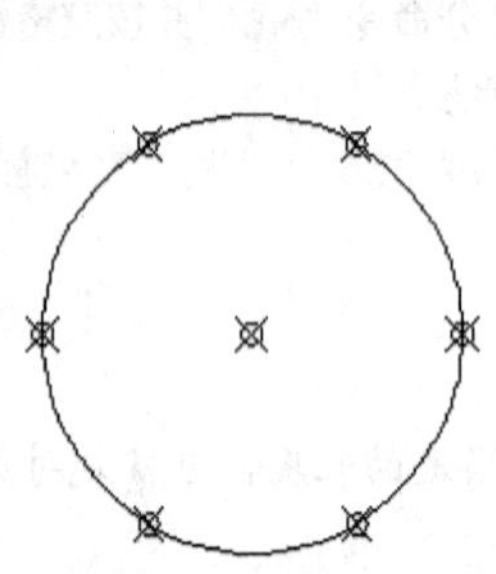

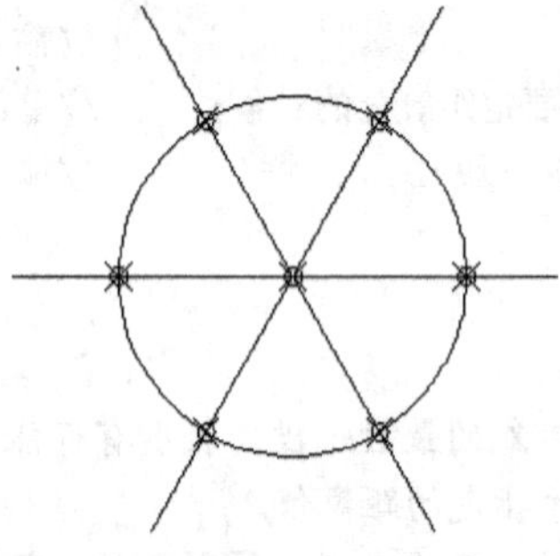

图 3.34 射线

(2) 绘制以圆心为起点，等分点为通过点的射线。

```
命令: RAY          //输入射线命令“RAY”并按空格键确认命令
指定起点:          //运用对象捕捉单击圆心创建起点
指定通过点:        //依次单击圆周上的 6 个等分点，最后按空格键结束命令
```

案例小结

本案例主要练习了射线的绘制，在绘制该图形的过程中，主要利用射线命令和圆命令。通过本案例的绘制，可掌握射线的绘制方法。

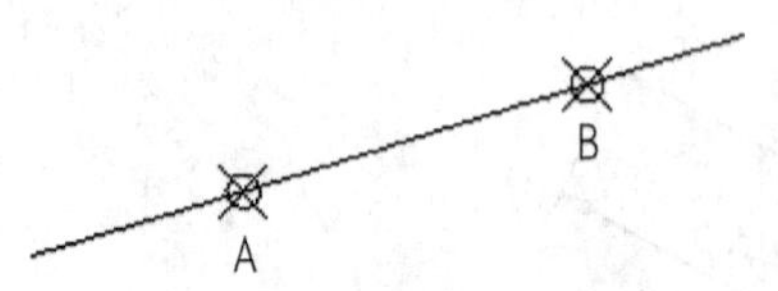

图 3.35 通过两点绘制构造线

案例 5 通过指定两点绘制构造线，如图 3.35 所示。

```
命令: XLINE                                //输入构造线命令"XLINE"并按空格键确认命令
XLINE 指定点或 [水平(H)/垂直(V)/
角度(A)/二等分(B)/偏移(O)]:                //单击选择 A 点
指定通过点:                                //单击选择 B 点
指定通过点:                                //按空格键结束命令
```

案例小结

本案例主要练习了通过指定两点的构造线绘制，在绘制该图形的过程中，主要利用点命令和构造线命令。通过本案例的绘制，可掌握通过指定两点的构造线的绘制方法。

案例 6 通过“水平”选项来创建水平构造线，如图 3.36 所示。

```
命令: XLINE                                //输入构造线命令"XLINE"并按空格键确认命令
XLINE 指定点或 [水平(H)/垂直(V)/
角度(A)/二等分(B)/偏移(O)]:h               //输入"h"，选择水平
指定通过点:                                //单击选择 A 点
指定通过点:                                //按空格键结束命令
```

案例小结

本案例主要练习了水平构造线的绘制，在绘制该图形的过程中，主要利用点命令和构造线命令。通过本案例的绘制，可掌握水平构造线的绘制方法。

案例 7 通过“垂直”选项创建垂直构造线，如图 3.37 所示。

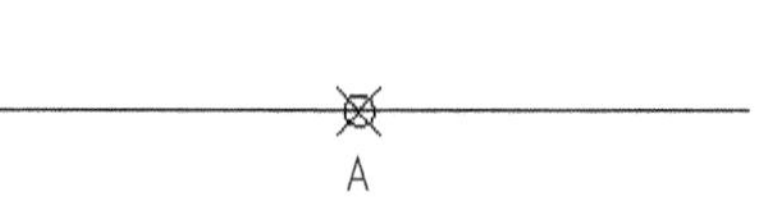

图 3.36 创建水平构造线

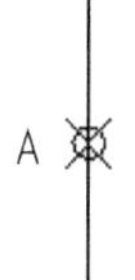

图 3.37 绘制垂直构造线

```
命令: XLINE                                //输入构造线命令"XLINE"并按空格键确认命令
XLINE 指定点或 [水平(H)/垂直(V)/
角度(A)/二等分(B)/偏移(O)]:v               //输入"v"，选择垂直
指定通过点:                                //单击选择 A 点
指定通过点:                                //按空格键结束命令
```

案例小结

本案例主要练习了垂直构造线的绘制，在绘制该图形的过程中，主要利用点命令和构造线命令。通过本案例的绘制，可掌握垂直构造线的绘制方法。

案例 8 通过“直线”命令创建一条水平直线 *AB*，通过偏移创建的直线创建构造线，如图 3.38 所示。

图 3.38　通过“偏移”创建构造线

命令：XLINE	//输入构造线命令“XLINE”并按空格键确认命令
XLINE 指定点或 [水平(H)/垂直(V)/角度(A)/二等分(B)/偏移(O)]:o	//输入“o”，选择角度
指定偏移距离或 [通过(T)] <0.0000>: 10	//输入偏移距离“10”
选择直线对象：	//单击选择直线 AB
指定向哪侧偏移：	//在选中直线的下侧单击
选择直线对象：	//按空格键结束命令

案例小结

本案例主要练习了偏移构造线的绘制，在绘制该图形的过程中，主要利用直线命令和构造线命令。通过本案例的绘制，可掌握偏移构造线的绘制方法。

技巧点拨

如果需要绘制多条构造线，可在结束命令之前，根据提示继续执行上一步操作，来完成多条构造线的创建。

案例 9　绘制通过点的样条曲线，如图 3.39 所示。

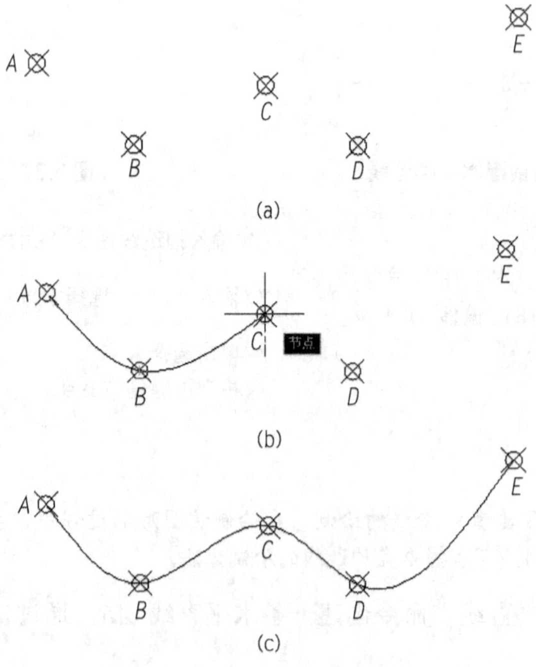

图 3.39　绘制通过点的样条曲线

```
命令: SPLINE                                   //输入样条曲线命令“SPLINE”并按空格键
                                                 确认命令
指定第一个点或 [对象(O)]:                      //单击选择 A 点
指定下一点:                                    //单击选择 B 点
指定下一点或 [闭合(C)/拟合公差(F)] <起点切向>: //单击选择 C 点
指定下一点或 [闭合(C)/拟合公差(F)] <起点切向>: //单击选择 D 点
指定下一点或 [闭合(C)/拟合公差(F)] <起点切向>: //单击选择 E 点
指定下一点或 [闭合(C)/拟合公差(F)] <起点切向>: //按空格键确认
指定起点切向:                                  //按空格键确认
指定端点切向:                                  //按空格键确认
```

现在生成了一条平滑的曲线，该曲线穿过用户所选取的点，这些点称为控制点。如果单击这一曲线，将看到控制柄出现在这些控制点的位置上，并且可以简单地通过单击并移动控制柄来调整这一曲线。

在该案例中，当用户指定样条线的通过点时，可能已经注意到另外两个选项，即拟合公差和闭合，下面是这两个选项的说明。

拟合公差：修改曲线，使其并不真正穿过选取的点。选择该选项时，系统提示如下。

```
指定拟合公差<0.0000>:
```

任何大于 0 的值都将使曲线接近但不穿过这些点，而 0 值可使曲线穿过这些点。

闭合：可以使曲线封闭成一个环。若选择该项，将提示用户标明闭合点的切线方向。

案例小结

本案例主要练习了通过指定点样条曲线绘制，在绘制该图形的过程中，主要利用点命令和样条曲线命令。通过本案例的绘制，可掌握样条曲线的绘制方法。

案例 10 绘制多段直线与圆弧闭合(开启正交模式)，如图 3.40 所示。

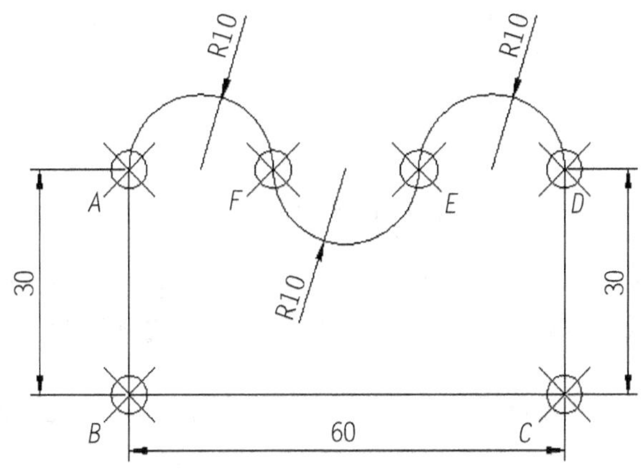

图 3.40 多段直线与圆弧闭合

```
命令: PLINE                                    //输入多线命令“PLINE”并按空格键确认命令
指定起点: 当前线宽为 0.0000                    //在屏幕上任意位置单击指定起点 A
指定下一个点或 [圆弧(A)/半宽(H)/长度(L)/       //鼠标指针移往 A 点下方，输入“30”
放弃(U)/宽度(W)]: 30
```

指定下一点或 [圆弧(A)/闭合(C)/半宽(H)/长度(L)/放弃(U)/宽度(W)]: 60　　//鼠标指针移往 B 点右方，输入“60”

指定下一点或 [圆弧(A)/闭合(C)/半宽(H)/长度(L)/放弃(U)/宽度(W)]: 30　　//鼠标指针移往 C 点上方，输入“30”

指定下一点或 [圆弧(A)/闭合(C)/半宽(H)/长度(L)/放弃(U)/宽度(W)]: a　　//输入“a”，并按空格键确认命令

指定圆弧的端点或[角度(A)/圆心(CE)/闭合(CL)/方向(D)/半宽(H)/直线(L)/半径(R)/第二个点(S)/放弃(U)/宽度(W)]: 20　　//鼠标指针移往 D 点右方，输入“20”

指定圆弧的端点或[角度(A)/圆心(CE)/闭合(CL)/方向(D)/半宽(H)/直线(L)/半径(R)/第二个点(S)/放弃(U)/宽度(W)]: 20　　//鼠标指针移往 E 点右方，输入“20”

指定圆弧的端点或[角度(A)/圆心(CE)/闭合(CL)/方向(D)/半宽(H)/直线(L)/半径(R)/第二个点(S)/放弃(U)/宽度(W)]: 20　　//鼠标指针移往 F 点右方，输入“20”

指定圆弧的端点或[角度(A)/圆心(CE)/闭合(CL)/方向(D)/半宽(H)/直线(L)/半径(R)/第二个点(S)/放弃(U)/宽度(W)]:cl　　//输入闭合参数“cl”，并按空格键确认命令

案例小结

本案例是较为综合的练习，主要练习了多段直线与圆弧闭合绘制，在绘制该图形的过程中，主要利用直线命令和圆弧命令。通过本案例的绘制，可掌握圆弧绘制的基本操作和与其他图形例如多段直线结合的绘制方法。

案例 11　精确绘制 40×20 的矩形，如图 3.41 所示。

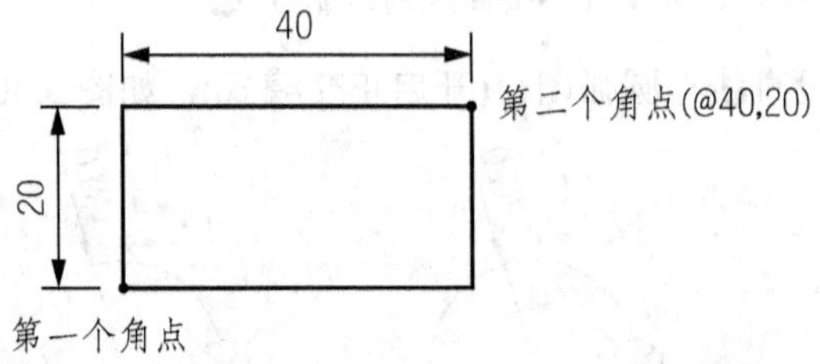

图 3.41　40×20 的矩形绘制

命令: RECTANG　　//输入矩形命令“RECTANG”并按空格键确认命令

指定第一个角点或 [倒角(C)/标高(E)/圆角(F)/厚度(T)/宽度(W)]:　　//在视图任意位置单击创建第一个角点

指定另一个角点或 [面积(A)/尺寸(D)/旋转(R)]: @40,20　　//输入“@40,20”，并按空格键结束命令

采用尺寸方式，我们一样可以绘制出这个矩形，系统提示如下。

命令: RECTANG　　//输入矩形命令“RECTANG”并按空格键确认命令

指定第一个角点或 [倒角(C)/标高(E)/圆角(F)/厚度(T)/宽度(W)]:　　//在视图任意位置单击创建第一个角点

```
指定另一个角点或 [面积(A)/尺寸(D)/                //输入字母“d”，调用尺寸(D)参数
旋转(R)]: d
指定矩形的长度 <10.0000>: 40                      //输入“40”
指定矩形的宽度 <10.0000>: 20                      //输入“20”
指定另一个角点或 [面积(A)/尺寸(D)/                //单击以确认矩形的位置
旋转(R)]:
```

技巧点拨

在默认情况下创建的是直角矩形，通过输入选项，可以控制矩形上的角点类型，可以设置为等距倒角矩形、旋转角度矩形、非等距倒角矩形、圆角矩形，也可以通过制定矩形的参数面积、尺寸、旋转来创建矩形。

案例小结

本案例主要练习了众多矩形绘制方法中常用的两种方式，在绘制该图形的过程中，主要利用坐标命令和矩形命令。通过本案例的绘制，可掌握矩形的常用绘制方法。

案例 12 利用多线命令绘制多线并进行修改编辑处理。

(1) 按 F8 键开启正交模式，用直线命令绘制矩形 *ABCD*，如图 3.42 所示。

图 3.42 绘制矩形 *ABCD*

```
命令: LINE                                  //输入直线命令“LINE”并按空格键确认命令
指定第一点:                                 //在视图任意位置单击创建第一点
指定下一点或 [放弃(U)]: 7200                //鼠标指针右移，并输入“7200”
指定下一点或 [放弃(U)]: 4500                //鼠标指针上移，并输入“4500”
指定下一点或 [闭合(C)/放弃(U)]: 7200        //鼠标指针左移，并输入“7200”
指定下一点或 [闭合(C)/放弃(U)]: 4500        //鼠标指针下移，并输入“4500”
指定下一点或 [闭合(C)/放弃(U)]:             //按空格键结束命令
```

(2) 运用多线命令，绘制出小房间墙体，如图 3.43 所示。

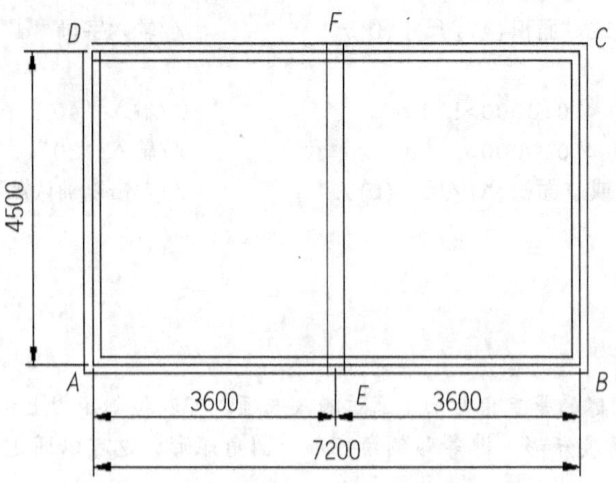

图 3.43　小房间墙体

```
命令: MLINE                              //输入直线命令“MLINE”，并按空格键确认命令
当前设置: 对正 = 上，比例 = 20.00，样     //输入“j”，调用对正参数
式 = STANDARD
指定起点或 [对正(J)/比例(S)/样式
(ST)]: j
输入对正类型 [上(T)/无(Z)/下(B)] <        //输入“z”，调用无
上>: z
当前设置: 对正 = 无，比例 = 20.00，样
式 = STANDARD
指定起点或 [对正(J)/比例(S)/样式          //输入“s”，调用比例参数
(ST)]: s
输入多线比例 <20.00>: 240                //输入比例“240”
当前设置: 对正 = 无，比例 = 240.00，
样式 = STANDARD
指定起点或[对正(J)/比例(S)/样式(ST)]:     //单击选择 A 点
指定下一点:                              //单击选择 B 点
指定下一点或 [闭合(C)/放弃(U)]:           //单击选择 C 点
指定下一点或 [闭合(C)/放弃(U)]:           //单击选择 D 点
指定下一点或 [闭合(C)/放弃(U)]:           //按空格键结束命令
命令: MLINE                              //按空格键重复命令
当前设置: 对正 = 无，比例 = 240.00，
样式 = STANDARD
指定起点或[对正(J)/比例(S)/样式(ST)]:     //单击选择 AB 中点 E
指定下一点:                              //单击选择 DC 中点 F
指定下一点或 [放弃(U)]:                   //按空格键结束命令
```

(3) 分别单击选中线段 *AB*、*BC*、*CD*、*AD*，并按 Delete 键删除，如图 3.44 所示。

(4) 修改多线，如图 3.45 所示。

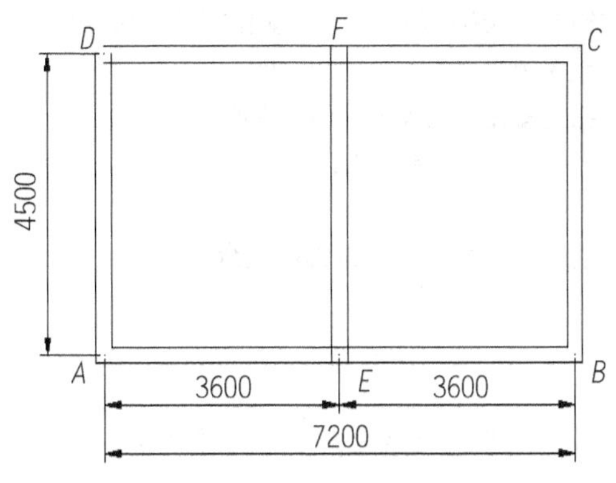

图 3.44　删除线段

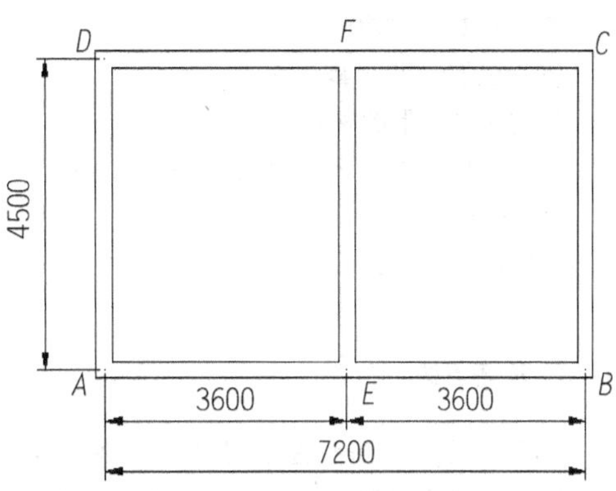

图 3.45 修改多线

```
命令: MLEDIT                          //双击多线 EF，并选择 T 形合并
选择第一条多线:                        //单击选择多线 EF
选择第二条多线:                        //单击选择多线 DC
选择第一条多线 或 [放弃(U)]:           //单击选择多线 EF
选择第二条多线:                        //单击选择多线 AB
选择第一条多线 或 [放弃(U)]:           //按空格键结束命令
命令: MLEDIT                          //按空格键重复命令，并选择角点结合
选择第一条多线:                        //单击选择多线 AD
选择第二条多线:                        //单击选择多线 AD
选择第一条多线 或 [放弃(U)]:           //按空格键结束命令
```

技巧点拨

建筑设计中运用多线(MLINE)绘制 240 厚的墙体，可以设置比例=240.00 来完成间距为 240 的双线绘制。

运用 T 形合并修改多线时，选择的顺序很重要。不论 T 字形是什么角度，应该先选择 T 字形的竖线，再选择横线。

案例小结

本案例是较为综合的练习，主要练习多线绘制和多边编辑，在绘制该图形的过程中，主要利用矩形命令、多线命令和多边编辑命令。通过本案例的绘制，可掌握多线绘制和多边编辑的方法。

案例 13　绘制内接于圆、圆半径为 20 的正八边形，如图 3.46 所示。

图 3.46　内接于圆方式

```
命令：POLYGON                              //输入正多边形命令“POLYGON”并按空格键确认命令
输入边的数目 <4>：8                        //输入边数“8”
指定正多边形的中心点或 [边(E)]：           //在视图任意位置单击创建中心点
输入选项 [内接于圆(I)/外切于圆(C)]         //输入“i”选择内接于圆
<I>：i
指定圆的半径：20                           //输入“20”并按空格键确认命令
```

技巧点拨

内接于圆。选择内接于圆时，命令行要求输入圆的半径，也就是正多边形中心点到端点的距离，创建的正多边形所有的顶点都在此圆周上。

外切于圆。选择外切于圆时，命令行要求输入的半径是正多边形中心点到各边线中点的距离，这个正多边形的各边都和该圆相切。

案例小结

本案例练习了内接于圆的正多边形绘制，在绘制该图形的过程中，主要利用正多边形命令。通过本案例的绘制，可掌握以内接于圆方式来绘制正多边形的方法。

案例 14 绘制边长为 20 的正八边形，如图 3.47 所示。

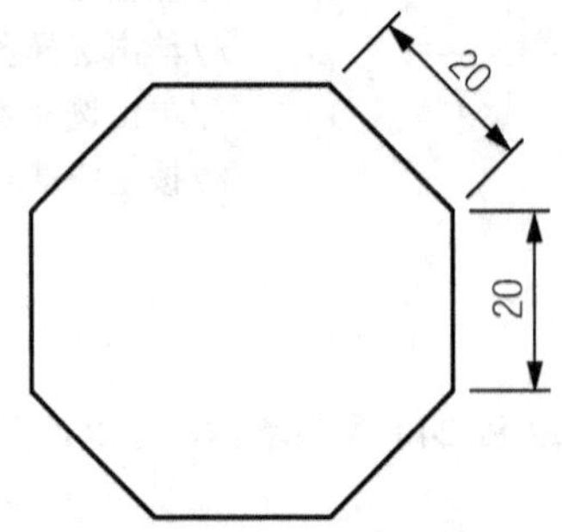

图 3.47 边长方式

```
命令：POLYGON                              //输入正多边形命令“POLYGON”并按空格键确认命令
输入边的数目 <4>：8                        //输入边数“8”
指定正多边形的中心点或 [边(E)]:e           //输入“e”选择边长
指定边的第一个端点：                       //在视图任意位置单击创建第一个端点
指定边的第二个端点：20                     //输入边长“20”，按空格键确认命令
```

案例小结

本案例练习了以边长方式来绘制正多边形，在绘制该图形的过程中，主要利用正多边形命令。通过本案例的绘制，可掌握以边长方式来绘制正多边形的方法。

案例 15 用“圆心、半径”绘制半径为 10 的圆，如图 3.48 所示。

图 3.48 半径为 10 的圆

```
命令: CIRCLE                                    //输入圆形命令"CIRCLE"并按空格键确认命令
指定圆的圆心或 [三点(3P)/ 两点(2P)/切            //在视图任意位置单击创建圆心
点、切点、半径(T)]:
指定圆的半径或 [直径(D)] <0.5000>: 10           //用输入"10"并按空格键确认命令
```

用"圆心、直径"绘制圆与此类似。

案例小结

本案例练习了以"圆心、半径"的方式来绘制圆形，在绘制该图形的过程中，主要利用圆命令。通过本案例的绘制，可掌握以"圆心、半径"的方式来绘制圆的方法。

案例 16 以正多边形的绘制方式和多种绘圆方式绘制如图 3.49 所示的图形。

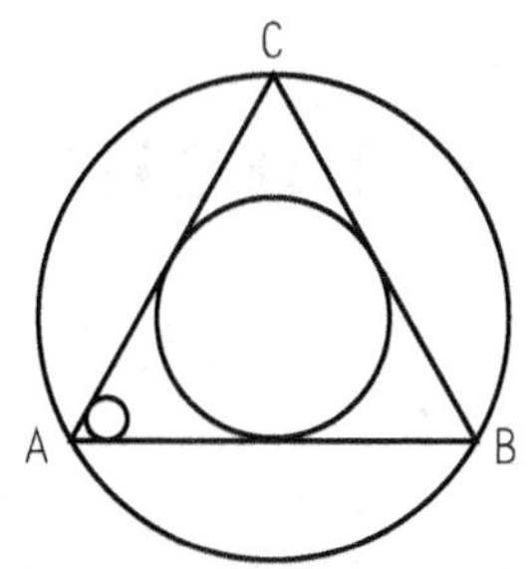

图 3.49 绘制复杂图形

```
命令: POLYGON                                   //输入正多边形命令"POLYGON"并按空格键确认命令
输入边的数目 <4>: 3                             //输入边数"3"
指定正多边形的中心点或 [边(E)]:e                //输入"e"选择边长
指定边的第一个端点: 指定边的第二个端点: 20      //在视图任意位置单击创建第一个端点，输入边
                                                长"20"，并按空格键确认命令
命令: C                                         //输入圆命令"C"并按空格键确认命令
CIRCLE 指定圆的圆心或 [三点(3P)/两点            //输入"3P"选择三点画圆
(2P)/切点、切点、半径(T)]:3P
指定圆上的第一个点:                             //单击选择 A 点
指定圆上的第二个点:                             //单击选择 B 点
指定圆上的第三个点:                             //拾取选择 C 点，完成图上最大一个圆的创建
命令: C                                         //输入圆命令"C"并按空格键确认命令，或直
                                                接按空格键重复命令
CIRCLE 指定圆的圆心或 [三点(3P)/两点            //输入 T 选择切点、切点、半径(T)
(2P)/切点、切点、半径(T)]:T
指定对象与圆的第一个切点:                       //单击选择 AB 边
指定对象与圆的第二个切点:                       //单击选择 AC 边
指定圆的半径 <11.5470>:1                        //输入半径"1"，并按空格键确认命令
                                                //选择"绘图"→"圆"→"相切、相切、相切(A)"
                                                命令
_circle 指定圆的圆心或 [三点(3P)/两点           //单击选择 AB 边
(2P)/切点、切点、半径(T)]: _3p 指定圆上的第
一个点: _tan 到
```

```
指定圆上的第二个点：_tan 到                    //单击选择 AC 边
指定圆上的第三个点：_tan 到                    //单击选择 BC 边
```

技巧点拨

相切、相切、相切(A)模式画圆除了可以选择“绘图”→“圆”→“相切、相切、相切(A)”命令调用外，还可通过单击从功能区绘图面板中的按钮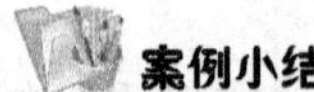右侧的下拉按钮来选择。

案例小结

本案例是较为综合的练习，主要练习绘制正多边形和以多种方式绘制圆，在绘制该图形的过程中，主要利用正多边形命令、圆命令。通过本案例的绘制，可进一步掌握正多边形的绘制方法和圆的多种绘制方法。

3.2 精确绘制图形

在 AutoCAD 中绘制图形时，用户除了可以使用坐标系统来精确设置点的位置，还可以直接使用鼠标在视图中确定点的位置。使用鼠标定位虽然方便，但是精度不高，绘制的图形不精确。因此，AutoCAD 提供了正交、捕捉、栅格、自动追踪等辅助功能，通过这些功能的辅助，用户可以直接使用鼠标来实现精确绘图。

这些辅助工具可以通过 AutoCAD 界面最底部状态栏的相应按钮来实现开/关，如图 3.50 所示。单击相应的按钮可以完成状态的开/关切换。

INFER	捕捉	栅格	正交	极轴	对象捕捉	3DOSNAP	对象追踪	DUCS	DYN	线宽	TPY	QP	SC	AM

图 3.50　辅助工具的开/关

特别提示

本章引例与思考题目 2 的解答：运用 AutoCAD 建筑辅助设计技术，精确绘制图形可以通过正交、捕捉、栅格、自动追踪等辅助工具来实现精确绘制。

3.2.1 正交

单击状态栏上的“正交”按钮或按 F8 键，可快速实现正交功能启用与否的切换。在正交模式下，鼠标指针只能沿着 X 轴或 Y 轴平行方向移动。绘制线段时若同时打开该模式，则只需输入线段的长度值，AutoCAD 就能自动绘制出水平或垂直线段。

【命令行】：输入“ORTHO”命令。

【状态栏】：单击按钮。

【功能键】：按 F8 键。

系统提示如下：

```
命令：<正交 开>
```

其中，ON 为打开正交模式；OFF 为关闭正交模式。

3.2.2 捕捉

对象自动捕捉(简称自动捕捉)又称为隐含对象捕捉，利用此捕捉模式可以使 AutoCAD 自动捕捉到某些特殊点。捕捉功能开启及设置命令：

【菜单】：选择“工具”→“绘图设置” →“捕捉与栅格”命令。

【命令行】：输入“SNAP”命令。

【状态栏】：单击按钮。

选择“工具”→“绘图设置”命令，从弹出的“草图设置”对话框中选择“捕捉和栅格”选项卡，如图 3.51 所示(在状态栏上的按钮上右击，从弹出的快捷菜单中选择“设置”命令，也可以打开此对话框)，可以设置捕捉间距、捕捉类型等。

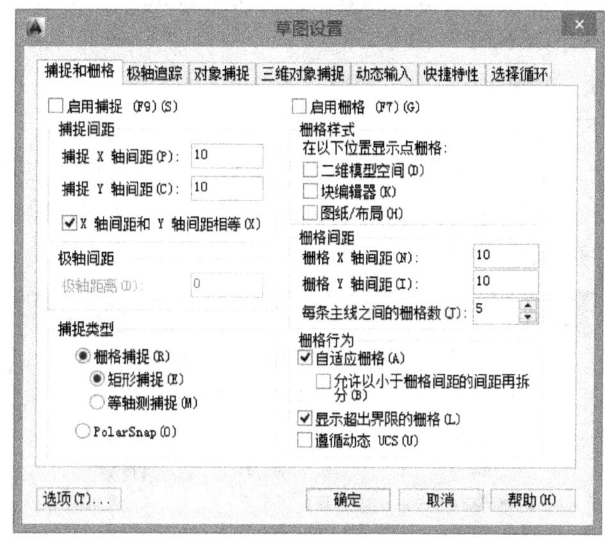

图 3.51 “捕捉和栅格”选项卡

3.2.3 栅格工具

栅格开启及设置命令:

【菜单】：选择“工具”→“绘图设置”→“捕捉与栅格”命令。

【命令行】：输入“GRID”命令。

【状态栏】：单击按钮。

【功能键】：按 F7 键。

系统提示如下：

命令：grid

指定栅格间距(X) 或 [开(ON)/关(OFF)/捕捉(S)/主(M)/自适应(D)/界限(L)/跟随(F)/纵横向间距(A)] <10.0000>:

栅格间距：直接输入间距值，如果数值后跟 *X*，可将栅格间距设置为捕捉间距的指定倍数。

开(ON)/关(OFF)：打开或关闭栅格。

捕捉(S)：将栅格间距设置为当前捕捉间距。

利用“草图设置”对话框中的“捕捉和栅格”选项卡可进行栅格捕捉与栅格显示方面的设置。如图 3.51 所示(在状态栏上的“捕捉”或“栅格”按钮上右击，从弹出的快捷菜单中选择“设置”命令，也可以打开“草图设置”对话框)。

3.2.4 对象捕捉

利用对象捕捉功能，在绘图过程中可以快速、准确地确定一些特殊点，如圆心、端点、中点、切点、交点、垂足等。

【菜单】：选择“工具”→“绘图设置”→“对象捕捉”命令。

【命令行】：输入“OSNAP”命令。

【状态栏】：单击□按钮。

【功能键】：按 F3 键。

选择“工具”→“绘图设置”命令，从弹出的“草图设置”对话框中选择“对象捕捉”选项卡，如图 3.52 所示(在状态栏上的按钮□上右击，从弹出的快捷菜单中选择“设置”命令，也可以打开此对话框)。

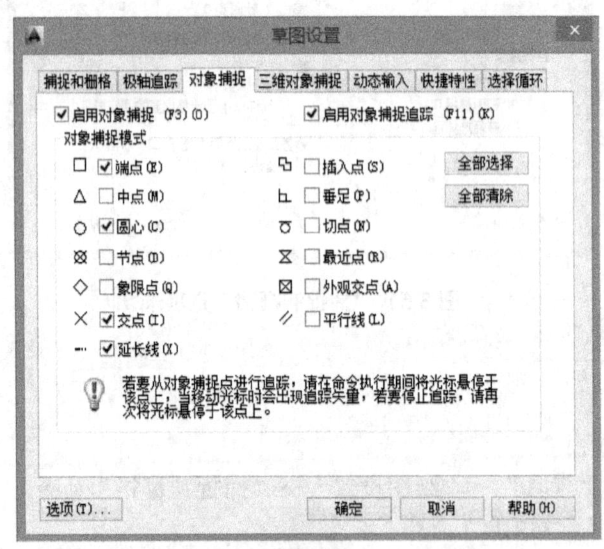

图 3.52 “对象捕捉”选项卡

利用“对象捕捉”选项卡设置默认捕捉模式并启用对象自动捕捉功能后，在绘图过程中每当 AutoCAD 提示用户确定点时，如果使光标位于对象上在自动捕捉模式中设置的对应点的附近，AutoCAD 会自动捕捉到这些点，并显示出捕捉到相应点的小标签，此时单击小标签，AutoCAD 就会以该捕捉点为相应点。

可以通过“对象捕捉”工具栏(图 3.53)和“对象捕捉”快捷菜单(图 3.54，按下 Shift 键后右击可弹出此快捷菜单)启动对象捕捉功能。

图 3.53 “对象捕捉”工具栏

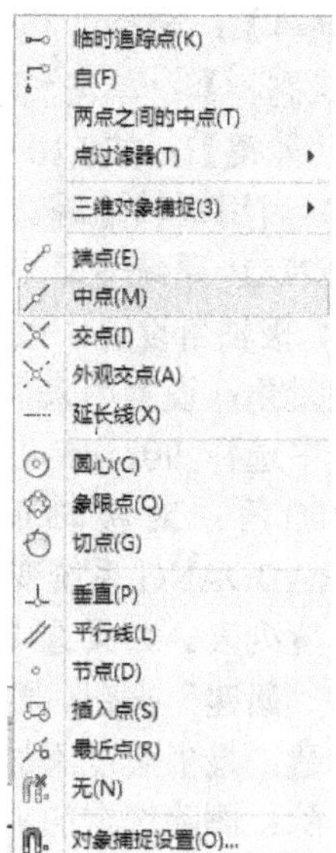

图 3.54 “对象捕捉”快捷菜单

3.2.5 极轴追踪

所谓极轴追踪，是指当 AutoCAD 提示用户指定点的位置时(如指定直线的另一端点)，拖动光标，使光标接近预先设定的方向(即极轴追踪方向)，AutoCAD 会自动将橡皮筋线吸附到该方向，同时沿该方向显示出极轴追踪矢量，并浮出一个小标签，说明当前光标位置相对于前一点的极坐标，如图 3.55 所示。

用户可以设置是否启用极轴追踪功能及极轴追踪方向等性能参数，设置过程为：选择“工具”→“绘图设置”命令，弹出“草图设置”对话框，选择“极轴追踪”选项卡，如图 3.56 所示(在状态栏上的“极轴”按钮上右击，从快捷菜单选择“设置”命令，也可以打开对应的对话框)。

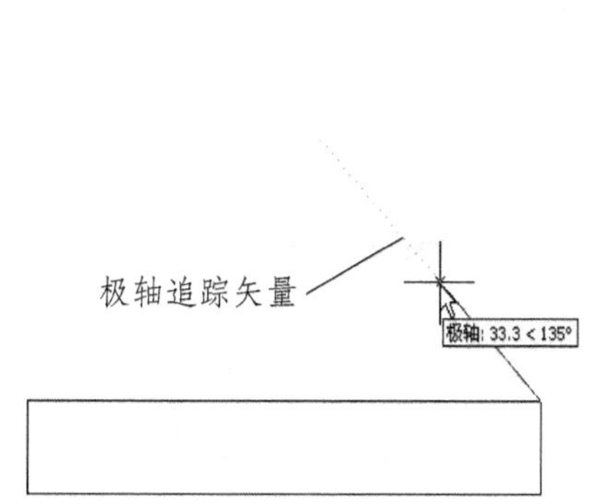

图 3.55 极轴追踪

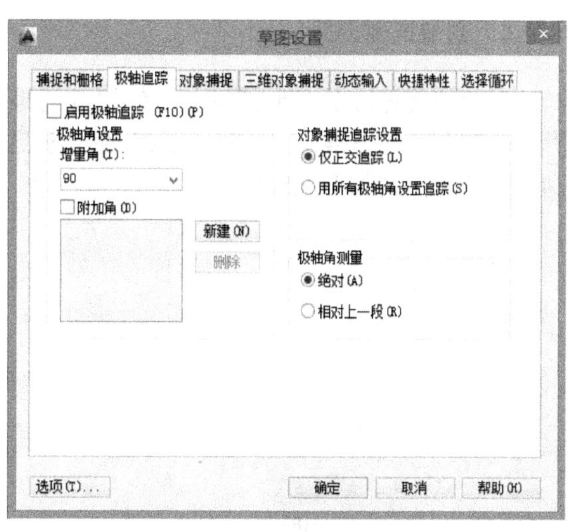

图 3.56 “极轴追踪”选项卡

【菜单】：选择“工具”→“绘图设置”打开草图设置对话框选择“极轴追踪”选项。

【状态栏】：单击按钮。

【功能键】：按 F10 键。

(1) 启用极轴追踪。该复选框可打开或关闭极轴追踪，也可以通过按 F10 键或使用 AUTOSNAP 系统变量来打开或关闭极轴追踪。

(2) 极轴角设置。该复选可设置极轴追踪的对齐角度(POLARANG 系统变量)。

增量角：设置用来显示极轴追踪对齐路径的极轴角增量。可以输入任何角度，也可以从列表中选择 90、45、30、22.5、18、15、10 或 5 这些常用角度。

附加角：对极轴追踪使用列表中的任何一种附加角度。附加角列表同样受 POLARADDANG 系统变量控制。注意，附加角度是绝对的，而非增量的。

角度列表。如果选中“附加角”复选框，将列出可用的附加角度。要添加新的角度，请单击“新建”按钮。要删除现有的角度，请单击“删除”按钮。

新建：最多可以添加 10 个附加极轴追踪对齐角度。

删除：删除选定的附加角度。

(3) 对象捕捉追踪设置。该选项区域用来设置对象捕捉追踪选项。

仅正交追踪：当对象捕捉追踪打开时，仅显示已获得的对象捕捉点的正交(水平/垂直)对象捕捉追踪路径。

用所有极轴角设置追踪：将极轴追踪设置应用于对象捕捉追踪。使用对象捕捉追踪时，光标将从获取的对象捕捉点起沿极轴对齐角度进行追踪。

单击状态栏上的“极轴”和“对象追踪”按钮也可以打开或关闭极轴追踪和对象捕捉追踪。

(4) 极轴角测量。该选项区域用来设置测量极轴追踪对齐角度的基准。

绝对：根据当前 UCS 确定极轴追踪角度。

相对上一段：根据上一个绘制线段确定极轴追踪角度。

3.2.6 对象捕捉追踪

对象捕捉追踪是对象捕捉与极轴追踪的综合应用。例如，已知[图 3.57(a)]左边图形中有一个圆和一条直线，当执行 LINE 命令确定直线的起始点时，利用对象捕捉追踪可以找到一些特殊点，如图 3.57(b)所示。

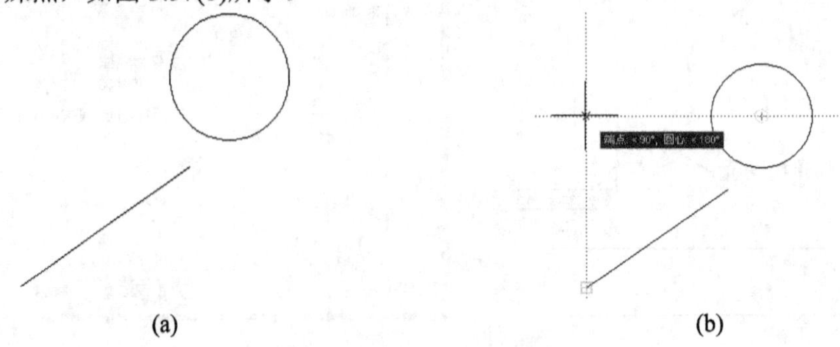

图 3.57 对象捕捉追踪

图 3.57(b)中捕捉到的点的 X、Y 坐标分别与已有直线端点的 X 坐标和圆心的 Y 坐标相同。此时，单击就会得到对应的点。

3.2.7 动态输入

【状态栏】：单击按钮。

【功能键】：按 F12 键。

“动态输入”在光标附近提供了一个命令界面，以帮助用户专注于绘图区域。

打开动态输入时，工具提示将在光标旁边显示信息，该信息会随光标移动动态更新。当某命令处于活动状态时，工具提示将为用户提供输入的位置。

在输入字段中输入值并按 Tab 键后，该字段将显示一个锁定图标，并且光标会受用户输入的值约束。随后可以在第二个输入字段中输入值。另外，如果用户输入值然后按 Enter 键，则第二个输入字段将被忽略，且该值将被视为直接距离输入。

如果单击状态栏上的 DYN 按钮，使其压下，会启动动态输入功能。启动动态输入并执行 LINE 命令后，AutoCAD 一方面在命令窗口提示“指定第一点:”，同时在光标附近显示出一个提示框(称为“工具栏提示”)，工具栏提示中显示出对应的 AutoCAD 提示“指定第一点:”和光标的当前坐标值，如图 3.58 所示。

如图 3.58 所示状态下，用户可以在工具栏提示中输入点的坐标值，而不必切换到命令行进行输入(切换到命令行的方式：在命令窗口中，将光标放到“命令：”提示的后面单击)。

选择“绘图”→“绘图设置”命令，打开“草图设置”对话框，选择“动态输入”选项卡，如图 3.59 所示，用户可通过该对话框进行相应的设置。

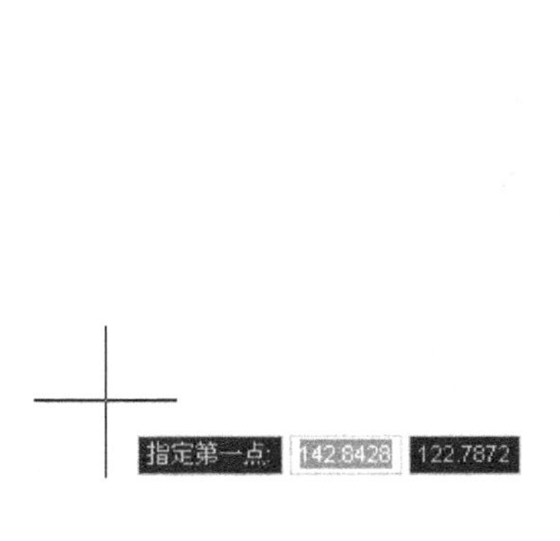

图 3.58 动态输入

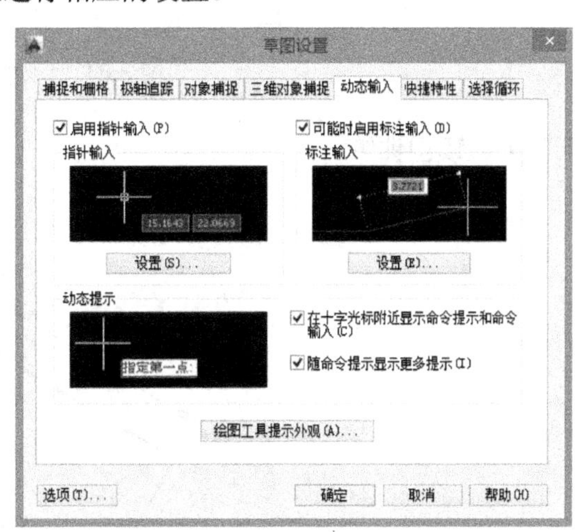

图 3.59 “动态输入”选项卡

3.2.8 快捷特性

快捷特性用于显示图形的特性参数。用户选择图形对象后，系统默认开启快捷特性，就会显示如图 3.60 所示的对话框。

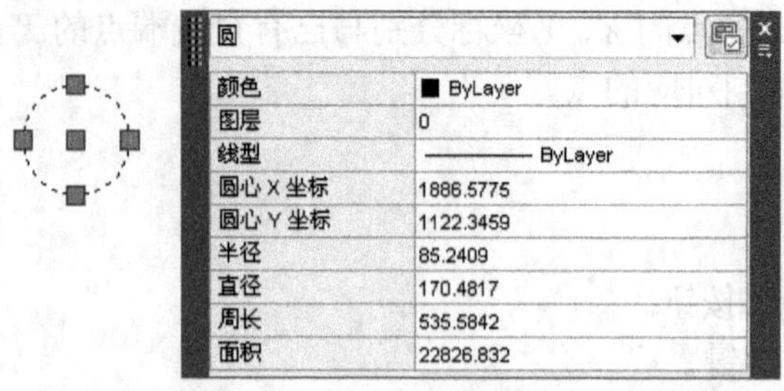

图 3.60 “快捷特性”对话框

选择“绘图”→“绘图设置”命令，弹出“草图设置”对话框，选择“快捷特性”选项卡，如图 3.61 所示。用户可通过该对话框进行相应的设置。

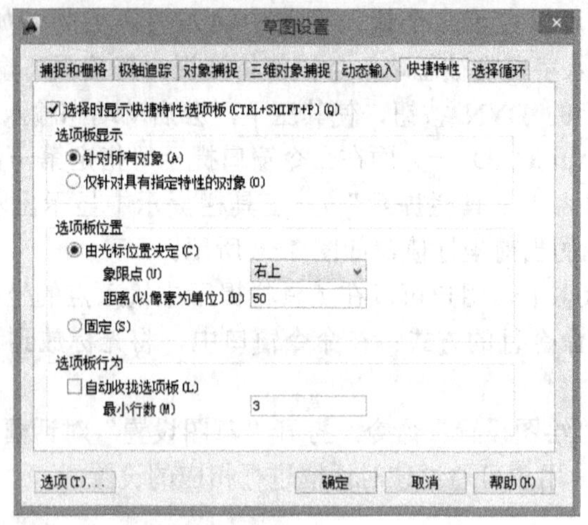

图 3.61 “快捷特性”选项卡

3.2.9 项目训练

案例 17 运用极轴追踪绘制如图 3.62 所示的矩形。

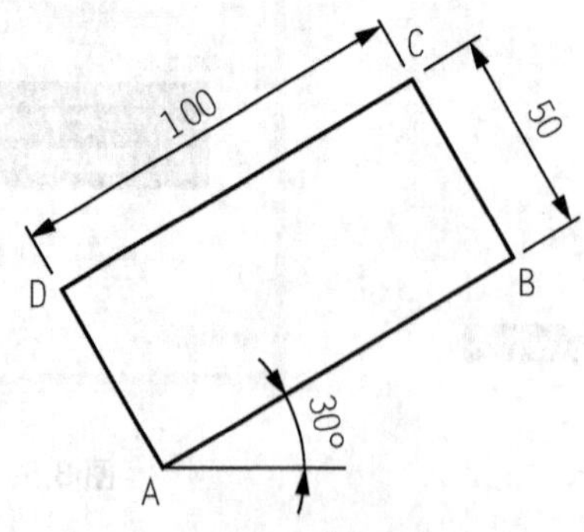

图 3.62 极轴追踪示例

(1) 右击状态栏的按钮，在弹出的快捷菜单中选择“设置”命令，打开“草图设置”对话框，如图 3.63 所示。

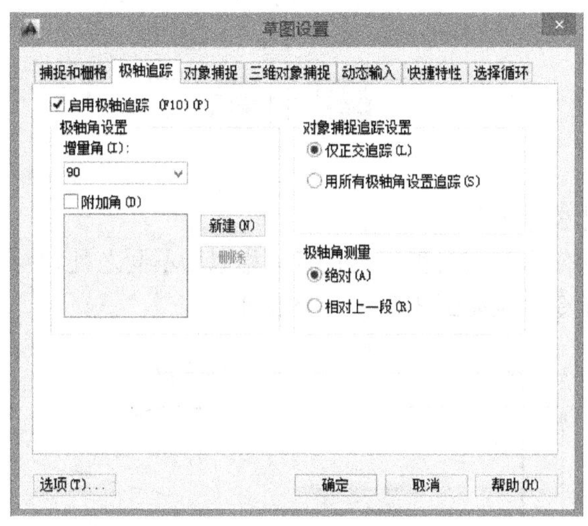

图 3.63 “极轴追踪”选项卡

(2) 选中“启用极轴追踪”复选框，选择“增量角”为 90。

(3) 选中“附加角”复选框，并新建一个 30° 的附加角。

(4) 选中“用所有极轴角设置追踪”单选按钮。

(5) 选中“极轴角测量”选项区域中的“相对上一段”单选按钮，然后单击“确定”按钮结束设置。

(6) 运行绘制直线命令，其过程如下。

```
命令: LINE                           //输入直线命令“LINE”并按空格键确认命令
指定第一点:                          //在绘图区域单击选取 A 点位置
指定下一点或 [放弃(U)]:100           //将光标移至 30° 附近，出现 30° 追踪线，输
                                     入“100”，得到 B 点
指定下一点或 [放弃(U)]:50            //将光标移至 C 点附近，出现 90° 追踪线，输
                                     入“50”，得到 C 点
指定下一点或 [闭合(C)/放弃(U)]:100   //将光标移至 D 点附近，出现 90° 追踪线，输
                                     入“100”，得到 D 点
指定下一点或 [闭合(C)/放弃(U)]:C     //闭合图形，按空格键结束命令
```

案例小结

本案例练习了极轴追踪的运用，在绘制该图形的过程中，主要利用直线命令和极轴追踪辅助工具。通过本案例的绘制，可掌握极轴追踪的运用方法，也可进一步深刻理解辅助绘图工具是怎样帮助用户实现精确绘图的。

本章小结

通过本章的学习，掌握 AutoCAD 2014 基本绘图命令及操作方法、精确绘制图的相关操作，完成基本平面图形的绘制。

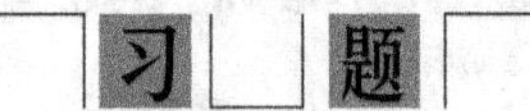

习题

1．正交模式有什么作用？

2．极轴追踪有何作用？它与正交模式有何相似和不同之处？

3．利用多段线命令绘制如图 3.64 所示的图形。

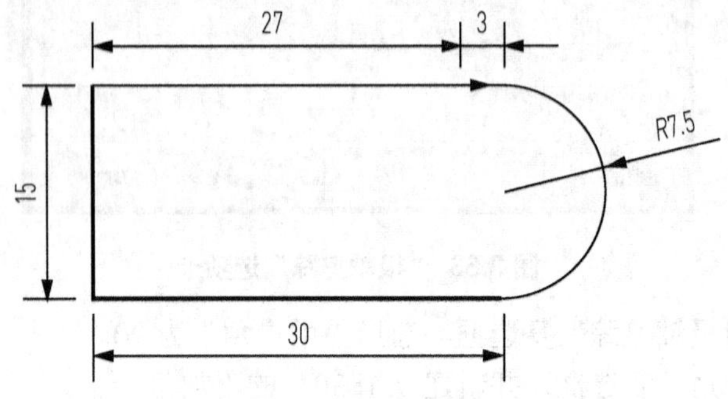

图 3.64　习题 3 图

4．利用直线及圆的命令绘制如图 3.65 所示轴线编号的图形。

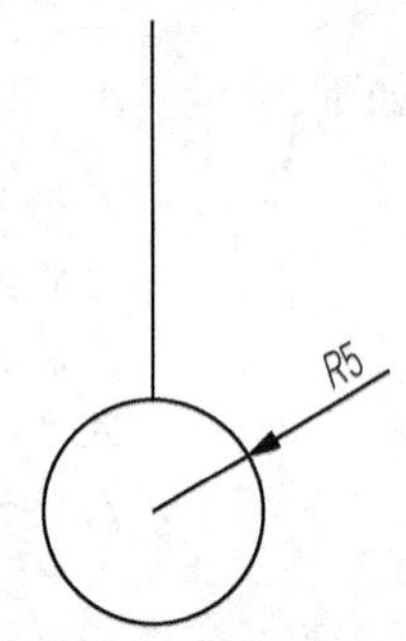

图 3.65　习题 4 图

5．利用圆弧及矩形的命令绘制门的图例符号，如图 3.66 所示。

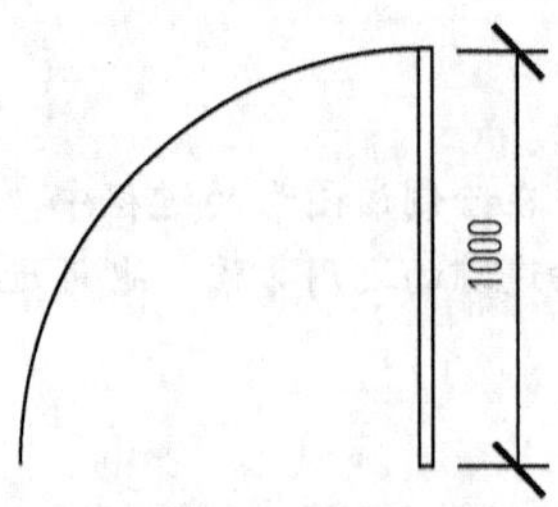

图 3.66　习题 5 图

6．创建及设置图层，利用多线命令绘制如图 3.67 所示图形。

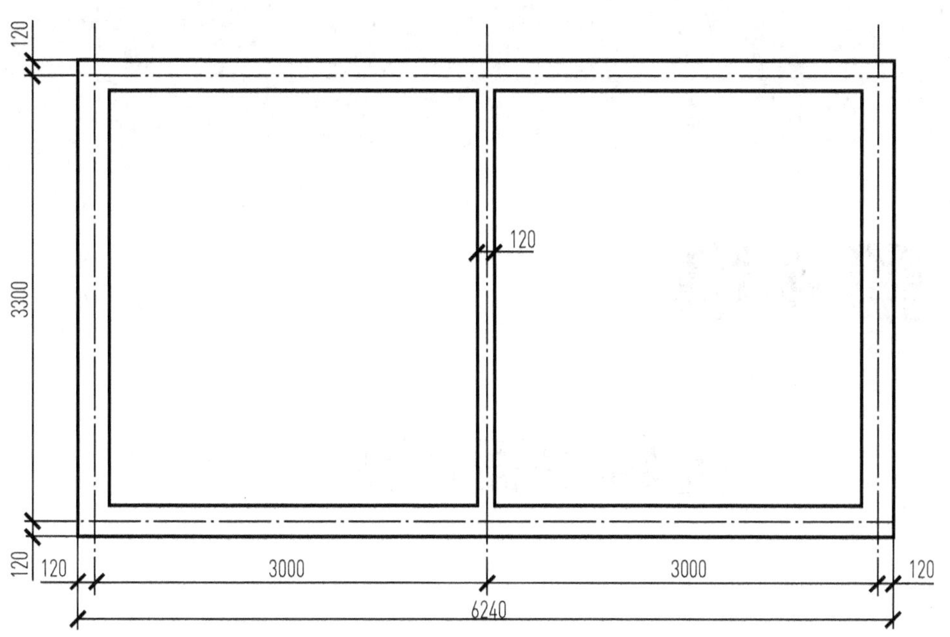

图 3.67 习题 6 图

第4章

编辑平面图形

教学目标

通过实例操作，熟悉 AutoCAD 2014 选择对象操作方法，掌握平面图形的基本编辑命令与操作、平面图形的高级编辑命令与操作。

学习要求

能力要求	知识要点	权重
选择对象	逐个选择、全部选择、窗口选择、交叉选择、不规则形状区域选择、循环选择、绘制多段线选择区域、更正选择错误	20%
基本编辑命令	删除、移动、旋转、复制、镜像、偏移、阵列、缩放、拉伸、拉长、修剪、延伸、打断、圆角、倒角、合并、分解	60%
高级编辑命令	夹点概述、夹点编辑	20%

本章导读

利用绘图工具只能绘制一些基本的图形对象，而一些复杂的图形必须经过编辑修改，并进行移动、复制、旋转等编辑操作，才能达到需要的形状。本章先介绍几种常用的选择方式，然后讲解基本的编辑命令和高级编辑命令。

引例与思考

(1) 几种选择方式怎么进行取舍？

(2) 如何提高编辑命令运用的效率？

4.1 选择对象

进行图形的编辑修改操作，必须要有一个对象。选择操作可以在进行编辑修改之前，也可以在调用编辑修改命令之后。

4.1.1 对象选择方法

无论要对图形对象进行什么操作，都必须先选择对象。就算没有选择对象便执行了某种编辑命令，AutoCAD 也会提示选择对象。只有选择了对象，才能对其进行各种编辑操作。在对图形的编辑过程中，可以逐次选择单个或多个对象，也可以从选择集中取消不需要选择的对象。

(1) 逐个选择。在“选择对象”的提示下，用户可以选择一个对象，也可以逐个选择多个对象。

使用拾取框光标来进行选择，矩形拾取框光标放在要选择对象的位置时，将亮显对象。单击以选择对象。可以在“选项”对话框中选择“选择集”选项卡，从其中的“拾取框大小”选项区域控制拾取框的大小，如图 4.1 所示。

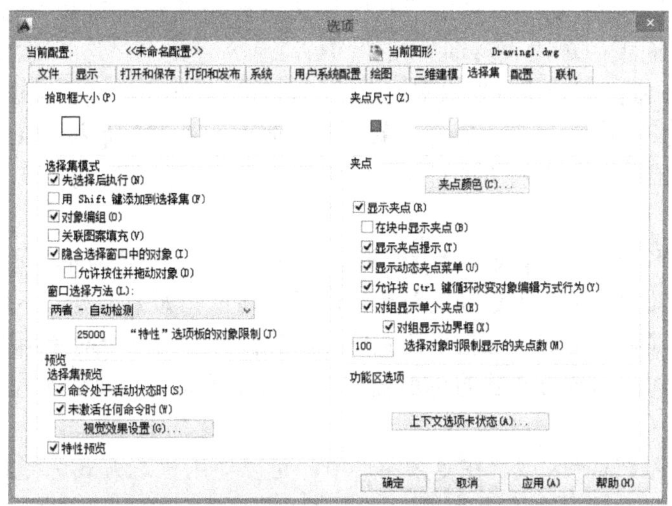

图 4.1 “选择集”选项卡

在“选择集”选项卡中，单击“选择集预览”选项区域中的“视觉效果设置”按钮，打开“视觉效果设置”对话框，如图 4.2 所示。

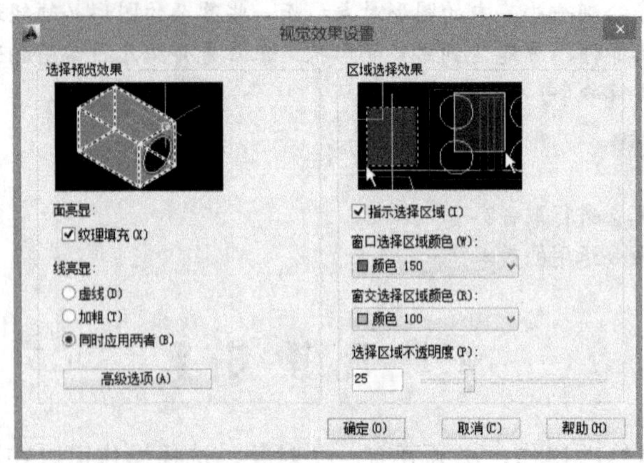

图 4.2 “视觉效果设置”对话框

在“视觉效果设置”对话框中，“选择预览效果”选项区域可控制选择预览过程中对象的外观。“区域选择效果”选项区域可控制选择预览过程中选择区域的外观。

(2) 全部选择。在未执行任何修改命令时，按 Ctrl+A 组合键，或选择“编辑”→“全部选择”命令，即可选中视图中的全部对象，这时执行修改命令即可对其进行编辑。

(3) 窗口选择。当用户单击确定一个角点之后，按住鼠标左键从左到右拖动创建矩形区域，仅选择完全位于矩形区域中的对象。

(4) 交叉选择。若用户从右向左拖动，则可创建交叉选择，可选择矩形窗口包围的或相交的对象。

(5) 不规则形状区域选择。AutoCAD 还可以通过绘制一个不规则形状的区域选择对象。使用窗口多边形选择方式可以选择完全封闭在多边形区域内的对象。使用交叉多边形选择方式可以选择完全包含于选择区域及经过选择区域的对象。

① 窗口多边形(圈围)。不规则形状区域选择要与其他修改命令结合起来使用。例如，在“修改”面板中单击“移动”按钮(✥)，命令行提示“选择对象”，提示下输入“WP”后按 Enter 键，开始执行窗口多边形选择，可选择图形中需要被选择的对象。

② 交叉多边形(圈交)。在“选择对象”提示下输入“CP”后按 Enter 键，选择该项。选择多边形内部或与之相交的所有对象。指定第一圈交点和直线的端点创建多边形，选择对象。

(6) 循环选择。若要选择彼此接近或重叠的对象通常是很困难的。用户可按住 Shift 键和空格键再单击其中对象，被选择的对象将以虚线显示。如果该对象不是所需要选择的对象，松开 Shift 键和空格键，在任意位置单击，该位置的另一个对象会以虚线显示，多个对象接近或重叠时，可连续单击直到所需的对象以虚线显示。如图 4.3 所示为彼此接近的 4 个矩形。

(7) 绘制多段线选择区域。在复杂图形中，可以使用栏选方式选择对象。栏选方式就是在视图中绘制多段线。在命令行提示“选择对象”时，输入“f”，按空格键，开始栏选方式选择对象。栏选方式选择多段线经过的对象。栏选多段线可以与自己相交。

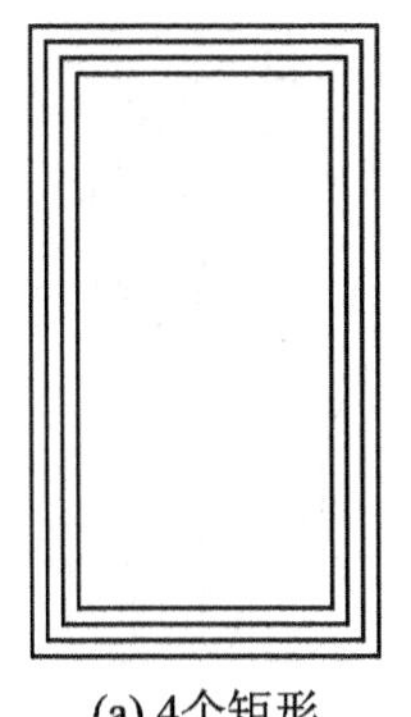
(a) 4个矩形

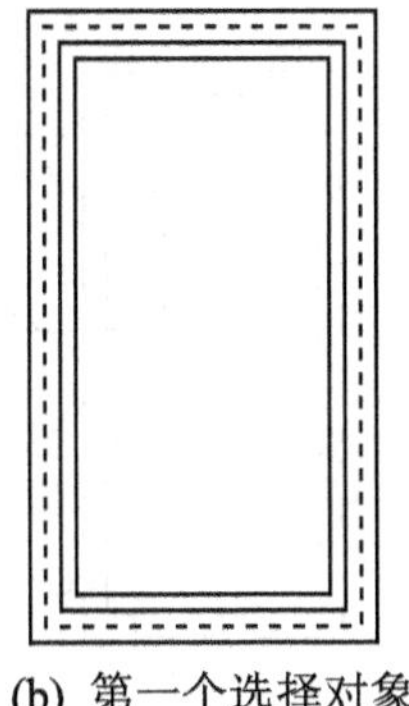
(b) 第一个选择对象

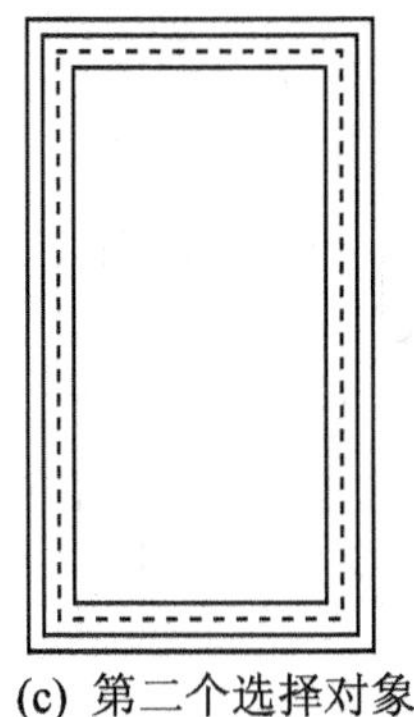
(c) 第二个选择对象

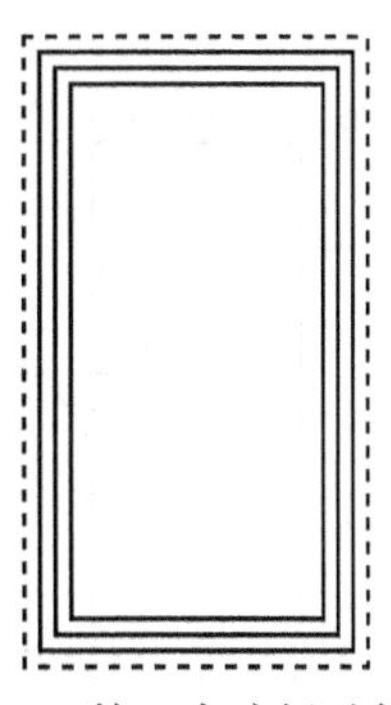
(d) 第三个选择对象

图 4.3 循环选择

技巧点拨

循环选择时不一定几个对象都在依次循环，有可能是在靠得很近的 2 个或 3 个图形之间循环。

(8) 更正选择错误。

① 对于已经同时选择多个对象的选择集，用户可以按 Esc 键取消所有对象的选择状态，也可以按住 Shift 键在选择对象上单击，可以将其从当前选择集中删除。

② 若用户想要将对象从选择集中删除，可在“选择对象”提示下输入“R”后按 Enter 键，然后使用任意选择方式将对象从选择集中删除。如果想重新为选择集添加对象，输入“A”后按 Enter 键，然后再选择要添加到选择集的对象。

③ 若用户想要重新选择对象时，可在“选择对象”提示下输入“A”后按 Enter 键，然后命令行重新提示“选择对象”，即恢复了选择状态。

特别提示

本章引例与思考题目 1 的解答：对象的选择方法应根据选择的需要进行取舍。

4.1.2 项目训练

案例 1 常用选择对象方法练习。

在视口中随意画出几个图形，如图 4.4 所示。

(1) 选择单个对象。该文档中包含了多个图形对象，如果要选择特定的对象，如中间的直线，那么移动矩形拾取框光标到直线对象上单击，直线呈高亮显示，即被选择，如图 4.5 所示。

(2) 逐个选择多个对象。要逐个选择对象，可以移动矩形拾取框光标到其他对象上单击，呈高亮显示即被选择，如图 4.6 所示。

技巧点拨

通过单击选择对象时，矩形拾取框光标必须接触对象上的某一部分。

(3) 全部选择对象。按 Ctrl+A 组合键，或选择“编辑”→“全部选择”命令，即可选中视图中的全部对象，如图 4.7 所示。

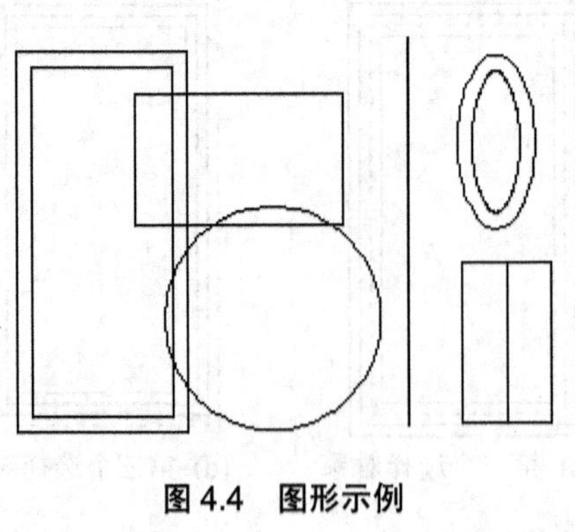
图 4.4 图形示例

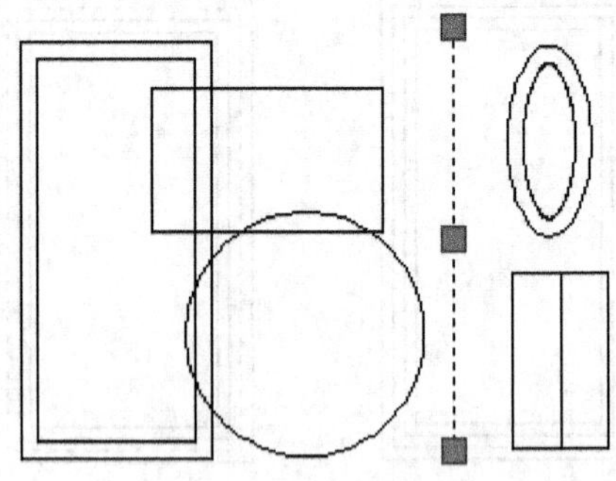
图 4.5 选择单个对象

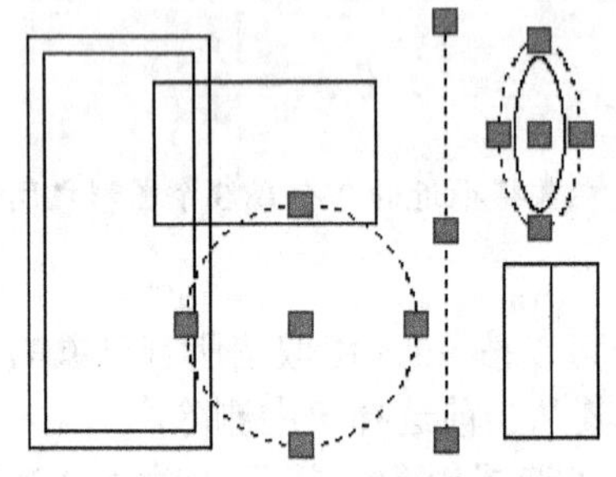
图 4.6 逐个选择多个对象

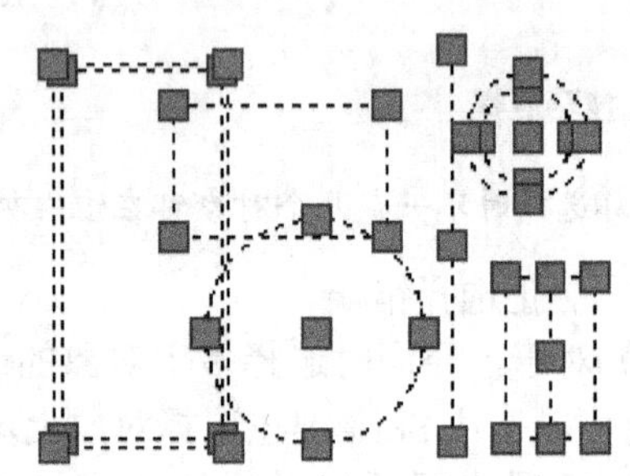
图 4.7 全部选择

(4) 窗口选择。单击确定一个角点之后，按住鼠标左键从左到右拖动创建矩形区域，仅选择完全位于矩形区域中的对象，如图 4.8 所示。

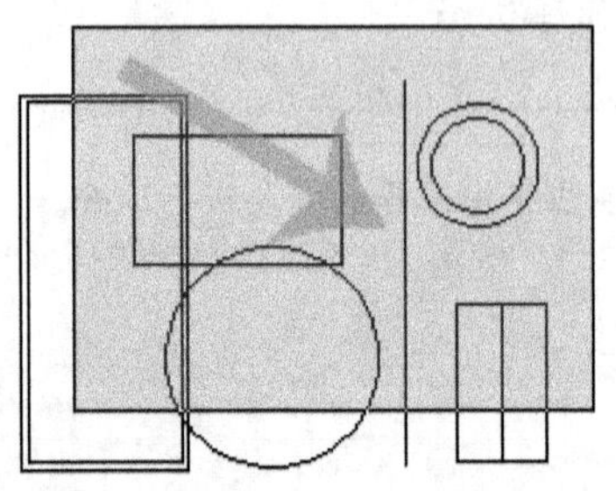
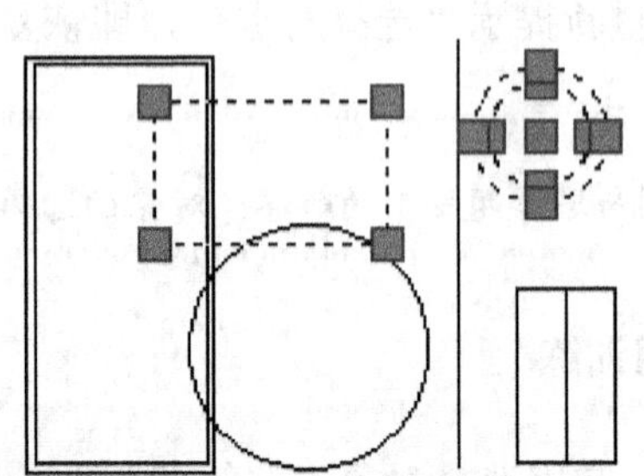
图 4.8 窗口选择

(5) 交叉选择。单击确定一个角点之后，按住鼠标左键从右向左拖动，则可创建交叉选择，可选择矩形窗口包围的或相交的对象，如图 4.9 所示。

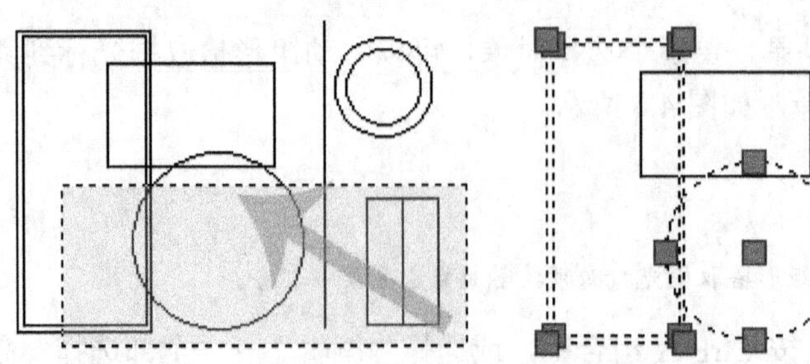
图 4.9 交叉选择

技巧点拨

窗口选择时，从右上或右下开始，效果是相同的；交叉选择时，从左上或左下开始，效果也是相同的。

(6) 不规则形状的区域选择对象。

① 窗口多边形选择(圈围)。在“修改”面板中单击“移动”按钮(✥)，命令行提示“选择对象”，在“选择对象”提示下输入“WP”后按 Enter 键，开始执行窗口多边形选择。该项可选择图形中需要被选择的对象，如图 4.10 所示。

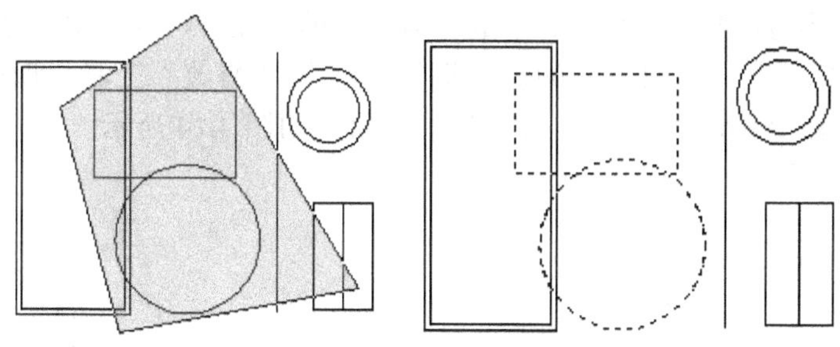

图 4.10　窗口多边形选择

② 交叉多边形选择(圈交)。在“修改”面板中单击“移动”按钮(✥)，在“选择对象”提示下输入“CP”后按 Enter 键，选择该项。选择多边形内部或与之相交的所有对象。如图 4.11 所示为指定第一圈交点和直线的端点创建多边形，选择对象。

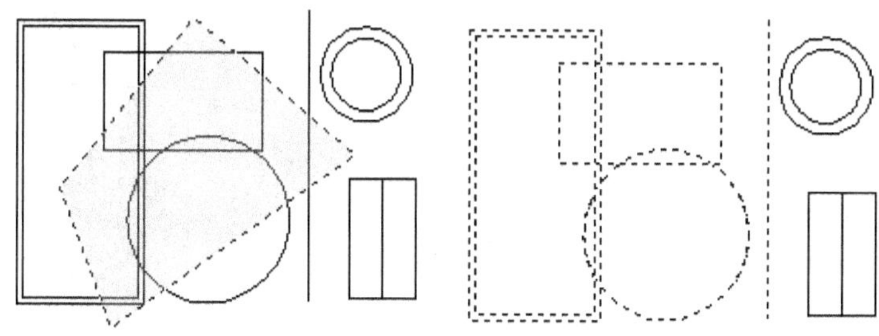

图 4.11　交叉多边形选择

(7) 更正选择错误。如图 4.12 所示，按住 Shift 键在直线上单击，可以将其从当前选择集中删除。

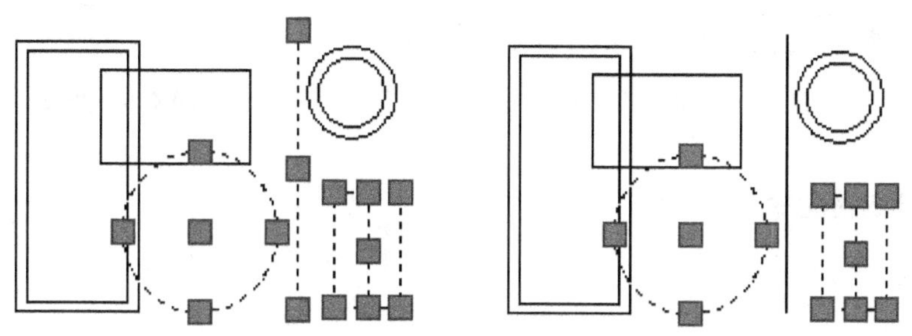

图 4.12　将直线从选择集中删除

案例小结

本案例主要练习了选择对象的常用方法。在练习的过程中，主要运用了逐个选择、全部选择、窗口选择、交叉选择、不规则形状区域选择、循环选择、更正选择错误等选择对象的方法。通过本实例的训练，可掌握选择对象的操作。

4.2 基本编辑命令

把简单的图形通过修剪、延伸、缩放、偏移等编辑操作，再对图形进行移动、复制、旋转等变换操作，才能达到需要的复杂图形。通过“修改”工具栏调用，如图 4.13 所示，也可以修改命令可以通过“修改”菜单调用，如图 4.14 所示

图 4.13 “修改”工具栏

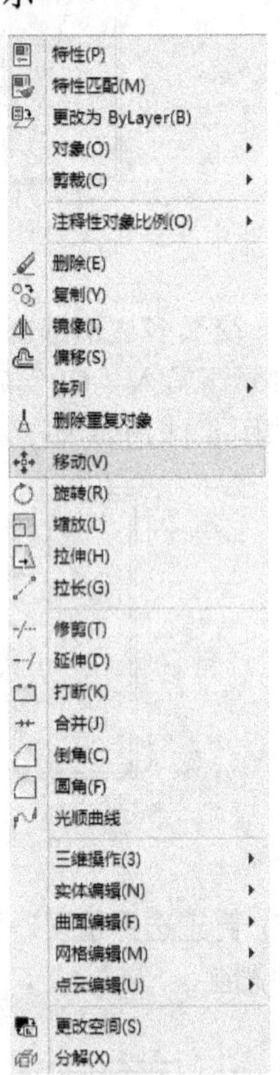

图 4.14 “修改”菜单栏

4.2.1 基础编辑命令

1. 删除

在绘图工作中，人们有时会借助于辅助线，有时也难免绘制出一些没有作用的或错误的图形。为此，AutoCAD 提供了“删除”命令，来删除没有用的图形。

【菜单】：选择“修改”→“删除”命令。
【快捷菜单】：选择“删除”命令。
【命令行】：输入“ERASE”命令(快捷命令 E)。
【工具栏】：单击按钮。
系统提示如下：

```
选择对象:           //选择要删除的对象，可以用第 4.1 节介绍的各种方法进行选择
选择对象:↙          //也可以继续选择对象
```

选择对象以后，右击、按空格键或 Enter 键确认，即可删除对象。

技巧点拨

使用键盘中 Delete 键可以快速将当前选择的对象删除。

2. 移动

在手工绘图时，要改变图形的位置，必须先把图形擦掉，然后在新的位置重新绘制图形。使用 AutoCAD 提供的“移动”命令改变图形位置很方便，该命令可以精确地将图形移动到指定的位置。

【菜单】：选择“修改”→“移动”命令。
【快捷菜单】：输入“移动”命令。
【命令行】：输入“MOVE”命令(快捷命令 M)。
【工具栏】：单击按钮。
系统提示如下：

```
选择对象:           //选择要移动位置的对象
选择对象:↙          //也可以继续选择对象
指定基点或 [位移(D)] <位移>:
```

(1) 指定基点。确定移动基点，为默认项。执行该默认项，即指定移动基点后，系统提示如下。

```
指定第二个点或 <使用第一个点作为位移>:
```

在此提示下指定一点作为位移第二点，也可直接按 Enter 键或空格键，将第一点的各坐标分量(也可以看成为位移量)作为移动位移量移动对象。

(2) 位移。根据位移量移动对象。执行该选项，系统提示如下。

```
指定位移:
```

如果在此提示下输入坐标值(直角坐标或极坐标)，AutoCAD 将所选择对象按与各坐标值对应的坐标分量作为移动位移量移动对象。

如图 4.15 所示，将移动代表窗口的块。选择“移动”后，选择要移动的对象 1。指定移动基点 2，然后指定位移点 3，对象从点 2 移动到点 3 。

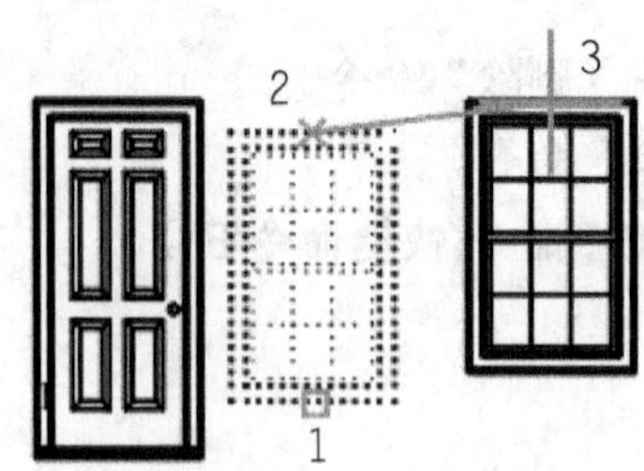

图 4.15　移动

如果对象的所有端点都在选择窗口内部，还可以使用 STRETCH 命令移动对象。打开“正交”模式或“极轴追踪”模式，可以按指定角度移动对象，如图 4.16 所示。

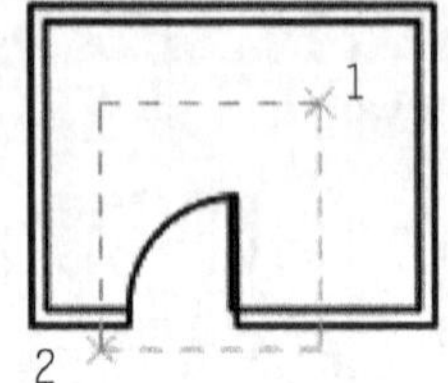

(a) 使用交叉选择选定对象

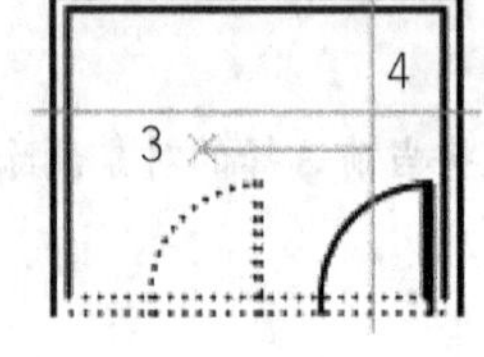

(b)“正交”模式打开进拖动对象

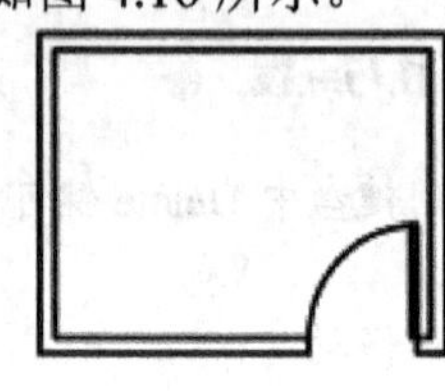

(c) 结果

图 4.16　指定角度移动对象

在此例中，需注意，门完全在选择区域内部，因而移动到新位置；而墙壁仅与选择区域交叉，只有位于选择区域内部的端点发生了移动。因此，墙壁根据门的移动而拉伸。要按指定距离移动对象，可以在“正交”和“极轴追踪”模式打开的同时使用直接距离输入。

技巧点拨

注意“移动”命令与“平移”命令的区别。“移动”是移动图形对象，也就是图形对象之间的相对位置发生改变。而“平移”是移动的视图，图形对象之间的相对位置不变。

3. 旋转

若需对对象进行旋转操作，可以利用 AutoCAD 提供的“旋转”命令绕指定基点旋转图形中的对象。

【菜单】：选择“修改”→“旋转”命令。

【快捷菜单】：选择“旋转”命令。

【命令行】：输入“ROTATE”命令(快捷命令 RO)。

【工具栏】：单击○按钮。

系统提示如下：

```
选择对象：      //选择要旋转的对象
选择对象：↙     //也可以继续选择对象
指定基点：      //确定旋转基点
指定旋转角度，或[复制(C)/参照(R)]：
```

(1) 指定旋转角度。通过选择基点和相对或绝对的旋转角来旋转对象。指定相对角度，将对象从当前的方向围绕基点按指定角度旋转。指定绝对角度，将对象从当前角度旋转到新的绝对角度。

在默认设置下，角度为正时沿逆时针方向旋转，反之沿顺时针方向旋转。

使用以下两种方法中的一种可以按指定的相对角度旋转对象。

① 输入旋转角度值(0～360°)。还可以按弧度、百分度或勘测方向输入值。

② 绕基点拖动对象并指定第二点。使用此方法时，通常还会同时打开“正交”和“极轴追踪”，或使用对象捕捉指定第二点。

如图 4.17 所示，通过选择对象 1，指定基点 2 并拖动到另一点 3 指定旋转角度来旋转房子的平面视图。

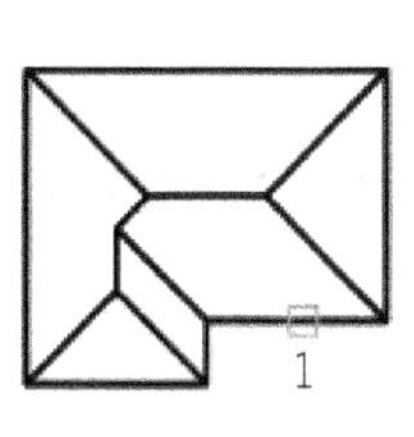

(a) 选定对象

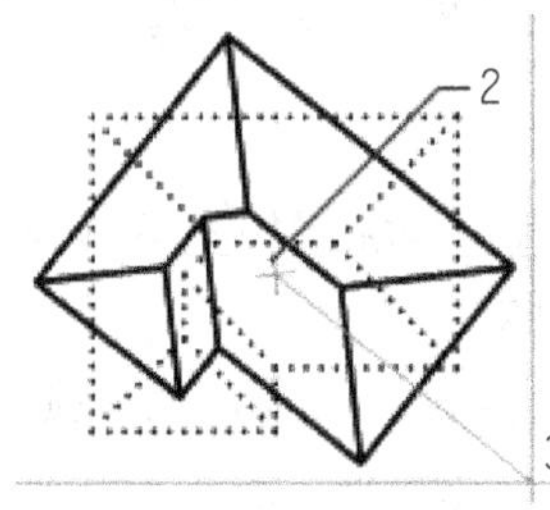

(b) 基点和旋转角度

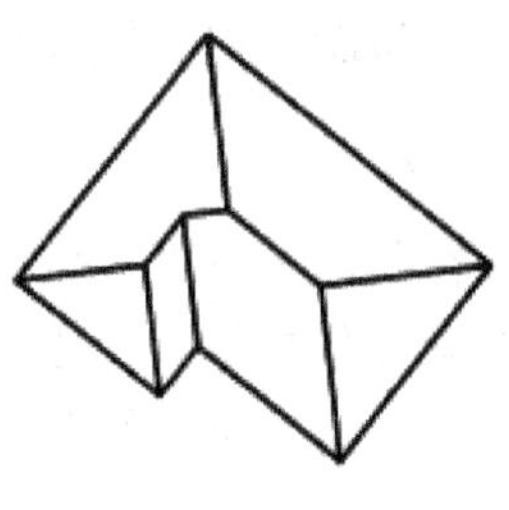

(c) 结果

图 4.17 旋转对象

(2) 复制(C)。创建出旋转对象后仍保留原对象。

(3) 参照(R)。以参照方式旋转对象。执行该选项，系统提示如下。

```
指定参照角：                  //输入参照角度值 1
指定新角度或 [点(P)] <0>：    //输入新角度值，或通过“点(P)”选项指定两点来确定新角度
```

AutoCAD 根据参照角度与新角度的值自动计算旋转角度(旋转角度 = 新角度－参照角度)，然后将对象绕基点旋转该角度。

技巧点拨

若用户需要逆时针旋转对象，可输入一个正值；相反，若要顺时针旋转对象，则要输入一个负值。

4. 复制

在一张图纸中经常会出现相同结构的图形，在手工绘图时，需要绘制相同结构的几个图形，必须分别进行绘制。而使用 AutoCAD 中所提供的“复制”命令，可以从原对象以指定的角度和方向创建对象的副本，轻而易举地就可以得到几个相同结构的图形。

【菜单】：选择“修改”→“复制”命令。

【快捷菜单】：选择“复制”命令。

【命令行】：输入“COPY”命令(快捷命令 CO)。

【工具栏】：单击按钮。

系统提示如下：

```
选择对象：        //选择要复制的对象
```

```
选择对象:↙   //也/可以继续选择对象
指定基点或 [位移(D)/模式(O)] <位移>:
```

(1) 指定基点。确定复制基点，为默认项。执行该默认项，即指定复制基点后，系统提示如下。

```
指定第二个点或 <使用第一个点作为位移>:
```

在此提示下再确定一点，AutoCAD 将所选择对象按由两点确定的位移矢量复制到指定位置；如果在该提示下直接按 Enter 键或空格键，AutoCAD 将第一点的各坐标分量作为位移量复制对象。

(2) 位移(D)。根据位移量复制对象。执行该选项，系统提示如下。

```
指定位移:
```

如果在此提示下输入坐标值(直角坐标或极坐标)，AutoCAD 将所选择对象按与各坐标值对应的坐标分量作为位移量复制对象。

(3) 模式(O)。确定复制模式。执行该选项，系统提示如下。

```
输入复制模式选项 [单个(S)/多个(M)] <多个>:
```

其中，“单个(S)”选项表示执行 COPY 命令后只能对选择的对象执行一次复制，而“多个(M)”选项表示可以多次复制，AutoCAD 默认为“多个(M)”选项，如图 4.18 所示。

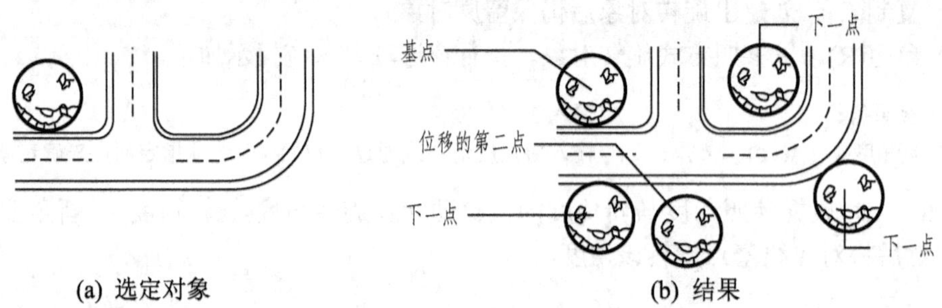

(a) 选定对象　　(b) 结果

图 4.18　复制多个对象

5. 镜像

“镜像”命令可以绕指定轴翻转对象创建对称的镜像图像，和镜面反射的道理相同。

【菜单】：选择“修改”→“镜像”命令。

【命令行】：输入“MIRROR”命令(快捷命令 MI)。

【工具栏】：单击按钮。

系统提示如下：

```
选择对象:                              //选择要镜像的对象
选择对象:↙                             //也可以继续选择对象
指定镜像线的第一点:                    //确定镜像线上的一点
指定镜像线的第二点:                    //确定镜像线上的另一点
是否删除源对象? [是(Y)/否(N)] <N>:     //根据需要响应即可
```

在实际绘图过程中，经常需要绘制一些对称的图形，对于这些图形，只需绘制出其中一半对称图形，然后利用 AutoCAD 提供的“镜像”命令就可以将对称的另一部分镜像复制出来，而不必去绘制整个图形，如图 4.19 所示。

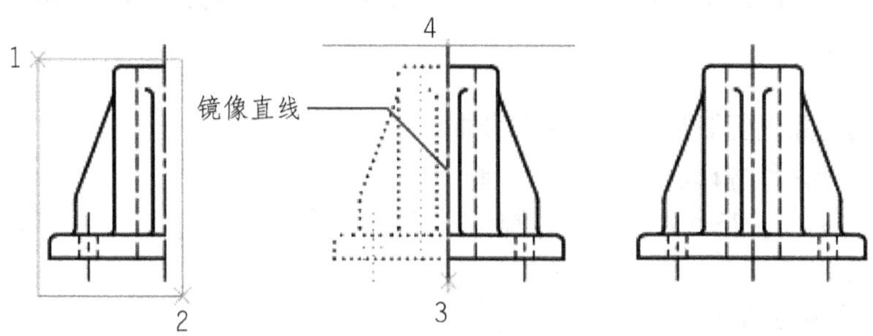

(a) 使用窗口选定的对象 (b) 使用两点定义的镜像直线 (c) 保留对象的结果

图 4.19 镜像

6. 偏移

使用“偏移”命令可以创建平行线、平行弧线和平行的样条曲线，也可创建同心圆或同心椭圆、嵌套的矩形和嵌套的多边形。偏移对象可以创建其形状与选定对象形状平行的新对象。偏移圆或圆弧可以创建更大或更小的圆或圆弧，取决于向哪一侧偏移，如图 4.20 所示。

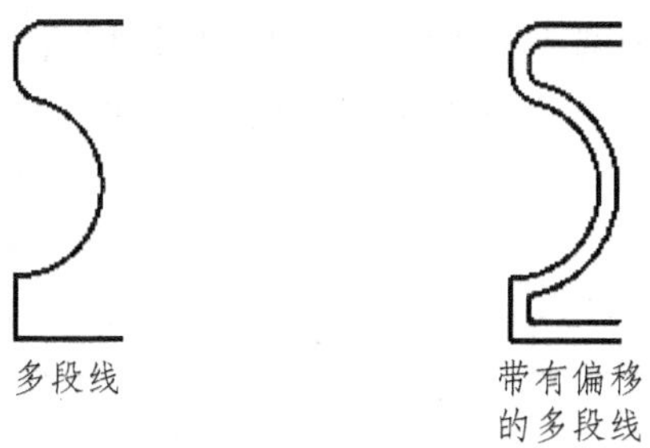

图 4.20 偏移

【菜单】：选择“修改”→“偏移”命令。
【命令行】：输入“OFFSET”命令(快捷命令 O)。
【工具栏】：单击按钮。
系统提示如下：

```
指定偏移距离或 [通过(T)/删除(E)/图层(L)] <通过>:
```

(1) 指定偏移距离。根据偏移距离偏移复制对象。在“指定偏移距离或 [通过(T)/删除(E)/图层(L)]:”提示下直接输入距离值，系统提示如下。

```
选择要偏移的对象，或[退出(E)/放弃(U)] <退出>:      //选择偏移对象)
指定要偏移的那一侧上的点，或[退出(E)/多个(M)/放弃(U)] <退出>:
                                             //在要复制到的一侧任意确定一点。“多
                                               个(M)”选项用于实现多次偏移复制
选择要偏移的对象，或[退出(E)/放弃(U)] <退出>:↙   //也可以继续选择对象进行偏移复制
```

(2) 通过(T)。使偏移复制后得到的对象通过指定的点。
(3) 删除(E)。实现偏移源对象后删除源对象。
(4) 图层(L)。确定将偏移对象创建在当前图层上还是源对象所在的图层上。

7. 阵列

将选中的对象进行矩形或环形多重复制。
【菜单】：选择“修改”→“阵列”命令。
【命令行】：“ARRAY”命令(快捷命令 AR)。
【工具栏】：单击按钮。
“阵列”菜单对话框，如图 4.21 所示。

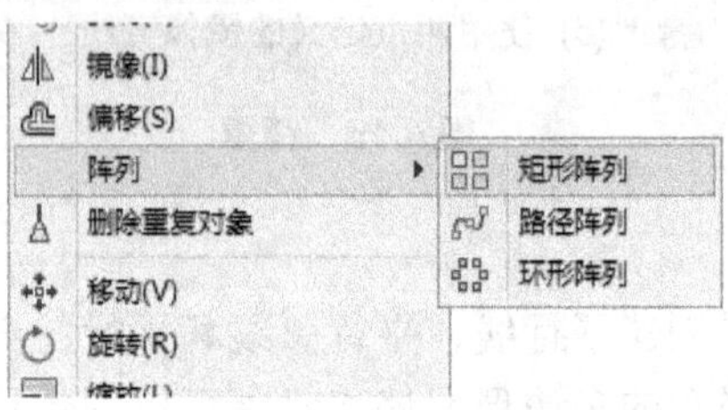

图 4.21 “阵列”菜单

可利用“阵列”对话框形象、直观地进行矩形或环形阵列的相关设置，并实施阵列。
(1)矩形阵列。图 4.21 中选中了“矩形阵列”单选按钮。利用其选择阵列对象，并设置阵列行数、列数、行间距、列间距等参数后，即可实现阵列，如图 4.22 和图 4.23 所示。

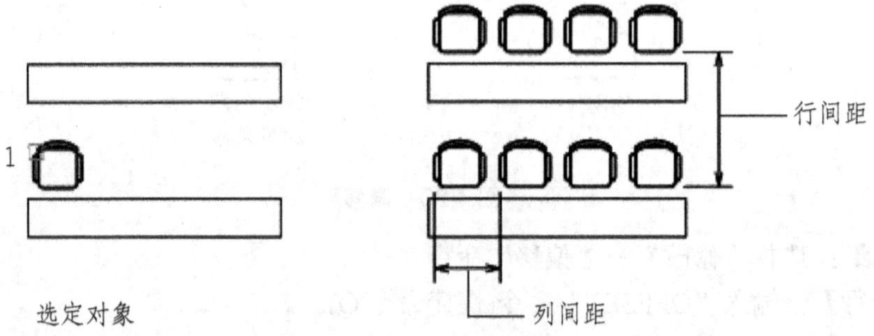

图 4.22 矩形阵列(一)

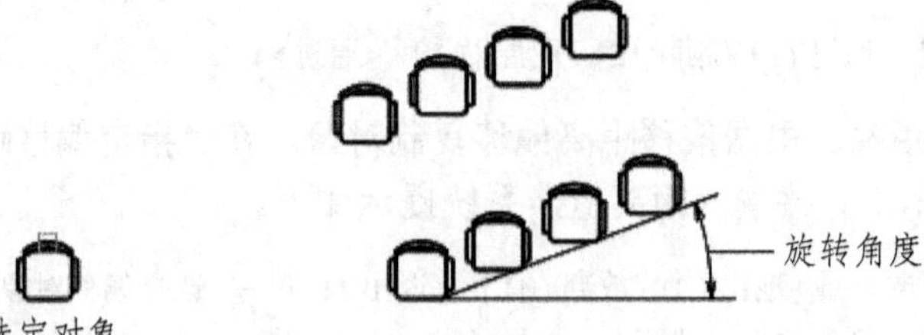

图 4.23 矩形阵列(二)

矩形阵列命令执行后，系统提示：

命令：_arrayrect
选择对象：
选择夹点以编辑阵列或 [关联(AS)/基点(B)/计数(COU)/间距(S)/列数(COL)/行数(R)/层数(L)/退出(X)] <退出>:

(2) 环形阵列。如图 4.24 所示选中了“环形阵列”单选按钮。利用其选择阵列对象，并设置阵列中心点、填充角度等参数后，即可实现环形阵列。

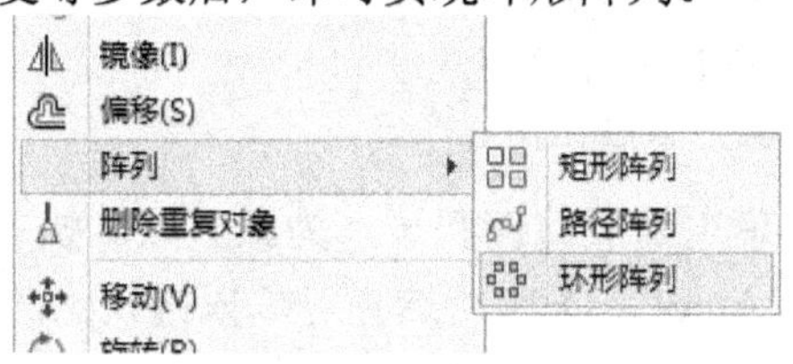

图 4.24 设置环形阵列

如图 4.25 所示，环形阵列可以将物体以环形复制。

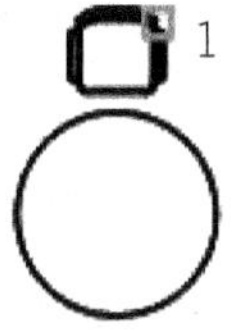

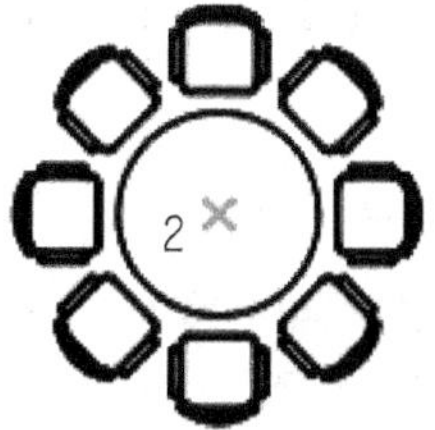

图 4.25 环形阵列

环形阵列命令执行后，命令行会提示：

命令：_arraypolar
选择对象：
类型 = 极轴 关联 = 是
指定阵列的中心点或 [基点(B)/旋转轴(A)]:
选择夹点以编辑阵列或 [关联(AS)/基点(B)/项目(I)/项目间角度(A)/填充角度(F)/行(ROW)/层(L)/旋转项目(ROT)/退出(X)] <退出>:

8. 缩放

在工程制图中，经常需要对图形对象进行放大或缩小。若用户要绘制一些结构相似但大小不同的图形对象，就可以通过绘制一个图形，然后对其进行复制后再对它们的结构比例进行放大或者缩小得到其他图形对象。AutoCAD 提供了“缩放”命令来帮助用户方便快捷地对图形对象按一定比例放大或缩小，如图 4.26 所示。

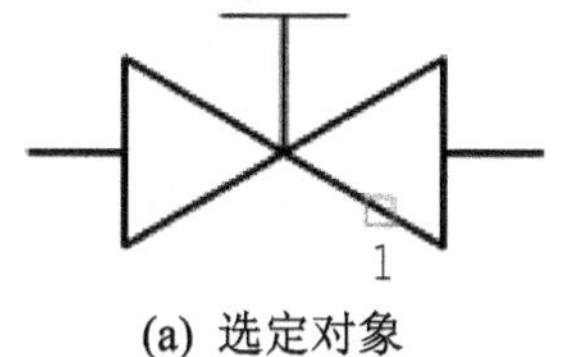

(a) 选定对象

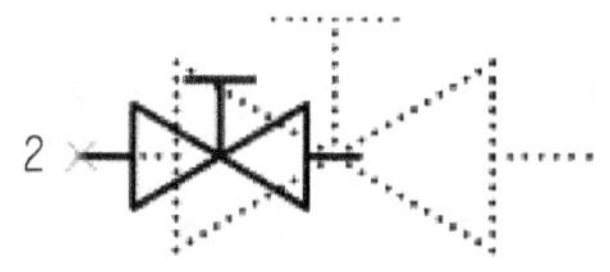

(b) 按比例因子0.5缩放的对象

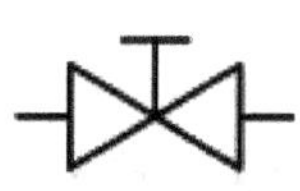

(c) 结果

图 4.26 缩放

【菜单】：选择“修改”→“缩放”命令。

【命令行】：输入“SCALE”命令(快捷命令 SC)。

【工具栏】：单击按钮。

系统提示如下：

```
选择对象:                //选择要缩放的对象
选择对象:↙               //也可以继续选择对象
指定基点:                //确定基点位置
指定比例因子或 [复制(C)/参照(R)]:
```

(1) 指定比例因子。确定缩放比例因子，为默认项。执行该默认项，即输入比例因子后按 Enter 键或空格键，AutoCAD 将所选择对象根据该比例因子相对于基点缩放，且 0<比例因子<1 时缩小对象，比例因子>1 时放大对象。

(2) 复制(C)。创建出缩小或放大的对象后仍保留原对象。执行该选项后，根据提示指定缩放比例因子即可。

(3) 参照(R)。将对象按参照方式缩放。执行该选项，系统提示如下：

```
指定参照长度:            //输入参照长度的值
指定新的长度或 [点(P)]:  //输入新的长度值或使用“点(P)”选项通过指定两点来确定长度值
```

AutoCAD 根据参照长度与新长度的值自动计算比例因子(比例因子=新长度值÷参照长度值)，并进行相应的缩放。

9. 拉伸

“拉伸”命令可以不等比例的变形缩放选择对象，使用该命令可以将图形对象中被选择的部分拉长或缩短，同时保持与图形对象中未选择的部分相连。

要拉伸对象，需首先为拉伸指定一个基点，然后指定位移点。由于拉伸移动位于交叉选择窗口内部的端点，因此必须用交叉选择选定对象，如图 4.27 所示。要更精确地拉伸，可以在进行对象捕捉、栅格捕捉和相对坐标输入的同时使用夹点编辑。

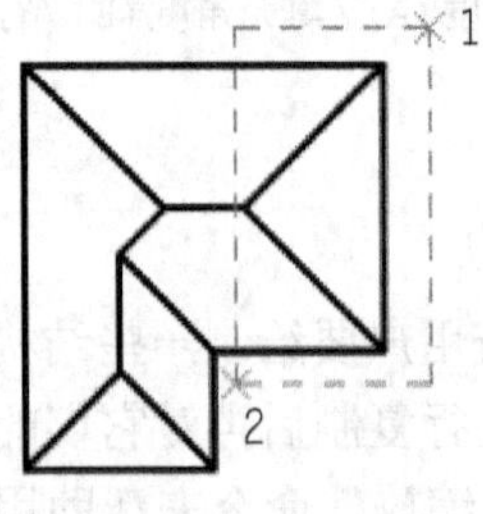

(a) 使用交叉选择选定的对象

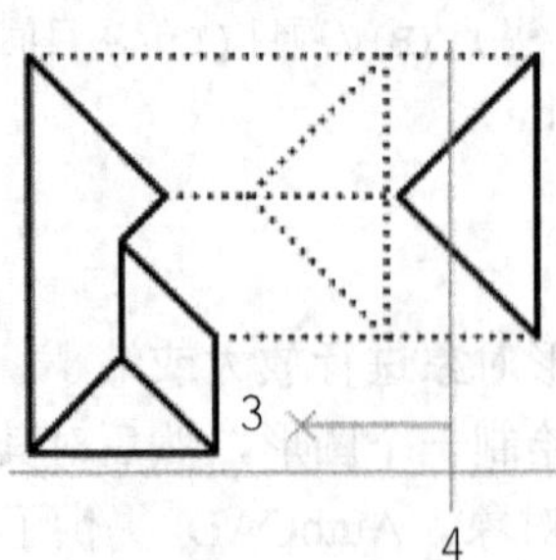

(b) 指定用于拉伸的点

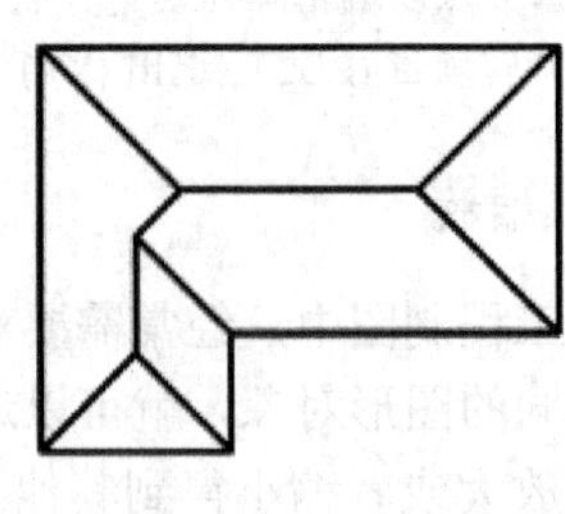

(c) 结果

图 4.27 拉伸

【菜单】：选择“修改”→“拉伸”命令。

【命令行】：输入“STRETCH”命令(快捷命令 S)。

【工具栏】：单击按钮。

系统提示如下：

```
以交叉窗口或交叉多边形选择要拉伸的对象：
选择对象:C↙            //或用 CP 响应。第一行提示说明用户只能以交叉窗口方式(即交叉矩
                         形窗口，用 C 响应)或交叉多边形方式(即不规则交叉窗口方式，用
                         CP 响应)选择对象
选择对象：             //可以继续选择拉伸对象
选择对象:↙
指定基点或 [位移(D)] <位移>:
```

(1) 指定基点。确定拉伸或移动的基点。

(2) 位移(D)。根据位移量移动对象。

技巧点拨

如果将对象全部选择，执行该命令后，将移动(而不是拉伸)对象。

10. 拉长

“拉长”命令可以用来修改对象的长度和圆弧的包含角，但对闭合的对象并不产生影响。如果在确定了线段的长度之后，又想把线段长度增加到一个指定数值，用户就需要利用“拉长”命令来增加或缩短线段的长度。如图 4.28 所示，用户可以用拉长命令将线拉长。

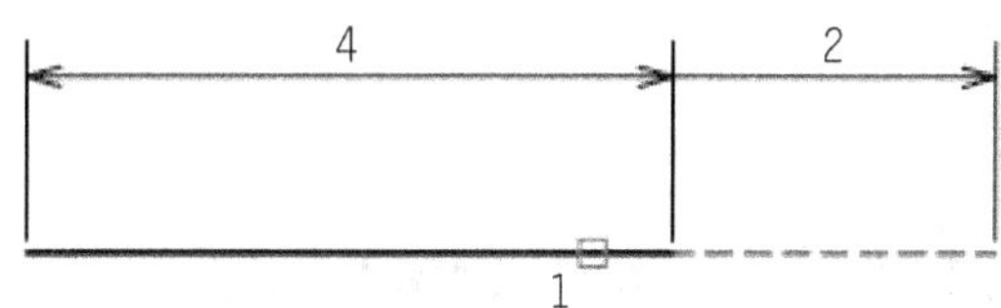

图 4.28 拉长

【菜单】：选择“修改”→“拉长”命令。

【命令行】：输入“Lengthen”命令(快捷命令 Len)。

系统提示如下：

```
选择对象或 [增量(DE)/百分数(P)/全部(T)/动态(DY)]:
```

(1) 选择对象。显示指定直线或圆弧的现有长度和包含角(对于圆弧而言)。

(2) 增量(DE)。通过设定长度增量或角度增量改变对象的长度。执行此选项，系统提示如下。

```
输入长度增量或 [角度(A)]:
```

在此提示下确定长度增量或角度增量后，再根据提示选择对象，可使其长度改变。

(3) 百分数(P)。使直线或圆弧按百分数改变长度。

(4) 全部(T)。根据直线或圆弧的新长度或圆弧的新包含角改变长度。

(5) 动态(DY)。以动态方式改变圆弧或直线的长度。

11. 修剪

用作为剪切边的对象修剪指定的对象(称后者为被剪边)，即将被修剪对象沿修剪边界(即剪切边)断开，并删除位于剪切边一侧或位于两条剪切边之间的部分。

【菜单】：选择“修改”→“修剪”命令。

【命令行】：输入“TRIM”命令(快捷命令 TR)。

【工具栏】：单击 按钮。

系统提示如下：

```
选择剪切边...
选择对象或 <全部选择>:          //选择作为剪切边的对象，按 Enter 键选择全部对象
选择对象↙                      //还可以继续选择对象
选择要修剪的对象，或按住 Shift 键选择要延伸的对象，或[栏选(F)/窗交(C)/投影(P)/边(E)/删除(R)/放弃(U)]:
```

(1) 选择要修剪的对象，或按住 Shift 键选择要延伸的对象。

在上面的提示下选择被修剪对象，AutoCAD 会以剪切边为边界，将被修剪对象上位于拾取点一侧的多余部分或将位于两条剪切边之间的部分剪切掉。如果被修剪对象没有与剪切边相交，在该提示下按住 Shift 键后选择对应的对象，AutoCAD 则会将其延伸到剪切边。如图 4.29 所示，通过修剪平滑地清理两墙壁相交的地方。

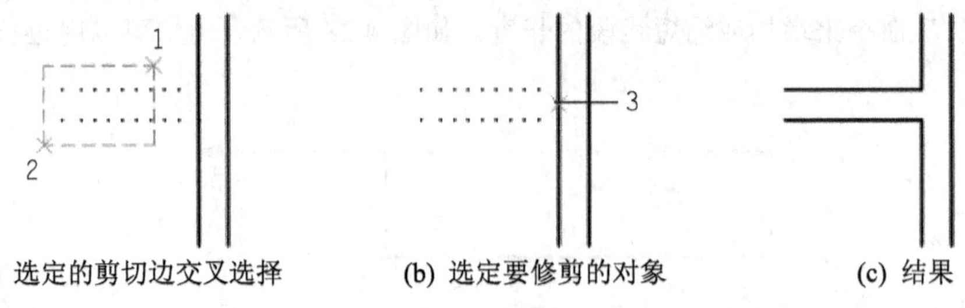

(a) 选定的剪切边交叉选择　(b) 选定要修剪的对象　(c) 结果

图 4.29　修剪

(2) 栏选(F)。以栏选方式确定被修剪对象，如图 4.30 所示。

(3) 窗交(C)。使与选择窗口边界相交的对象作为被修剪对象，如图 4.31 所示。

(4) 投影(P)。确定执行修剪操作的空间。

(5) 边(E)。确定剪切边的隐含延伸模式。

(6) 删除(R)。删除指定的对象。

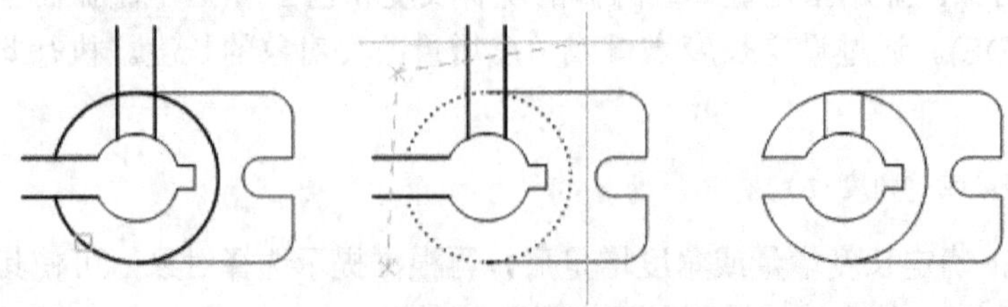

(a) 选定的剪切边　(b) 用栏选选定的要修剪的对象　(c) 结果

图 4.30　栏选

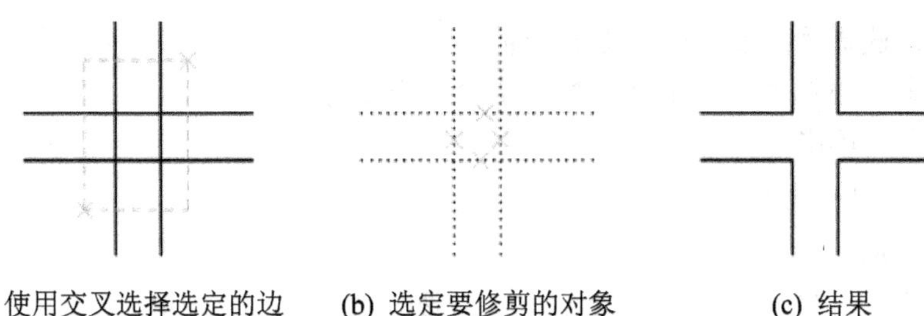
(a) 使用交叉选择选定的边　(b) 选定要修剪的对象　(c) 结果

图 4.31　窗交

(7) 放弃(U)。取消上一次的操作。

对象既可以作为剪切边，也可以是被修剪的对象。如图 4.32 所示，圆是构造线的一条剪切边，同时它也正在被修剪。

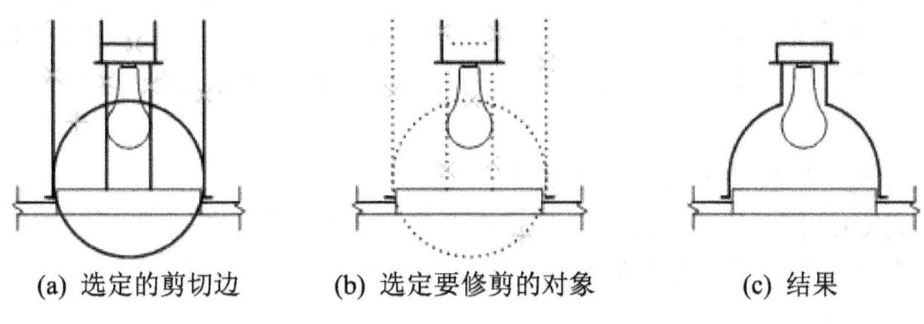
(a) 选定的剪切边　(b) 选定要修剪的对象　(c) 结果

图 4.32　剪切

修剪若干个对象时，使用不同的选择方法有助于选择当前的剪切边和修剪对象。如图 4.33 所示为剪切边，是利用交叉选择选定的。

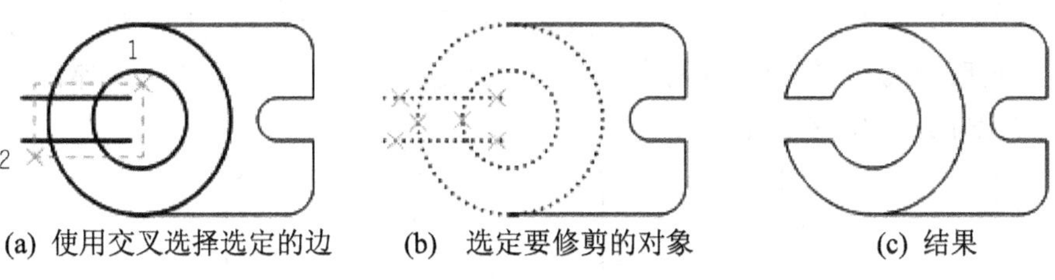

(a) 使用交叉选择选定的边　(b) 选定要修剪的对象　(c) 结果

图 4.33　剪切边

12. 延伸

延伸与修剪的操作方法相同。可以延伸对象，使它们精确地延伸至由其他对象定义的边界处。如图 4.34 所示，将直线精确地延伸到由一个圆定义的边界处。

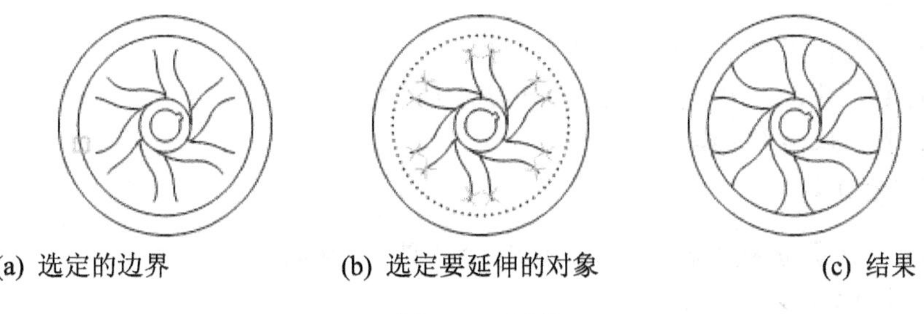
(a) 选定的边界　(b) 选定要延伸的对象　(c) 结果

图 4.34　延伸

【菜单】：选择“修改”→“延伸”命令。

【命令行】：输入“EXTEND”命令(快捷命令 EX)。

【工具栏】：单击 按钮。

系统提示如下：

```
选择边界的边：
选择对象或 <全部选择>：        //选择作为边界边的对象，按 Enter 键则选择全部对象
选择对象：↙                    //也可以继续选择对象
选择要延伸的对象，或按住 Shift 键选择要修剪的对象，或
[栏选(F)/窗交(C)/投影(P)/边(E)/放弃(U)]：
```

(1) 选择要延伸的对象，或按住 Shift 键选择要修剪的对象。

选择对象进行延伸或修剪，为默认项。用户在该提示下选择要延伸的对象，AutoCAD 把该对象延长到指定的边界对象。如果延伸对象与边界交叉，在该提示下按住 Shift 键，然后选择相应的对象，那么 AutoCAD 会修剪它，即将位于拾取点一侧的对象用边界对象将其修剪掉。

(2) 栏选(F)。以栏选方式确定被延伸的对象。

(3) 窗交(C)。使与选择窗口边界相交的对象作为被延伸对象。

(4) 投影(P)。确定执行延伸操作的空间。

(5) 边(E)。确定延伸的模式。

(6) 放弃(U)。取消上一次的操作。

13. 打断

从指定的点处将对象分成两部分，或删除对象上所指定两点之间的部分。使用打断是在对象上创建间距，是使分开的两个部分之间有空间的方便途径。打断经常用于为块或文字插入创建空间，如图 4.35 所示。

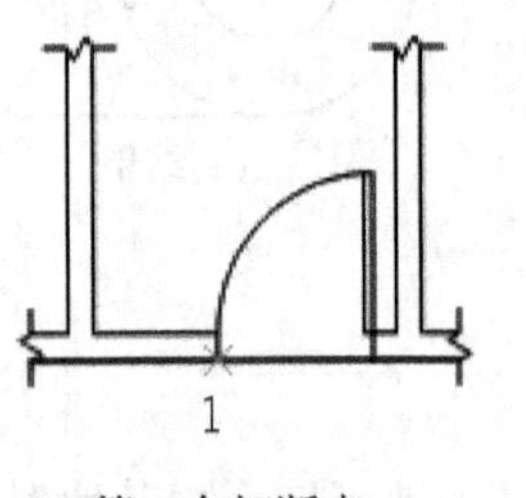

(a) 第一个打断点

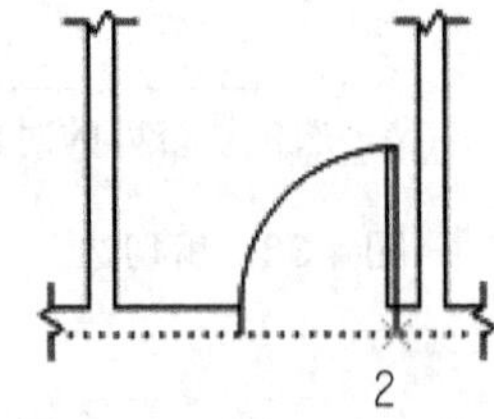

(b) 第二个打断点

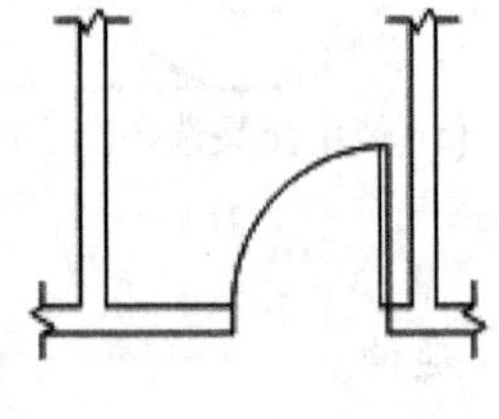
(c) 结果

图 4.35 打断

【菜单】：选择“修改”→“打断”命令。

【命令行】：输入“BREAK”命令(快捷命令 BR)。

【工具栏】：单击 按钮。

系统提示如下：

```
选择对象：      //选择要断开的对象。此时只能选择一个对象
指定第二个打断点或 [第一点(F)]：
```

(1) 指定第二个打断点。此时 AutoCAD 以用户选择对象时的拾取点作为第一个打断点，并要求确定第二个打断点。用户可以有以下选择。

① 如果直接在对象上的另一点处单击，AutoCAD 将对象上位于两拾取点之间的对象删除掉。

② 如果输入符号“@”后按 Enter 键或空格键，AutoCAD 在选择对象时的拾取点处将对象一分为二。

如果在对象的一端之外任意拾取一点，AutoCAD 将位于两拾取点之间的那段对象删除掉。

(2) 第一点(F)。重新确定第一断点。执行该选项，系统提示如下。

```
指定第一个打断点:        //重新确定第一断点
指定第二个打断点:
```

在此提示下，可以按前面介绍的 3 种方法确定第二个打断点。

14. 圆角

与“倒角”命令不同，使用“圆角”命令可以通过指定的圆弧来光滑地连接两个对象。在 AutoCAD 中可执行“圆角”命令的对象有很多，如圆、圆弧、椭圆弧、直线、多段线及构造线等，如图 4.36 所示。

【菜单】：选择“修改”→“圆角”命令。

【命令行】：输入“FILLET”命令(快捷命令 F)。

【工具栏】：单击□按钮。

系统提示如下：

```
当前设置: 模式 = 修剪, 半径 = 0.0000
选择第一个对象或 [放弃(U)/多段线(P)/半径(R)/修剪(T)/多个(M)]:
```

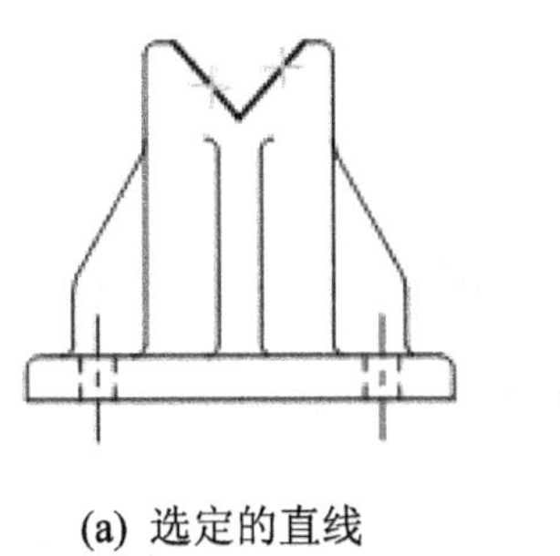

(a) 选定的直线

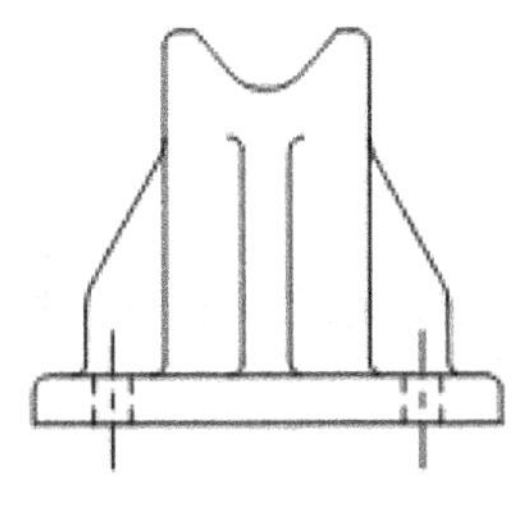

(b) 结果

图 4.36 圆角

提示中，第一行说明当前创建的圆角操作采用了“修剪”模式，且圆角半径为 0。第二行的含义如下。

(1) 选择第一个对象。此提示要求选择创建圆角的第一个对象，为默认项。用户选择后，系统提示如下。

```
选择第二个对象, 或按住 Shift 键选择要应用角点的对象:
```

在此提示下选择另一个对象，AutoCAD 按当前的圆角半径设置对它们创建圆角。如果按住 Shift 键选择相邻的另一对象，则可以使两对象准确相交。

(2) 多段线(P)。对二维多段线创建圆角，如图 4.37 所示。

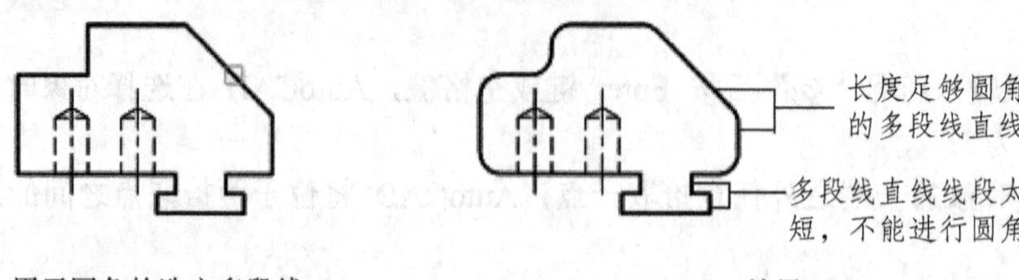

(a) 用于圆角的选定多段线　　(b) 结果

图 4.37　多段线圆角

(3) 半径(R)。设置圆角半径，如图 4.38 所示。

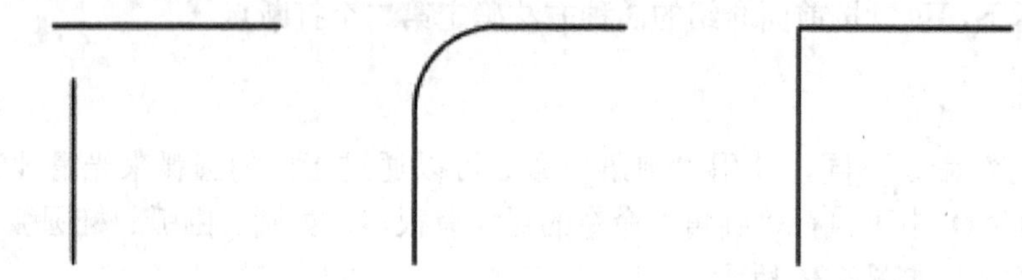

(a) 圆角前的两条直线　(b) 圆角后的两条直线半径　(c) 圆角的两条直线半径为0

图 4.38　圆角半径

(4) 修剪(T)。确定创建圆角操作的修剪模式，如图 4.39 所示。

(5) 多个(M)。执行该选项且用户选择两个对象创建出圆角后，可以继续对其他对象创建圆角，不必重新执行 FILLET 命令。

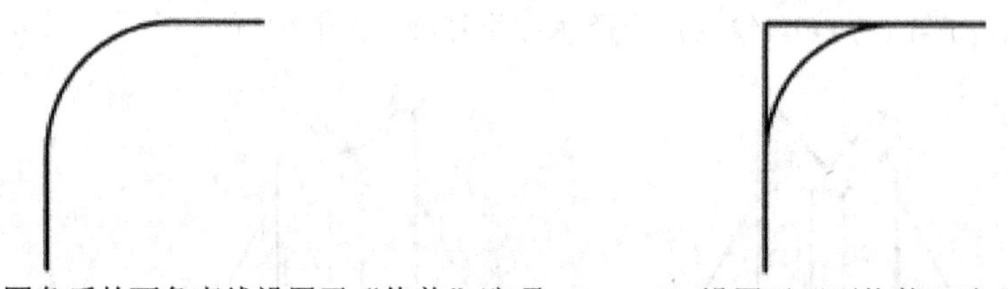

(a) 圆角后的两条直线设置了“修剪”选项　　(b) 设置了“不修剪”选项的两条已圆角的直线

图 4.39　圆角修剪模式

15. 倒角

所谓“倒角”，通俗的解释是将某些对象的尖锐角变成倾斜面，也就是在两条非平行线之间创建直线，它通常用于表示角点上的倒角边。在 AutoCAD 中可添加倒角的对象有很多，如直线、多段线、构造线和射线等。

【菜单】：选择“修改”→“倒角”命令。

【命令行】：输入“CHAMFER”命令(快捷命令 CHA)。

【工具栏】：单击□按钮。

系统提示如下：

```
(“修剪”模式) 当前倒角距离 1 = 0.0000，距离 2 = 0.0000
选择第一条直线或 [放弃(U)/多段线(P)/距离(D)/角度(A)/修剪(T)/方式(E)/多个(M)]:
```

提示的第一行说明当前的倒角操作属于“修剪”模式，且第一、第二倒角距离分别为 1 和 2。

(1) 选择第一条直线。要求选择进行倒角的第一条线段，为默认项。选择某一线段，即执行默认项后，系统提示如下。

```
选择第二条直线，或按住 Shift 键选择要应用角点的直线:
```

在该提示下选择相邻的另一条线段即可。

(2) 多段线(P)。对整条多段线倒角，如图 4.40 所示。

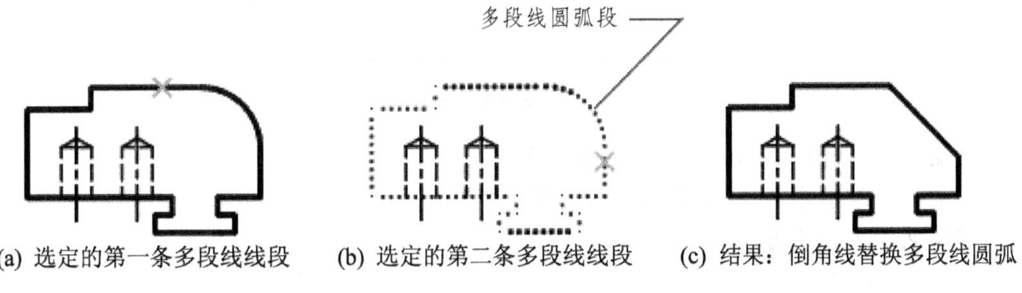

(a) 选定的第一条多段线线段　(b) 选定的第二条多段线线段　(c) 结果：倒角线替换多段线圆弧

图 4.40　多段线倒角

(3) 距离(D)。设置倒角距离，如图 4.41 所示。

(4) 角度(A)。根据倒角距离和角度设置倒角尺寸，如图 4.42 所示。

(5) 修剪(T)。确定倒角后是否对相应的倒角边进行修剪，与圆角相同。

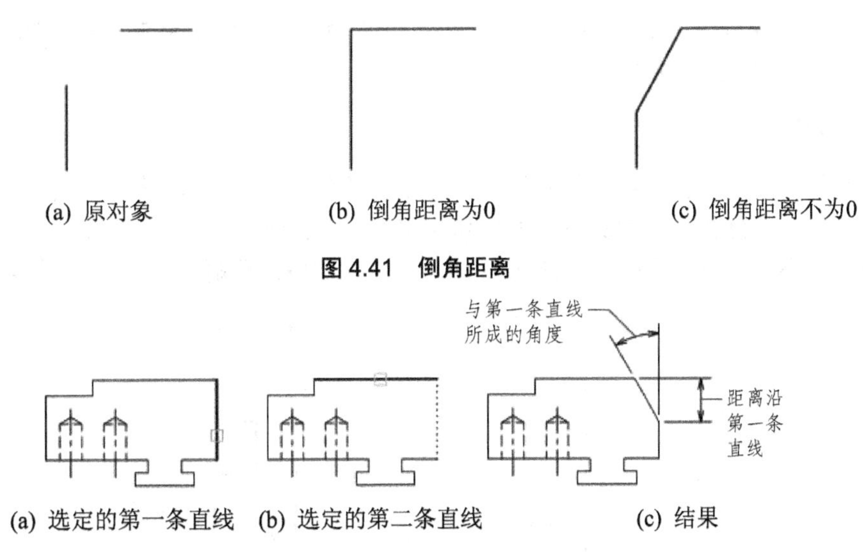

(a) 原对象　(b) 倒角距离为0　(c) 倒角距离不为0

图 4.41　倒角距离

(a) 选定的第一条直线　(b) 选定的第二条直线　(c) 结果

图 4.42　倒角角度

(6) 方式(E)。确定将以什么方式倒角，即根据已设置的两倒角距离倒角，还是根据距离和角度设置倒角。

(7) 多个(M)。如果执行该选项，当用户选择了两条直线进行倒角后，可以继续对其

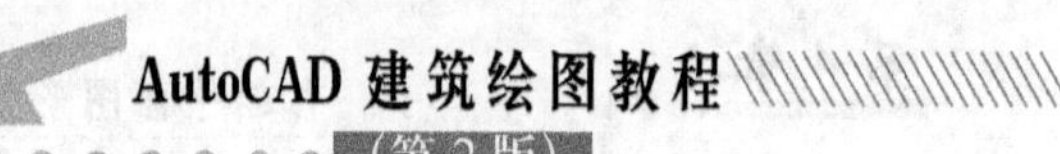

他直线倒角，不必重新执行 CHAMFER 命令。

(8) 放弃(U)。放弃已进行的设置或操作。

16. 合并

AutoCAD 提供的“合并”命令正好与“打断”命令的作用相反，该命令可以将相似的对象合并为一个对象。用户也可以通过该命令将圆弧和椭圆弧合并成完整的圆和椭圆。在 AutoCAD 中可以合并的对象有圆弧、椭圆弧、直线、多段线、样条曲线等。如图 4.43 所示，将两条直线合并成一条。

图 4.43 合并

【菜单】：选择“修改”→“合并”命令。

【命令行】：输入“JOIN”命令(快捷命令 J)。

【工具栏】：单击 按钮。

系统提示如下：

```
命令: JOIN 选择源对象:
选择要合并到源的直线:
选择要合并到源的直线:
已将 1 条直线合并到源
```

这里以合并直线为例，输入“JOIN”命令并确认后，分别单击两条直线，然后按空格键确认命令即完成合并操作。

17. 分解

在希望单独修改复合对象的部件时，可分解复合对象。可以分解的对象包括块、多段线及面域等。可分解对象的颜色、线型和线宽都可能会改变。其他结果将根据分解的复合对象类型的不同而有所不同。如图 4.44 所示，将左边图形分解得到右边的图形。

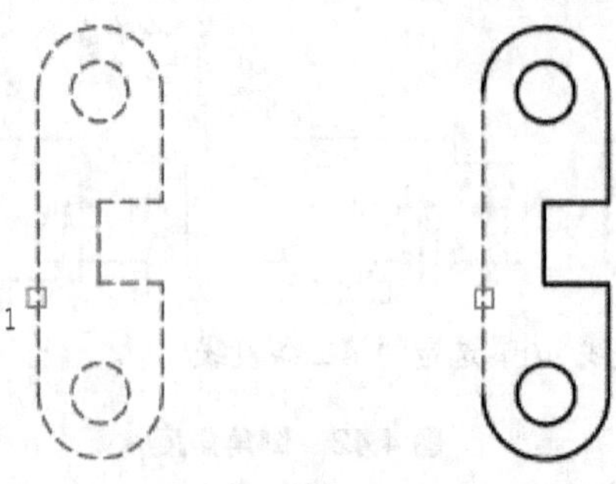

图 4.44 分解对象

【菜单】：选择“修改”→“分解”命令。

【命令行】：输入“EXPLODE”命令(快捷命令 X)。

工具栏：单击工具栏。

系统提示如下：

```
命令: EXPLODE
选择对象:
```

分解命令的操作相对简单，输入“EXPLODE”并按空格键确认命令，然后单击选择对象，再按空格键结束命令。

4.2.2 项目训练

案例 2 运用“矩形”命令、“分解”命令、“偏移”命令、“修剪”命令、“镜像”命令、“直线”命令和“对象捕捉”设置绘制如图 4.45 所示的门立面图。

(1) 在视图中绘制 1200×2000 的矩形，如图 4.46 所示。

(2) 利用“分解”命令分解矩形，并用直线命令连接上下边的中线，如图 4.47 所示。

(3) 根据(图 4.45)，偏移出门右边造型的尺寸，偏移结果如图 4.48 所示。

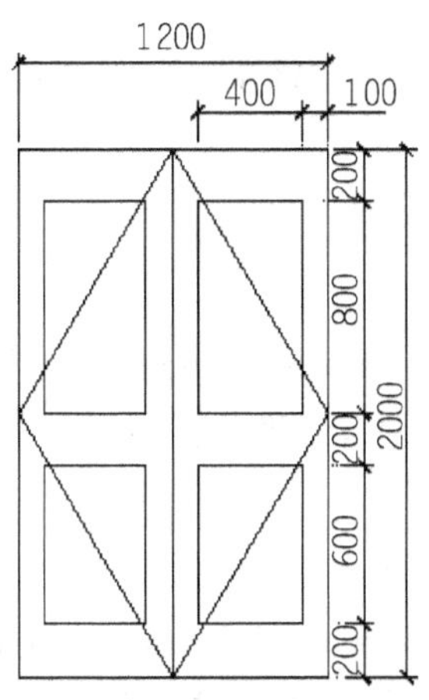

图 4.45 门立面图

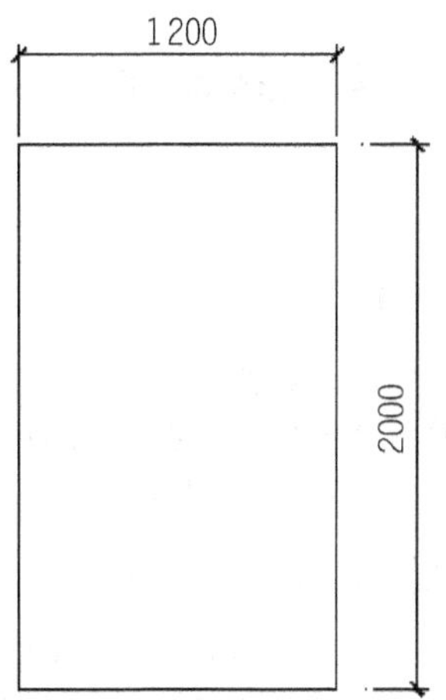

图 4.46 1200×2000 的矩形

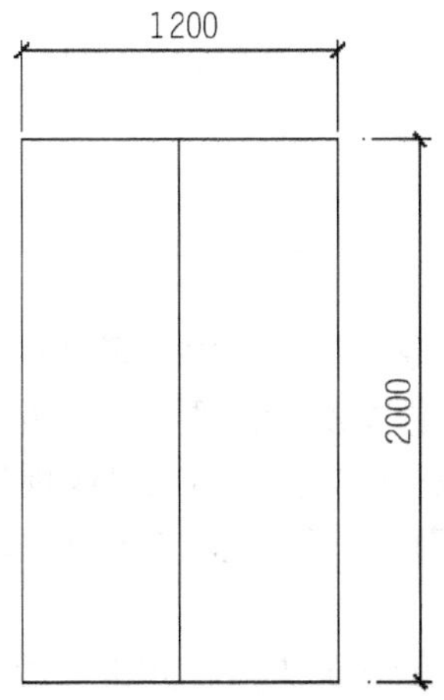

图 4.47 连接上下边的中线

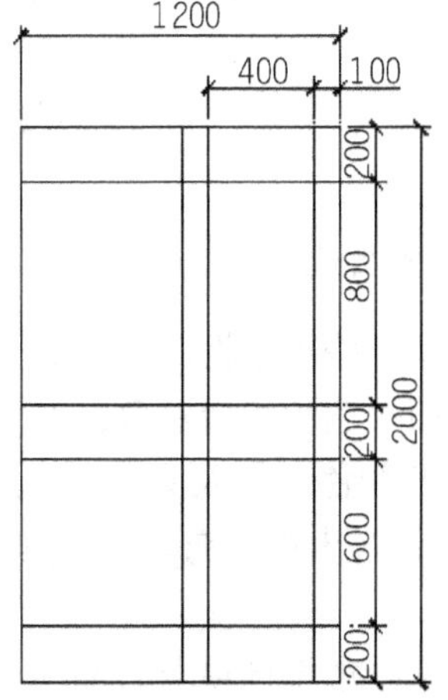

图 4.48 偏移出门右边造型的尺寸

(4) 运用“修剪”命令，修剪掉不需要的线段，完成后如图 4.49 所示。

(5) 以上下边的中线为镜像线，运用“镜像”命令完成左边图的绘制，如图 4.50 所示。

(6) 最后，开启对象捕捉中的中点捕捉，分别连接矩形 4 条边的中点完成整个门的绘制。

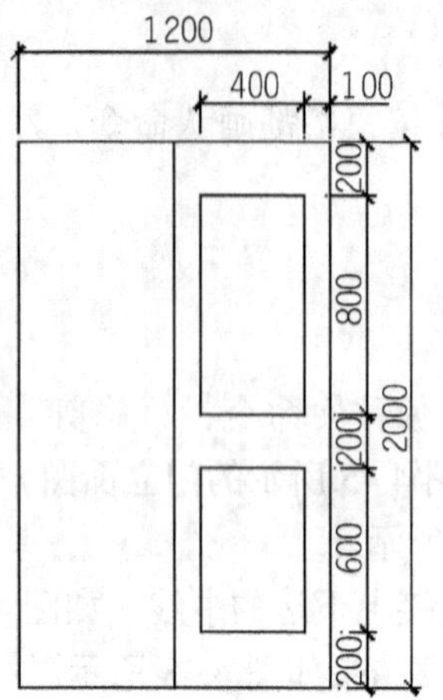

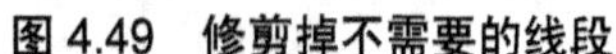
图 4.49　修剪掉不需要的线段

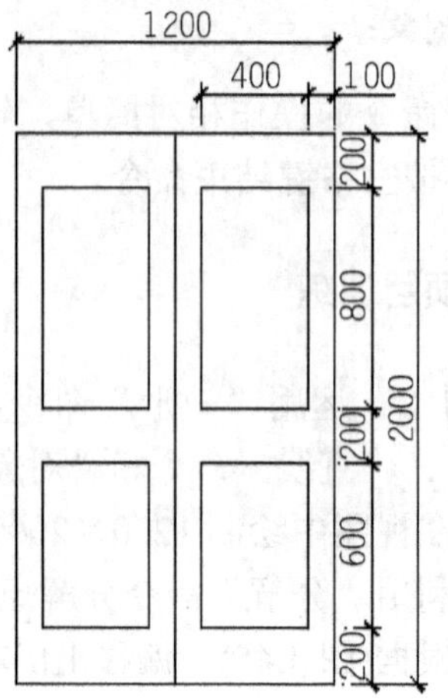

图 4.50　利用“镜像”命令完成左边图的绘制

案例小结

本案例重在讲解复杂图形的绘制方法，具体的命令可以参照前面的详细讲解。通过本例的练习，可以掌握“矩形”命令、“分解”命令、“偏移”命令、“修剪”命令、“镜像”命令、“直线”命令和“对象捕捉”设置的具体运用。

特 别 提 示

本章引例与思考题目 2 的解答：提高编辑命令的运用效率，首先需要一定的练习来熟悉命令；其次需要在熟悉绘图命令的基础上，学会分析图形的组成，思考运用哪些命令可以快速绘制所需图形。

4.3　高级编辑命令

1. 夹点概述

夹点是一些小方框，使用定点设备指定对象时，对象关键点上将出现夹点，可以拖动夹点直接而快速的编辑对象。有关夹点的控制，用户可根据实际需要另行设置，例如改变夹点默认的颜色，以及夹点的大小尺寸等。有关夹点的控制选项都在“选项”对话框的“选择集”选项卡中，选择“工具”→“选项”命令，即可打开“选项”对话框，如图 4.51 所示。

在“选择集”选项卡右侧的半个区域中，用户可对默认的夹点样式重新设置，以满足自己的绘图需求。下面对各控制项的作用进行介绍。

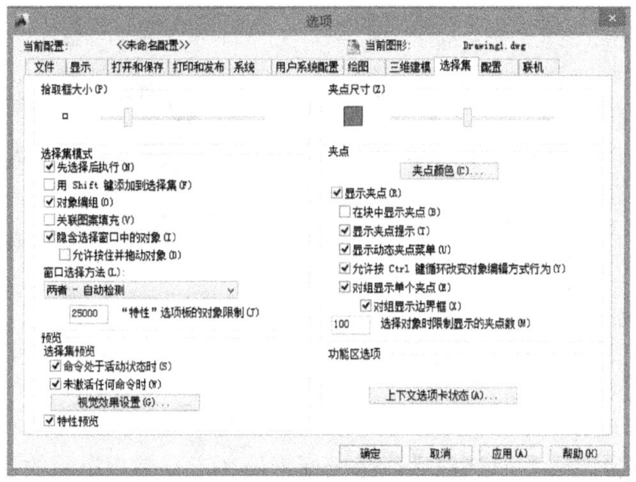

图 4.51 “选择集”选项卡

拖动“夹点大小”选项区域中的滑块，可控制夹点的尺寸，预览窗中会同步显示夹点改变尺寸后的效果。如图 4.52 所示为设置不同夹点大小后，所选择的矩形显示状态。

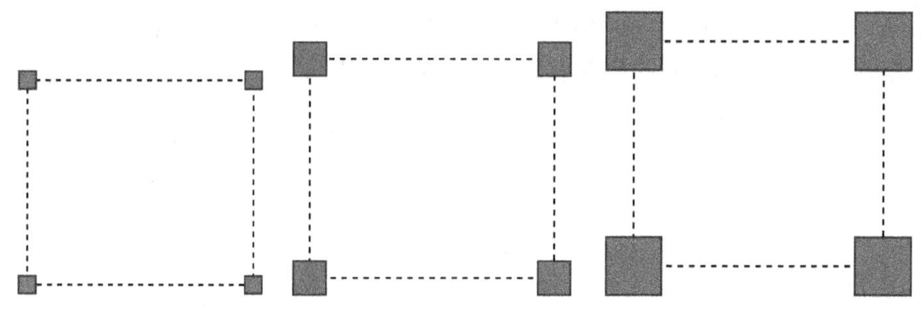

图 4.52　夹点大小

在“夹点”选项区域中控制夹点处于不同状态时的颜色显示，以及是否启用夹点提示。根据需要，在各自的颜色列表中为不同状态下的夹点选择自己喜欢的颜色。如图 4.53 所示为夹点的 3 种显示状态。

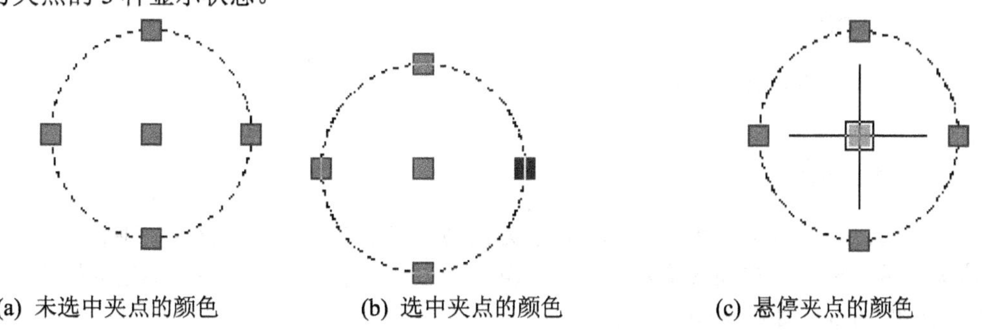

(a) 未选中夹点的颜色　　(b) 选中夹点的颜色　　(c) 悬停夹点的颜色

图 4.53　夹点的 3 种显示状态

选中“启用夹点”复选框后，用户在选择对象时显示夹点。选中“在块中启用夹点”复选框后，可控制块中所有对象夹点的显示状态。如图 4.54 所示为禁用该复选框和启用该复选框后选择块的状态。

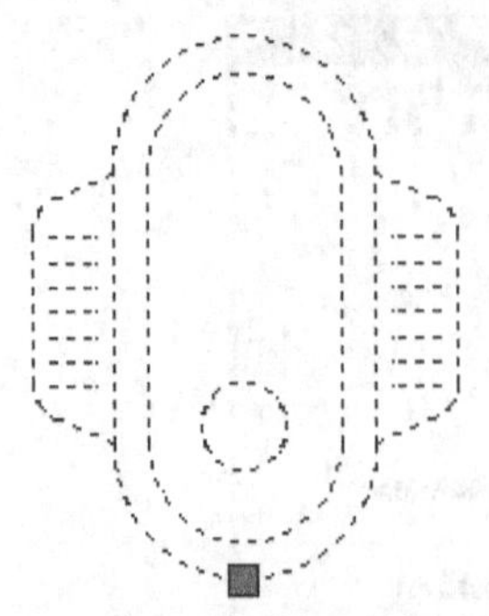

(a) 未选中“在块中启用夹点”复选框

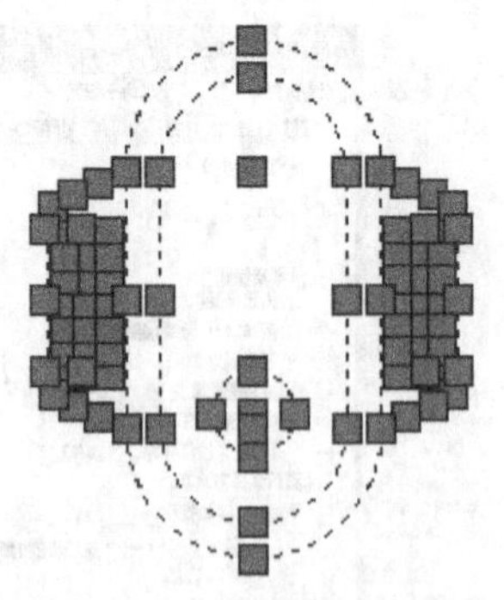

(b) 选中“在块中启用夹点”复选框

图 4.54 在块中启用夹点

选中“启用夹点提示”复选框后，当光标悬停在支持夹点提示的自定义对象的夹点上时，显示夹点的特定提示。夹点提示对标准对象无效。

设置完需要改变的选项后，单击“确定”按钮，应用新的设置。当用户要对某一对象进行修改编辑时，在命令行中输入命令之前，首先选择它，这时可看到选择对象显示蓝色的方块，如图 4.55(a)所示。在使用夹点编辑之前，还应该选择作为操作基点的基夹点。默认情况下，被选择的基夹点为红色的方块。若需选择多个基夹点，可按住 Shift 键连续单击需要选择的夹点，如图 4.55(b)所示为选择了两个基夹点。

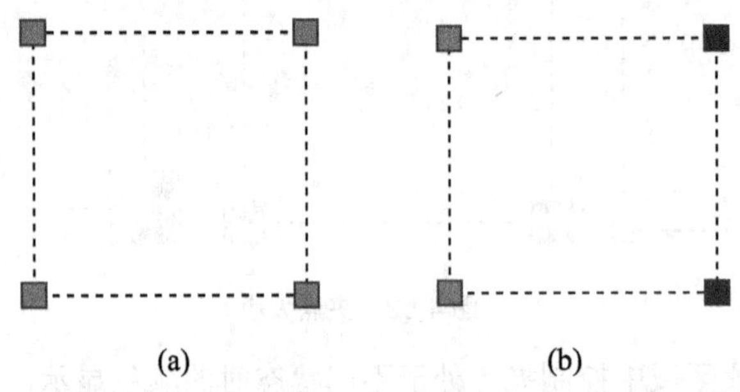

(a)　　(b)

图 4.55 选择夹点

技巧点拨

按 Esc 键可取消夹点的选择状态。

2. 夹点编辑

利用 AutoCAD 的夹点功能，可以方便地对对象进行拉伸、移动、旋转、缩放，以及镜像编辑操作。用户在选择基夹点后，也可在该基夹点上右击，通过弹出的快捷菜单来选择需要的命令，如图 4.56 所示。

1) 使用夹点拉伸对象

可以通过将选定夹点移动到新位置来拉伸对象。文字、块参照、直线中点、圆心和点对象上的夹点将移动对象而不是拉伸它。这是移动块参照和调整标注的好方法。通过拉伸夹点可调整矩形的长度，如图 4.57 所示。

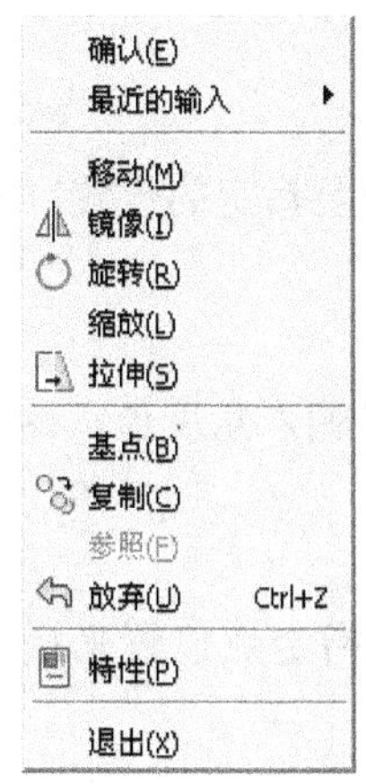

图 4.56 夹点快捷菜单

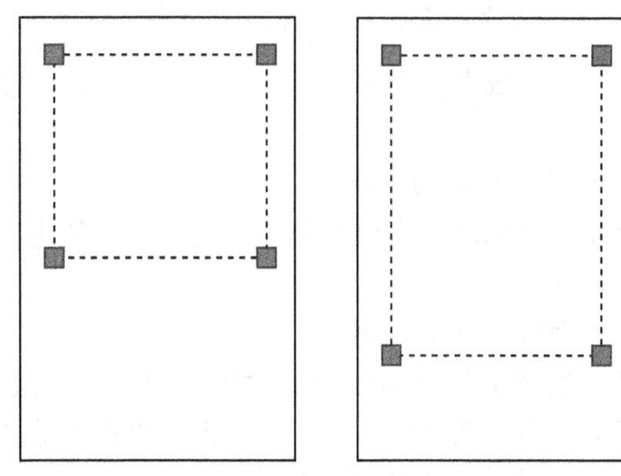

图 4.57 拉伸夹点

使用对象选择方式选择要进行拉伸的矩形对象，然后按住 Shift 键，在选择矩形的下侧两个夹点上单击，将其选中作为基夹点，如图 4.58 所示。

在选择的任意一个基夹点上单击，这时系统将出现如下提示。

```
** 拉伸 **
指定拉伸点或 [基点(B)/复制(C)/放弃(U)/退出(X)]:
```

按 F8 键启用“正交”功能，然后在绘图区域中向下移动光标至合适位置后单击，完成对夹点的拉伸操作，如图 4.59 所示。

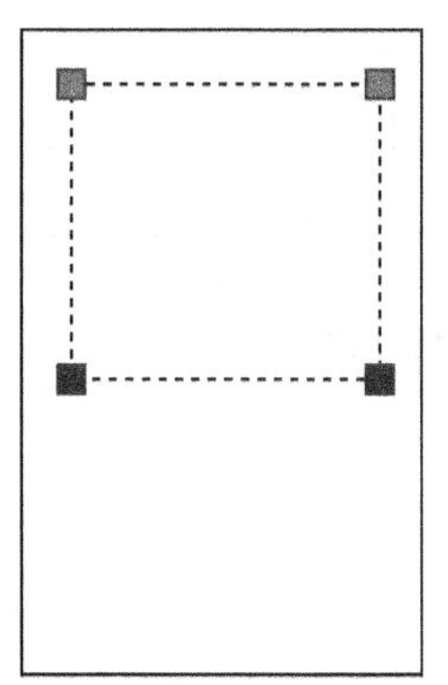

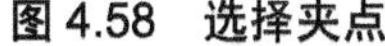

图 4.58 选择夹点

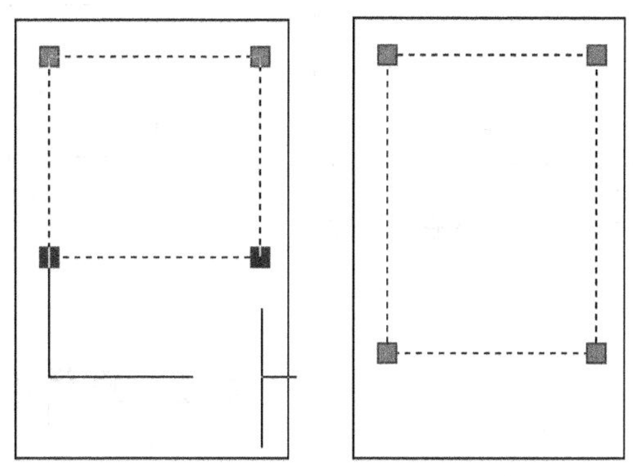

图 4.59 拉伸选择夹点

2) 使用夹点移动对象

可以通过选定的夹点移动对象。选定的对象被高亮显示并按指定的下一点位置移动一定的方向和距离。

选择要移动的对象，然后在对象的任意一个夹点上单击(图 4.60)，将默认夹点模式“拉伸”激活。

按 Enter 键遍历夹点模式，直到显示夹点模式“移动”。

```
** 拉伸 **
指定拉伸点或 [基点(B)/复制(C)/放弃(U)/退出(X)]:
```

```
** 移动 **
指定移动点或 [基点(B)/复制(C)/放弃(U)/退出(X)]:
```

在绘图区域中向右移动鼠标并单击，选定对象将随夹点移动至指定的位置，如图 4.61 所示。

3) 使用夹点旋转对象

可以通过拖动和指定点位置来绕基点旋转选定对象，还可以输入角度值，这是旋转块参照的好方法。

4) 使用夹点缩放对象

可以相对于基点缩放选定对象。通过从基夹点向外拖动并指定点位置来增大对象尺寸，或通过向内拖动减小尺寸，也可以为相对缩放输入一个值。

5) 使用夹点为对象创建镜像

可以沿临时镜像线为选定对象创建镜像。打开“正交”模式有助于指定垂直或水平的镜像线。

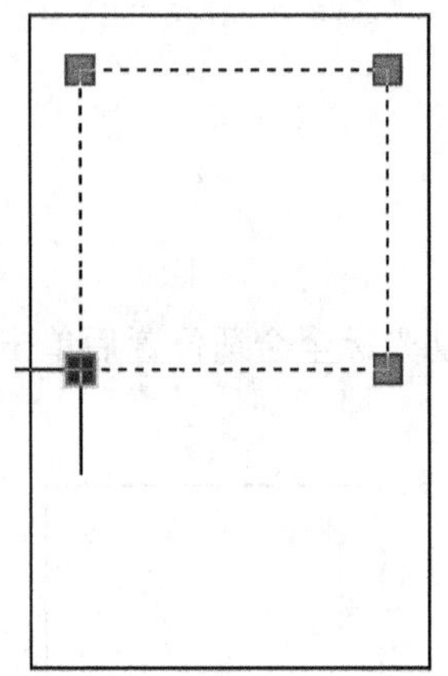

图 4.60　单击任一夹点

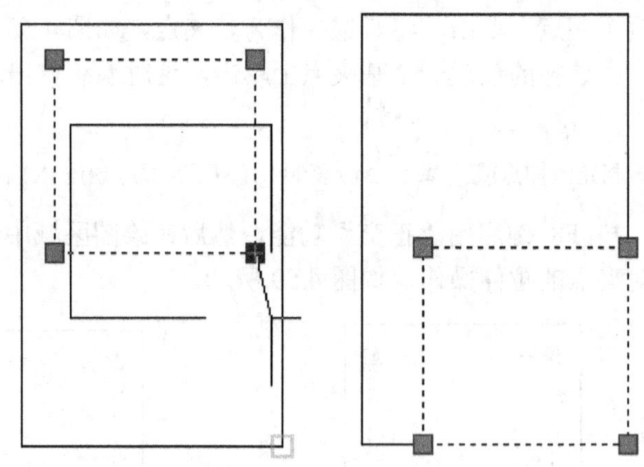

图 4.61　移动对象

4.4　项目综合训练

4.4.1　五角星绘制

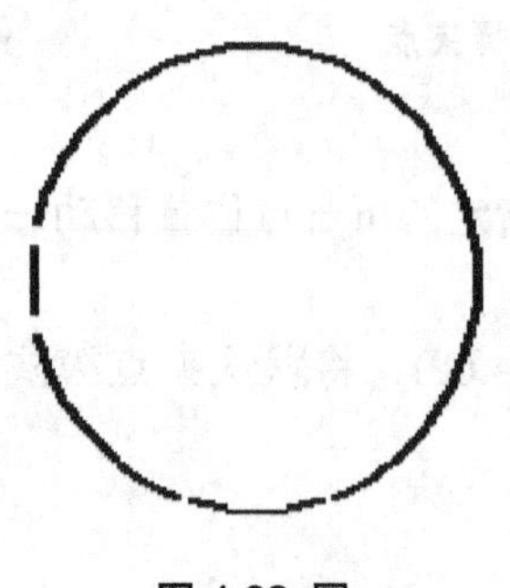

图 4.62 圆

操作步骤如下：

1. 绘制圆(图 4.62)

```
命令: _circle
命令: _circle 指定圆的圆心或 [三点(3P)/两点(2P)/相切、相切、半径(T)]:
指定圆的半径或 [直径(D)]: 100
```

2. 等分圆(图 4.63 和图 4.64)

命令：_divide
选择要定数等分的对象：
输入线段数目或 [块(B)]：5
命令：'_ddptype 正在重生成模型。
正在重生成模型。

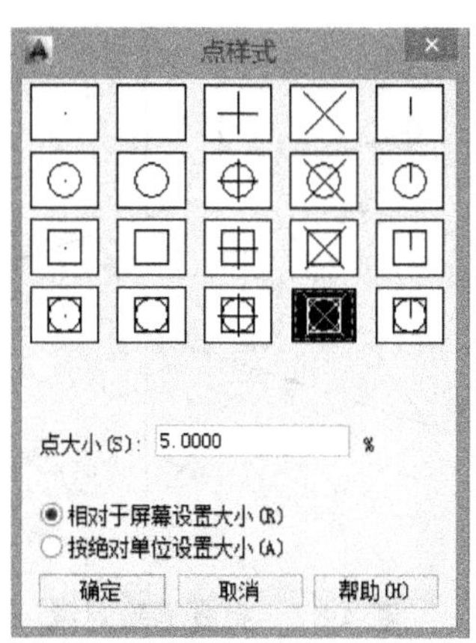

图 4.63 点样式

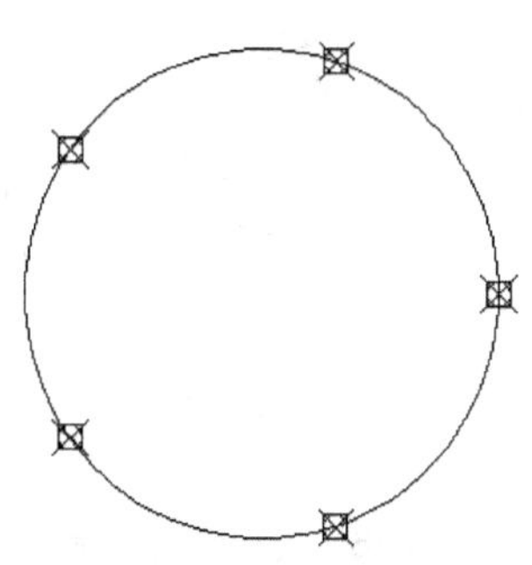

图 4.64 五等分圆

3. 用直线连接各点(注意设置对象捕捉)(图 4.65 和图 4.66)

设置对象捕捉:
在状态栏“对象捕捉”按钮的位置右击，打开如图 4.65 所示的对话框。

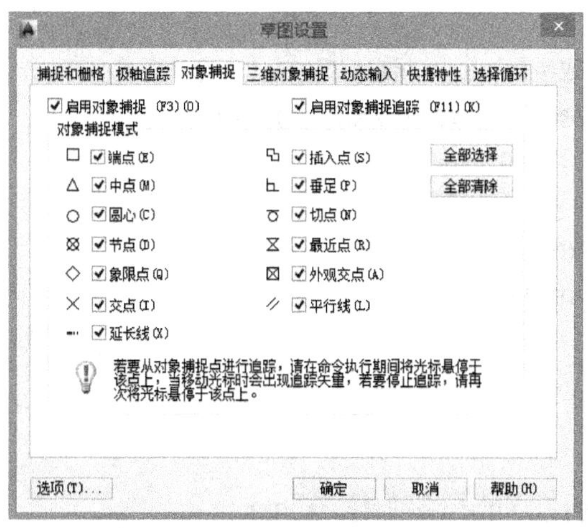

图 4.65 “草图设置”对话框

命令：line
LINE 指定第一点：>>
正在恢复执行 LINE 命令。

指定第一点:
指定下一点或 [放弃(U)]:
指定下一点或 [放弃(U)]:
指定下一点或 [闭合(C)/放弃(U)]:

4. 删除(图 4.67)

命令: _erase 找到 6 个

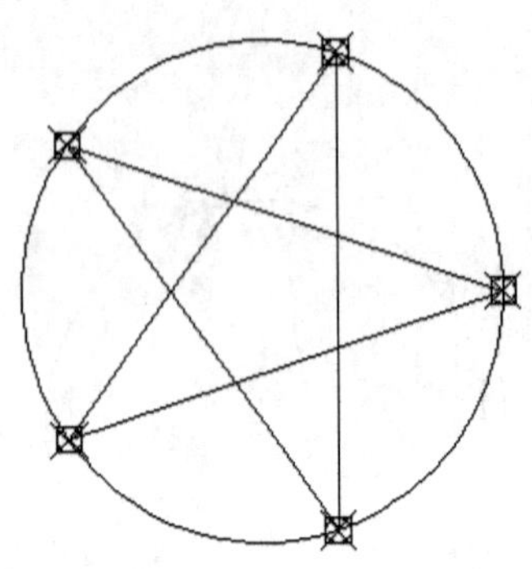

图 4.66 直线连成五角星

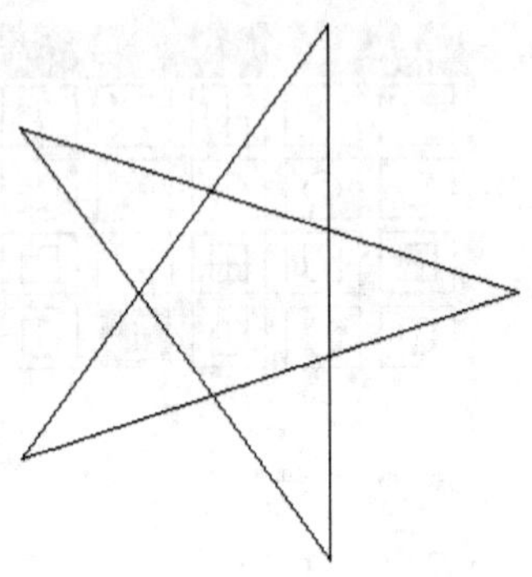

图 4.67 完成删除对象

5. 修剪并连线(图 4.68)

命令: _trim
当前设置:投影=UCS,边=无
选择剪切边...
选择对象或 <全部选择>: 指定对角点: 找到 5 个
选择对象:
选择要修剪的对象,或按住 Shift 键选择要延伸的对象,或
[栏选(F)/窗交(C)/投影(P)/边(E)/删除(R)/放弃(U)]:
命令: l
LINE 指定第一点:
指定下一点或 [放弃(U)]:
指定下一点或 [放弃(U)]:

6. 旋转(图 4.69)

命令: ro
ROTATE
UCS 当前的正角方向: ANGDIR=逆时针 ANGBASE=0
选择对象: 指定对角点: 找到 15 个
选择对象:
指定基点:
指定旋转角度,或 [复制(C)/参照(R)] <0>: 90

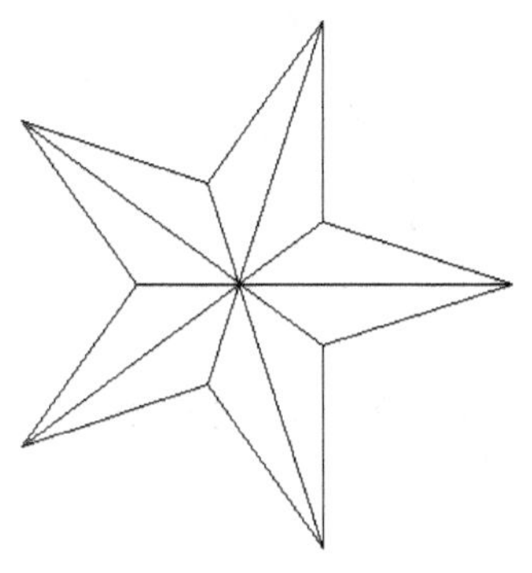

图 4.68 五角星图形

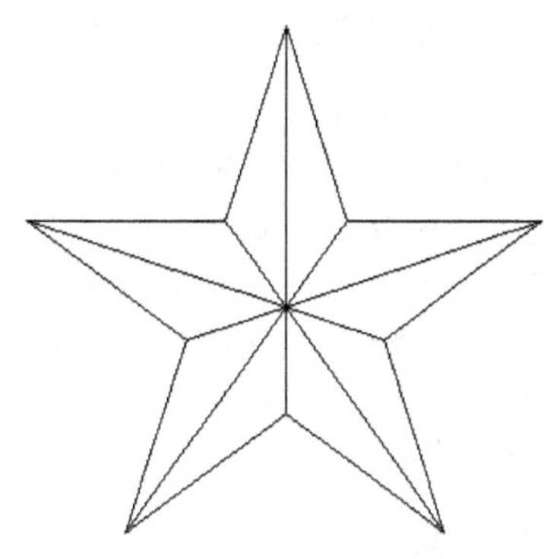

图 4.69 旋转五角星图

4.4.2 吊钩绘制

绘制如图 4.70 所示吊钩。

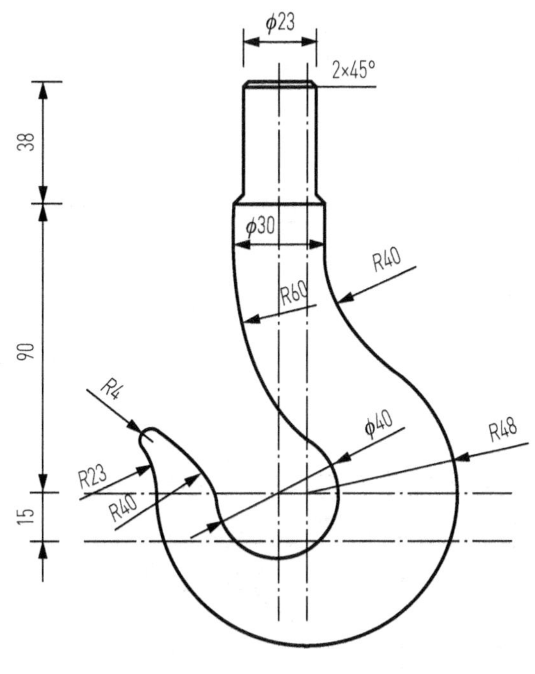

图 4.70 吊钩

操作步骤：

1. 绘制矩形并分解(图 4.71)

```
命令: _rectang
指定第一个角点或 [倒角(C)/标高(E)/圆角(F)/厚度(T)/宽度(W)]:
指定另一个角点或 [面积(A)/尺寸(D)/旋转(R)]: @23,38
命令: _explode
选择对象: 找到 1 个
```

2. 倒角(图 4.72)

命令：_chamfer
(“修剪”模式) 当前倒角距离 1 = 0.0000，距离 2 = 0.0000
选择第一条直线或 [放弃(U)/多段线(P)/距离(D)/角度(A)/修剪(T)/方式(E)/多个(M)]： d
指定第一个倒角距离 <0.0000>: 2
指定第二个倒角距离 <2.0000>:2
选择第一条直线或 [放弃(U)/多段线(P)/距离(D)/角度(A)/修剪(T)/方式(E)/多个(M)]:
选择第二条直线，或按住 Shift 键选择要应用角点的直线。

3. 绘制直线(图 4.73)

命令：l
LINE 指定第一点:
指定下一点或 [放弃(U)]:
指定下一点或 [放弃(U)]:

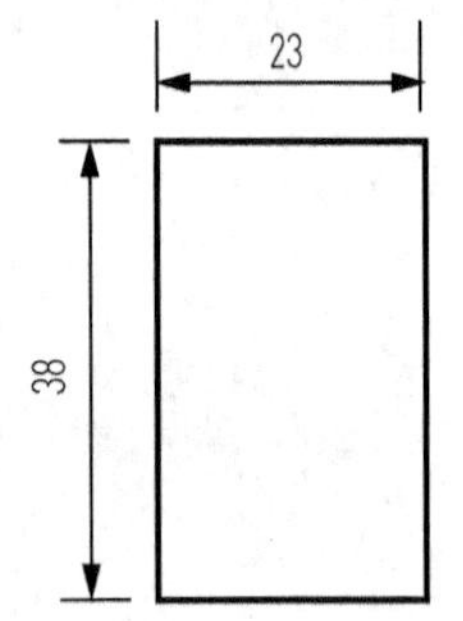

图 4.71　绘制矩形并分解

图 4.72　倒角

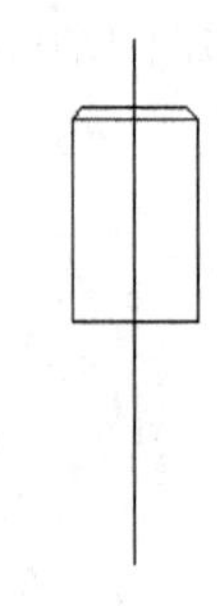

图 4.73　连线

4. 加载线型(图 4.74 和图 4.75)

命令：'_linetype

打开“线型管理器”对话框(图 4.74)，并进行加载线型。

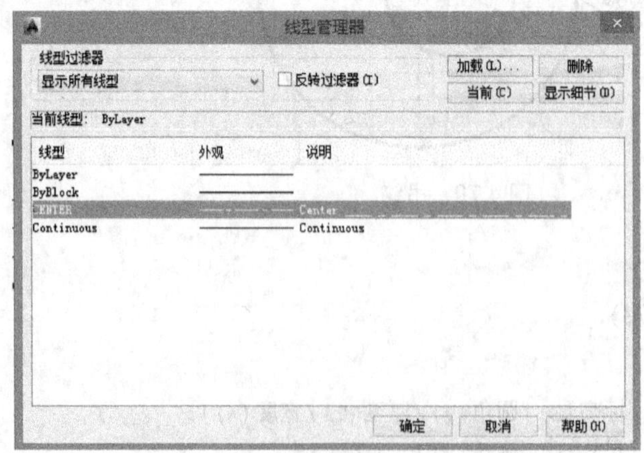

图 4.74　“线型管理器”对话框

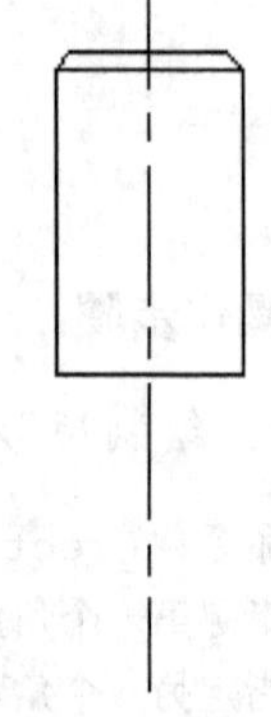

图 4.75 更改线型

5. 偏移、延伸、修剪、圆角(图 4.76)

```
命令:OFFSET
当前设置: 删除源=否  图层=源  OFFSETGAPTYPE=0
指定偏移距离或 [通过(T)/删除(E)/图层(L)] <通过>:  15
选择要偏移的对象, 或 [退出(E)/放弃(U)] <退出>:
命令:OFFSET
当前设置: 删除源=否  图层=源  OFFSETGAPTYPE=0
指定偏移距离或 [通过(T)/删除(E)/图层(L)] <15.0000>:  30
选择要偏移的对象, 或 [退出(E)/放弃(U)] <退出>:
命令: _extend
当前设置:投影=UCS, 边=无
选择边界的边...
选择对象或 <全部选择>:  找到 1 个
选择对象: 找到 1 个, 总计 2 个
选择对象:
选择要延伸的对象, 或按住 Shift 键选择要修剪的对象, 或
[栏选(F)/窗交(C)/投影(P)/边(E)/放弃(U)]:
命令: _trim
当前设置:投影=UCS, 边=无
选择剪切边...
选择对象或 <全部选择>:
选择对象:
选择要修剪的对象, 或按住 Shift 键选择要延伸的对象, 或
[栏选(F)/窗交(C)/投影(P)/边(E)/删除(R)/放弃(U)]:
命令: _fillet
当前设置: 模式 = 不修剪, 半径 = 0.0000
选择第一个对象或 [放弃(U)/多段线(P)/半径(R)/修剪(T)/多个(M)]: r
指定圆角半径 <0.0000>: 2
选择第一个对象或 [放弃(U)/多段线(P)/半径(R)/修剪(T)/多个(M)]:
选择第二个对象, 或按住 Shift 键选择对象以应用角点或 [半径(R)]:
```

6. 修剪(图 4.77)

```
命令: _trim
当前设置:投影=UCS, 边=无
选择剪切边...
选择对象或 <全部选择>:
指定对角点: 找到 3 个
选择对象:
选择要修剪的对象, 或按住 Shift 键选择要延伸的对象, 或
[栏选(F)/窗交(C)/投影(P)/边(E)/删除(R)/放弃(U)]:
选择要修剪的对象, 或按住 Shift 键选择要延伸的对象, 或
[栏选(F)/窗交(C)/投影(P)/边(E)/删除(R)/放弃(U)]:  *取消*
```

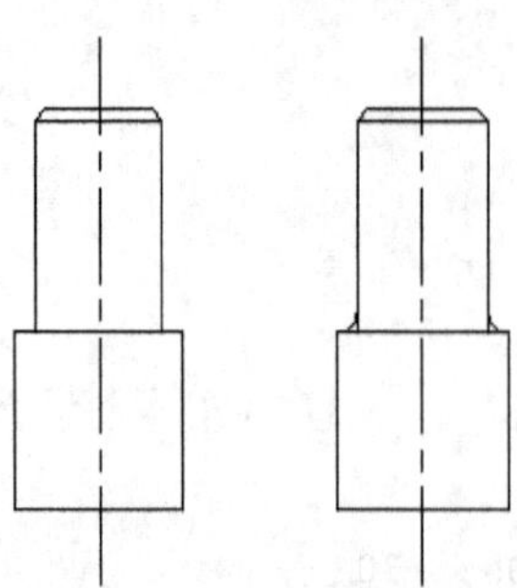

图 4.76 偏移、延伸、修剪及圆角

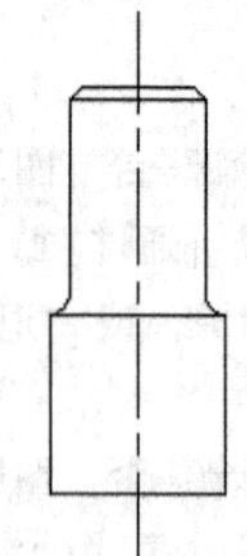

图 4.77 修剪圆角

7. 偏移、绘制圆(图 4.78～图 4.80)

命令:OFFSET
当前设置: 删除源=否 图层=源 OFFSETGAPTYPE=0
指定偏移距离或 [通过(T)/删除(E)/图层(L)] <30.0000>: 90
选择要偏移的对象，或 [退出(E)/放弃(U)] <退出>:
指定要偏移的那一侧上的点，或 [退出(E)/多个(M)/放弃(U)] <退出>:
命令: _circle 指定圆的圆心或 [三点(3P)/两点(2P)/相切、相切、半径(T)]:
<对象捕捉 开>
指定圆的半径或 [直径(D)]: d
指定圆的直径: 40

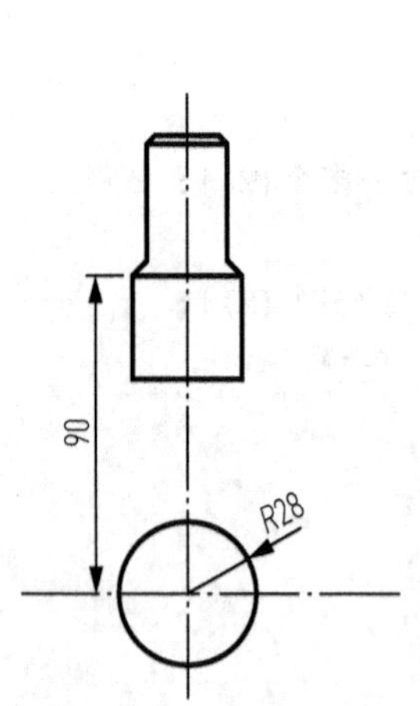

图 4.78 偏移直线及画 R20 的圆

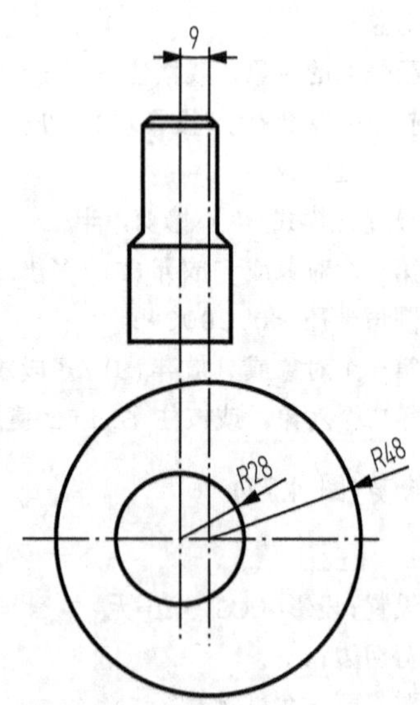

4.79 偏移直线及画 R48 的圆

命令: O
OFFSET
当前设置: 删除源=否 图层=源 OFFSETGAPTYPE=0
指定偏移距离或 [通过(T)/删除(E)/图层(L)] <30.0000>: 9

选择要偏移的对象，或 [退出(E)/放弃(U)] <退出>:
指定要偏移的那一侧上的点，或 [退出(E)/多个(M)/放弃(U)] <退出>:
命令: _circle 指定圆的圆心或 [三点(3P)/两点(2P)/相切、相切、半径(T)]:
指定圆的半径或 [直径(D)] <20.0000>: 48
命令: _circle 指定圆的圆心或 [三点(3P)/两点(2P)/相切、相切、半径(T)]: t
指定对象与圆的第一个切点:
指定对象与圆的第二个切点:
指定圆的半径 <48.0000>: 60
命令:
_circle 指定圆的圆心或 [三点(3P)/两点(2P)/相切、相切、半径(T)]: t
指定对象与圆的第一个切点:
指定对象与圆的第二个切点:
指定圆的半径 <60.0000>:60

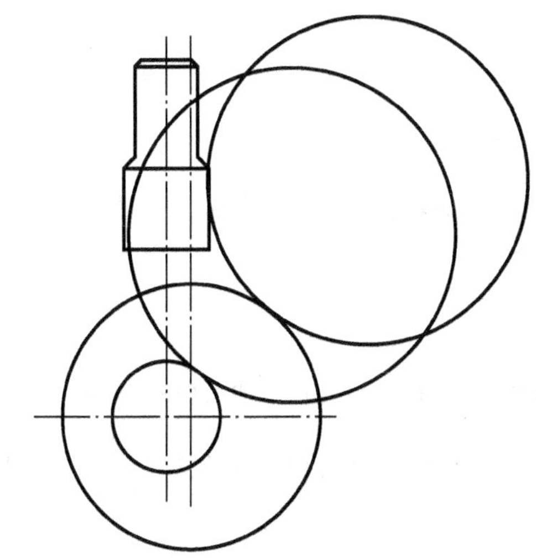

图 4.80 绘制 R60 的圆

8. 修剪图形(图 4.81)

命令: _trim
当前设置:投影=UCS，边=无
选择剪切边...
选择对象或 <全部选择>: 指定对角点: 找到 19 个

9. 偏移图形:偏移直径为 40 的圆(图 4.82)

命令: OFFSET
当前设置: 删除源=否 图层=源 OFFSETGAPTYPE=0
指定偏移距离或 [通过(T)/删除(E)/图层(L)] <15.0000>: 40
选择要偏移的对象，或 [退出(E)/放弃(U)] <退出>:
偏移水平直线
命令: OFFSET
当前设置: 删除源=否 图层=源 OFFSETGAPTYPE=0
指定偏移距离或 [通过(T)/删除(E)/图层(L)] <40.0000>: 15
选择要偏移的对象，或 [退出(E)/放弃(U)] <退出>:

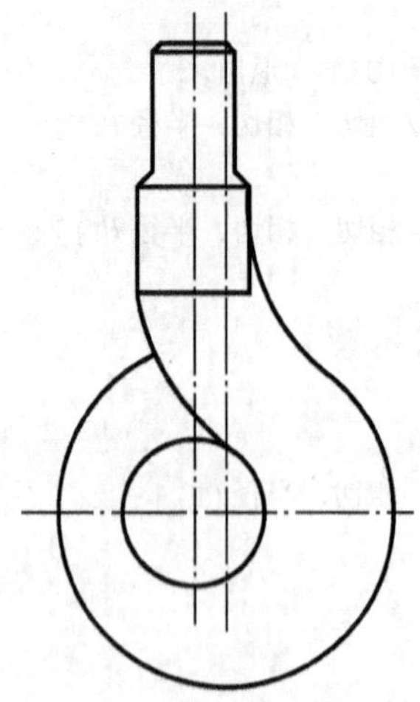

图 4.81　修剪完成

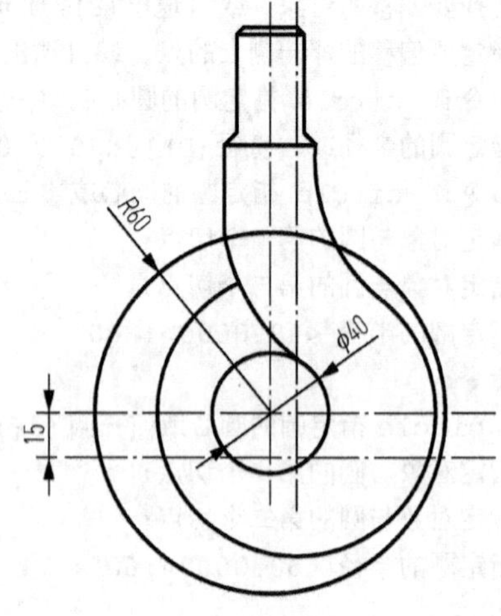

图 4.82　偏移 R20 的圆确定圆心

10. 绘制、修剪(图 4.83)

```
命令: _circle 指定圆的圆心或 [三点(3P)/两点(2P)/相切、相切、半径(T)]:
指定圆的半径或 [直径(D)] <60.0000>: 40
删除 R60 的辅助圆:
命令: _erase
选择对象: 找到 1 个
命令: _circle 指定圆的圆心或 [三点(3P)/两点(2P)/相切、相切、半径(T)]:
指定圆的半径或 [直径(D)] <40.0000>: 20
命令: _circle 指定圆的圆心或 [三点(3P)/两点(2P)/相切、相切、半径(T)]: _3p
指定圆上的第一个点: _tan 到
指定圆上的第二个点: _tan 到
指定圆上的第三个点: _tan 到
```

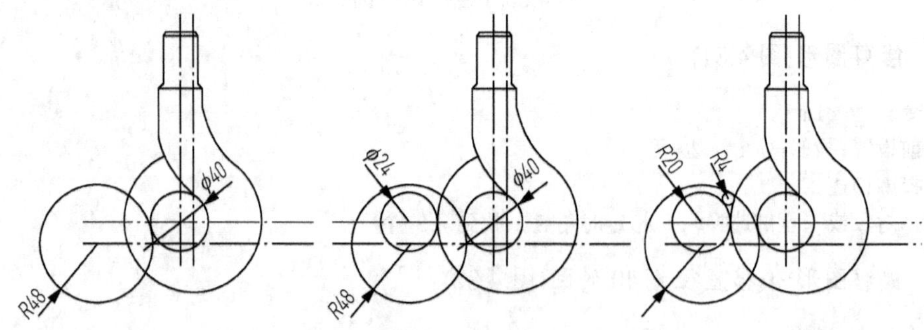

图 4.83　绘制圆

11. 删除、绘制、修剪(图 4.84)

```
删除半径为 20 的圆:
命令: _erase
选择对象: 找到 1 个
绘制半径为 23 的圆:
命令: _circle
```

```
指定圆的圆心或 [三点(3P)/两点(2P)/切点、切点、半径(T)]:t
指定对象与圆的第一个切点:
指定对象与圆的第二个切点:
指定圆的半径 <20>: 23
命令: _trim
当前设置:投影=UCS, 边=无
选择剪切边...
选择对象或 <全部选择>:
```

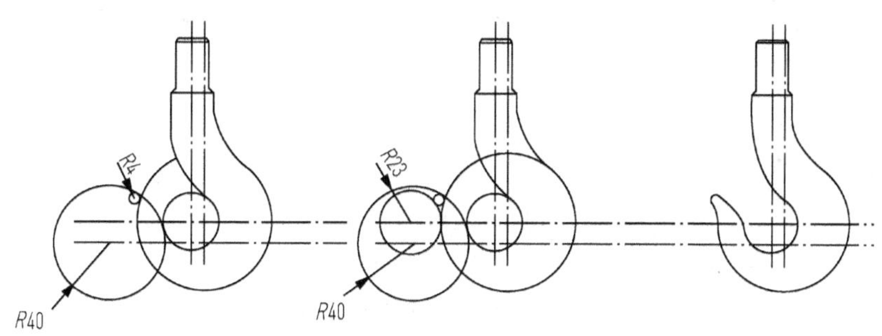

图 4.84 绘制圆及修剪完成

4.4.3 建筑平面图绘制

使用基本绘图及编辑命令，绘制如图 4.85 所示的图形。

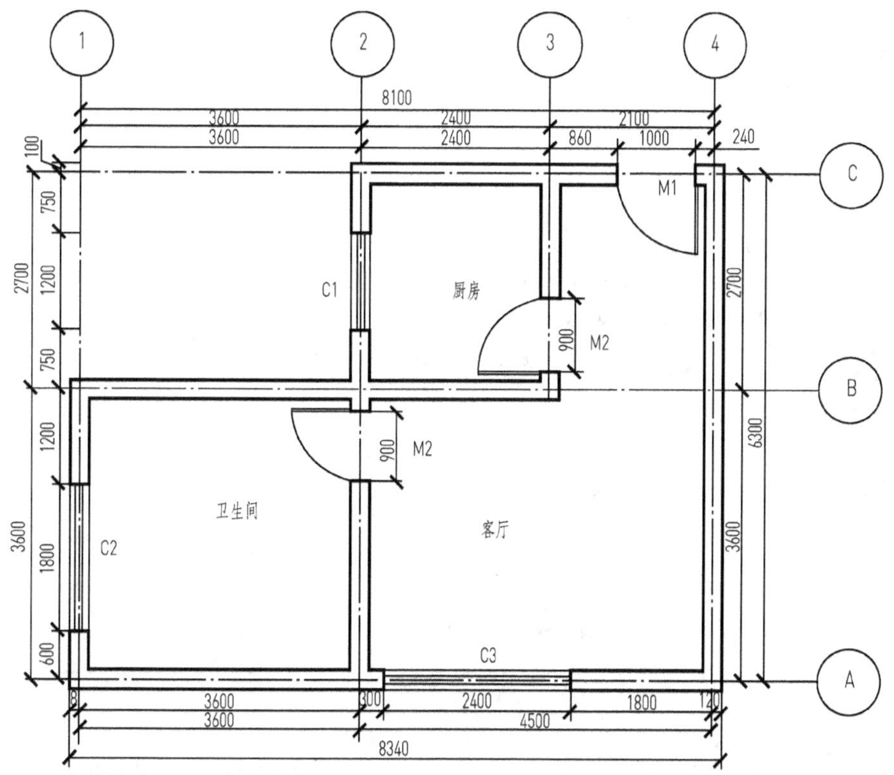

图 4.85 建筑平面图

操作步骤：

1. 图层创建及设置

创建如图 4.86 所示的图层，并将轴线图层置为当前图层。

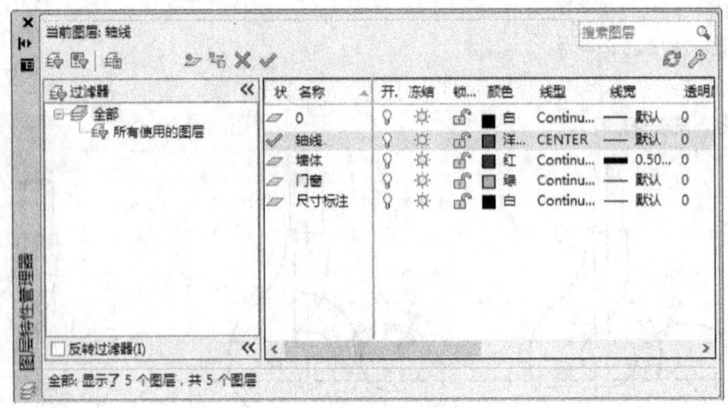

图 4.86 图层特性管理器

2. 绘制轴线(图 4.87～图 4.89)

打开正交模式，利用直线命令绘制轴线进行偏移得到其他轴线，同时对轴线线型比例进行设置。

命令操作如下：

```
绘制轴线：横向轴线、纵向轴线
命令：_line
指定第一个点：
指定下一点或 [放弃(U)]：10000
命令：_line
指定第一个点：
指定下一点或 [放弃(U)]：10000
命令：'_linetype  打开如图所示线型管理器对话框。
```

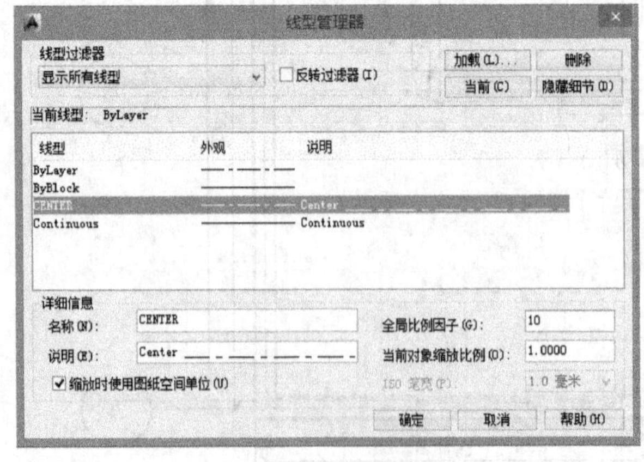

图 4.87 线型管理器

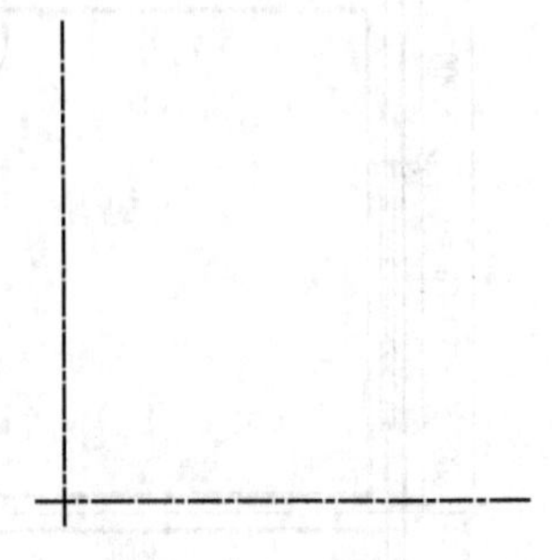

图 4.88 绘制横向轴线及纵向轴线

```
轴线偏移：命令：_offset
当前设置：删除源=否  图层=源  OFFSETGAPTYPE=0
指定偏移距离或 [通过(T)/删除(E)/图层(L)] <通过>: 3600
选择要偏移的对象，或 [退出(E)/放弃(U)] <退出>:
命令：_offset
当前设置：删除源=否  图层=源  OFFSETGAPTYPE=0
指定偏移距离或 [通过(T)/删除(E)/图层(L)] <3600.0000>:2400
选择要偏移的对象，或 [退出(E)/放弃(U)] <退出>:
命令：_offset
当前设置：删除源=否  图层=源  OFFSETGAPTYPE=0
指定偏移距离或 [通过(T)/删除(E)/图层(L)] <2400.0000>: 2100
选择要偏移的对象，或 [退出(E)/放弃(U)] <退出>:
命令：_offset
当前设置：删除源=否  图层=源  OFFSETGAPTYPE=0
指定偏移距离或 [通过(T)/删除(E)/图层(L)] <2100.0000>: 3600
选择要偏移的对象，或 [退出(E)/放弃(U)] <退出>:
命令：_offset
当前设置：删除源=否  图层=源  OFFSETGAPTYPE=0
指定偏移距离或 [通过(T)/删除(E)/图层(L)] <3600.0000>: 2700
选择要偏移的对象，或 [退出(E)/放弃(U)] <退出>:
```

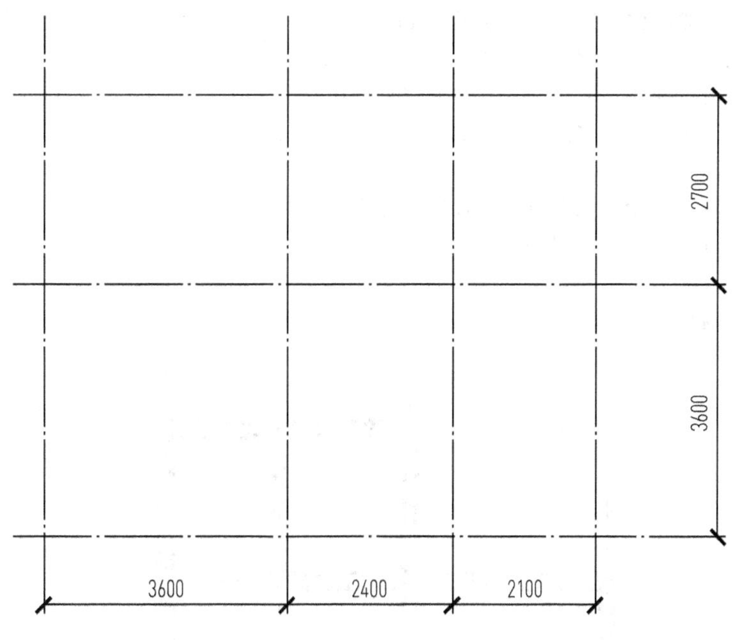

图 4.89 轴网绘制

3. 绘制墙体(图 4.90～图 4.94)

多线设置：

命令操作方式：

```
命令：_mlstyle
```

打开多线样式对话框，单击新建按钮，设置多线样式名称：24 墙，弹出如图 4.90 所示对话框，设置完成后单击“确定”并单击“置为当前”按钮。

图 4.90　新建多线样式

绘制多线：

墙体图层置为当前：命令操作方式

```
命令：_mline
当前设置：对正 = 上，比例 = 20.00，样式 = 24
指定起点或 [对正(J)/比例(S)/样式(ST)]： j
输入对正类型 [上(T)/无(Z)/下(B)] <上>： z
当前设置：对正 = 无，比例 = 20.00，样式 = 24
指定起点或 [对正(J)/比例(S)/样式(ST)]： s
输入多线比例 <20.00>： 240
当前设置：对正 = 无，比例 = 240.00，样式 = 24
指定起点或 [对正(J)/比例(S)/样式(ST)]：
指定下一点：
```

完成墙体绘制(图 4.91)。

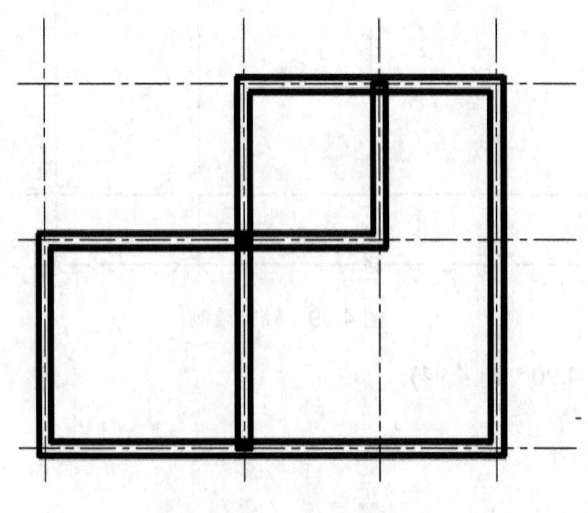

图 4.91　绘制墙体

多线编辑，命令操作如下：

```
命令：_mledit    打开“多线编辑工具”对话框(图 4.92)，根据需要选择按钮。
选择第一条多线：
选择第二条多线：
```

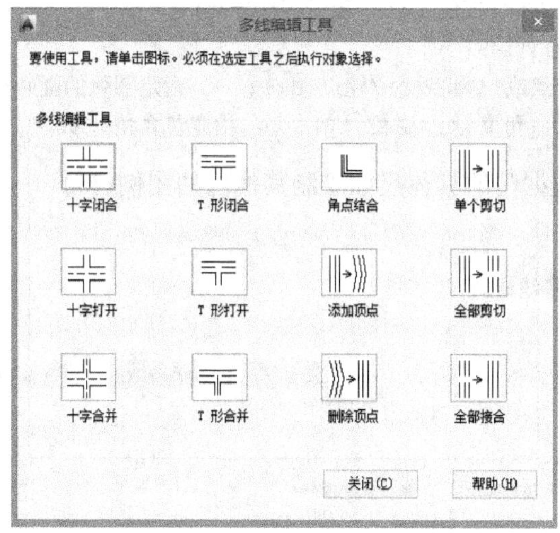

图 4.92 “多线编辑工具”对话框

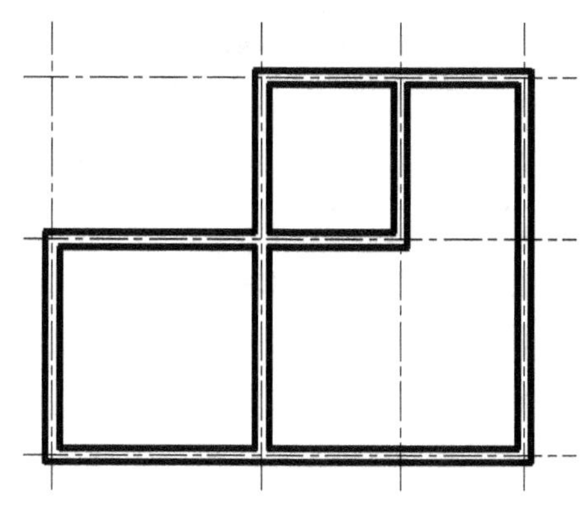

图 4.93 多线编辑完成

图 4.94 多线修剪完成

根据门窗洞口位置，对轴线进行偏移，然后进行修剪处理得到门窗洞口。

```
命令：_trim
当前设置:投影=UCS，边=无
选择剪切边...
选择对象或 <全部选择>：指定对角点：找到 2 个
选择对象：
选择要修剪的对象，或按住 Shift 键选择要延伸的对象，或
[栏选(F)/窗交(C)/投影(P)/边(E)/删除(R)/放弃(U)]：
```

4. 绘制门窗(图 4.95～图 4.97)

绘制门：

命令：_rectang
指定第一个角点或 [倒角(C)/标高(E)/圆角(F)/厚度(T)/宽度(W)]：
指定另一个角点或 [面积(A)/尺寸(D)/旋转(R)]：@-900,-30
命令：_arc
圆弧创建方向：逆时针(按住 Ctrl 键可切换方向)。
指定圆弧的起点或 [圆心(C)]：
指定圆弧的第二个点或 [圆心(C)/端点(E)]：_c 指定圆弧的圆心：
指定圆弧的端点或 [角度(A)/弦长(L)]：_a 指定包含角：90

同样的方法，根据门的具体尺寸绘制其他门的图例符号。
绘制窗：

【菜单】：格式→多线样式
命令：_mlstyle

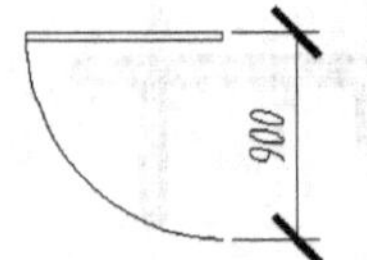

图 4.95　门图例符号

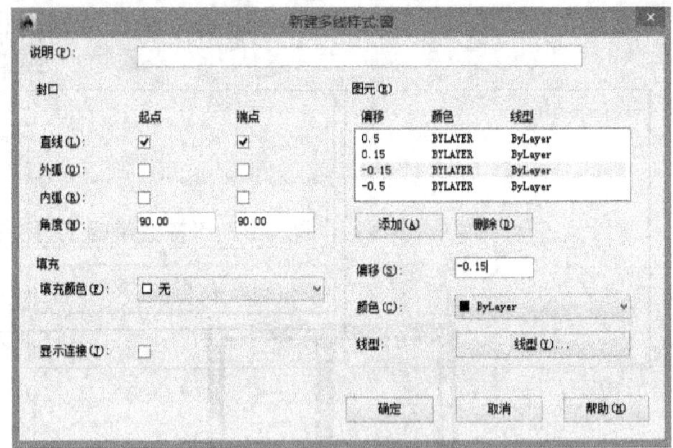

图 4.96　新建多线样式

【菜单】：绘图→多线
命令：_mline
当前设置：对正 = 无，比例 = 240.00，样式 = 窗
指定起点或 [对正(J)/比例(S)/样式(ST)]：
指定下一点：
指定下一点或 [放弃(U)]：
绘制所有窗图例符号。

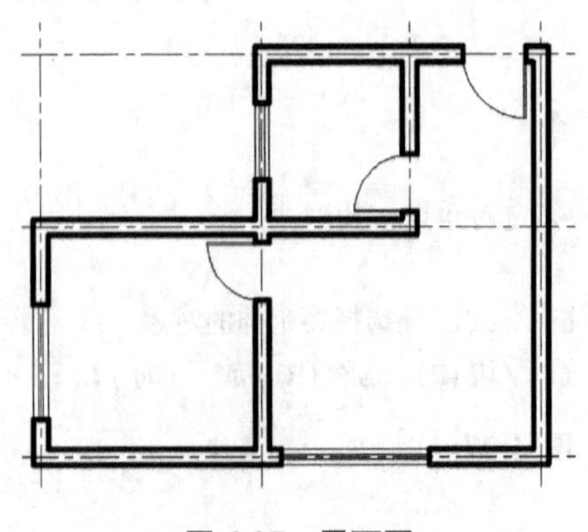

图 4.97　平面图

本章小结

由于在使用每一个修改命令时，都必须要选择对象，因此本章首先介绍了多种选择对象的方法，并通过项目训练具体讲解各种对象选择方法的区别和使用，然后详细讲解了各种修改命令的功能和操作，并通过案例具体讲解实际操作。掌握本章知识，用户就可以绘制更加复杂的图形，并可使用镜像、复制、阵列等工具提高绘图效率。

1．利用基本绘图及编辑命令绘制指北针符号(图 4.98)。

2．使用基本绘图及编辑命令，绘制如图 4.99 所示的图形。

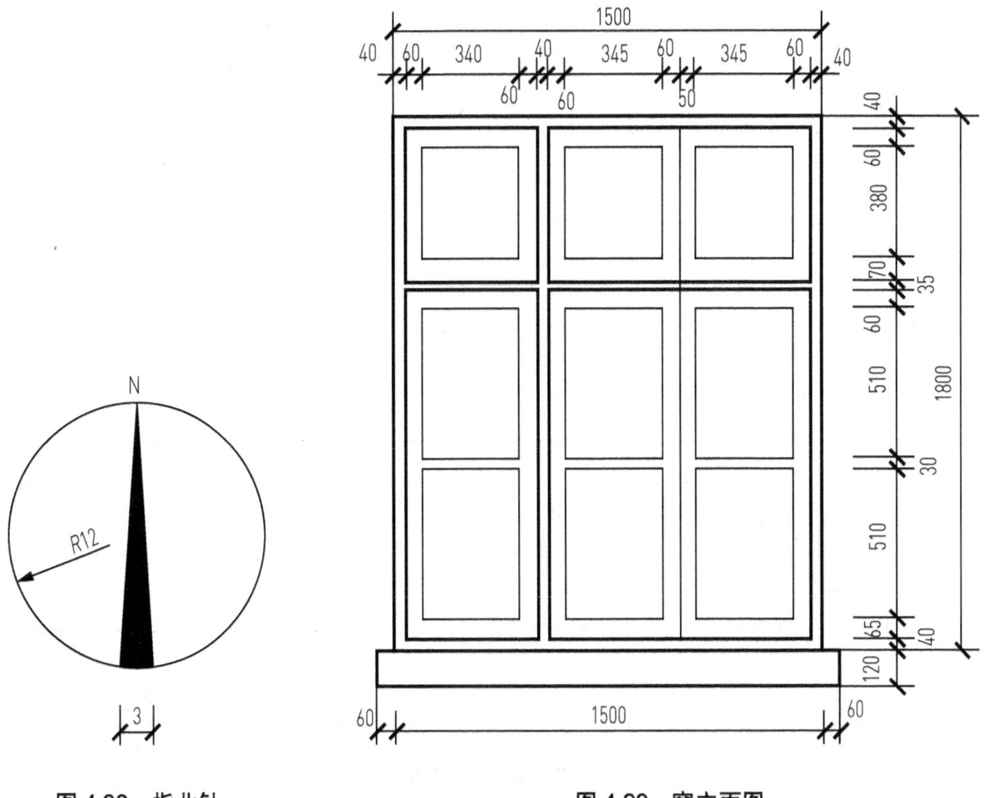

图 4.98　指北针　　　图 4.99　窗立面图

3．利用基本绘图及编辑命令画图，使用阵列命令完成图形绘制(图 4.100 和图 4.101)。

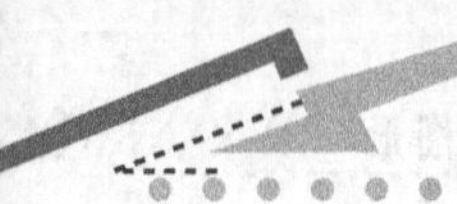
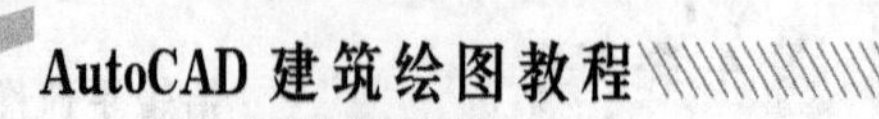

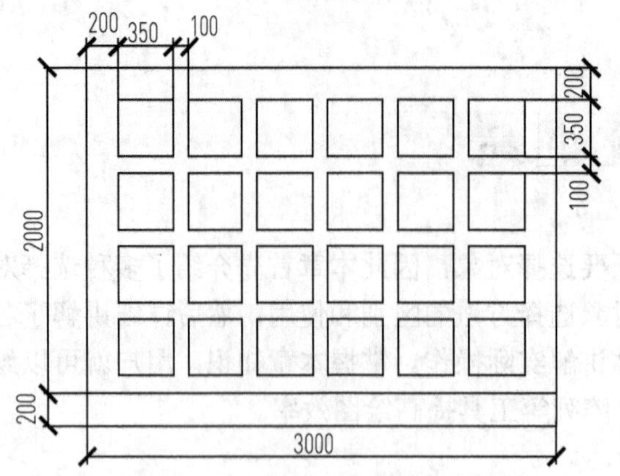

图 4.100　电视墙立面图

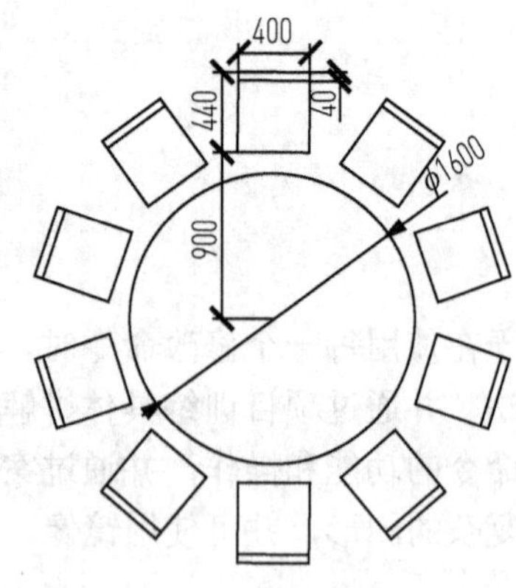

图 4.101　餐桌餐椅平面图

4．利用绘图及编辑命令绘制如图 4.102 所示图形。

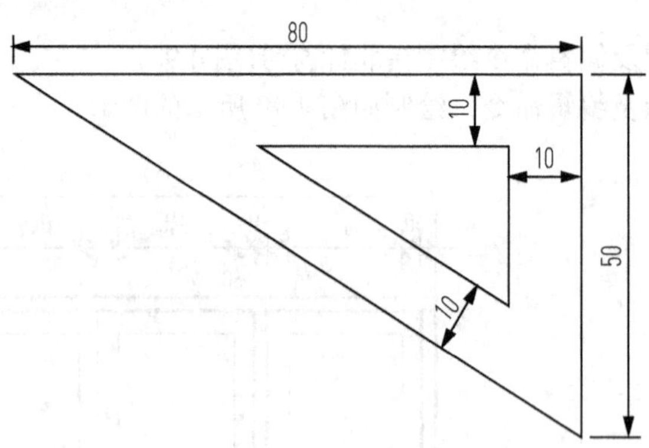

图 4.102　三角板

5．创建及设置图层，绘制如图 4.103 所示的标题栏。

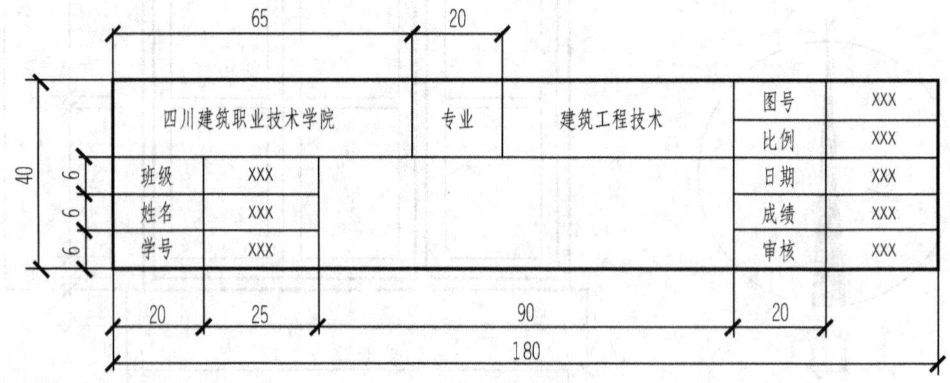

图 4.103　标题栏

6．综合运用绘图命令、编辑命令、辅助绘图工具完成楼梯平面图(图 4.104)。

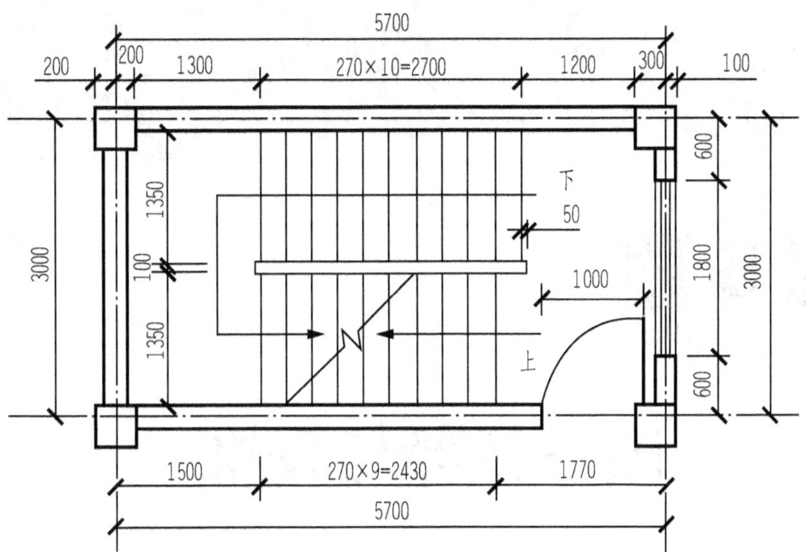
5700
200
200
1300
270×10=2700
1200
300
100
600
1350
下
50
3000
100
1800
3000
1000
1350
上
600
1500
270×9=2430
1770
5700

图 4.104　楼梯平面图

第5章

图形注释与表格

教学目标

通过本章的学习，掌握创建文字样式，包括设置样式名、字体、文字效果的方法；创建与编辑单行文字和多行文字的方法；使用文字控制符和“文字格式”工具栏编辑的方法；设置表格样式，包括设置数据、列标题和标题样式的方法；创建表格的方法及如何编辑表格和表格单元。

学习要求

能力要求	知识要点	权重
创建文字样式	设置样式名、字体、文字效果，设置数据、列标题和标题样式	20%
创建与编辑单行文字	单行文字创建、重定位、调整格式、对正及其他修改	20%
使用文字控制符	上划线、下划线、角度符号、直径符号、公差符号等文字控制符的输入	10%
创建与编辑多行文字	多行文字的创建及修改	10%
图案填充和编辑	图案填充、图案填充编辑	20%
创建和管理表格样式	创建表格、编辑和管理表格	20%

本章导读

文字对象是 AutoCAD 图形中很重要的图形元素，是建筑工程制图和机械制图中不可缺少的组成部分。在一个完整的图样中，通常都包含一些文字注释来标注图样中的一些非图形信息。例如，建筑工程制图中的材料说明、施工要求及机械工程图形中的技术要求、装配说明等。另外，在使用 AutoCAD 软件绘制图形的过程中，常常为了表达物体剖切面和不同类型物体对象的外观纹理等时常要采用图案填充功能。图案填充被广泛应用在绘制建筑图、机械图、地质构造图等各类图形中，如建筑施工图中的地面铺装图。同时，在 AutoCAD 2014 中使用表格功能可以创建不同类型的表格，还可以在其他软件中复制表格，以简化制图操作。

引例与思考

在一个完整的建筑施工图样中，不仅包含一些文字注释来标注图样中的一些非图形信息，还需要用不同的图案填充来表现物体对象的外观纹理、剖切面类型等特征，同时，还可以创建不同类型的表格。

(1) 怎样在 AutoCAD 2014 完成文字的输入与编辑？

(2) 在图案填充完成后，为什么不显示所填充的图案？

(3) 如何在 AutoCAD 2014 中制作和插入表格？

5.1 文本标注与编辑

5.1.1 设置文字样式

在 AutoCAD 中，所有文字都有与之相关联的文字样式，在创建文字注释和尺寸标注时，AutoCAD 通常使用当前的文字样式，也可以根据具体要求重新设置文字样式或创建新的样式。文字样式包括文字“字体”、“字型”、“高度”、“宽度系数”、“倾斜角”、“反向”、“倒置”及“垂直”等参数。

执行命令的方法如下：

【菜单】 选择“格式”→“文字样式”命令。

【命令行】在命令行中输入“STYLE”命令(快捷命令 ST)。

【工具栏】 单击“样式”工具栏中的“文字样式”按钮( )。

执行上述命令后，均可弹出“文字样式”对话框，如图 5.1 所示。利用“文字样式”对话框可以修改或创建文字样式，并设置文字的当前样式。

1. 设置样式名

“文字样式”对话框中的“样式名”选项区域中显示了文字样式的名称、创建新的文字样式、为已有的文字样式重命名或删除文字样式，各选项的含义如下。

(1)“所有样式”下拉列表框。列出当前可以使用的文字样式，默认文字样式为 Standard。

(2)“新建”按钮。单击该按钮打开“新建文字样式”对话框。在“样式名”文本框中输入新建文字样式名称后，单击“确定”按钮可以创建新的文字样式。新建文字样式将显示在“所有样式”下拉列表框中。

图 5.1 “文字样式”对话框

(3) 重命名。右击“样式名”，可在“样式名”文本框中输入新的名称，但无法重命名默认的 Standard 样式。

(4)“删除”按钮。单击该按钮可以删除某一已有的文字样式，但无法删除已经使用的文字样式和默认的 Standard 样式。

2. 设置字体

“文字样式”对话框中的“字体”选项区域用于设置文字样式使用的字体和字高等属性。其中，“字体名”下拉列表框用于选择字体；“字体样式”下拉列表框用于选择字体格式，如斜体、粗体和常规字体等。选中“使用大字体”复选框，“字体样式”下拉列表框变为“大字体”下拉列表框，用于选择大字体文件。

技巧点拨

如果将文字的高度设为 0，在使用 TEXT 命令标注文字时，命令行将显示“指定高度:”提示，要求指定文字的高度。如果在“高度”文本框中输入了文字高度，AutoCAD 将按此高度标注文字，而不再提示指定高度。

AutoCAD 提供了符合标注要求的字体形文件如 gbenor.shx、gbeitc.shx 和 gbcbig.shx 文件。其中，gbenor.shx 和 gbeitc.shx 文件分别用于标注直体和斜体字母与数字；gbcbig.shx 则用于标注中文。

3. 设置文字效果

在“文字样式”对话框中，使用“效果”选项区域中的选项可以设置文字的颠倒、反向、垂直等显示效果，如图 5.2 所示。

(1) 颠倒。颠倒显示字符。

(2) 反向。反向显示文字。

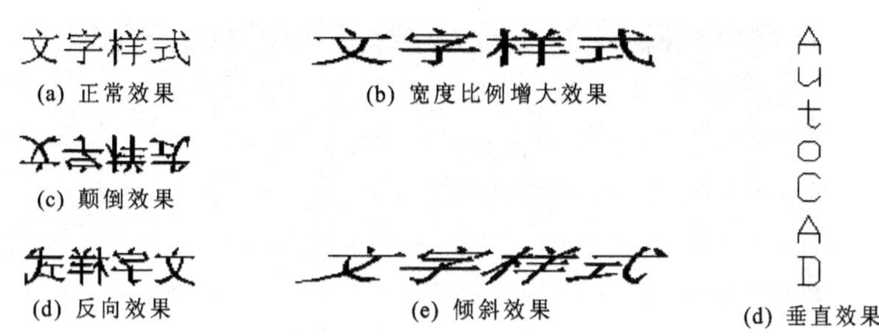

图 5.2　文字显示效果

(3) 垂直。显示垂直对齐的字符。只有在选定字体支持双向时“垂直”才可用。TrueType 字体的垂直定位不可用。

(4) 宽度因子(W)。设置字符间距。输入小于 1.0 的值将压缩文字，输入大于 1.0 的值则扩大文字。

(5) 倾斜角度(O)。设置文字的倾斜角。输入一个-85～85 的值将使文字倾斜。注意，使用 TrueType 字体在屏幕上可能显示为粗体。屏幕显示不影响打印输出，字体按指定的字符格式打印。

4. 预览与应用文字样式

在“文字样式”对话框中的“预览”框中，可以预览所选择或所设置的文字样式效果。其中，在“预览”按钮左侧的文本框中输入要预览的字符，单击“预览”按钮，可以将输入的字符按当前文字样式显示在预览框中。

设置完文字样式后，单击“应用”按钮即可应用文字样式。然后单击“关闭”按钮，关闭“文字样式”对话框。

技巧点拨

在文字样式对话框中，单击新建按钮创建汉字和建筑标注文字样式，设置不同的字体名，如图 5.3 和图 5.4 所示，在创建文字样式后，可以将宽度比例设置为 0.7，在绘图过程中创建新的文字样式后要想使用必须单击“应用”及“置为当前”按钮，然后再关闭窗口。

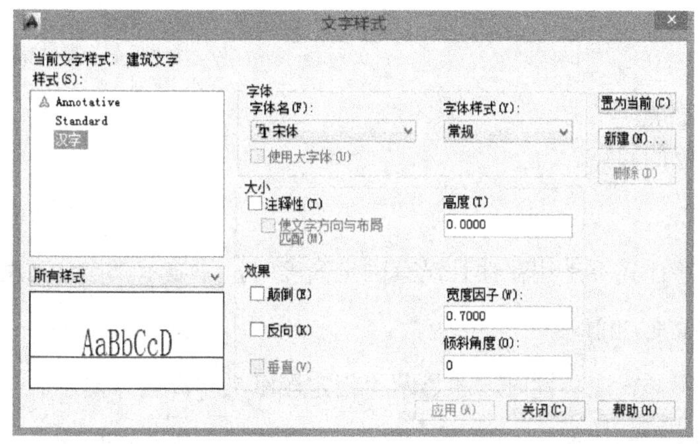

图 5.3　新建汉字文字样式

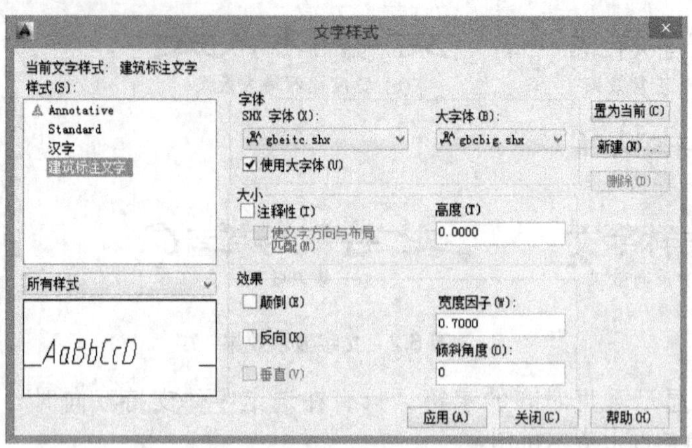

图 5.4　新建建筑标注文字样式

5.1.2　创建单行文字

在 AutoCAD 2014 中，利用“文字”工具栏可以创建和编辑文字。对于单行文字来说，每一行都是一个独立的文字对象，可对其进行重定位、调整格式或进行其他修改。

1. 单行文字的输入

执行方式如下：

【菜单】：选择“绘图”→“文字”→“单行文字”命令。

【命令行】：输入 DTEXT 命令 (快捷命令 DT)。

【工具栏】：依次选择注释→单击 A 按钮(草图与注释工作空间)。

执行该命令后，命令行提示如下：

```
命令: _dtext
当前文字样式:Standard  当前文字高度: 2.5000
指定文字的起点或[对正(J)/样式(S)]:              //指定单行文字的起点
指定高度 <2.5000>:                              //输入文字的高度
指定文字的旋转角度 <0>:                         //输入文字的旋转角度
输入文字:                                       //输入文字
输入文字:                                       //按 Enter 键结束命令
```

1) 指定文字的起点

指定文字对象的起点。

```
指定高度<当前>:                                 //指定点 1、输入值或按 Enter 键
```

仅在当前文字样式不是注释性且没有固定高度时，才显示“指定高度”提示。

```
指定图纸文字高度<当前>:                         //指定高度或按 Enter 键
```

仅在当前文字样式注释性时，才显示“指定图纸文字高度”提示。

```
指定文字的旋转角度<当前>:                       //指定角度或按 Enter 键
```

在单行文字的在位文字编辑器中输入文字。

技巧点拨

默认情况下，通过指定单行文字行基线的起点位置创建文字。如果前文字样式的高度设置为0，系统将显示“指定高度:”提示信息，要求指定文字高度，否则不显示该提示信息，而使用“文字样式”对话框中设置的文字高度。

系统显示“指定文字的旋转角度 <0>:”提示信息，要求指定文字的旋转角度。文字旋转角度是指文字行排列方向与水平线的夹角，默认角度为 0°。输入文字旋转角度，或按 Enter 键使用默认角度 0°，最后输入文字即可。也可以切换到 Windows 的中文输入方式下，输入中文文字。

2) 设置对正方式

在“指定文字的起点或 [对正(J)/样式(S)]:”提示信息后输入 J，可以设置文字的排列方式，此时命令行显示如下提示信息。

输入对正选项 [对齐(A)/调整(F)/中心(C)/中间(M)/右(R)/左上(TL)/中上(TC)/右上(TR)/左中(ML)/正中(MC)/右中(MR)/左下(BL)/中下(BC)/右下(BR)]:

(1) 对齐。通过指定基线端点来指定文字的高度和方向。

```
指定文字基线的第一个端点:              //指定点 1
指定文字基线的第二个端点:              //指定点 2
```

在单行文字的在位文字编辑器中输入文字。

字符的大小根据其高度按比例调整，文字字符串越长，字符越矮。

(2) 调整。指定文字按照由两点定义的方向和一个高度值布满一个区域。此选项只适用于水平方向的文字。

```
指定文字基线的第一个端点:              //指定点 1
指定文字基线的第二个端点:              //指定点 2
指定高度<当前值>:
```

在单行文字的在位文字编辑器中输入文字。

高度以图形单位表示，是大写字母从基线开始的延伸距离。指定的文字高度是文字起点到用户指定的点之间的距离。文字字符串越长，字符越窄，字符高度保持不变。

(3) 中心。从基线的水平中心对齐文字，此基线是由用户给出的点指定的。

```
指定文字的圆心:                        //指定点 1
指定高度<当前值>:
指定文字的旋转角度<当前值>:
```

在单行文字的在位文字编辑器中输入文字。

旋转角度是指基线以中点为圆心旋转的角度，它决定了文字基线的方向。可通过指定点来决定该角度。文字基线的绘制方向为从起点到指定点。如果指定的点在圆心的左边，将绘制出倒置的文字。

(4) 中间。文字在基线的水平中点和指定高度的垂直中点上对齐。中间对齐的文字不保持在基线上。

文字在基线的水平中点和指定高度的垂直中点上对齐。中间对齐的文字不保持在基线上。

指定文字的中间点：　　　　　　　　　//指定点 1
指定高度<当前值>：
指定文字的旋转角度<当前值>：

在单行文字的在位文字编辑器中输入文字。

“中间”选项与“正中”选项不同，“中间”选项使用的中点是所有文字包括下行文字在内的中点，而“正中”选项是使用大写字母高度的中点。

(5) 右。在由用户给出的点指定的基线上右对齐文字。

指定文字基线的右端点：　　　　　　　　//指定点 1
指定高度 <当前值>：
指定文字的旋转角度 <当前值>：

在单行文字的在位文字编辑器中输入文字。

(6) 左上。在指定为文字顶点的点上左对齐文字。此选项只适用于水平方向的文字。

指定文字的左上点：　　　　　　　　　//指定点 1
指定高度 <当前值>：
指定文字的旋转角度 <当前值>：

在单行文字的在位文字编辑器中输入文字。

(7) 中上。以指定为文字顶点的居中对齐文字。此选项只适用于水平方向的文字。

指定文字的中上点：　　　　　　　　　//指定点 1
指定高度 <当前值>：
指定文字的旋转角度 <当前值>：

在单行文字的在位文字编辑器中输入文字。

(8) 右上。以指定为文字顶点的右对齐文字。此选项只适用于水平方向的文字。

指定文字的右上点：　　　　　　　　　//指定点 1
指定高度 <当前值>：
指定文字的旋转角度 <当前值>：

在单行文字的在位文字编辑器中输入文字。

(9) 左中。在指定为文字中间点的上向左对齐文字。此选项只适用于水平方向的文字。

指定文字的左中点：　　　　　　　　　//指定点 1
指定高度 <当前值>：
指定文字的旋转角度 <当前值>：

在单行文字的在位文字编辑器中输入文字。

(10) 正中。在文字的中央水平和垂直居中对齐文字。此选项只适用于水平方向的文字。

指定文字的正中点：　　　　　　　　　//指定点 1
指定文字的高度 <当前>：
指定文字的旋转角度 <当前值>：

在单行文字的在位文字编辑器中输入文字。

“正中”选项与“中央”选项不同，“正中”选项使用的是大写字母高度的中点，而“中央”选项使用的中点是所有文字包括下行文字在内的中点。

(11) 右中。以指定为文字中间点的右对齐文字。此选项只适用于水平方向的文字。

```
指定文字的右中点:                //指定点 1
指定高度 <当前值>:
指定文字的旋转角度 <当前值>:
```

在单行文字的在位文字编辑器中输入文字。

(12) 左下。以指定为基线点的左对齐文字。此选项只适用于水平方向的文字。

```
指定文字的左下点:                //指定点 1
指定高度 <当前值>:
指定文字的旋转角度 <当前值>:
```

在单行文字的在位文字编辑器中输入文字。

(13) 中下。以指定为基线点的居中对齐文字。此选项只适用于水平方向的文字。

```
指定文字的中下点:                //指定点 1
指定高度 <当前值>:
指定文字的旋转角度 <当前值>:
```

在单行文字的在位文字编辑器中输入文字。

(14) 右下。以指定为基线点的向右对齐文字。此选项只适用于水平方向的文字。

```
指定文字的右下点:                //指定点 1
指定高度 <当前值>:
指定文字的旋转角度 <当前值>:
```

在单行文字的在位文字编辑器中输入文字。

用户可以通过以上 14 个命令选项对插入点进行设置，各插入点的位置如图 5.5 所示。

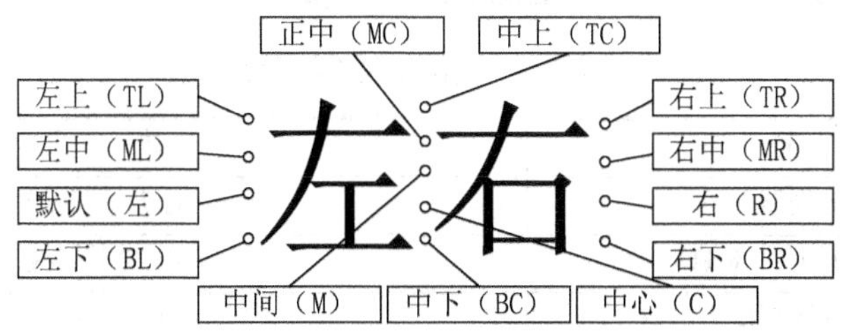

图 5.5　设置插入点

3)“样式(S)”命令选项

选择此命令选项，可以设置当前文字使用的文字样式，创建单行文字的效果如图 5.6 所示。

2. 在单行文字中添加特殊字符

在工程绘图中，经常需要输入许多特殊的符号，如上划线、下划线、角度符号、直径符号、公差符号等，但在 AutoCAD 2014 中，这些特殊的符号不能直接从键盘上输入，必须输入特殊的代码来产生，这些代码叫做控制码，由两个百分号(%%)和一个字母组成，见表 5-1。

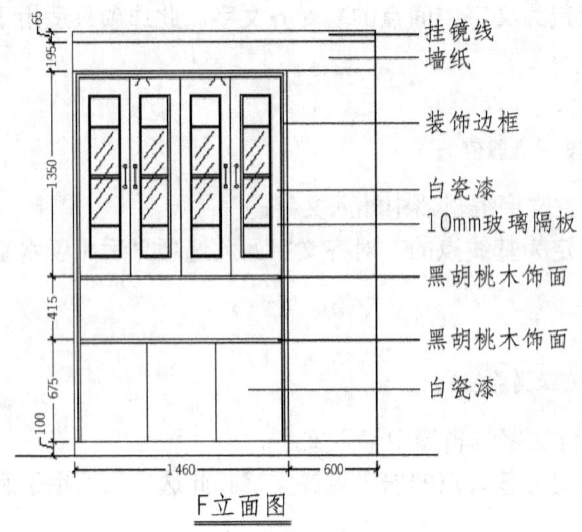

图 5.6　单行文字效果

表 5-1　控制码符号及功能

符　号	功　能
%%O	打开或关闭文字上画线
%%U	打开或关闭文字下画线
%%D	标注度(°)符号
%%P	标注正负公差(±)
%%C	标注直径(ϕ)

使用特殊字符创建的单行文字标注效果，见表 5-2。

表 5-2　使用特殊字符效果

符　号	效　果
添加%%O 上划线%%O	添加上划线
添加%%U 下划线%%U	添加下划线
角度为 45%%D	角度为 45°
圆弧的直径%%C=100	圆弧的直径=100
公差值为%%P0.05	公差值为±0.05

5.1.3　创建多行文字

多行文字对象包含一个或多个文字段落，可作为单一对象处理，可以通过输入或导入文字创建多行文字对象。

执行方式如下：

【菜单】：选择“绘图”→“文字”→“多行文字”命令。

【命令行】：输入“MTEXT” 命令(快捷命令 MT 或 T)。

【工具栏】：单击A按钮。

执行创建多行文字命令后，命令行提示如下。

```
命令: _mtext                                    //执行创建多行文字命令
当前文字样式:“样式 1”  当前文字高度:50          //系统提示
指定第一角点:                                   //在绘图窗口中指定多行文本编辑窗口的第一个
                                                角点
指定对角点或 [高度(H)/对正(J)/行距(L)/           //指定多行文本编辑窗口的第二个角点
旋转(R)/样式(S)/宽度(W)]:
```

其中各选项的功能介绍如下。

(1) 高度(H)。选择此选项，指定用于多行文字字符的文字高度。

(2) 对正(J)。选择此选项，根据文字边界确定新文字或选定文字的文字对齐和文字走向。

(3) 行距(L)。选择此选项，指定多行文字对象的行距。行距是一行文字的底部(或基线)与下一行文字底部之间的垂直距离。

(4) 旋转(R)。选择此选项，指定文字边界的旋转角度。

(5) 样式(S)。选择此选项，指定用于多行文字的文字样式。

(6) 宽度(W)。选择此选项，指定文字边界宽度。

执行此命令后，系统弹出“文字格式”面板，如图 5.7 所示。

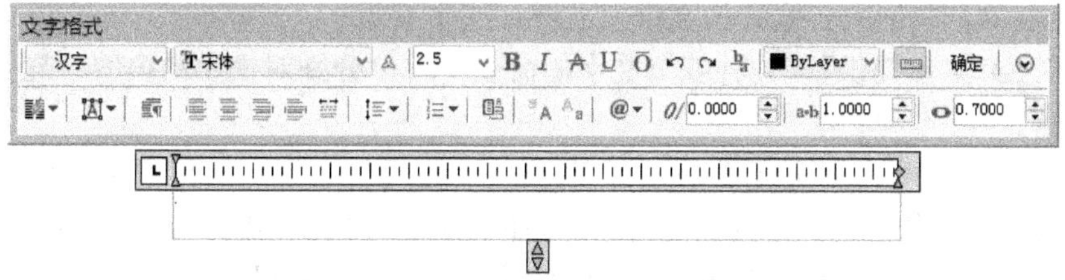

图 5.7 “文字格式”面板

该面板中各选项功能介绍如下。

(1)“文字样式”下拉列表框。用户可以在该下拉列表框中设置多行文字的样式。

(2)“字体”下拉列表框。用户可以在该下拉列表框中设置多行文字的字体。

(3)“高度”下拉列表框。用户可以在该下拉列表框中设置多行文字的高度。

(4)“粗体”按钮。单击此按钮，创建粗体文字。

(5)“倾斜”按钮。单击此按钮，创建倾斜文字。

(6)“下画线”按钮。单击此按钮，为创建的文字添加下画线。

(7)“堆叠”按钮。单击此按钮，可以创建堆叠文字。堆叠文字是指垂直对齐的文字或分数。使用该命令时，用户需要输入两个字段，且这两个字段之间用/、#或 ^ 符号分隔，选中两个字段和连接符号后，单击此按钮，即可以创建堆叠文字。

(8)“颜色”下拉列表框。用户可以在该下拉列表框中设置多行文字的颜色。

(9)“确定”按钮。单击此按钮，关闭文字格式编辑器，同时保存创建的多行文字。

如图 5.8 所示为创建的多行文字效果。

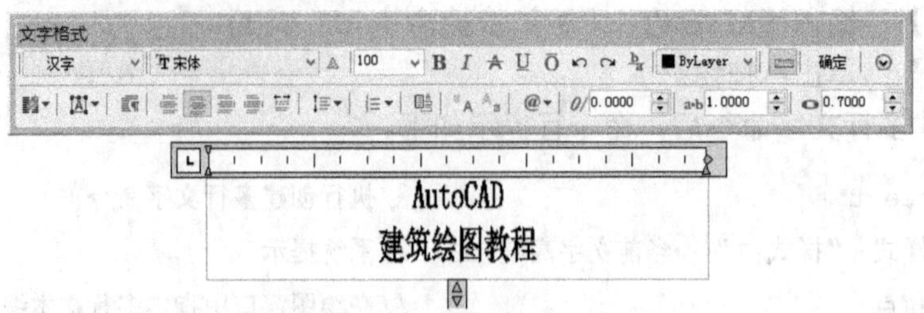

图 5.8　多行文字效果

本章引例与思考题目 1 的解答：在绘图过程中，在文本输入时，首先要进行文字样式的设置，针对汉字、字母或数字选择合适的字体，同时选择单行或多行文字的输入方法进行文本标注。

5.1.4　编辑文字

在 AutoCAD 2014 中，用户可以利用编辑文字命令和对象特性管理器对文字进行编辑。

1. 利用编辑命令编辑文字

【菜单】：选择“修改”→“对象”→“文字”。
【命令行】：输入 DDEDIT 命令(快捷命令 DD)。
【快捷菜单】：选中要修改的文字点右键，选中编辑。

AutoCAD 菜单提供了 3 种编辑文字的命令，可以分别对文字的内容、比例和对正方式进行编辑。

(1)选择“修改”→“对象”→“文字”→“编辑”命令，可以对文字的内容进行编辑。根据选择对象的不同，AutoCAD 显示编辑文字的方式也不同。如果选择单行文字，则执行此命令后，AutoCAD 将直接显示选中后的单行文字，效果如图 5.9 所示，用户直接在该文本框中输入新的内容即可；如果选择多行文字，则执行此命令后，AutoCAD 将弹出多行文字编辑器，选中编辑器中的文字，用户可以对该文字内容进行修改，如图 5.10 所示。

AutoCAD建筑绘图教程

图 5.9　编辑单行文字

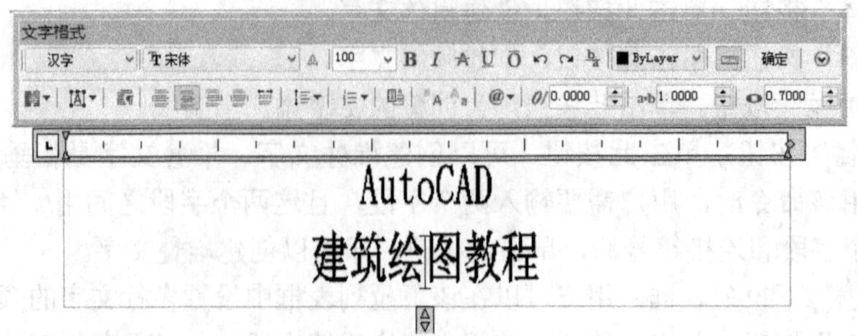

图 5.10　编辑多行文字

技巧点拨

双击要编辑的文字对象，也可以对文字的内容进行编辑。此命令可以依次对多个文字对象的内容进行编辑。

(2) 选择“修改”→“对象”→“文字”→“比例”命令，可以对文字的比例进行修改。执行此命令后，命令行提示如下。

```
命令: _scaletext                                          //执行命令
选择对象:                                                 //选择要编辑的文字对象
选择对象:                                                 //按 Enter 键结束对象选择
输入缩放的基点选项[现有(E)/左(L)/中心(C)/中间(M)/         //选择缩放基点选项
右(R)/左上(TL)/中上(TC)/右上(TR)/左中(ML)/正中(MC)/
右中(MR)/左下(BL)/中下(BC)/右下(BR)] <现有>:
指定新模型高度或 [图纸高度(P)/匹配对象(M)/比例因子       //输入缩放高度
(S)] <2.5000>:
```

执行此命令后，系统会根据用户指定的基点位置对选中的文字对象进行缩放。

(3) 选择“修改”→“对象”→“文字”→“对正”命令，可以对文字的对正方式进行编辑。执行此命令后，命令行提示如下。

```
命令: _justifytext                                        //执行命令
选择对象:                                                 //选择要编辑的文字对象
选择对象:                                                 //按 Enter 键结束对象选择
输入缩放的基点选项[现有(E)/左(L)/中心(C)/中间(M)/         //选择文字的对正方式
右(R)/左上(TL)/中上(TC)/右上(TR)/左中(ML)/正中(MC)/
右中(MR)/左下(BL)/中下(BC)/右下(BR)] <左>:
```

2. 利用对象特性管理器编辑文字

在 AutoCAD 2014 中，用户也可以利用对象特性管理器对文字进行编辑。单击“标准”工具栏中的“对象特性”按钮，或通过菜单选择“修改”→“特性”命令，打开“特性”对话框，选中要编辑的文字对象，在“特性”对话框中即可显示该文字对象的各种特性，如图 5.11 所示。

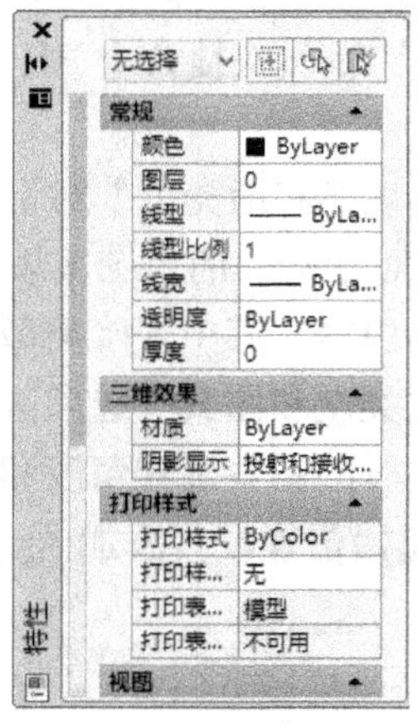

图 5.11 “特性”对话框

在该面板中的“文字”选项区中可对文字对象内容、样式、对正、高度、旋转角度、宽度比例和倾斜特性等进行修改。

5.2 图案填充和编辑

5.2.1 图案填充

AutoCAD 用户经常要重复绘制某些图案以填充图形中的一个区域，从而表达该区域的特征，这样的填充操作在 AutoCAD 中称为图案填充。图案填充是一种使用指定线条图案来充满指定区域的图形对象，常常用于表达剖切面和不同类型物体对象的外观纹理等，被广泛应用在绘制机械图、建筑图、地质构造图等各类图形中。例如，在机械工程图中，有时使用图案填充用来表达一个剖切的区域，有时使用不同的图案填充来表达不同的零部件或者材料。

1. 基本概念

1) 图案边界

当进行图案填充时，首先要确定填充图案的边界。定义边界的对象只能是直线、双向射线、单向射线、多段线、样条曲线、圆、圆弧、椭圆、椭圆弧、面域等对象或用这些对象定义的块，而且作为边界的对象在当前屏幕上必须全部可见。

2) 孤岛

在进行图案填充时，把内部闭合边界称为孤岛。在用 BHATCH 命令填充时，AutoCAD 允许用户以拾取点的方式确定填充边界，即在希望填充的区域内任意拾取一点，AutoCAD 会自动确定出填充边界，同时也确定该边界内的孤岛。如果用户是以选择对象的方式确定填充边界的，则必须确切地拾取这些孤岛。

2. 创建图案填充

执行方式如下：

【菜单】：选择“绘图”→“图案填充”命令。

【命令行】：输入“BHATCH”命令(快捷命令 BH 或 H)。

【工具栏】：单击▥按钮。

执行该命令后，会弹出“图案填充和渐变色”对话框，如图 5.12 所示。

(1) 在“图案填充和渐变色”对话框中的“图案填充”选项卡中，用户可以设置图案填充的类型和图案、角度、比例等内容。其中，“类型和图案”选项区域用于设置填充图案以及相关的填充参数。可通过“类型和图案”选项区域确定填充类型与图案，通过“角度和比例”选项区域设置填充图案时的图案旋转角度和缩放比例，“图案填充原点”选项区域用于控制生成填充图案时的起始位置，“添加:拾取点”按钮和“添加:选择对象”按钮用于确定填充区域。

特别提示

本章引例与思考题目 2 的解答：进行图案填充后，可以设置填充比例来改变图案显示的问题，如

图 5.12 所示。可以通过单击“图案填充和渐变色”对话框中的按钮，打开“填充图案选项板”对话框(图 5.13)来选择合适图案类型。

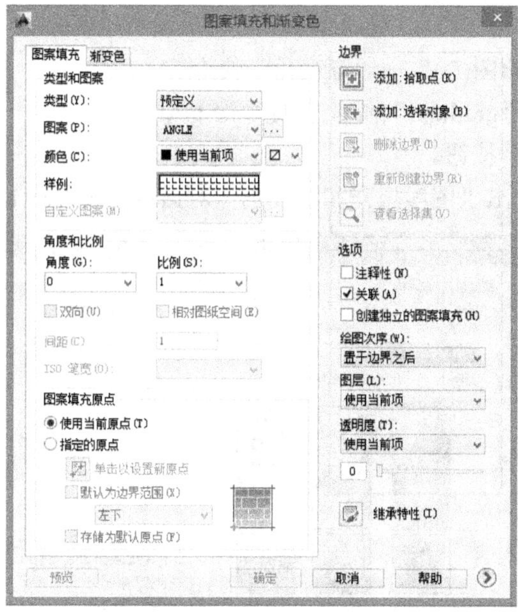

图 5.12 “图案填充和渐变色”对话框

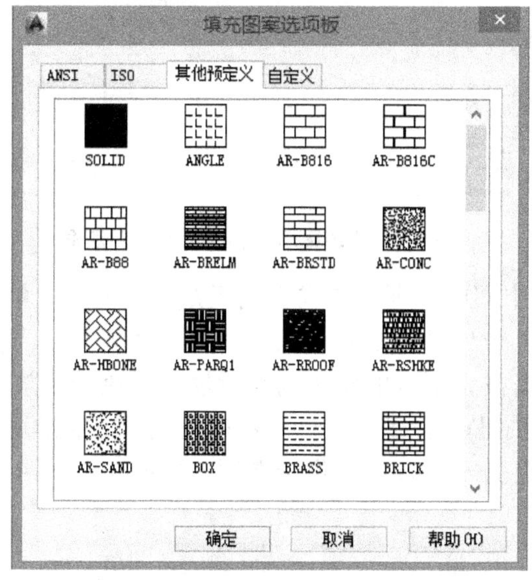

图 5.13 “填充图案选项板”对话框

技巧点拨

以普通方式填充时，如果填充边界内有诸如文字、属性这样的特殊对象，且在选择填充边界时也选择了它们，填充时图案填充在这些对象处会自动断开，就像用一个比它们略大的看不见的框保护起来一样，以使这些对象更加清晰。

(2) 在 AutoCAD 2014 中，用户可以使用“图案填充和渐变色”对话框中的“渐变色”选项卡创建一种或两种颜色形成的渐变色，并对图形进行填充。

执行命令如下：

【菜单】：选择“绘图(D)”→“渐变色”命令。

【命令行】：输入“gradient”命令(快捷命令 gra)。

【工具栏】：单击▦按钮。

执行该命令后，弹出“图案填充和渐变色”对话框，如图 5.14 所示。

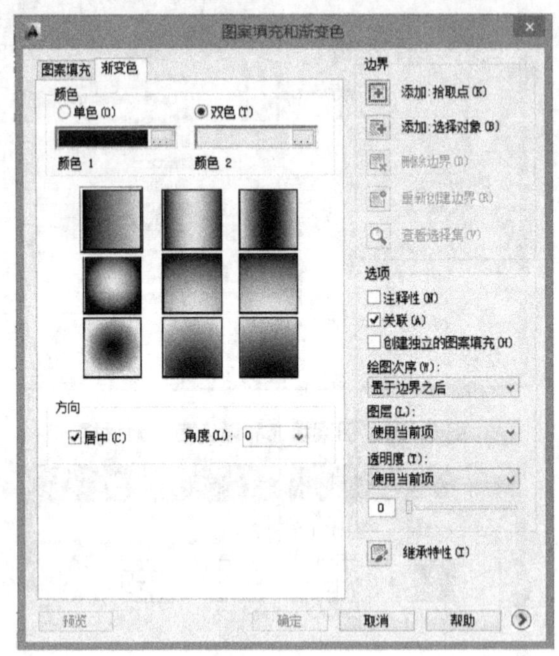

图 5.14 “图案填充和渐变色”对话框

“渐变色”选项卡用于以渐变方式实现填充。其中，“单色”和“双色”这两个单选按钮用于确定是以一种颜色填充还是以两种颜色填充。当以一种颜色填充时，可利用位于“双色”单选按钮下方的滑块调整所填充颜色的浓淡度。当以两种颜色填充时(选中“双色”单选按钮)，位于“双色”单选按钮下方的滑块变成与其左侧相同的颜色框和按钮，用于确定另一种颜色。位于选项卡中间位置的 9 个图像按钮用于确定填充方式。

技巧点拨

在 AutoCAD 2014 中，尽管可以使用渐变色来填充图形，但该渐变色最多只能由两种颜色创建。

此外，还可以通过“角度”下拉列表框确定以渐变方式填充时的旋转角度，通过“居中”复选框指定对称的渐变配置。如果没有选定此选项，渐变填充将朝左上方变化，可创建出光源在对象左边的图案。

如果单击“图案填充和渐变色”对话框中位于右下角位置的小箭头⊙，对话框则为如图 5.15 所示形式，通过其可进行对应的设置。

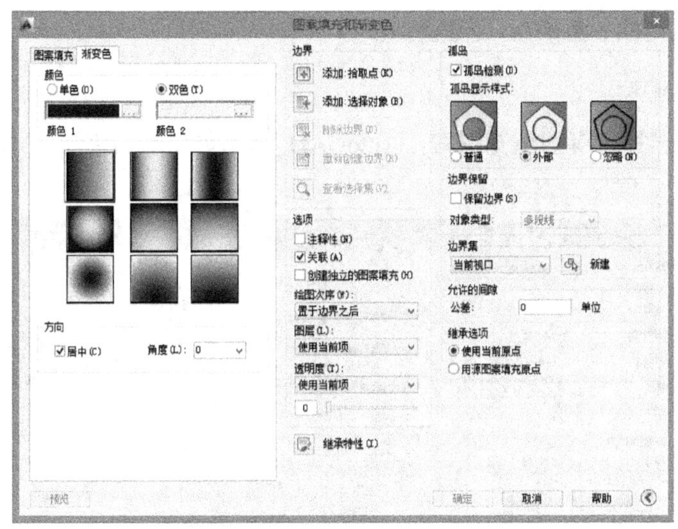

图 5.15 “渐变色”选项卡

其中，“孤岛检测”复选框用于确定是否进行孤岛检测以及孤岛检测的方式。“边界保留”选项区域用于指定是否将填充边界保留为对象，并确定其对象类型。

AutoCAD 2014 允许将实际上并没有完全封闭的边界用作填充边界。如果在“允许的间隙”文本框中指定了值，该值就是 AutoCAD 确定填充边界时可以忽略的最大间隙，即如果边界有间隙，且各间隙均小于或等于设置的允许值，那么这些间隙均会被忽略，AutoCAD 将对应的边界视为封闭边界。

如果在“允许的间隙”编辑框中指定了值，当通过“拾取点”按钮指定的填充边界为非封闭边界、且边界间隙小于或等于设定的值时，AutoCAD 会打开如图 5.16 所示的“图案填充－开放边界警告”对话框，如果单击“继续填充此区域”按钮，AutoCAD 将对非封闭图形进行图案填充。

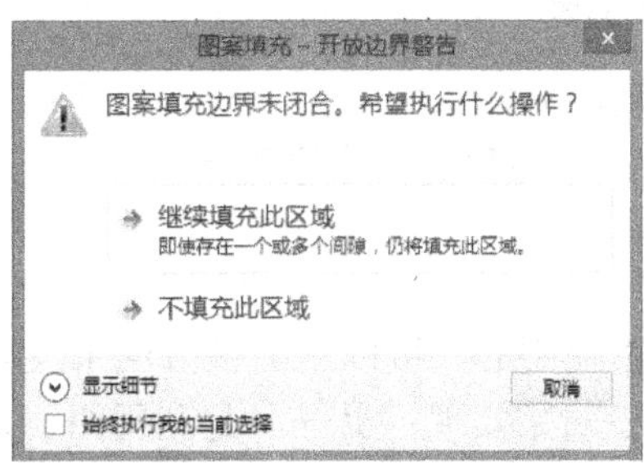

图 5.16 “图案填充—开放边界警告”对话框

5.2.2 图案填充编辑

1. 执行方式

【菜单】：选择“修改”→“对象”→“图案填充”命令。

【命令行】：输入“HATCHEDIT”命令(快捷命令 HE)。

【工具栏】：单击按钮。

执行 HATCHEDIT 命令后，AutoCAD 提示：

选择图案填充对象：

在该提示下选择已有的填充图案，AutoCAD 弹出如图 5.17 所示“图案填充编辑”对话框。

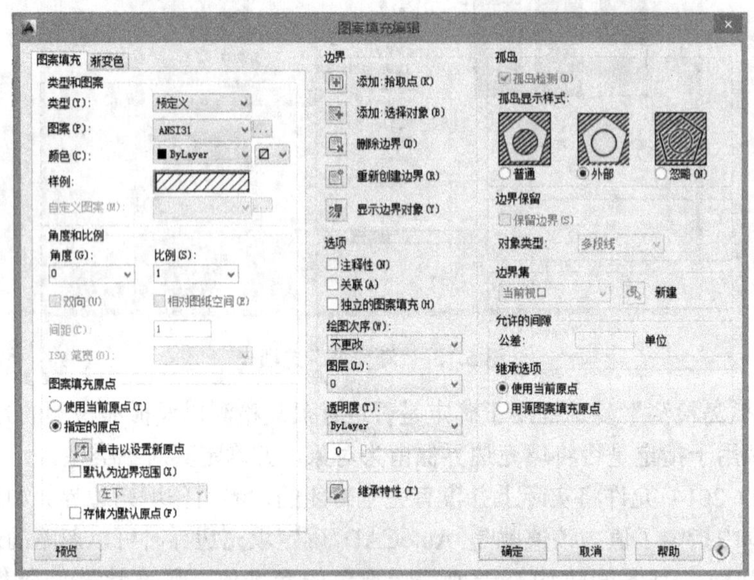

图 5.17 “图案填充编辑”对话框

对话框中只有以正常颜色显示的选项用户才可以操作，该对话框中各选项的含义与“图案填充和渐变色”对话框中各对应项的含义相同，用户利用此对话框就可以对已填充的图案进行诸如更改填充图案、填充比例、旋转角度等操作。

2. 利用夹点功能编辑填充图

利用夹点功能也可以编辑填充的图案。当填充的图案是关联填充时，通过夹点功能改变填充边界后，AutoCAD 会根据边界的新位置重新生成填充图案。

3. 控制图案填充的可见性

图案填充的可见性是可以控制的，可以用两种方法来控制图案填充的可见性：一种是用 FILL 命令或 FILLMODE 变量来实现；另一种是利用图层来实现。

1) 使用 FILL 命令和 FILLMODE 变量。

【命令行】：输入“FILL”命令。

如果将模式设置为“开”，则可以显示图案填充；如果将模式设置为“关”，则不显示图案填充。

用户也可以使用 FILLMODE 变量控制图案填充的可见性。

【命令行】：输入“FILLMODE”命令。

其中，当 FILLMODE 变量为 0 时，隐藏图案填充；当 FILLMODE 变量为 1 时，显示图案填充。

技巧点拨

在使用 FILL 命令设置填充模式后，可以选择“视图”→“重生成”，重新生成图形以观察效果。

2) 用图层控制

对于能够熟练使用 AutoCAD 的用户来说，应该充分利用图层功能，将图案填充单独放在一个图层上。当不需要显示该图案填充时，将图案所在层关闭或者冻结即可，使用图层控制图案填充的可见性时，不同的控制方式会使图案填充与其边界的关联关系发生变化，其特点如下。

(1) 当图案填充所在的图层被关闭后，图案与其边界仍保持着关联关系，即修改边界后，填充图案会根据新的边界自动调整位置。

(2) 当图案填充所在的图层被冻结后，图案与其边界脱离关联关系，即边界修改后，填充图案不会根据新的边界自动调整位置。

(3) 当图案填充所在的图层被锁定后，图案与其边界脱离关联关系，即边界修改后，填充图案不会根据新的边界自动调整位置。

5.3 表 格

在绘制图形时，有时需要绘制一些表格，然后在表格中注释与图形有关的信息。在 AutoCAD 中，用户可以直接在绘图窗口中绘制具有标题栏和数据栏的表格，另外还可以将表格中的数据以其他格式输出。

5.3.1 设置表格样式

执行方式如下：

【工具栏】单击“样式”工具栏中的“表格样式”按钮()。

【菜单】选择“格式”→“表格样式”命令。

【命令行】输入“TABLESTYLE”命令(快捷命令 TA)。

执行该命令后，弹出“表格样式”对话框，如图 5.18 所示。

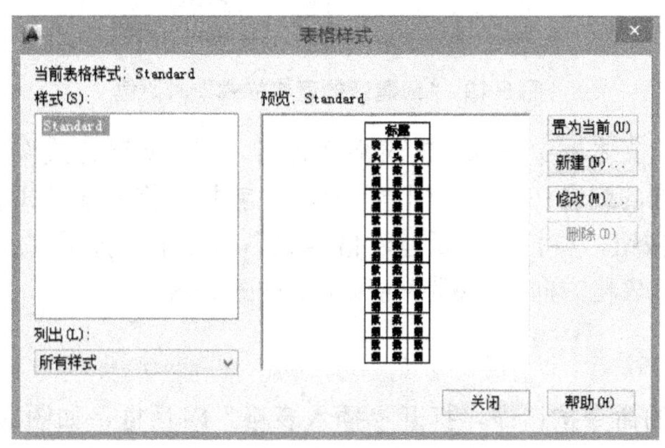

图 5.18 “表格样式”对话框

(1)“样式”列表框。该对话框的左边是样式列表框，该列表框用于列出当前图形文件中所有的表格样式名。

(2)“列出”下拉列表框。该下拉列表框用于控制“样式”列表框中显示的内容，系统提供了“所有样式”和“正在使用的样式”两种类型供用户选择。

(3)“预览”。右边是样式预览框，在样式预览框中选中一种样式的名称后，在该预览框中即可显示该表格样式。

(4)“置为当前”按钮。在“样式”列表框中选中一种表格样式后单击此按钮，即可将选中的表格样式设置为当前样式。

(5)“新建”按钮。单击此按钮，即可创建新的表格样式。

(6)“修改”按钮。在“样式”列表框中选中一种表格样式后单击此按钮，即可对选中的表格样式进行修改。

(7)“删除”按钮。在“样式”列表框中选中一种表格样式后单击此按钮，即可删除选中的表格样式。

表格参数设置完成后单击该对话框中的“关闭”按钮，即可关闭该对话框。

5.3.2 创建表格

表格使用行和列以一种简洁、清晰的形式提供信息，常用于一些组件的图形中。表格样式控制一个表格的外观，用于保证标准的字体、颜色、文本、高度和行距。用户可以使用默认的表格样式，也可以根据需要自定义表格样式。

1. 新建表格样式

选择“格式”→“表格样式”命令(TABLESTYLE)，打开“表格样式”对话框。单击“新建”按钮，可以使用打开的“创建新的表格样式”对话框创建新表格样式，如图 5.19 所示。

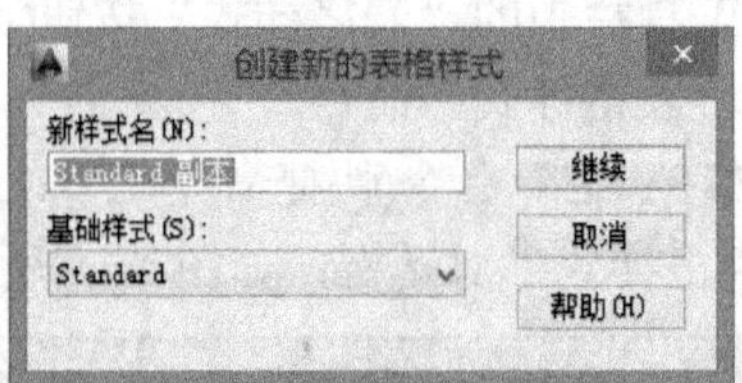

图 5.19 “创建新的表格样式”对话框

在“新样式名”文本框中输入新的表格样式名，在“基础样式”下拉列表框中选择默认的表格样式、标准的或者任何已经创建的样式，新样式将在该样式的基础上进行修改。然后单击“继续”按钮，将打开“新建表格样式”对话框，如图 5.20 所示，可以通过它指定表格的行格式、表格方向、边框特性和文本样式等内容。

2. 插入表格

单击工具栏中的命令按钮，打开“插入表格”对话框，如图 5.21 所示。默认的表格样式为 Standand，用户也可启动“表格样式”对话框，选择自己定义的表格样式。默认状态下是一个空表格，表格是在行和列中包含数据的对象，可以从空表格或表格样式中创建表格对象，还可以将表格链接 Microsoft Excel 电子表格中的数据，在此可以设置表格的行数、列数、行高、列宽等参数。

【命令行】：输入 Table 命令。

【菜单】选择绘图→表格命令。

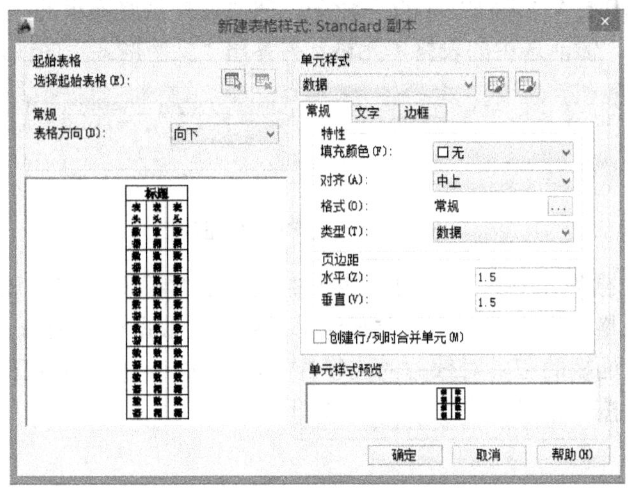

图 5.20 “新建表格样式”对话框

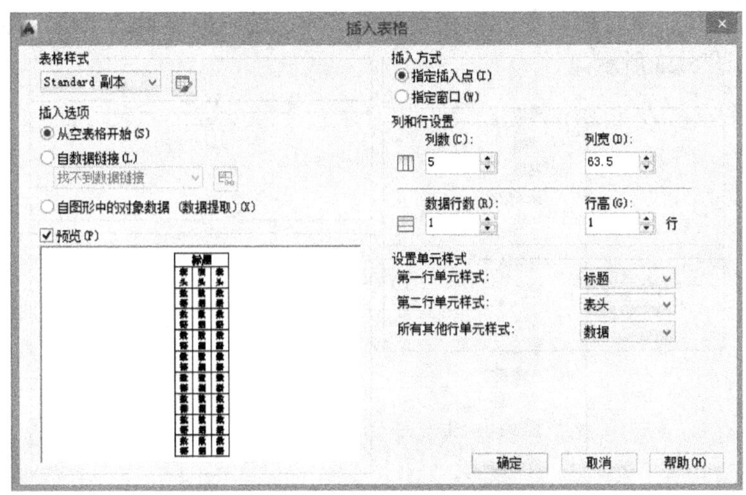

图 5.21 “插入表格”对话框

本章引例与思考题目 3 的解答：在创建表格时首先要设置表格样式，然后创建表格，指定插入点。

5.3.3 编辑表格和表格单元

创建表格后，用户可以根据需要对表格单元格及其数据进行编辑。在 AutoCAD 2014 中，用户可以用多种方式对表格进行编辑。

1. 编辑表格数据

编辑表格数据的方法有如下两种。

(1) 双击表格的单元格，激活单元格中的数据。

(2) 在命令行中输入“TABLEDIT”命令，然后选择需要编辑的单元格。

执行该命令后，激活选中的表格单元格，并弹出“文字格式”面板，如图 5.22 所示。

图 5.22 “文字格式”面板

激活单元格数据后，用户可以对表格中的数据进行编辑，同时还可以通过方向键或 Tab 键在各个单元格之间进行切换，对其他单元格中的数据进行编辑。另外，用户还可以通过“文字格式”面板的工具对数据的文字样式、字体、高度以及段落格式等进行编辑，最后单击“确定”按钮完成表格数据的编辑。

2. 编辑表格

创建表格后，用户可以对表格进行剪切、复制、对齐、插入块或公式、插入行或列、合并单元格等操作，执行编辑单元格命令的方法为：选中要编辑的表格，然后右击，弹出快捷菜单，如图 5.23 所示。

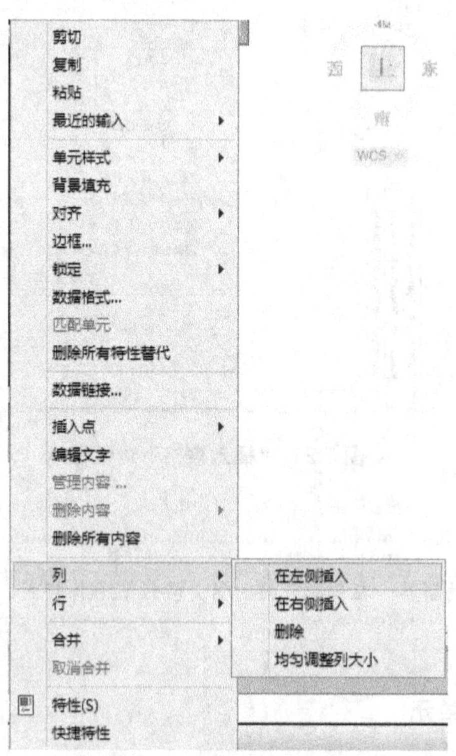

图 5.23 “单元格”快捷菜单

5.4 综合实例

案例 1 应用前面所学的知识，绘制如图 5.24 所示的表格。

**设计公司		工程号	WD1064	项目号	JL1001	图号	100125
设计者	张 杰	**中学教学楼设计方案				工种图号	100141
校对	李 靖					比例	1: 100
绘图	张 杰					日期	10:04:15
总监	赵 亮					共8页	第1页

图 5.24 效果图

(1) 选择“格式”→“表格样式”命令，弹出“表格样式”对话框，如图 5.25 所示。

(2) 单击“表格样式”对话框中的“新建”按钮，弹出“创建新的表格样式”对话框，如图 5.26 所示。

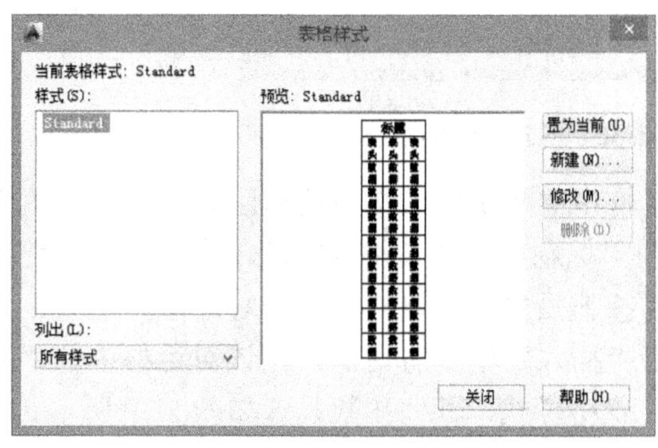

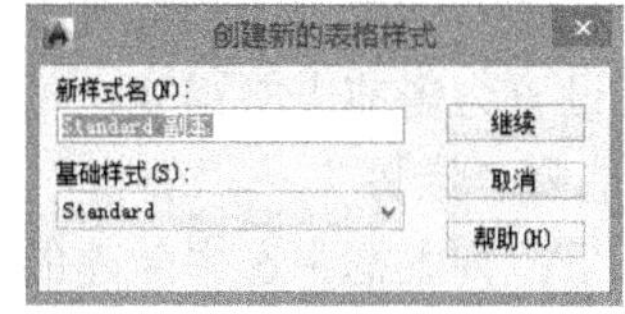

图 5.25 “表格样式”对话框 **图 5.26 “创建新的表格样式”对话框**

(3) 在“创建新的表格样式”对话框中的“新样式名”文本框中输入新创建表格样式的名称“标题栏”，基础样式选择 Standard，单击“继续”按钮后弹出“新建表格样式：标题栏”对话框，如图 5.27 所示。

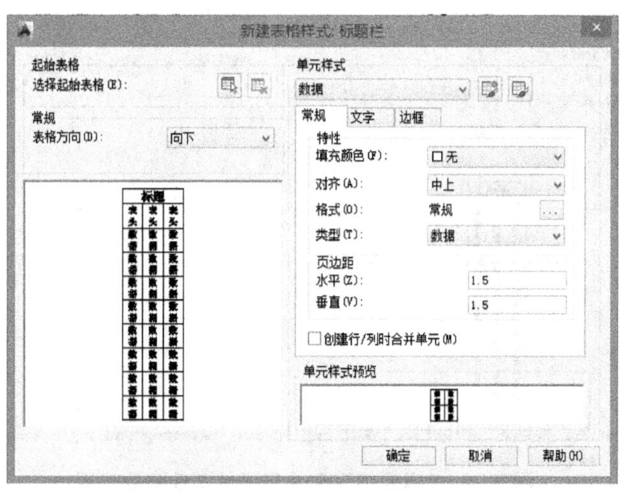

图 5.27 “新建表格样式：标题栏”对话框

(4) 选择“新建表格样式：标题栏”对话框中的“文字”选项卡，弹出“文字样式”对话框，新建名为“标题栏”的文字样式，参数设置如图 2.28 所示。

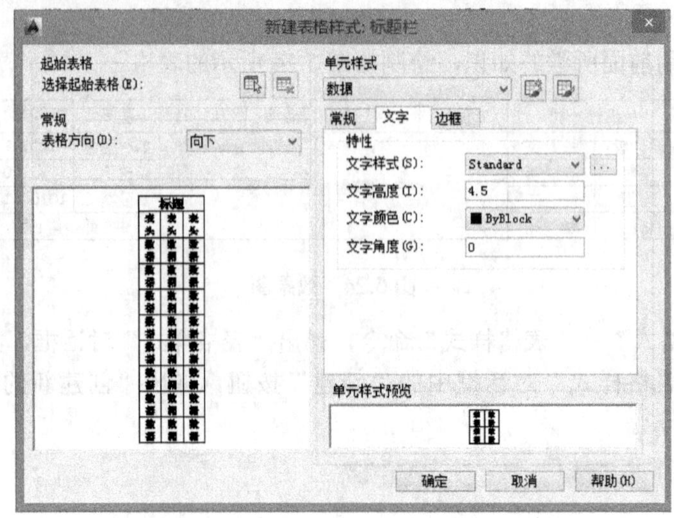

图 5.28 “标题栏”的文字样式参数设置

(5) 单击“新建表格样式：标题栏”对话框中的“确定”按钮后返回到“表格样式”对话框，在该对话框中的样式列表中选中名为“标题栏”的表格样式，单击“置为当前”按钮将其设置为当前表格样式，单击“确定”按钮后关闭“表格样式”对话框。

(6) 选择“绘图”→“表格”命令，弹出“插入表格”对话框，在该对话框中的“表格样式”下拉列表框中选中新建的“标题栏”表格样式，其他参数设置如图 5.29 所示。

(7) 单击“插入表格”对话框中的“确定”按钮后在绘图窗口中插入表格，系统同时弹出“文字格式”面板，如图 5.30 所示，此时不用输入文字，单击“确定”按钮完成表格创建。

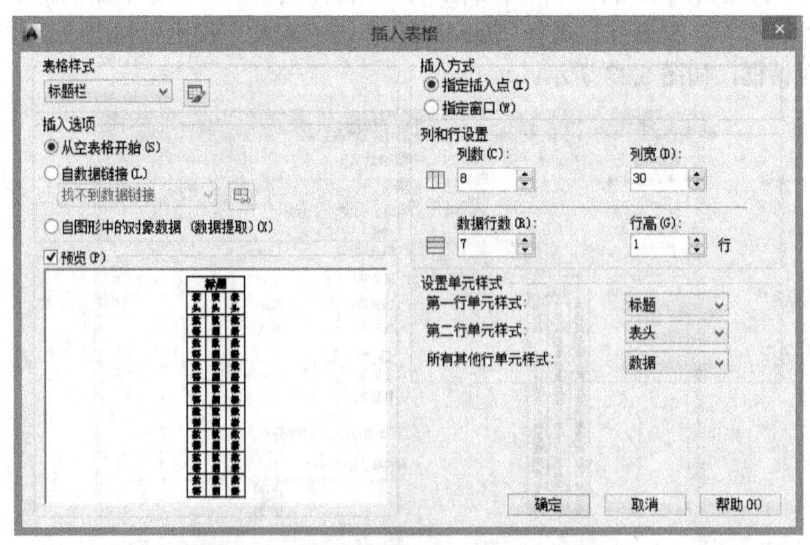

图 5.29 “标题栏”表格样式的其他参数设置

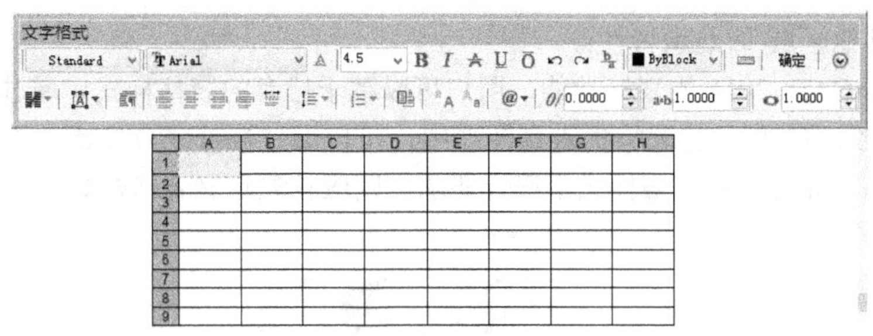

图 5.30 “文字格式”面板

(8) 按住 Shift 键，选中如图 5.31 所示两个单元格，右击，在弹出的快捷菜单中选择“合并单元”→“按行”命令，合并选中的单元格。

	A	B	C	D	E	F	G	H
1								
2								
3								
4								
5								

图 5.31 “合并单元”→“按行”命令

(9) 重复步骤(8)的操作，对绘制的表格进行编辑，效果如图 5.32 所示。

图 5.32 合并后的效果

(10) 单击表格中的单元格，输入文字信息，最终效果如图 5.24 所示。

案例小结

本案例主要练习了表格的绘制，在绘制表格过程中，主要介绍表格的样式设置、表格的创建及编辑、文字输入方法。通过本案例的绘制，可掌握表格的创建方法及表格文本数据的输入方法。

本章小结

本章主要介绍 AutoCAD 2014 的文字标注功能和表格功能，由于在表格中一般要填写文字，所以将表格这部分内容放在本章介绍。文字是工程图中必不可少的内容，AutoCAD 2014 提供了用于标注文字的 DTEXT 命令和 MTEXT 命令。

利用 AutoCAD 2014 的填充图案功能，当需要填充图案时，首先应该有对应的填充边界,可以看出，即使填充边界没有完全封闭，AutoCAD 也会将位于间隙设置内的非封闭边界看成封闭边界给予填充。此外，用户还可以方便地修改已填充的图案，根据已有图案及其设置填充其他区域(即继承特性)。

利用 AutoCAD 2014 的表格功能，用户可以基于已有的表格样式，通过指定表格的相关参数(如行数、列数等)将表格插入到图形中；可以通过快捷菜单编辑表格。同样，插入表格时，如果当前已有的表格样式不符合要求，则应首先定义表格样式。

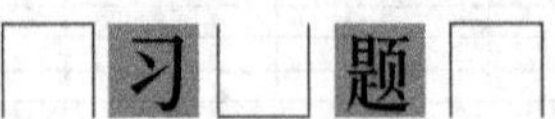

习 题

1. 在 AutoCAD 2014 中如何创建文字样式及标注样式？
2. 创建图层绘制如图所示的图形，设置文字样式及标注样式并进行图案填充(图 5.33)。
3. 在 AutoCAD 2014 中如何创建表格及编辑？
4. 创建图层绘制如图 5.34 所示的图形并进行图案填充。

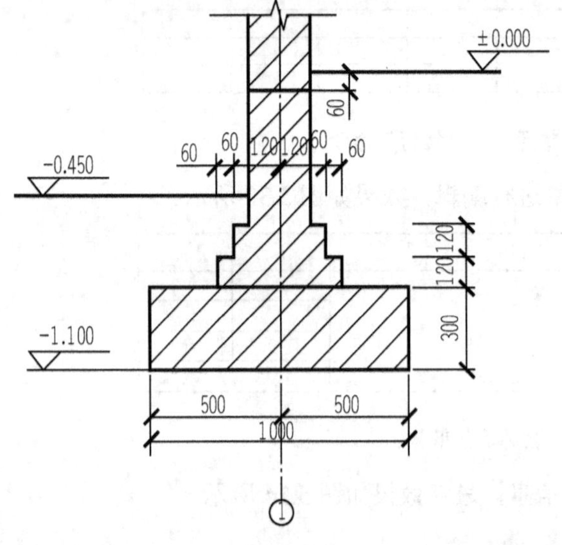

图 5.33　基础断面图

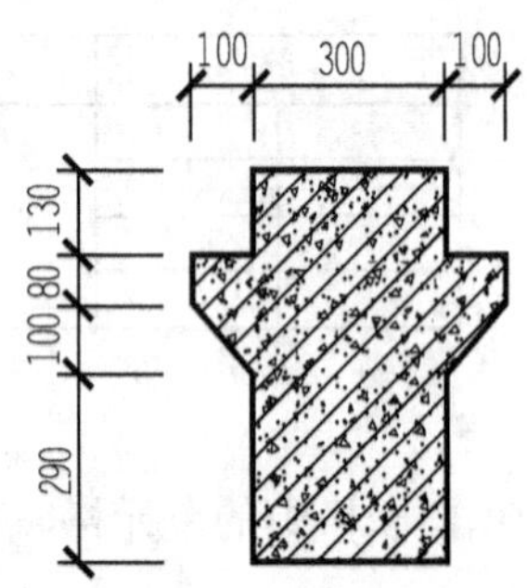

图 5.34　花篮梁断面图

5. 新建并设置文字样式完成如下字体的书写。

四川建筑职业技术学院土木工程系建筑工程技术专业

12345678910

ABCDEFGHIJKLMNOPQRST

UVWXYZ

第 6 章

辅助绘图命令与工具

教学目标

通过本章的学习，掌握创建内部块和外部块的基本步骤，能创建带属性的图块及外部参照的应用；了解动态块的创建步骤；了解工具选项板、设计中心等辅助工具的使用，能运用 AutoCAD 的查询命令查询图形的基本信息，如面积、周长、体积等。

学习要求

能力要求	知识要点	权重
图块创建与插入	内部块和外部块的创建步骤；图块插入的方法	30%
属性块	属性定义的方法，属性块的保存和插入	30%
设计中心	设计中心的打开与使用	10%
工具选项板	工具选项板的打开与使用	10%
数据查询	查询距离、面积、体积、半径等信息的步骤	20%

本章导读

在绘制图形的过程中，经常需要绘制一些相同或相似的图形对象，这时用户就可以使用AutoCAD 提供的块功能，将需要多重绘制的图形创建成块，然后在需要的时候将这些块插入到图形中。在 AutoCAD 2014 中，用户还可以使用块编辑器对已经创建的块进行编辑。

在 AutoCAD 中使用外部参照既可以方便地参照其他图形进行工作，又不会占用太多的存储空间，而且还会及时更新参照图形。

在 AutoCAD 2014 中，系统提供了与 Windows 资源管理器相类似的设计中心。利用设计中心，用户可以直观、高效地对图形文件进行浏览、查找和管理。利用查询命令可以很快捷地获得图形对象的体积、面积等信息。

本章将详细介绍图块的创建和插入、设计中心和工具选项板的使用、查询命令等绘图辅助命令和工具的使用，提高绘图速度，增强命令的使用技巧。

引例与思考

随着 AutoCAD 版本的提高，辅助绘图命令和工具也越来越多，其中动态块就是灵活、方便的图形开发工具，用户使用它可以很方便地改变块的大小、比例等参数。

(1) 创建动态块的步骤有哪些?

(2) AutoCAD 2014 用查询命令能查询图形对象的哪些信息?

6.1 图块操作

在工程设计中，有很多图形元素都需要大量重复应用，这些可多次重复使用的图形可以定义为图块，简称块。块可以是绘制在几个图层上的不同特性对象的组合。在图块中，各图形实体都有各自的图层、线型及颜色等特性，AutoCAD 中将块作为一个单独、完整的对象来操作。在 AutoCAD 2014 中，块可以分为静态块和动态块两类。动态块是指可以通过自定义夹点或自定义特性来操作的块，用户可以对动态块随时进行调整，而且还可以在块编辑器中进行创建与编辑。

6.1.1 图块创建与插入

块是一个或多个对象组成的对象集合，常用于绘制复杂、重复的图形。一旦一组对象组合成块，就可以根据作图需要将这组对象插入到图中任意指定位置，而且还可以按不同的比例和旋转角度插入。在 AutoCAD 中，使用块可以提高绘图速度、节省存储空间、便于修改图形。在 AutoCAD 2014 中，图块分为内部块和外部块，内部块只能在原图形(定义图块的图形)中被调用，而不能被其他图形调用。

1. 创建内部图块

块在插入之前必须先进行创建，创建的块也称为内部块，只能在当前图形中重复使用，离开当前图形文件则无效，绘图时可以定义块的属性。

执行方式如下：

【菜单】选择“绘图”→“块”→“创建”命令。

【命令行】输入“BLOCK”命令(快捷键 BL)。

【工具栏】单击“绘图”工具栏中的“创建块”按钮( )，将打开如图 6.1 所示的“块定义”对话框，从中可以将已绘制的对象创建为内部块。

图 6.1 “块定义”对话框

“块定义”对话框包含“名称”下拉列表框，“基点”、“对象”、“方式”、“设置”4 个选项区域和“在块编辑器中打开”复选框，其含义如下。

(1) “名称”。要求用户在该文本框中输入图块名。

(2) “基点”。要求指定块插入时的基准点。用户可以在 *X*、*Y*、*Z* 文本框中直接输入坐标值来确定，也可以单击“拾取点”按钮在屏幕上直接指定。

(3) “对象”。要求指定包含在新块中的对象，单击“选择对象”按钮将切换到绘图区选择对象。选中“保留”单选按钮表示定义图块后，构成图块的图形对象仍然保留在绘图区，不转换为图块；选中“转换为块”单选按钮表示定义图块后，构成图块的图形对象也转换为块；选中“删除”单选按钮表示定义图块后，构成图块的图形对象将被删除。

(4) “方式”。指定块的显示方式，“注释性”单选按钮指定是否要添加注释性；“按统一比例缩放”复选框指定块是否按统一比例缩放；“允许分解”单选按钮指定块是否允许被分解。

(5) “设置”。其中“块单位”下拉列表框用于设置图块插入时的单位；“超链接”按钮用于打开“插入超链接”对话框。

2. 创建外部图块

外部块是指将创建的块命名存盘，作为一个图形文件单独存储在磁盘上，这样块就可以被其他图形使用，也可以单独打开。

执行方式：

【命令行】输入“WBLOCK”(快捷键 W 或 WB)。

启动命令后，将打开如图 6.2 所示的“写块”对话框，从而创建一个外部块。

“写块”和“块定义”的区别在于“源”选项区域和“目标”选项区域。

“源”是指对象来源，其中“块”指定要保存为文件的现有块，“整个图形”指选择当前图形作为一个块保存为文件，“对象”指通过基点用户选择自己要创建为块的对象。

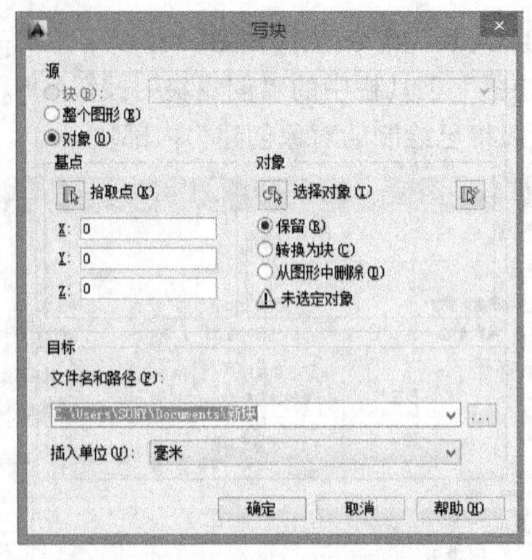

图 6.2 “写块”对话框

“目标”选项区域设置图块保存的名称和位置。可以在“文件名和路径”下拉列表框中直接输入图块保存的路径和名称，也可以单击右边的□按钮，打开“浏览图形文件”对话框来设置。

3. 图块的插入

在 AutoCAD 中，用户可以将创建的块插入到图形文件中。在插入图块时，用户必须确定插入的图块名、插入点位置、插入比例系数和图块的旋转角度等。

执行方式如下：

【菜单】选择“插入”→“块”命令。

【命令行】输入“INSERT”命令(快捷键 INS)。

【工具栏】单击“绘图”工具栏中的按钮。

打开“插入”对话框，如图 6.3 所示，用户可以利用它在图形中插入块或其他图形，并且在插入块的同时还可以改变所插入块或图形的比例与旋转角度。

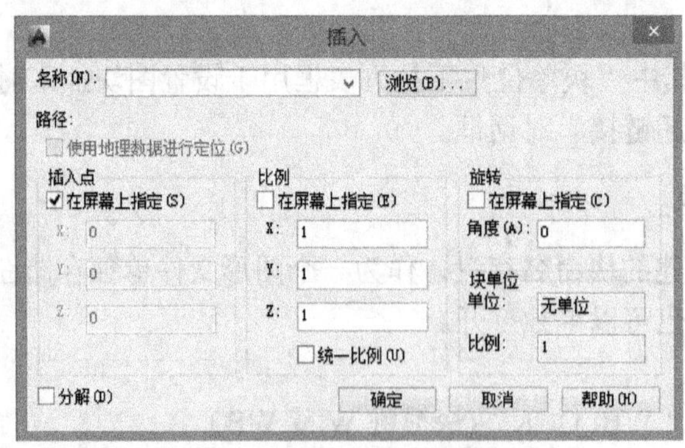

图 6.3 “插入”对话框

其中，“名称”下拉列表框用于选择要插入的图块名。

“插入点”选项区域用于指定图块的插入位置，通常选中“在屏幕上指定”复选框，在绘图区以“对象捕捉”功能精确指定插入位置。

“比例”选项区域用于指定图块插入后的缩放比例，选中“在屏幕上指定”复选框后，在随后的操作中会提示缩放比例。

特别提示

需要将图块做镜像变化时，可以把比例因子设置为负值。

“旋转”用于设置图块插入的角度。

“分解”复选框用于控制图块插入后是否自动分解为独立的对象。

6.1.2 属性块

块的属性是附属于块的非图形信息，就像附在商品上面的标签一样，包含有该商品的各种信息，属性是块的组成部分，可包含在块定义中的文字对象，属性中的具体内容称为属性值。在定义一个块时，属性必须预先定义而后选定。通常属性用于在块的插入过程中进行自动注释。

1. 创建属性块

执行方式如下：

【菜单】选择“绘图”→“块”→“定义属性”命令。

【命令行】输入“ATTDEF”或 DDATTDEF 命令(快捷键 att)，打开“属性定义”对话框创建块属性，如图 6.4 所示。

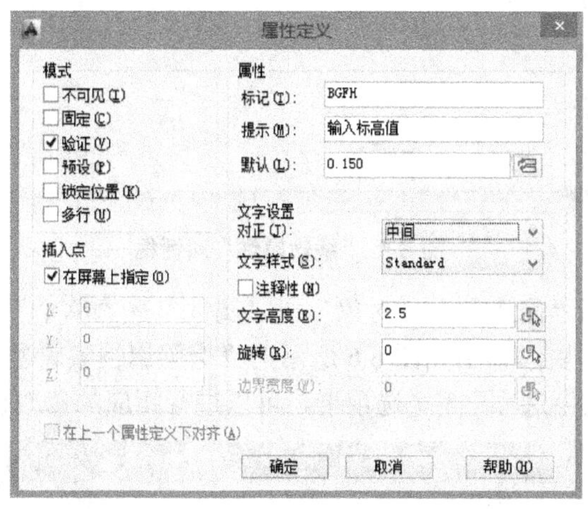

图 6.4 “属性定义”对话框

其中，“模式”选项区域用于设置属性的模式。“不可见”复选框指定插入块时不显示或不打印属性值；“固定”复选框表示插入块时赋予属性固定值；“验证”复选框表示提示用户验证属性值是否正确；“预设”复选框表示插入图块时插入默认的属性值；“锁定位置”复选框表示锁定块参照中属性的位置；“多行”复选框表示属性值可以包含多行文字。

“属性”选项区域用于设置属性的一些参数。“标记”文本框用来输入属性标记；“提示”文本框用来输入属性提示语句；“默认”文本框用来输入默认属性值。

“插入点”选项区域用于指定图块属性在块中的位置。选中“在屏幕上指定”复选框，则在绘图区中指定插入点。

“文字设置”选项区域用于设定属性值的一些基本参数，包含“对正”、“文字样式”、“文字高度”等。“注释性”复选框指定属性是否有注释性。

特别提示

当属性定义没有生成块之前，其属性标记只是文本文字，可用编辑文本的命令修改。只有用图块命令将属性定义成块后，才能将其以指定的属性值插入到图形中。

2. 编辑块属性

创建属性块后，用户可以对属性的标记、提示和值进行修改。一种是在命令行输入“ATTEDIT”，在绘图区单击需要编辑的图块后，弹出“编辑属性”对话框，如图 6.5 所示，可以在该对话框中更改属性值。

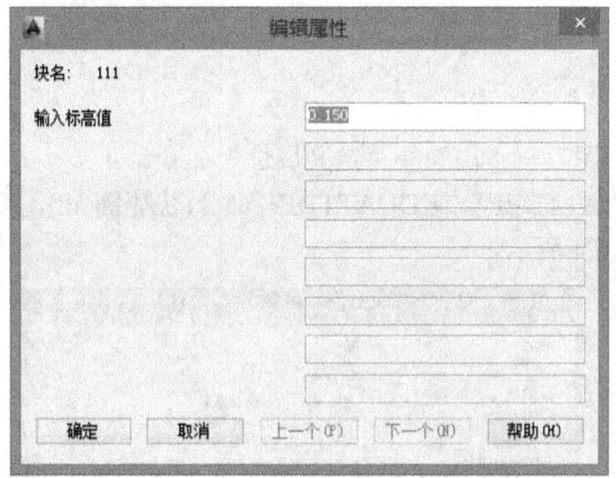

图 6.5 “编辑属性”对话框

另一种方式是选择“修改”→“对象”→“属性”→“单个”命令，单击要编辑的图块后，或者直接双击图块，弹出如图 6.6 所示的“增强属性编辑器”对话框，字包含“属性”、“特性”、“文字选项”3 个选项卡，可以进行相应的修改操作。

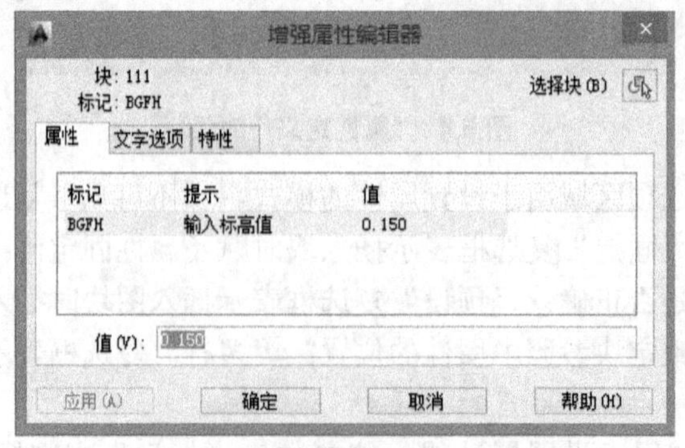

图 6.6 “增强属性编辑器”对话框

6.1.3 动态块

1. 基本概念

在 AutoCAD 2014 中增强了动态块的功能，动态块具有灵活性和智能性，使用动态块无需大量定义那些外形类似而尺寸不同的图块，不仅减少了图块库数量，而且便于控制。要成为动态块的块必须至少包含一个参数以及一个与该参数关联的动作。

例如，如果在图形中插入一个门块参照，编辑图形时可能需要更改门的大小。如果该块是动态的，并且定义为可调整大小，那么只需拖动自定义夹点或在“特性”选项区域中指定不同的大小就可以修改门的大小。如图 6.7 所示，用户可能还需要修改门的打开角度。该门块还可能会包含对齐夹点，使用对齐夹点可以轻松地将门块参照与图形中的其他几何图形对齐。

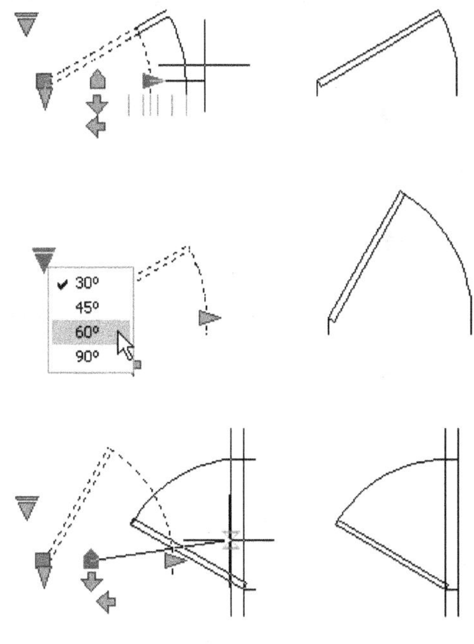

图 6.7 动态块

2. 创建动态块

动态块是在“块编辑器”中创建的，可以通过单击“标准”工具栏中的“块编辑器”按钮(图标)，或者选择“工具”→“块编辑器”命令，或者在命令行输入“BEDIT”命令来打开“编辑块定义”对话框，如图 6.8 所示。

在“要创建或编辑的块”文本框中可以选择当前图形或已经定义了的块，在图形中添加动态元素后，即可保存为动态块来使用。在“预览”框查看选择的块，在“说明”框显示的即是被选中的块的一些信息。

单击“编辑块定义”对话框中的“确定”按钮，就进入了块编辑器中，如图 6.9 所示。用户可以从头创建块，也可以向现有的块定义中添加动态行为， 也可以像在绘图区域中一样创建几何图形。

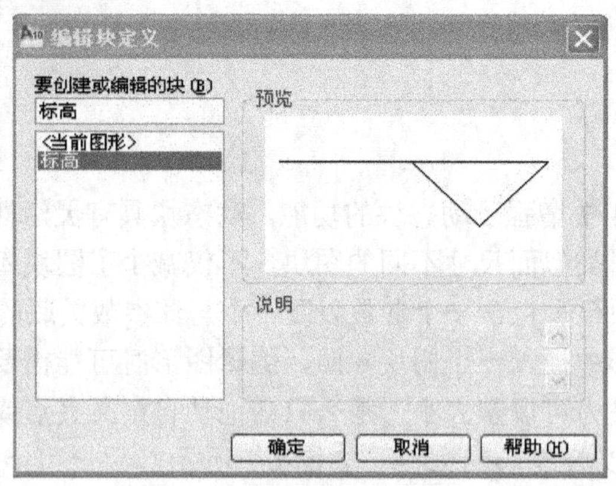

图 6.8 “编辑块定义”对话框

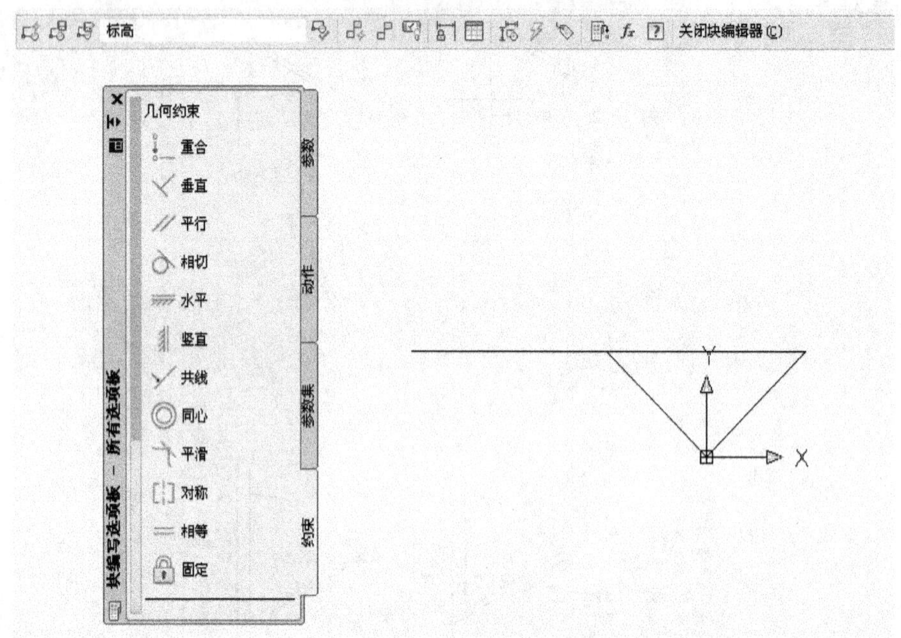

图 6.9 块编辑器

参数定义了自定义特性，并为块中的几何图形指定了位置、距离和角度。而动作定义了在修改块时动态块参照的几何图形如何移动和改变。将动作添加到块中时，必须将它们与参数和几何图形关联。

向块定义中添加参数后，会自动向块中添加自定义夹点和特性。使用这些自定义夹点和特性可以操作图形中的块参照。用户可以在块编辑器中向动态块定义中添加参数。在块编辑器中，参数的外观与标注类似。参数可定义块的自定义特性。参数也可指定几何图形在块参照中的位置、距离和角度。向动态块定义添加参数后，参数将为块定义一个或多个自定义特性。动态块定义中必须至少包含一个参数。向动态块定义添加参数后，将自动添加与该参数的关键点相关联的夹点。然后用户必须向块定义添加动作并将该动作与参数相关联。

6.1.4 使用外部参照

外部参照与块有相似的地方，但它们的主要区别是：一旦插入了块，该块就永久性地插入到当前图形中，成为当前图形的一部分，与原来的图块没有关系，不会随原来图块的改变而改变。而以外部参照方式将图形插入到某一图形(称之为主图形)后，被插入图形文件的信息并不直接加入到主图形中，主图形只是记录参照的关系，它仅仅是原来文件的一个链接，原来文件改变后，该图形文件内的外部参照图形也会随之改变。

1. 附着外部参照

在 AutoCAD 中，可以通过外部参照命令(Xref)来附加、覆盖、连接或更新外部参照。执行方式如下：

【菜单】选择“插入”→“外部参照”命令。

【命令行】在命令行输入 Xref 或“EXTERNALREFERENCES”。

执行命令后弹出如图 6.10 所示的“外部参照”选项板，根据需要选择合适的选项来满足使用要求，在选项板上方单击“附着 DWG”按钮或在“参照”工具栏中单击“附着外部参照”按钮，都可以打开“选择参照文件”对话框。选择参照文件后，将打开“随着外部参照”对话框，利用该对话框可以将图形文件以外部参照的形式插入到当前图形中。

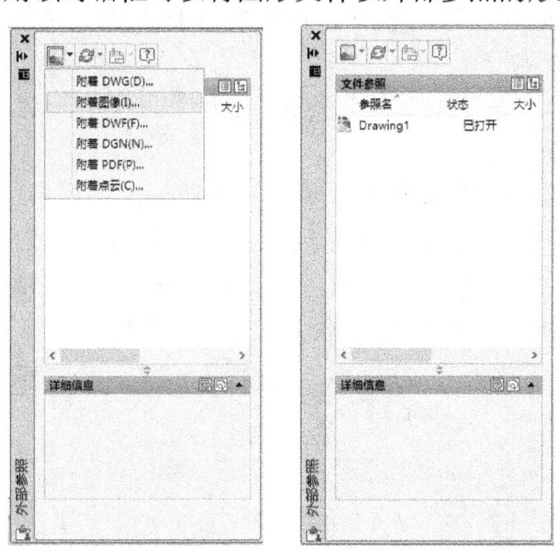

图 6.10 “外部参照”选项板及“文件参照”对话框

2. 插入 PDF、DWF、DGN 参考底图

在 AutoCAD 2014 中新增了插入 PDF、DWF、DGN 参考底图的功能，该类功能和附着外部参照功能相同，用户可以在“插入”菜单中选择相关命令。

3. 参照管理器

AutoCAD 图形可以参照多种外部文件，包括图形、文字字体、图像和打印配置，这些参照文件的路径保存在每个 AutoCAD 图形中。

Autodesk 参照管理器提供了多种工具，列出了选定图形中的参照文件，可以修改保存的参照路径而不必打开 AutoCAD 中的图形文件。选择“开始”→“程序”→Autodesk→AutoCAD 2014→“参照管理器”命令，打开“参照管理器”窗口，如图 6.11 所示，可以在其中对参照文件进行处理。

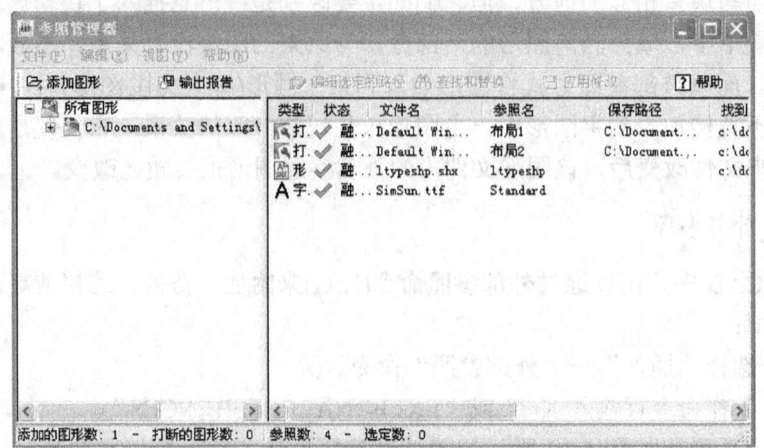

图 6.11 “参照管理器”窗口

4. 插入光栅图像

AutoCAD 是一个处理图形的软件，可以将各种图像文件插入到当前 AutoCAD 的 DWG 文件中，执行方式如下：

【菜单】选择“插入”→“光栅图像参照”。

【命令行】imageattach。

【工具栏】在“外部参照”面板中，单击“参照”工具栏中“附着图像”按钮。

执行命令后可以打开如图 6.12 所示的“选择参照文件”对话框。选择图像后单击“打开”按钮，弹出“附着图像”对话框，如图 6.13 所示，在该对话框中选择插入图像的方式，完成路径、插入点、旋转角度、缩放比例等的设置。

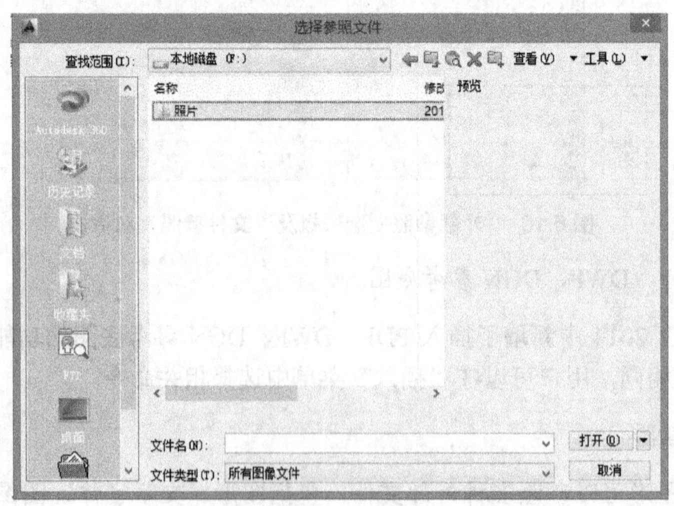

图 6.12 “选择参照文件”对话框

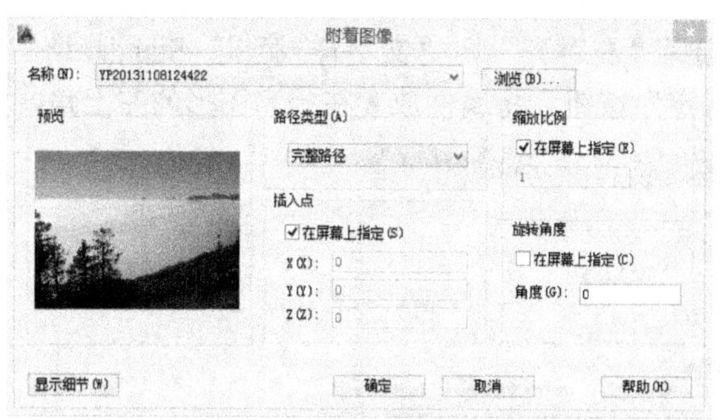

图 6.13 “附着图像”对话框

```
命令: _IMAGEATTACH
指定插入点 <0,0>:
基本图像大小: 宽: 211.666672, 高: 158.750000, Millimeters
指定缩放比例因子或 [单位(U)] <1>:
```

插入图像后的结果如图 6.14 所示。

图 6.14 插入图像

6.1.5 项目训练

案例 新建一个带属性的图块，再通过块编辑器使其成为动态块的操作过程，加深对属性块、动态块的理解，以期能让读者举一反三。操作步骤如下。

(1) 绘制标高符号：利用直线命令结合极轴追踪绘制如图 6.15 所示的标高符号，标高符号为高度 3mm 的等腰直角三角形。

图 6.15 标高符号

(2) 定义标高的属性，如图 6.16 所示，设置好“标记”、“提示”、“默认”，在

“对正”下拉列表中选择“左对齐”，“文字样式”选 Standard，“文字高度”不变仍为默认的 2.5。单击“确定”按钮，将属性放置在标高图形的左上角，如图 6.17 所示。

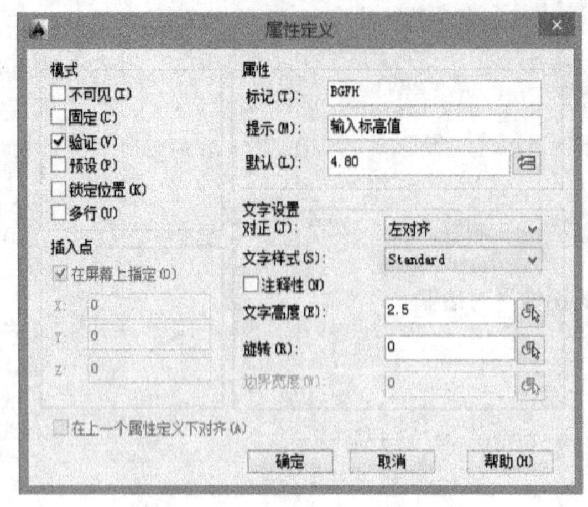

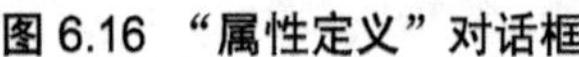
图 6.16 “属性定义”对话框

图 6.17 完成后的标高属性

(3) 创建块，要将属性及标高图形全部选中，并选中“在块编辑器中打开”复选框，单击“确定”按钮，将进入编辑属性，再单击“确定”按钮进入块编辑器，如图 6.18 所示。

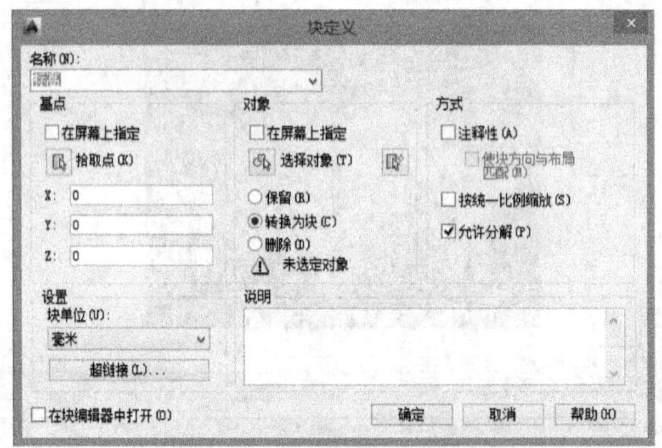

图 6.18 “块定义”对话框

(4) 在块编辑器中，选择“参数”选项卡中的“翻转”参数，选择三角形的下顶点并拉出一水平线，再添加一个“翻转”参数，以通过三角形下顶点的竖直线为投影线，如图 6.19 所示。

(5) 选择“动作”选项卡中的“翻转”动作，依次选择“翻转状态 1”，再选择全部对象，重复步骤添加完两个“翻转”动作，如图 6.20 所示。

(6) 单击“保存块定义”按钮，然后关闭块编辑器。

(7) 选择“插入”→“块”命令，插入标高块，捕捉水平直线上左边的点 1，输入标高值 4.800，如图 6.21 所示。

(8) 再次插入图块，插入点选择水平直线右端的点 2 处，值也取 4.800，如图 6.22 所示，单击右端标高的两个翻转夹点，得到如图 6.23 所示的效果图。

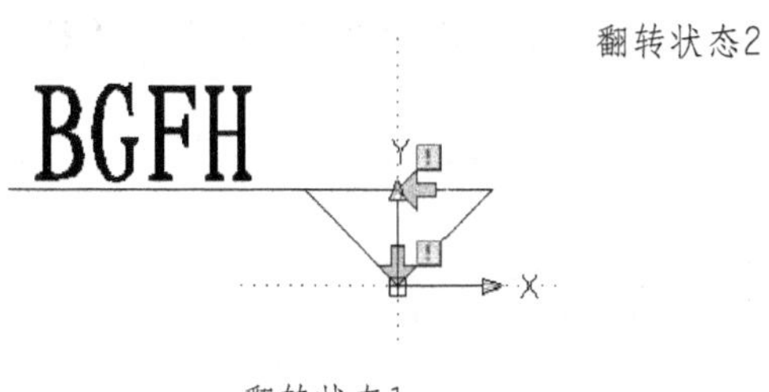

图 6.19　添加两个“翻转”参数

图 6.20　添加“翻转”动作

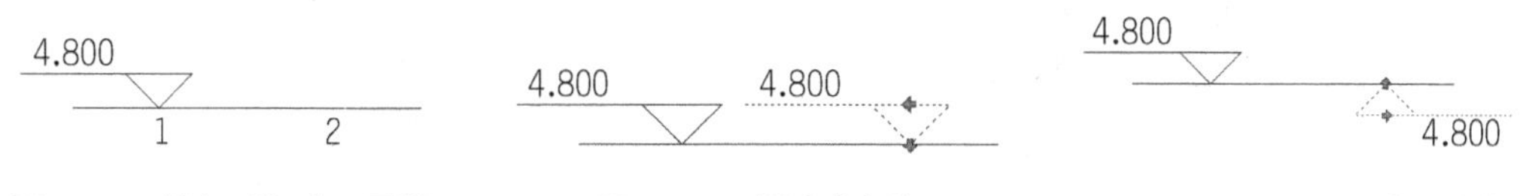

图 6.21　插入“标高”图块　　图 6.22　激活动态块　　图 6.23　两次“翻转”动作

案例小结

本案例主要介绍动态块的创建，在创建工程中主要介绍动态块属性的定义及创建步骤；通过本案例的操作，可掌握动态块的创建方法。

6.2　设 计 中 心

AutoCAD 设计中心(AutoCAD DesignCenter)为用户提供了一个直观且高效的工具，它与 Windows 资源管理器类似。设计中心主要用来管理和使用图形内容，这些图形包含图块、外部参照、图层、填充图案、标注样式等内容。使用设计中心，不仅可以浏览、查找、预览和管理 AutoCAD 图形、块、外部参照等资源文件，而且还可以通过简单的拖放操作，将块、图层和外部参照等内容插入到当前图形中。另外，如果打开了多个图形，则可以通过设计中心在图形之间复制和粘贴其他内容(如图层定义、布局和文字样式)来简化绘图过程。

使用设计中心，可以完成以下操作。

(1) 浏览用户计算机、网络驱动器和 Web 页上的图形内容，例如，图形或符号库。

(2) 查看图形文件中命名对象，例如，块和图层的定义，然后将定义插入、附着、复制和粘贴到当前图形中。

(3) 更新或重定义块。

(4) 创建指向常用图形、文件夹和 Internet 网址的快捷方式。

(5) 向当前图形添加内容，如外部参照、块和填充等。

(6) 在新窗口中打开图形文件。

(7) 将图形、块和填充图案拖拽到工具选项板中以便访问。

1. 启动设计中心

【菜单】选择“工具” →“选项板”→“设计中心”命令。

【命令行】输入 adcenter 命令。

【工具栏】在“标准”工具栏中单击“设计中心”按钮( )，执行命令后可以打开

“设计中心”窗口，如图 6.24 所示。在“设计中心”窗口中，包含“文件夹”、“打开的图形”、“历史记录”3 个选项卡。

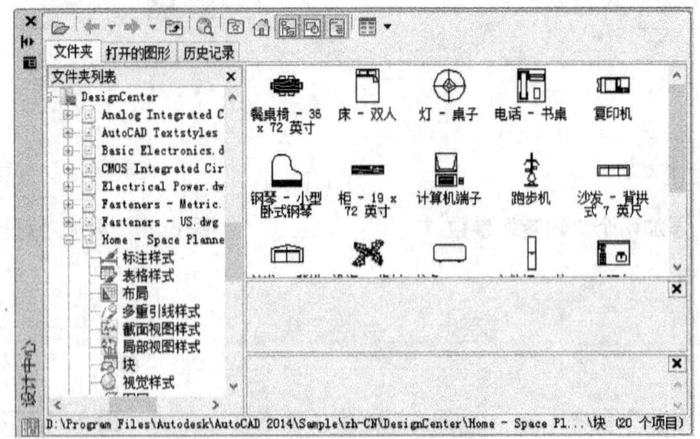

图 6.24 “设计中心”窗口

“文件夹”：显示本地计算机和网络驱动器上的文件和树形目录结构。

“打开的图形”：显示当前 AutoCAD 打开的图形。

“历史记录”：显示最近在设计中心里打开过的图形文件。

2. 利用设计中心查找内容

利用 AutoCAD 设计中心的搜索功能，不仅可以搜索文件，还可以搜索图形、图层和块等。单击设计中心中的“搜索”按钮，AutoCAD 提供了一种类似 Windows 的查找功能，“搜索”对话框如图 6.25 所示，可以在本地磁盘中搜索用户想要的文件。

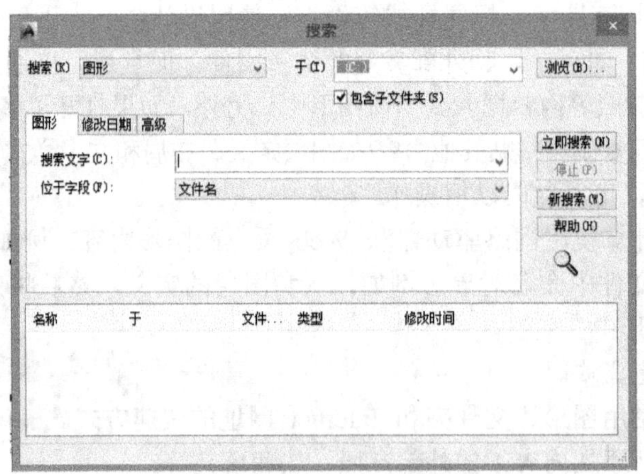

图 6.25 “搜索”对话框

3. 向图形中添加内容

在 AutoCAD 中，将选项板或搜索到的内容直接拖放到当前打开的图形中，即可将内容加载到图形中。按住鼠标左键拖放在图形中，设定好图块插入的缩放比例和旋转角度即可，如图 6.26 所示。

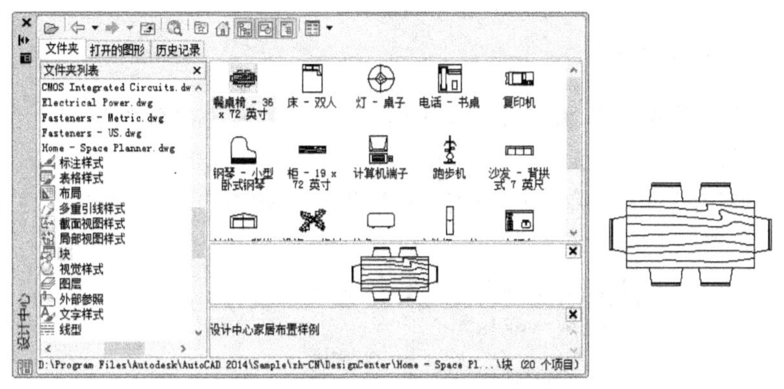

图 6.26 从“设计中心”窗口拖放图块

6.3 工具选项板

工具选项板是“工具选项板”界面中以选项卡形式显示的区域，提供组织、共享和放置工具的有效方法，工具包括几何对象、标注、图案填充、外部参照等，用户可以将其组织到工具选项板中。在使用时，直接在“工具选项板”中单击相应的工具，方便快捷。

1. 显示“工具选项板”

打开“工具选项板”的方法如下：

【菜单】：选“工具”→“选项板”→“工具选项板”命令。

【工具栏】单击标注工具栏中的“工具选项板”按钮。

【快捷键】：按 Ctrl+F3 组合键。

系统默认的有“建模”、“约束”、“注释”、“建筑”、“机械”等选项卡，如图 6.27 所示。

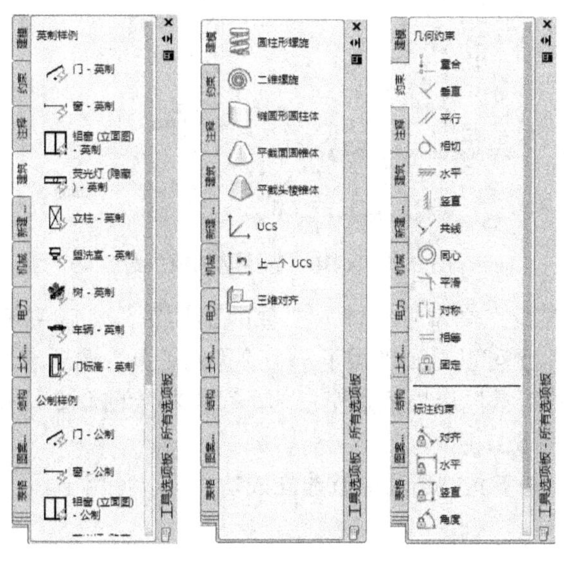

图 6.27 “工具选项板”

2. 新建“工具选项板”

可以新建“工具选项”板及工具，例如新建一个名为“你的工具”的“工具选项板”，步骤如下。

(1) 在标题栏中右击，或者命令行输入“CUSTOMIZE”，打开“自定义”对话框，如图 6.28 所示。

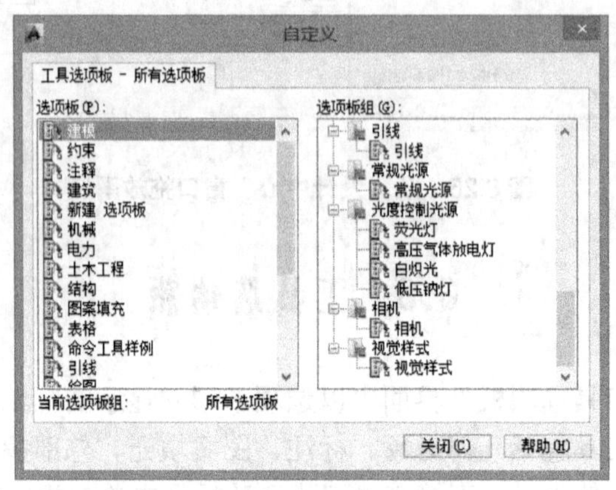

图 6.28 “自定义”对话框

(2) 在“自定义”对话框的左边“选项板”下的空白区域右击，在弹出的快捷菜单中选择“新建选项板”命令，如图 6.29 所示。

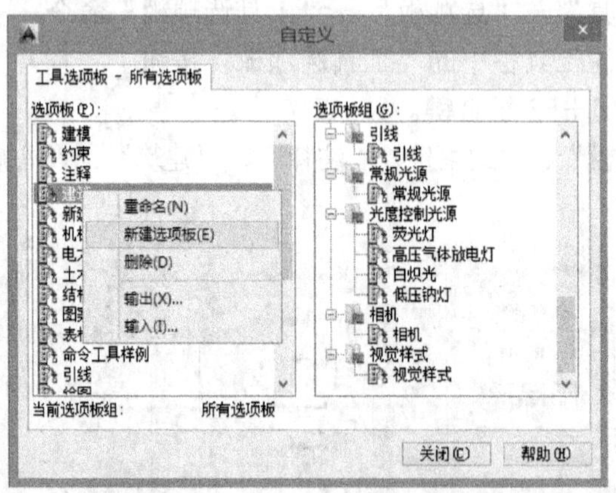

图 6.29 选择“新建选项板”命令

(3) 在“新建选项板”文本框中输入“你的工具”，然后关闭“自定义”对话框即可，在“工具选项板”上可以看到增加了一个“你的工具”选项卡，如图 6.30 所示。

(4) 新建的“你的工具”选项板是空白的，可以将绘图命令、几何图形等拖曳到新建的这个选项卡中，如图 6.31 所示。

(5) 新建的包含一些工具的选项卡就建立成功，可以使用了。

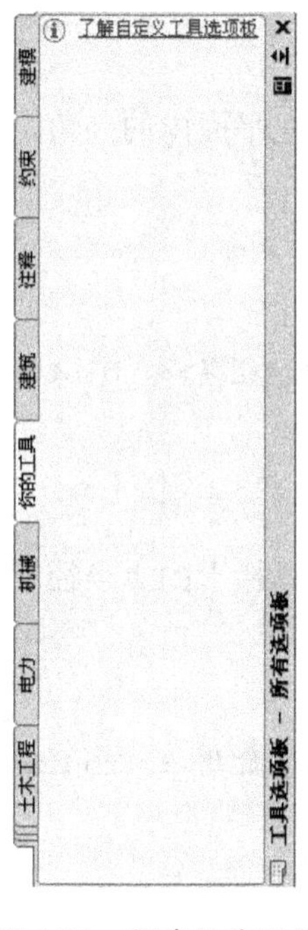

图 6.30　新建的选项卡

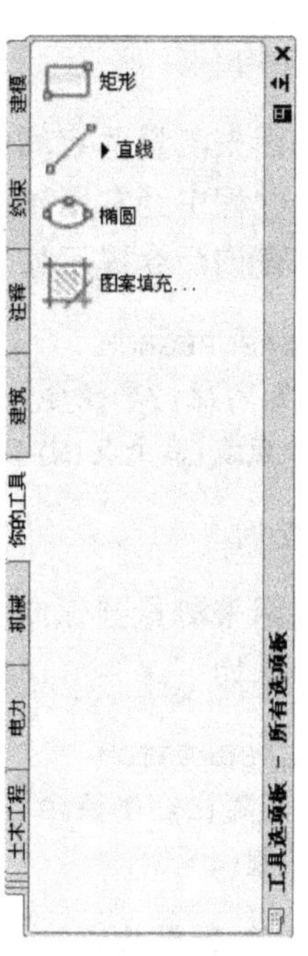

图 6.31　添加工具

6.4　数 据 查 询

在绘图过程中，有时用户需要查询与图形相关的信息，以确认自己绘制的图形是否精确。AutoCAD 2014 提供了精确、高效的查询工具，包括查询距离、面积、半径、角度、体积等。在 AutoCAD 任意一个工具栏中右击，在快捷菜单中选择“查询”命令，弹出浮动的“查询”工具栏，如图 6.32 所示，“查询”命令有级联菜单，单击▶，可以分别选择查询距离、半径、角度、面积、体积等。

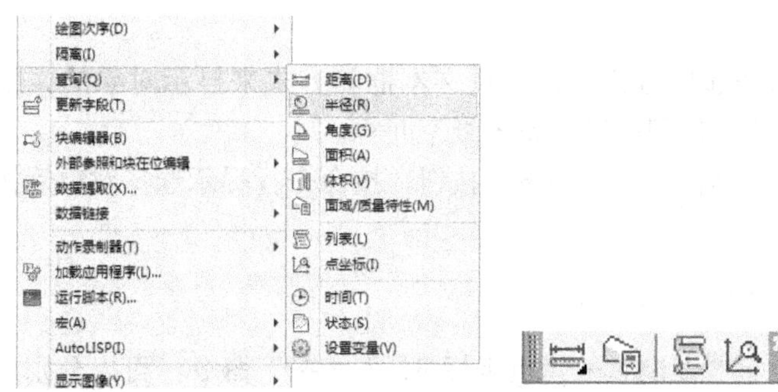

图 6.32　“查询”菜单与“查询”工具栏

每种查询方式都可以通过选择“工具”→“查询”命令下的对应命令，或者单击“查询”工具栏中的相应命令按钮，或者在命令行输入相应的命令来执行。

1. 距离查询

距离查询用来测量两点间的长度值及两点构成的连线在平面内的夹角，这个命令在绘图和图纸查看过程中经常用到。

执行距离查询命令提示如下：

```
命令: _MEASUREGEOM
输入选项[距离(D)/半径(R)/角度(A)/面积(AR)/体积(V)] <距离>: _distance 指定第一点
指定第二个点或[多个点(M)]
```

2. 半径查询

半径查询用来测量圆弧或圆的半径，单击“查询”工具栏上的“半径”按钮，启动命令，命令行信息如下：

```
命令: _MEASUREGEOM
输入选项[距离(D)/半径(R)/角度(A)/面积(AR)/体积(V)] <距离>: _radius
选择圆弧或圆:
```

3. 查询面积和周长

使用查询面积命令可以计算由指定对象所围成区域或由一系列连续点所确定区域的面积和周长，还可以进行面积的加减运算以求得复杂对象的面积。

单击“查询”工具栏中的“面积”按钮，启动命令后，提示如下：

```
指定第一个角点或[对象(O)/增加面积(A)/减少面积(S)/退出(X)] <对象(O)>:
```

4. 查询面域/质量特性

使用这个命令，能显示对象(面域或实体)的质量特性，包含质量、体积、边界框、惯性矩和旋转半径等，并询问是否将分析结果写入文件。

单击“查询”工具栏中的“面域/质量特性”按钮，按命令行提示选择三维实体对象。

5. 列表显示查询

列表显示查询是选择对象后，通过文本框的方式来显示对象的详细信息，如对象类型、对象图层、是位于模型空间还是图纸空间等。

单击“查询”工具栏中的“列表”按钮，按命令行提示选择对象后按 Enter 键，将弹出文本窗口。

6. 查询其他内容

选择“工具”→“查询”→“点坐标/时间/状态”命令，可以分别用于显示图形中的指定点的坐标、显示当前时间、显示当前图形的一些状态信息等。

本章引例与思考题目 2 的解答：通过查询命令，可以得到图形相关的特性信息。

6.5 项 目 训 练

1. 项目要求

在第 4 章绘制平面图的基础上，利用属性图块绘制轴线编号、门窗、标高符号，利用设计中心添加室内洁具和家具，如图 6.33 所示。

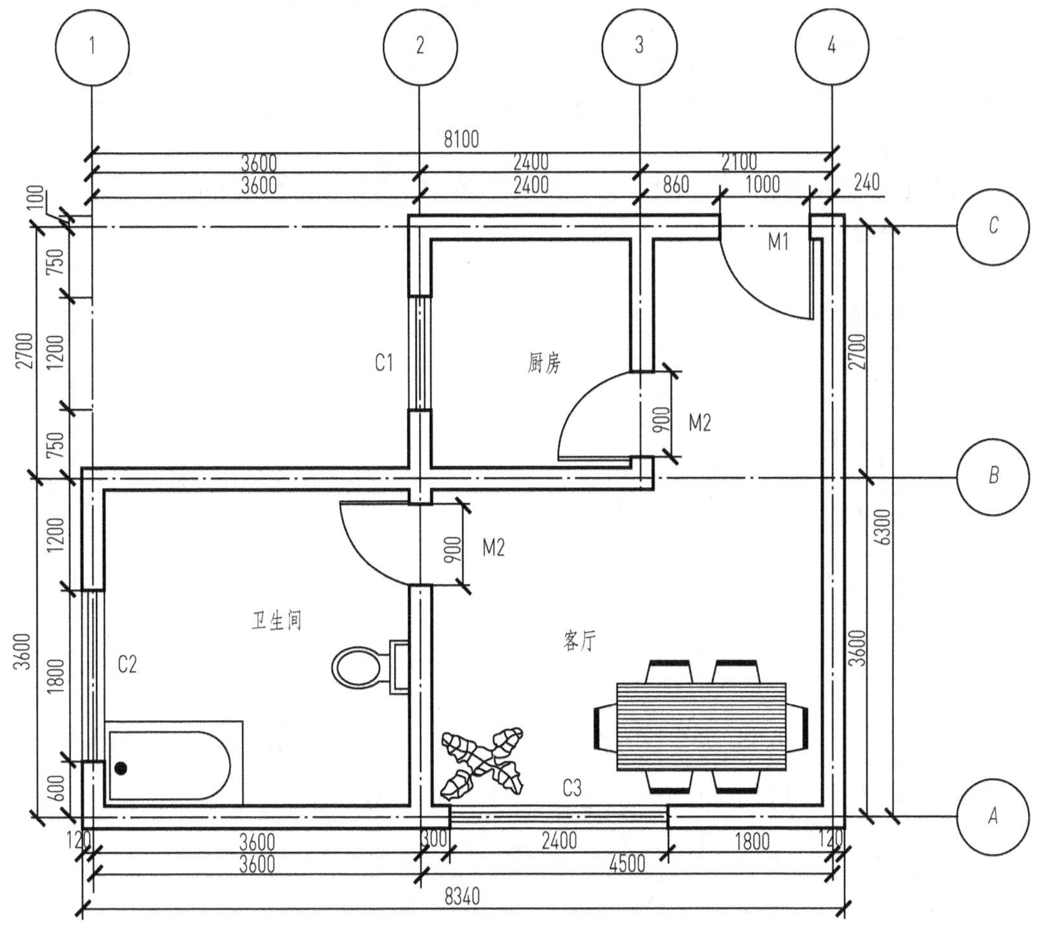

图 6.33 建筑平面图

2. 项目分析

在该图形中绘制门窗时，可采用先创建门、窗图块，再插入图块到相应的位置；绘制轴线编号时，可采用属性块的方式，对于室内洁具和家具可从“设计中心”中查找到相应的图形内容并使用。

3. 操作步骤

1) 创建门窗图例符号块

绘制门窗基本图形：

绘制 M1 图例符号:

命令操作如下:

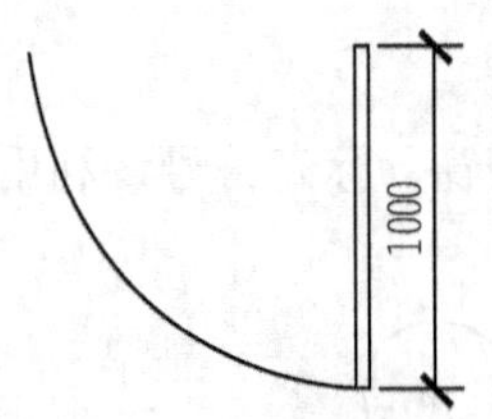

图 6.34 M1 图例符号

命令: _rectang

指定第一个角点或 [倒角(C)/标高(E)/圆角(F)/厚度(T)/宽度(W)]:

指定另一个角点或 [面积(A)/尺寸(D)/旋转(R)]: @30,1000

命令: _arc

圆弧创建方向: 逆时针(按住 Ctrl 键可切换方向)。

指定圆弧的起点或 [圆心(C)]:

指定圆弧的第二个点或 [圆心(C)/端点(E)]: _c 指定圆弧的圆心:

指定圆弧的端点或 [角度(A)/弦长(L)]: _a 指定包含角: 90(图 6.34)。

定义属性:

【菜单】绘图→块定义→属性 打开块属性定义对话框如图 6.35 和图 6.36 所示。

命令: _attdef

指定起点:

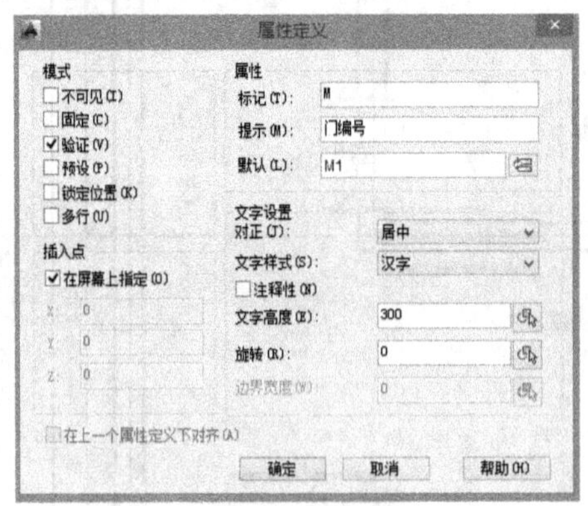

图 6.35 块属性定义

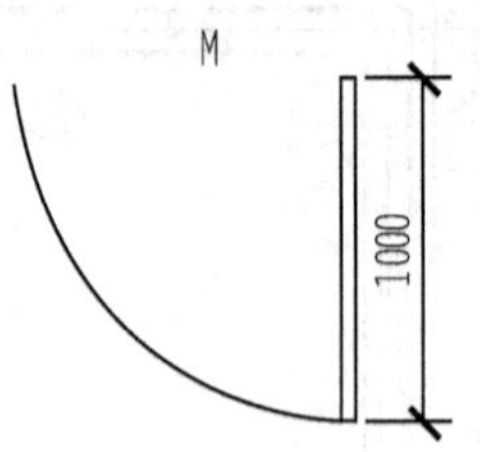

图 6.36 属性定义标记

创建块: 【菜单】绘图→块→创建(图 6.37 和图 6.38)。

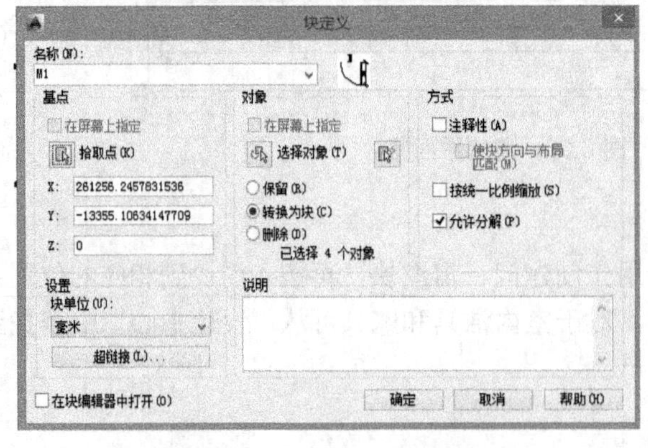

图 6.37 “块定义”对话框

M1

1000

图 6.38 创建块

插入块: 【菜单】插入→块(图 6.39 和图 6.40)。

同样的方法，可以完成其他门图例符号块的创建，然后插入。

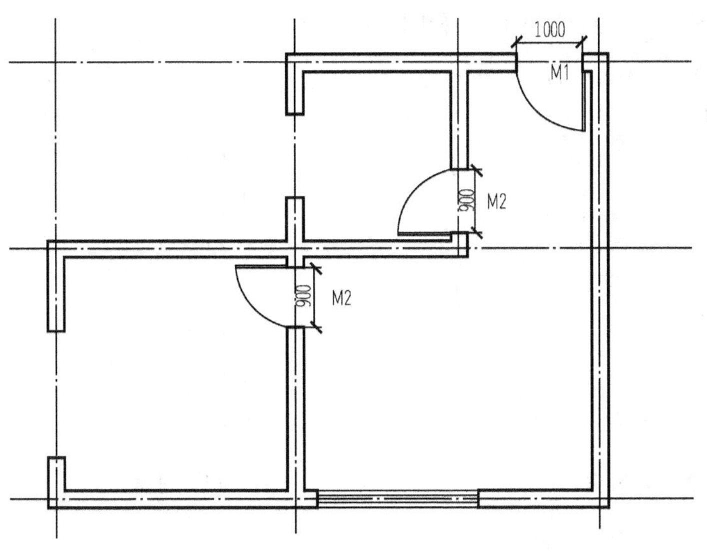

图 6.39 插入门图例符号

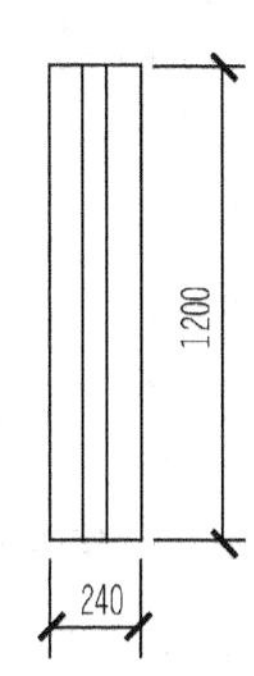

图 6.40 C1 图例符号

窗图例符号：

基本图形绘制：

```
命令: _rectang
指定第一个角点或 [倒角(C)/标高(E)/圆角(F)/厚度(T)/宽度(W)]:
指定另一个角点或 [面积(A)/尺寸(D)/旋转(R)]: @240,1200
命令: _explode
选择对象: 指定对角点: 找到 1 个
命令: _offset
当前设置: 删除源=否  图层=源  OFFSETGAPTYPE=0
指定偏移距离或 [通过(T)/删除(E)/图层(L)] <通过>: 90
选择要偏移的对象，或 [退出(E)/放弃(U)] <退出>:
指定要偏移的那一侧上的点，或 [退出(E)/多个(M)/放弃(U)] <退出>:
```

定义属性：【菜单】绘图→块定义→属性。打开“属性定义”对话框，如图 6.41 所示。

命令: _attdef(图 6.42)

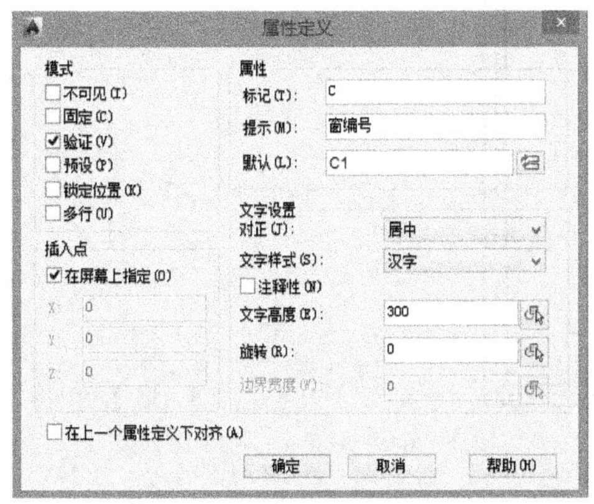

图 6.41 “属性定义”对话框

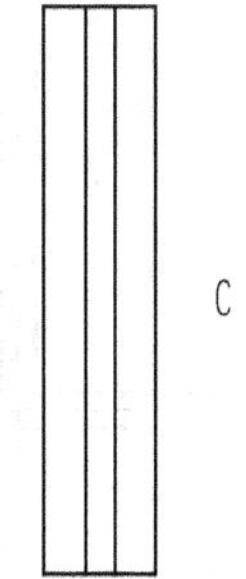

图 6.42 C1 定义属性

创建块：【菜单】绘图→块→创建(图 6.43 和图 6.44)。

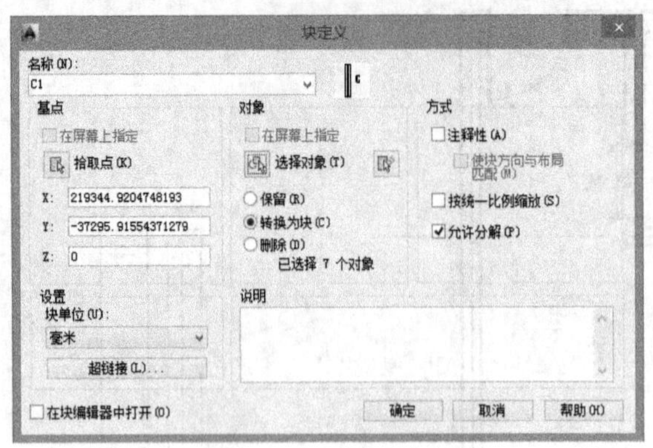

图 6.43 “块定义”对话框

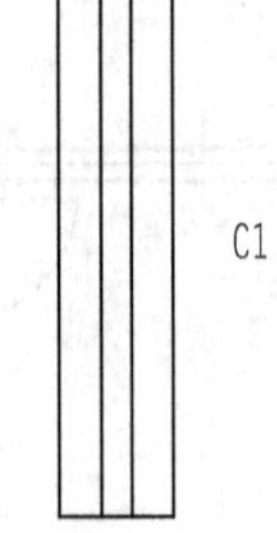

图 6.44 创建块

同样的方法，把其他窗图例符号创建成块。

插入块：【菜单】插入→块。

2) 创建轴线编号属性块(图 6.45)

绘制基本图形：

```
命令: _circle
指定圆的圆心或 [三点(3P)/两点(2P)/切点、切点、半径(T)]:
指定圆的半径或 [直径(D)]: 250
命令: _line
指定第一个点:
指定下一点或 [放弃(U)]: <正交 开>
```

轴线编号图例符号如图 6.46 所示。

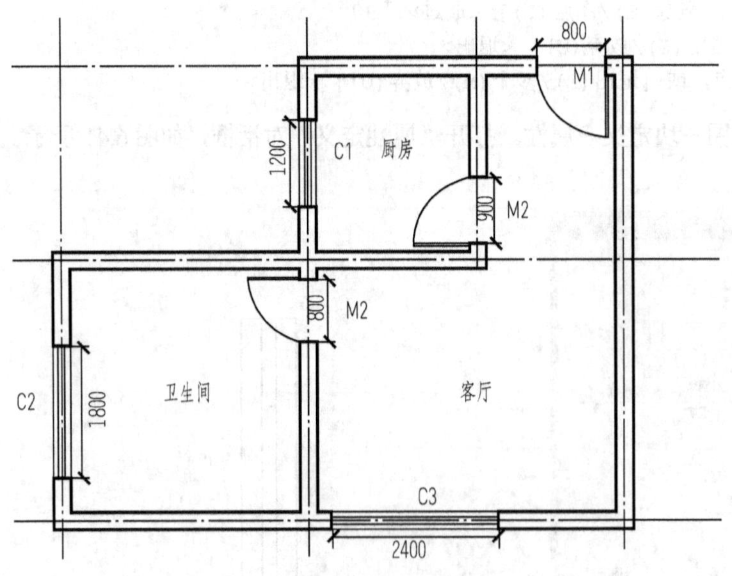

图 6.45 插入门窗平面图

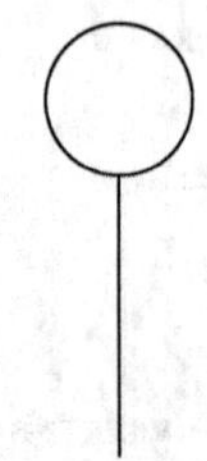

图 6.46 轴线编号图例符号

定义属性：【菜单】绘图→块定义→属性。

打开“属性定义”对话框，如图 6.47 所示。

命令: _attdef

属性定义完成如图 6.48 所示。

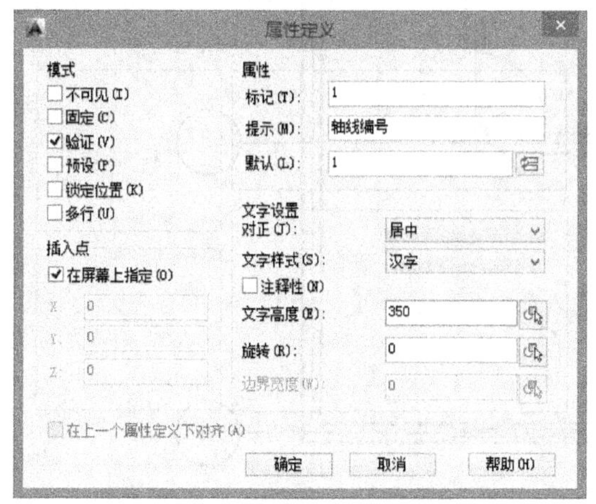

图 6.47 “属性定义”对话框

图 6.48 属性定义完成

创建块：【菜单】绘图→块→创建

打开“块定义”对话框，如图 6.49 所示。

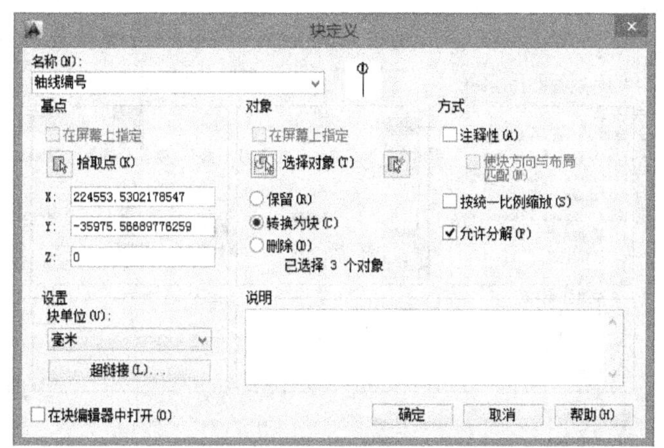

图 6.49 “属性块定义”对话框

插入块：【菜单】插入→块

命令：_insert

指定插入点或 [基点(B)/比例(S)/X/Y/Z/旋转(R)]:

插入轴线编号如图 6.50 所示。

同样的方法可以创建纵向定位轴线属性块并插入到屏幕图图形中。

图 6.50　插入轴线编号

3) 添加家具及洁具

【菜单】工具→选项板→设计中心，从中拖动需要的图例符号插入到当前图形中(图 6.51～图 6.55)。

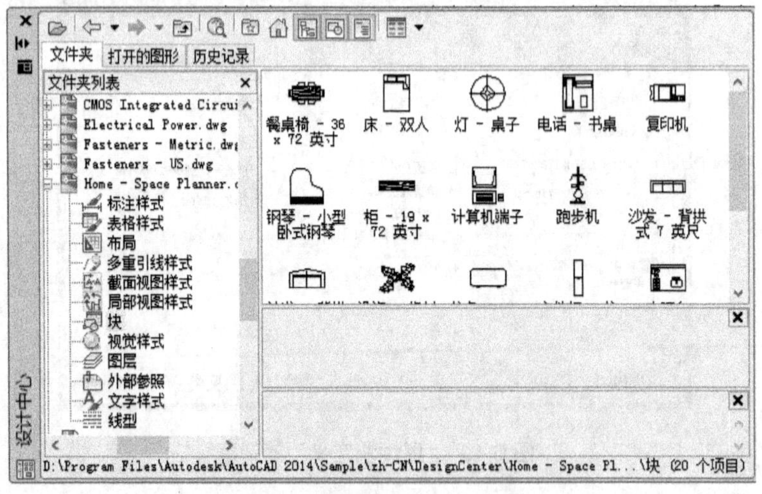

图 6.51　设计中心-Home 选项

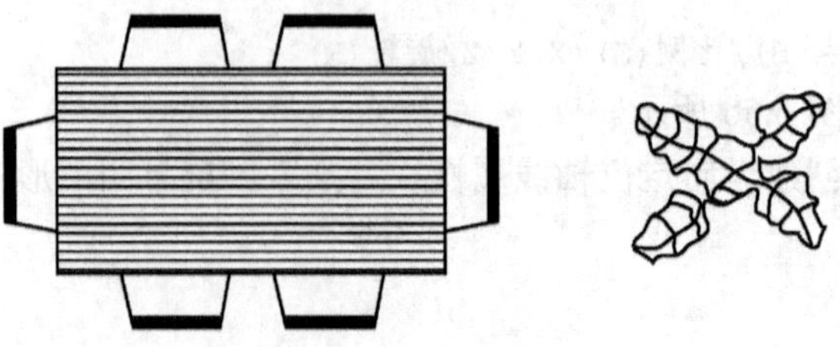

图 6.52　餐桌、植物

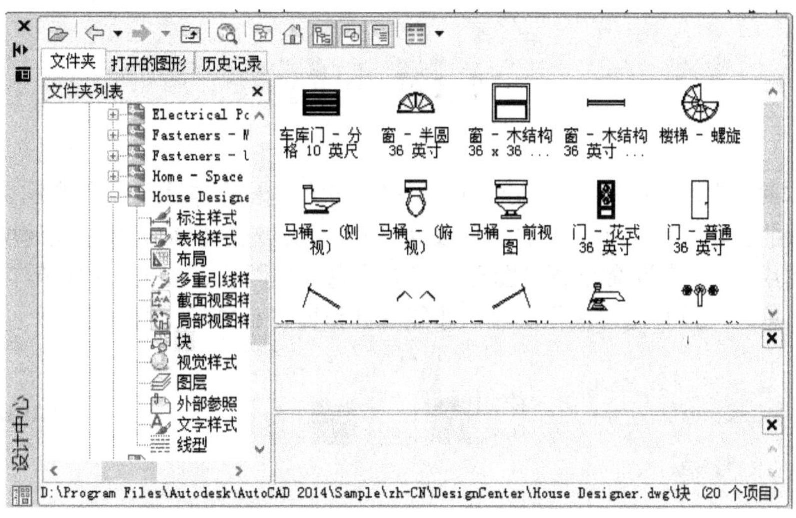

图 6.53 设计中心-House 选项

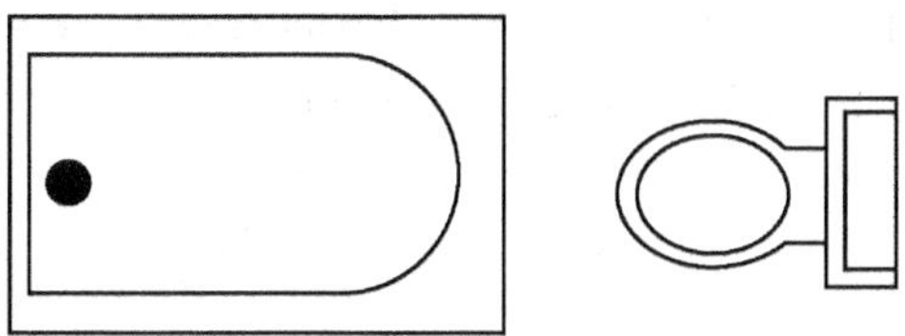

图 6.54 浴缸、马桶

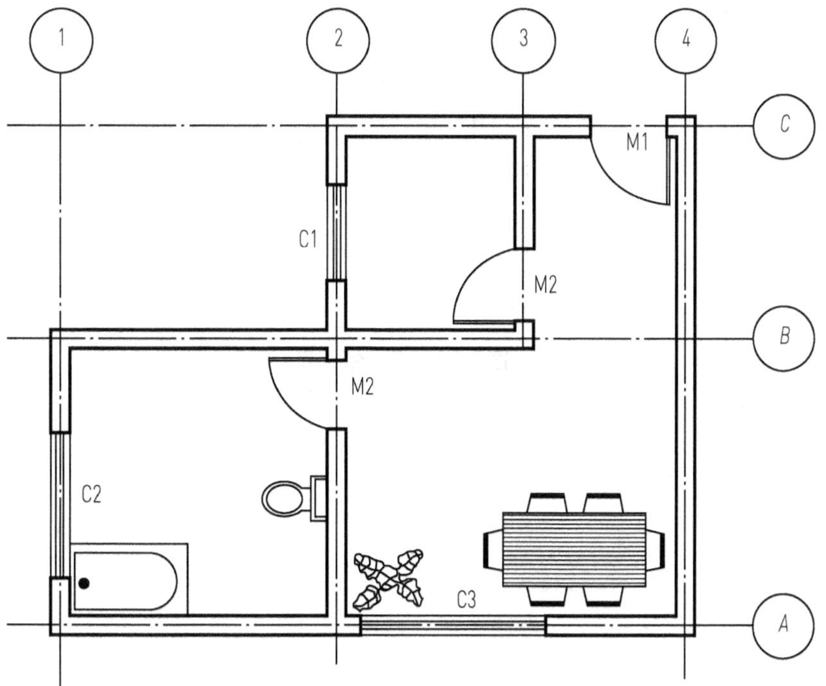

图 6.55 建筑平面图

本章小结

通过本章的学习，应掌握 AutoCAD 2014 图块的一些基本操作，包含图块的创建与插入，动态块的创建与使用等，能够利用设计中心和工具选项板来提高绘图速度，避免重复劳动。能运用 CAD 查询命令查询图形的基本信息，如面积、周长、体积等，并能做出简单的计算。总之，只有通过操作实践，才能掌握和提高 CAD 绘图技巧。

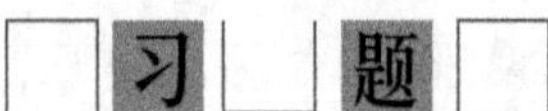

习题

1．创建一个名为“我的块”的新块，并保存为外部块。

2．定义动态块的主要步骤有哪些？

3．新建一个图形文件，在里面插入系统自带的名为 sunset 的图片。

4．使用属性块的方式绘制如图 6.56 所示的标高标注。

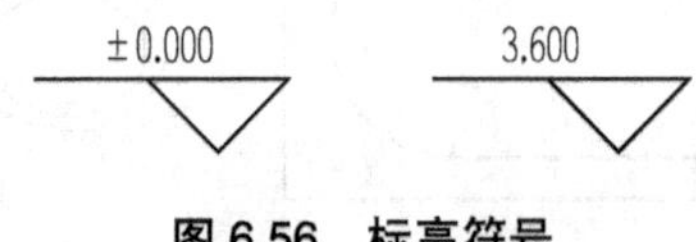

图 6.56　标高符号

5．绘制如图 6.57 所示的图形，将单扇门创建成属性块，命名为“单扇门”，并给其附加“编号”属性。

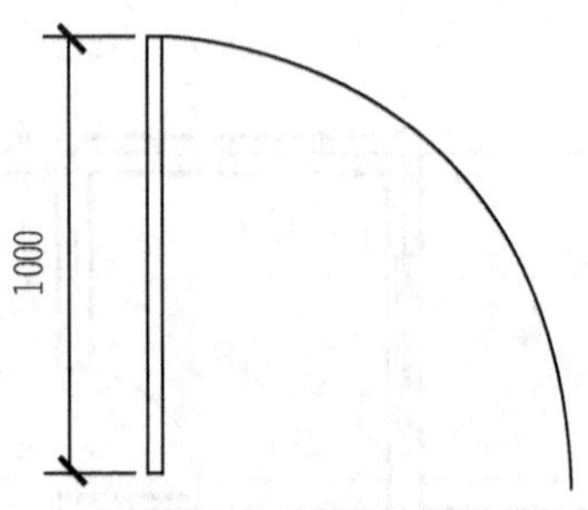

图 6.57　门图例符号

第7章

尺寸标注

教学目标

在了解尺寸标注的相关概念及标注样式的创建和设置方法基础上，掌握线性、对齐、直径、半径、角度、圆心标记等标注命令的使用，熟练掌握在 AutoCAD 2014 中标注图形尺寸的方法。

学习要求

能力要求	知识要点	权重
尺寸标注的规则、组成元素和类型	尺寸标注的规则、组成元素和类型	20%
创建尺寸标注的基本步骤	创建尺寸标注	20%
线性、对齐、弧长、基线和连续标注的方法	线性、对齐、弧长、基线和连续标注	20%
半径、直径和圆心标注的方法	半径、直径和圆心标注	20%
角度和多重引线标注的方法	角度和多重引线标注	20%

本章导读

在图形设计中，尺寸标注是绘图设计工作中的一项重要内容，因为绘制图形的根本目的是反映对象的形状，而图形中各个对象的真实大小和相互位置只有经过尺寸标注后才能确定。AutoCAD 包含了一套完整的尺寸标注命令和实用程序，可以轻松完成图纸中要求的尺寸标注。例如，使用 AutoCAD 中的直径、半径、角度、线性、圆心标记等标注命令，可以对直径、半径、角度、直线及圆心位置等进行标注。

引例与思考

众所周知，在工程技术中，工程图样不仅是指导生产的重要技术文件，也是进行技术交流的重要工具，所有工程图样有“工程界的语言”之称。要使人们掌握这门“语言”，应抓住两个关键问题：一是图形表达；二是尺寸标注。尺寸标注是 AutoCAD 中的一个重要部分，在各行业绘图设计中应用非常广泛。在 AutoCAD 计算机绘图教学中，尺寸标注是教学的重点和难点，但由于安排的学时较短，所以如何在有限的学时内使学生有效地学习和掌握相关内容，在绘图过程中使尺寸标注达到正确、完整、清晰、合理的 4 项基本要求成为关键问题。

(1) 如何保证尺寸标注的正确性？

(2) 标注完成之后为什么看不到文字？

(3) 如何修改尺寸标注的比例？

7.1 概　　述

在 AutoCAD 中，系统提供了丰富的尺寸标注命令，可以轻松地创建各种类型的尺寸标注。尺寸标注与尺寸样式相关联，通过对尺寸样式进行设置，可以统一调整尺寸标注的外观。对于已经标注的尺寸，还可以利用编辑尺寸标注命令对尺寸标注进行编辑。

1. 尺寸标注的规则和组成

尺寸标注都具有一定的规则，这样才能保证标注的尺寸不至于零乱，表达出的信息才能够准确无误。另外，如果要使尺寸标注显得整齐，还必须了解尺寸标注的组成。因此，在对图形进行标注前，应先了解尺寸标注的规则及其组成。

特别提示

本章引例与思考题目 1 的解答：标注尺寸的正确性要求是指图样上所注尺寸要符合《尺寸注法》(GB4458)的基本规定。这部分内容包括尺寸标注的基本规则、标注尺寸的三要素及尺寸标注的符号。

1) 尺寸标注的规则

在 AutoCAD 2014 中，对绘制的图形进行尺寸标注时应遵循以下规则。

(1) 物体的真实大小应以图样上所标注的尺寸数值为依据，与图形的大小及绘图的准确度无关。

(2) 图样中的尺寸以 mm 为单位时，不需要标注计量单位的代号或名称。如采用其他单位，则必须注明相应计量单位的代号或名称，如“°”、“m”及“cm”等。

(3) 图样中所标注的尺寸为该图样所表示的物体的最后实际尺寸，否则应另加说明。

2) 尺寸标注的组成

在建筑绘图或机械制图中，一个完整的尺寸标注应由标注文字、尺寸线、延伸线、尺寸线的端点符号及起点等组成。每个部分都是一个独立的实体，如图 7.1 所示。

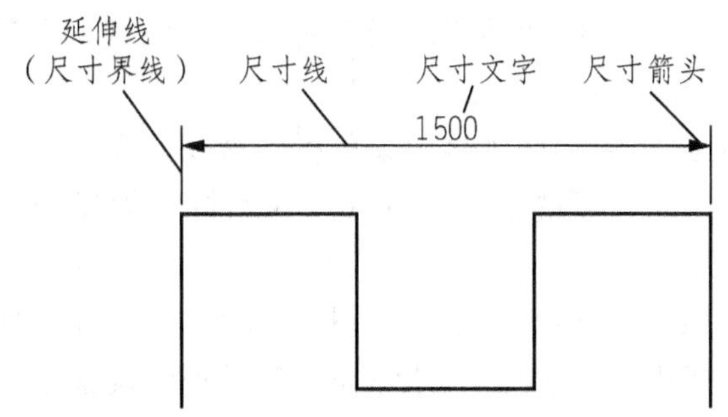

图 7.1 尺寸标注的组成

(1) 尺寸线：表示尺寸标注的范围。通常使用箭头来指出尺寸线的起点和端点。

(2) 尺寸界线：表示尺寸线的开始和结束位置，从标注物体的两个端点处引出两条线段表示尺寸标注范围的界限。

(3) 箭头：表示尺寸测量的开始和结束位置。

(4) 标注文字：表示实际的测量值。该值可以是 AutoCAD 系统计算的值，也可以是用户指定的值，还可以取消标注文字。

用户可以通过对尺寸标注各个部分的参数进行修改，从而调整尺寸标注的显示外观。

2. 尺寸标注的类型

AutoCAD 2014 提供了十余种标注工具以标注图形对象，分别位于“标注”菜单或“标注”面板或“标注”工具栏中。使用它们可以进行角度、直径、半径、线性、对齐、连续、圆心及基线等标注，如图 7.2 所示。

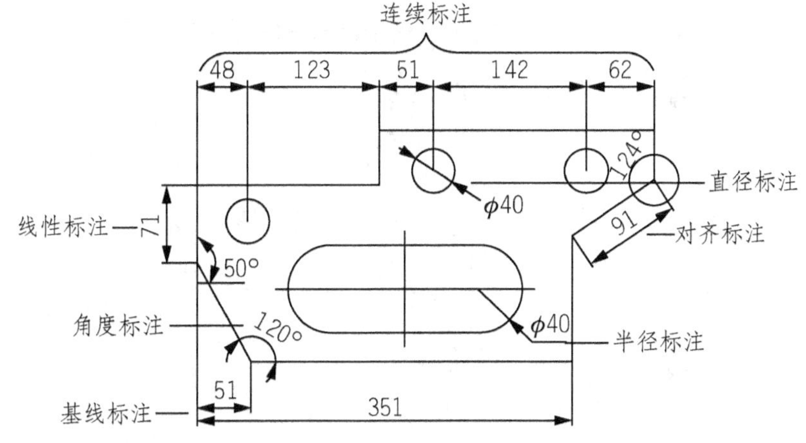

图 7.2 各种标注

3. 创建尺寸标注的步骤

在 AutoCAD 中对图形进行尺寸标注的基本步骤如下。

(1) 在快速访问工具栏中选择“显示菜单栏”命令，在弹出的菜单中选择“格式”→“图层”命令，在打开的“图层特性管理器”对话框中创建一个独立的图层，用于尺寸标注。

(2) 在快速访问工具栏中选择“显示菜单栏”命令，在弹出的菜单中选择“格式”→“文字样式”命令，在打开的“文字样式”对话框中创建一种文字样式，用于尺寸标注。

(3) 在快速访问工具栏中选择“显示菜单栏”命令，在弹出的菜单中选择“格式”→“标注样式”命令，在打开的“标注样式管理器”对话框中设置标注样式。

(4) 使用对象捕捉和标注等功能对图形中的元素进行标注。

7.2 标注样式设置

在 AutoCAD 中，使用标注样式可以控制标注的格式和外观，建立强制执行的绘图标准，并有利于对标注格式及用途进行修改。

7.2.1 新建标注样式

执行方式如下：

【菜单】：选择“格式”→“标注样式”命令。

【命令行】：输入“DIMSTYLE”命令。

【工具栏】：单击按钮。

执行此命令后，弹出“标注样式管理器”对话框，如图 7.3 所示。

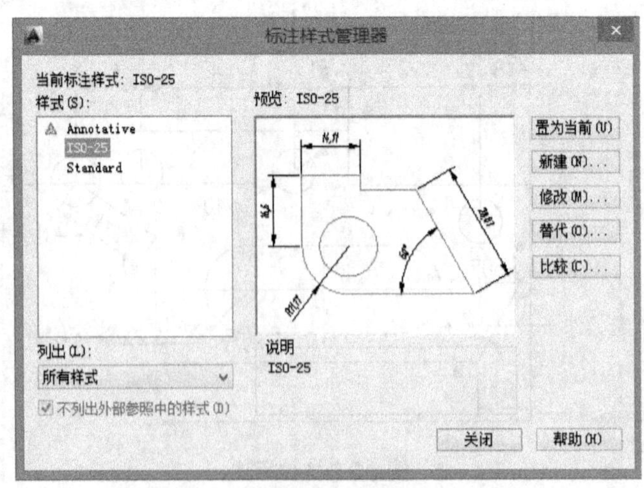

图 7.3 “标注样式管理器”对话框

该对话框中各选项功能介绍如下。

(1)“样式”列表框。在该列表框下边的“列出”下拉列表框中选择“所有样式”或“正在使用的样式”选项，就会在该列表框中按要求列出当前图形中的样式名称。

(2)“预览 ISO-25”区域。在“样式”列表框中选择一种标注样式，该预览区域中就会显示这种标注样式的模板。

(3)“置为当前”按钮。单击此按钮，将选中的标注样式设置为当前样式。

(4)“新建”按钮。单击此按钮，弹出“创建新标注样式”对话框，如图 7.4 所示。在“新样式名”文本框中输入样式名称，在“基础样式”下拉列表中选择一种标注样式作为基础样式，在“用于”下拉列表中选择创建的标注样式适用的范围，然后单击“继续”按钮，弹出“新建标注样式：建筑标注”对话框，如图 7.5 所示，在该对话框中对新建的标注样式进行设置。

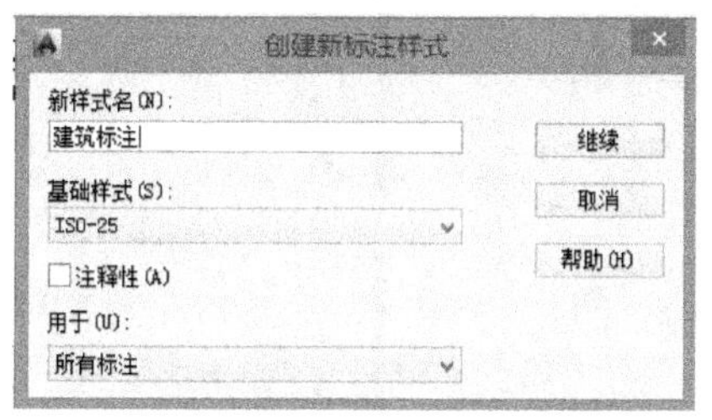

图 7.4 “创建新标注样式”对话框

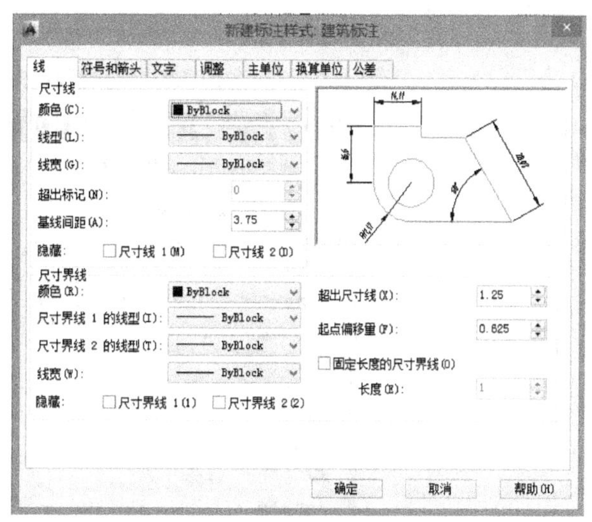

图 7.5 “新建标注样式：建筑标注”对话框

技巧点拨

创建新标注样式名称：在“创建新标注样式”对话框中的“新样式名”对话框中可以命名自己需要的名称，一般在绘制建筑施工图时可以设置名称为建筑标注。

(5)“修改”按钮。在“样式”列表框中选中一种标注样式后，单击“修改”按钮，可弹出“修改标注样式：建筑标注”对话框，如图 7.6 所示，在该对话框中对选中的标注样式进行修改。“文字”选项卡和“文字样式”对话框如图 7.7 和图 7.8 所示。

(6)“替代”按钮。单击此按钮，弹出“替代当前样式：建筑标注”对话框，用新设置的样式替代系统默认的标注样式 ISO-25。此功能只有在选中当前样式下才可用。

(7)“比较”按钮。单击此按钮，弹出“比较标注样式”对话框，在该对话框中可以对两个标注样式进行比较，并列出它们的区别。

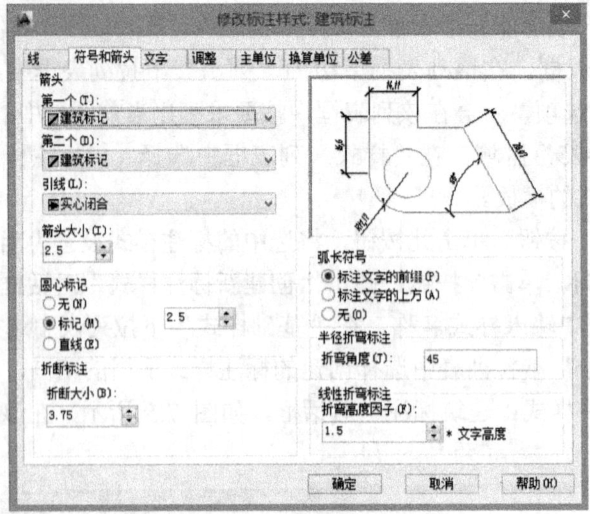

图 7.6 “符号和箭头”选项卡

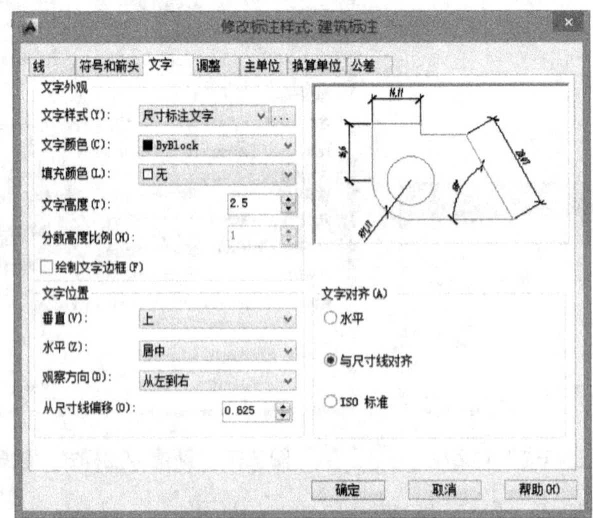

图 7.7 “文字” 选项卡

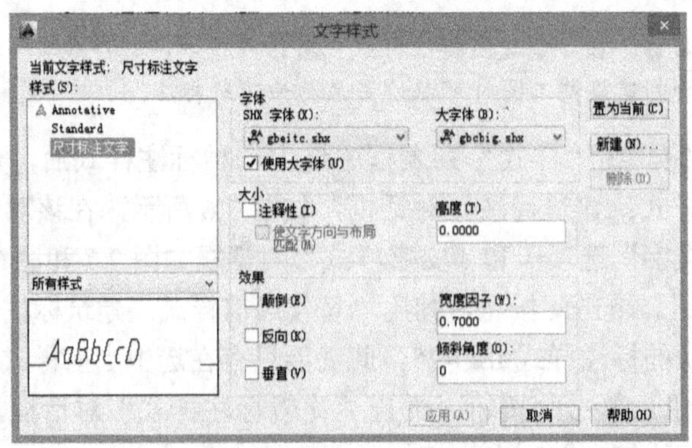

图 7.8 “文字样式”对话框

7.2.2 创建标注样式

在“标注样式管理器”对话框中单击“新建”按钮，弹出“创建新标注样式”对话框，如图 7.4 所示。在该对话框中的“新样式名”文本框中输入创建的标注样式名称后，单击“继续”按钮弹出“新建标注样式：建筑标注”对话框，如图 7.5 所示，在该对话框中设置标注样式的直线、箭头、文字等属性后，单击“确定”按钮完成新标注样式的创建。

7.2.3 设置标注样式

“新建标注样式：建筑标注”对话框中有 7 个选项卡，用户可以通过设置这 7 个选项卡中的各选项来设置标注样式。这些选项卡及其各选项功能介绍如下。

1. 设置“线”样式

在“新建标注样式：建筑标注”对话框中，使用“线”选项卡可以设置尺寸线和延伸线的格式和位置，如图 7.9 所示。该选项卡中各选项功能介绍如下。

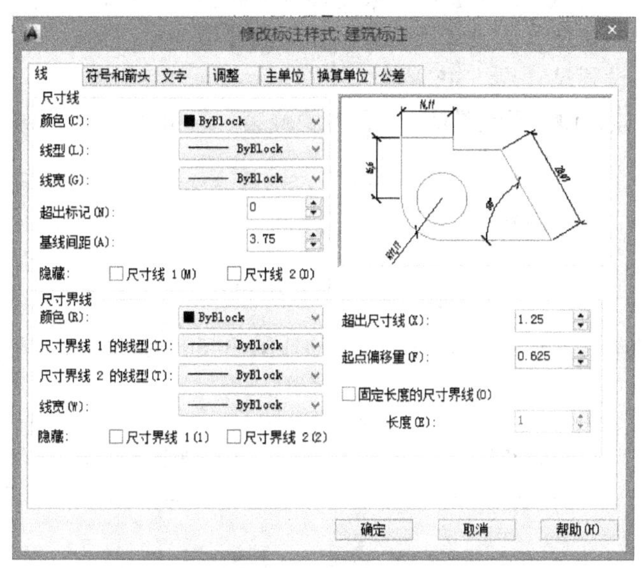

图 7.9 “线”选项卡

(1)“尺寸线”：该选项区域用于设置尺寸线的特性。其中包括 6 个选项，分别如下。

①“颜色”：该选项可显示并设置尺寸线的颜色。单击下三角按钮，在弹出的下拉列表中选择一种颜色作为当前颜色。

②“线型”：该选项可设置尺寸线的线型。

③“线宽”：该选项可设置尺寸线的宽度。单击下三角按钮，在弹出的下拉列表中选择一种线宽作为当前线宽，如图 7.10 所示。

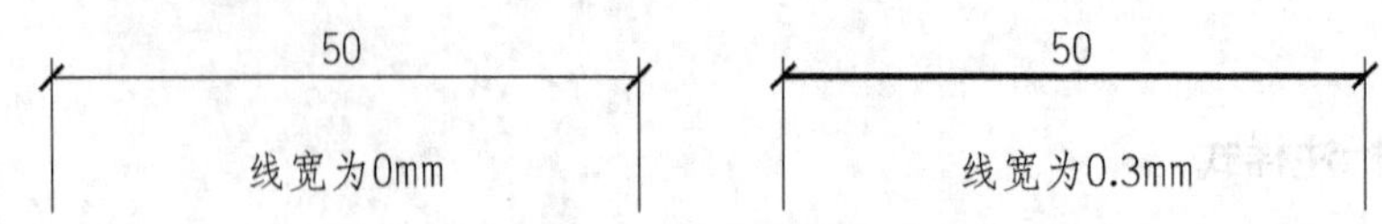

图 7.10　设置“线宽”

④“超出标记”：该选项用于指定在使用箭头倾斜、建筑标记、积分标记或无箭头标记时，尺寸线伸出尺寸界线的长度。只有当使用箭头倾斜、建筑标记、积分标记或无箭头标记时，该选项才可用，如图 7.11 所示。

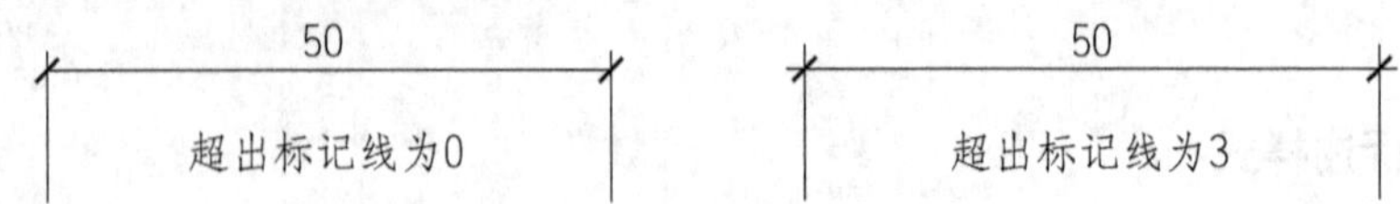

图 7.11　设置“超出标记”

⑤“基线间距”：该选项用于设置基线标注的尺寸线之间的间距。

⑥“隐藏”：该选项用于隐藏尺寸线。选中相应的复选框，即可隐藏相应的尺寸线。

(2)“延伸线”：该选项区域用于设置延伸线的特性。其中包括以下 8 项内容。

①“颜色”：该选项用于设置尺寸界线的颜色。

②“延伸线 1 的线型”：设置第一条延伸线的线型。

③“延伸线 2 的线型”：设置第二条延伸线的线型。

④“线宽”：设置尺寸界线的线宽。

⑤“隐藏”：该选项用于设置是否显示或隐藏第一条和第二条延伸线，如图 7.12 所示。

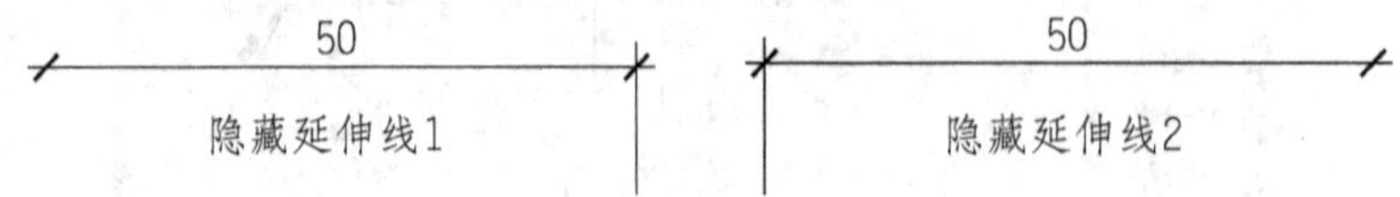

图 7.12　隐藏尺寸界线

⑥“超出尺寸线”：该选项用于设置延伸线超出尺寸线的距离，如图 7.13 所示。

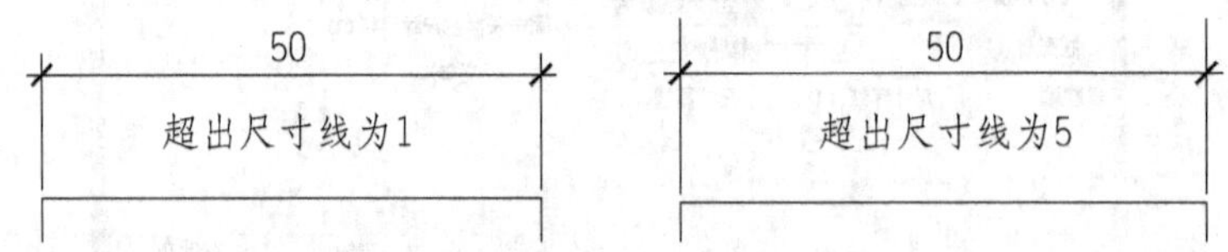

图 7.13　设置“超出尺寸线”

⑦“起点偏移量”：该选项用于设置尺寸界线的起点到标注定义点的距离，如图 7.14 所示。

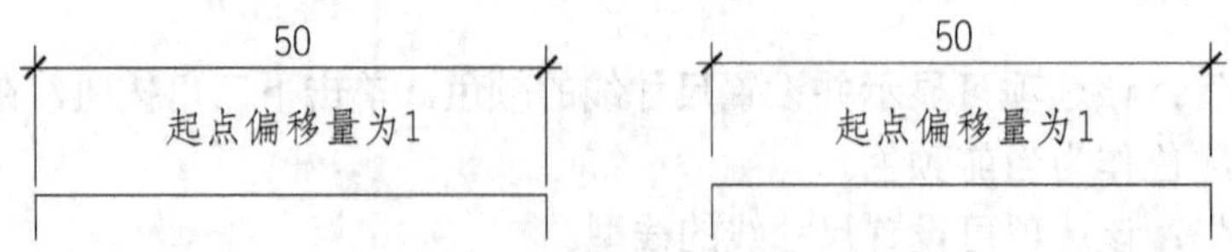

图 7.14　设置“起点偏移量”

⑧“固定长度的延伸线”：设置尺寸界线从尺寸线开始到标注原点的总长度。可以在

该选项区域中的“长度”文本框中直接输入尺寸界线的长度。

2. 设置“符号和箭头”样式

在“新建标注样式：建筑标注”对话框中，使用“符号和箭头”选项卡可以设置箭头、圆心标记、弧长符号和半径标注折弯的格式与位置，如图 7.15 所示。

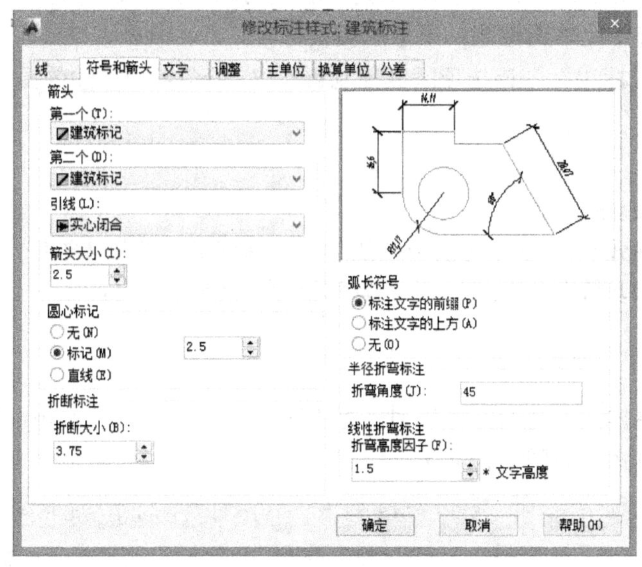

图 7.15　“符号和箭头”选项卡

该选项卡中各选项功能介绍如下。

(1) “箭头”：该选项区域用于控制标注箭头的外观。

① “第一个”：设置第一条尺寸线的箭头。当改变第一个箭头的类型时，第二个箭头将自动改变以同第一个箭头相匹配。

② “第二个”：设置第二条尺寸线的箭头。

③ “箭头大小”：显示和设置箭头的大小。

(2) “圆心标记”：该选项区域用于控制直径标注和半径标注的圆心标记和中心线的外观，如图 7.16 所示。

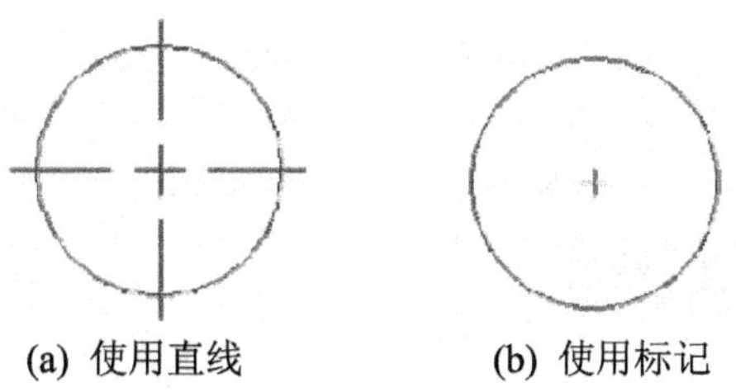

(a) 使用直线　　(b) 使用标记

图 7.16　设置“圆心标记”

① “无”：选中此单选按钮，不创建圆心标记或中心线。

② “标记”：选中此单选按钮，创建圆心标记。

③ “直线”：选中此单选按钮，创建中心线。

④“折断大小”：显示和设置圆心标记或中心线的大小。只有在选中“标记”或“直线”单选按钮时才有效。

(3)“弧长符号”：该选项区域用于控制弧长标注中圆弧符号的显示。

①“标注文字的前缀”：选中此单选按钮，将弧长符号放在标注文字的前面。

②“标注文字的上方”：选中此单选按钮，将弧长符号放在标注文字的上方。

③“无”：选中此单选按钮，不显示弧长符号。

(4)“半径折弯标注”：该选项区域控制折弯(Z 字形)半径标注的显示。

技巧点拨

折弯半径标注值的输入：

折弯半径标注通常在中心点位于页面外部时创建。折弯角度是指确定用于连接半径标注的尺寸界线和尺寸线的横向直线的角度。用户可以直接在数值框中输入角度。

3. 设置“文字”样式

在“新建标注样式：建筑标注”对话框中可以使用“文字”选项卡设置标注文字的外观、位置和对齐方式，如图 7.17 所示。

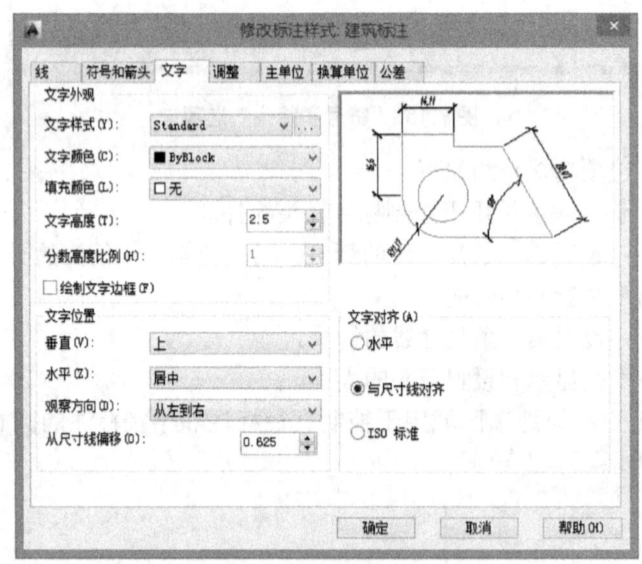

图 7.17 “文字”选项卡

该选项卡中各选项功能介绍如下。

(1)“文字外观”：该选项区域用于控制标注文字的格式和大小。其中包括 6 个选项。

①“文字样式”：该选项用于显示和设置标注文字当前样式。

②“文字颜色”：该选项用于显示和设置标注文字的颜色。

③“填充颜色”：该选项用于显示和设置标注文字的背景色。

④“文字高度”：该选项用于显示和设置当前标注文字样式的高度，在微调框中直接输入数值即可。

特别提示

本章引例与思考题目 2 的解答：有时候标注完成之后屏幕上看不到文字，并不是没有文字只是文字高度设置太小看不到。根据实际情况将文字高度数据设置大些即可解决问题。

⑤“分数高度比例”：该选项用于设置比例因子，计算标注分数和公差的文字高度。

⑥“绘制文字边框”：选中此复选框，将在标注文字外绘制一个边框。

(2)“文字位置”：该选项区域用于控制标注文字的位置。其中包括 3 个选项。

①“垂直”：该选项用于控制标注文字相对于尺寸线的垂直对正方式。其他标注设置也会影响标注文字的垂直对正。单击该三角按钮，在弹出的下拉列表中选择标注文字的垂直位置，其中包括居中(将标注文字放在尺寸线中间)、上(将标注文字放在尺寸线上方)、外部(将标注文字放在距离定义点最近的尺寸线一侧)和 JIS(按照日本工业标准放置标注文字)，如图 7.18 所示。

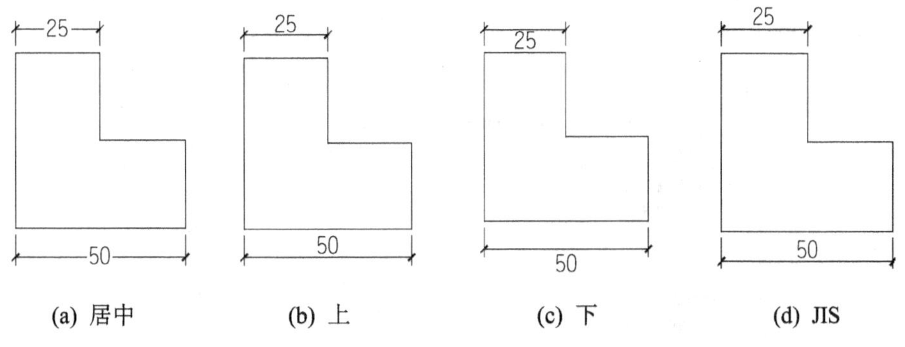

(a) 居中　(b) 上　(c) 下　(d) JIS

图 7.18 标注文字的垂直位置

②“水平”：该选项用于控制标注文字在尺寸线方向上相对于尺寸界线的水平位置。单击该下三角按钮，在弹出的下拉列表中选择标注文字的水平位置，共有 5 个选项可供选择：选择“居中”选项，将标注文字沿尺寸线放在两条尺寸界线的中间；选择“第一条尺寸界线”选项，沿尺寸线与第一条尺寸界线左对正，尺寸界线与标注文字的距离是箭头大小加上文字间距之和的两倍；选择“第二条尺寸界线”选项，沿尺寸线与第一条尺寸界线右对正，尺寸界线与标注文字的距离是箭头大小加上文字间距之和的两倍；选择“第一条尺寸界线上方”选项，沿着第一条尺寸界线放置标注文字或把标注文字放在第一条尺寸界线之上；选择“第二条尺寸界线上方”选项，沿着第二条尺寸界线放置标注文字或将标注文字放在第二条尺寸界线之上，其效果如图 7.19 所示。

③“从尺寸线偏移”：该选项用于显示和设置当前文字间距，即断开尺寸线以容纳标注文字时与标注文字的距离。

(3)“文字对齐”：该选项区域用于控制标注文字的方向(水平或对齐)在尺寸界线的内部或外部。其中包括 3 种对齐方式。

①“水平”：选中此单选按钮，标注文字将水平放置。

②“与尺寸线对齐”：选中此单选按钮，标注文字方向与尺寸线方向一致。

③“ISO 标准”：选中此单选按钮，标注文字按 ISO 标准放置。

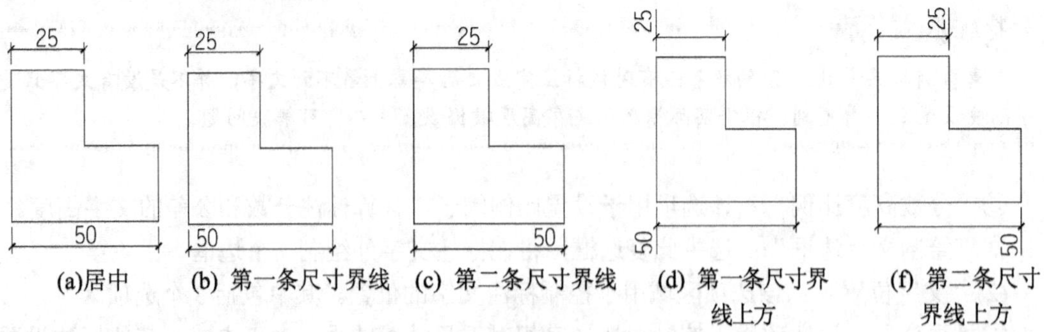

图 7.19　标注文字的水平位置

4. 设置“调整”样式

在“新建标注样式：建筑标注”对话框中，可以使用“调整”选项卡设置标注文字、尺寸线、尺寸箭头的位置，同时如果绘制建筑平面图采用 1∶1 比例，调整选项中全局比例应设置为 50 或 100，尺寸标注中字体和箭头才能正常显示，如图 7.20 所示。

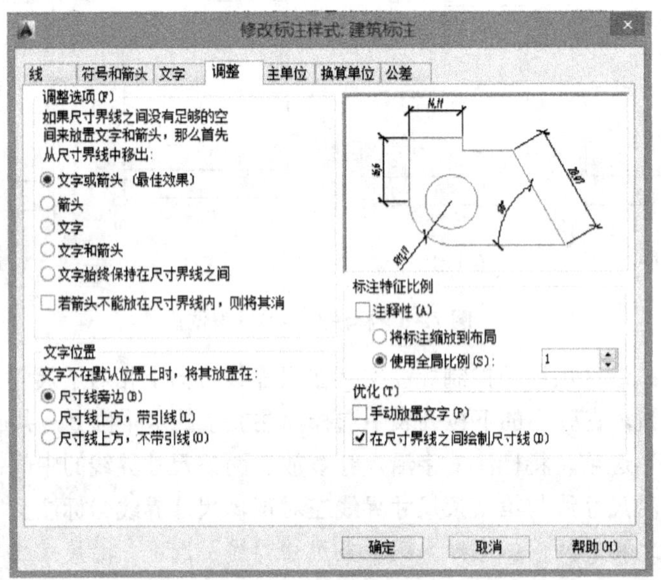

图 7.20　“调整”选项卡

5. 设置“主单位”样式

在“新建标注样式：建筑标注”对话框中，可以使用“主单位”选项卡设置主单位的格式与精度等属性，如果绘制建筑施工图时采用一定比例缩小，例如 1∶50 或者 1∶100，应该把测量单位比例因子设置为 50 或者 100，标注完成后才能显示实际尺寸大小，如图 7.21 所示。

该选项卡中各选项功能介绍如下。

(1)“线性标注”：该选项区域用于设置线性标注的格式和精度。其中各选项介绍如下。

①“单位格式”：该选项用于为除角度外的各类标注设置当前单位格式。

②“精度”：该选项用于显示和设置标注文字的小数位。

③“分数格式”：该选项用于设置分数格式。

④“小数分隔符”：该选项用于设置小数格式的分隔符。

⑤“舍入”：该选项用于设置非角度标注测量值的舍入规则。

⑥“前缀”：该选项用于设置在标注文字前面包含一个前缀。

⑦“后缀”：该选项用于设置在标注文字后面包含一个后缀。

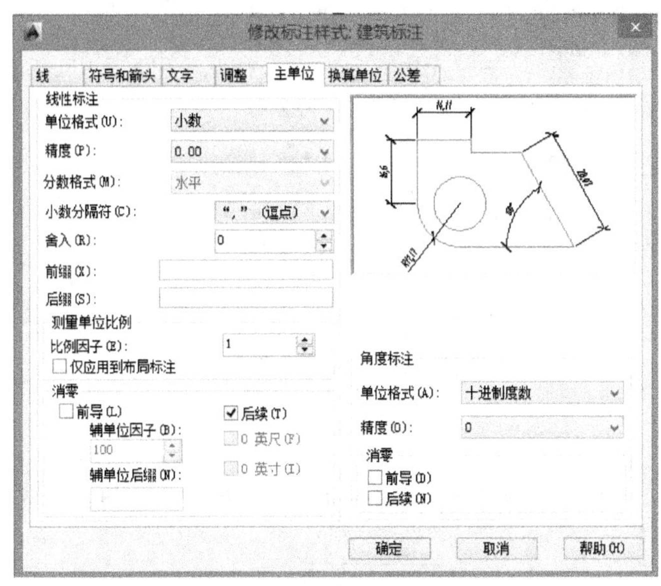

图 7.21 “主单位”选项卡

(2)“测量单位比例”：该选项区域用于设置线性缩放比例。

(3)“消零”：该选项区域控制是否显示尺寸标注中的前导和后续。

(4)“角度标注”：该选项区域用于显示和设置角度标注的当前角度格式。

①“单位格式”：该选项用于设置角度单位格式。

②“精度”：该选项用于显示和设置角度标注的小数位。

③“消零”：该选项用于控制前导和后续消零。

特别提示

本章引例与思考题目 3 的解答：格式→标注样式(选择要修改的标注样式)→修改→主单位→比例因子，修改即可。

6. 设置“换算单位”样式

在“新建标注样式：建筑标注”对话框中，可以使用“换算单位”选项卡设置换算单位的格式，如图 7.22 所示。

在 AutoCAD 2014 中，通过换算标注单位，可以转换使用不同测量单位制的标注，通常是显示英制标注的等效公制标注或公制标注的等效英制标注。

图 7.22 “换算单位”选项卡

技巧点拨

在标注文字中，换算标注单位显示在主单位旁边的方括号中，如图 7.23 所示。

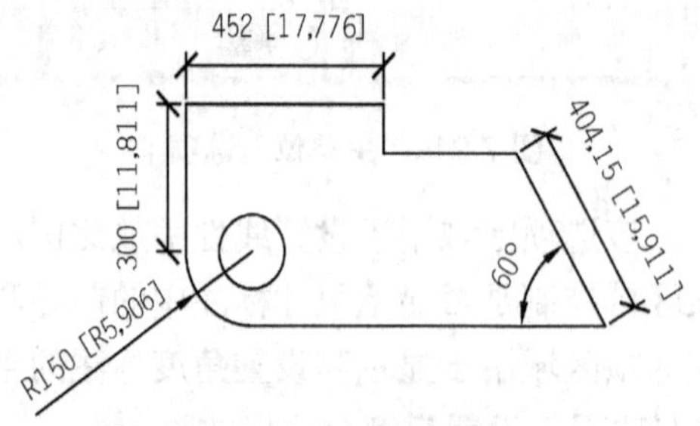

图 7.23　换算单位效果

(1)“换算单位”：该选项区域用于显示和设置除角度之外的所有标注成员的当前单位格式。

①“单位格式”：该选项用于设置换算单位格式。

②“精度”：该选项根据所选的“单位”或“角度”格式设置小数位。

③“换算单位倍数”：该选项用于设置原单位转换成换算单位的换算系数。

④“舍入精度”：该选项用于为换算单位设置舍入规则，角度标注不应用舍入值。

⑤“前缀”：在换算标注文字前面包含一个前缀。

⑥“后缀”：在换算标注文字后面包含一个后缀。

(2)“消零”：该选项区域用于控制前导和后续消零。

(3)“位置”：该选项区域用于控制换算单位在标注文字中的位置。选中“主值后(A)”单选按钮，将换算单位放在标注文字主单位的后面；选中“主值下(B)”单选按钮，将换算单位放在标注文字主单位的下面。

7. 设置“公差”样式

在“新建标注样式：建筑标注”对话框中，可以使用“公差”选项卡设置是否标注公差，以及以何种方式进行标注，如图 7.24 所示。

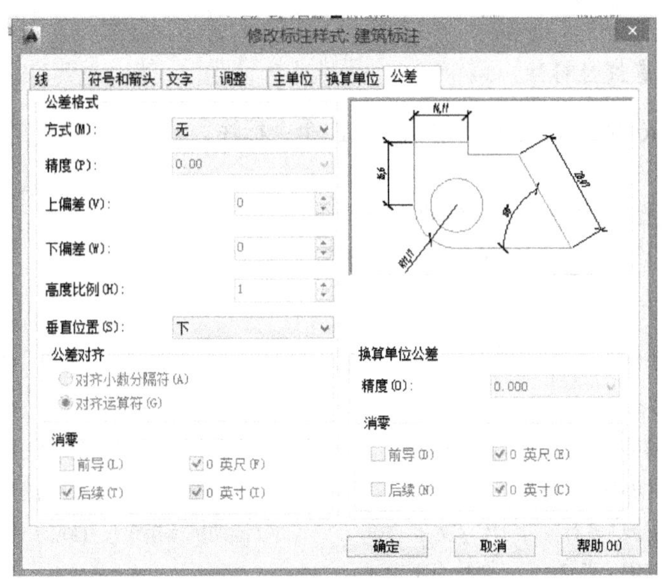

图 7.24 “公差”选项卡

该选项卡中各选项功能介绍如下。

(1)“公差格式”：该选项区域用控制标注文字中的公差格式。

①“方式”：该选项用于设置公差的方式。

②“精度”：该选项用于显示和设置公差文字中的小数位。

③“上偏差”：该选项用于显示和设置最大公差或上偏差值。选择“对称”公差时，AutoCAD 将此值用于公差。

④“下偏差”：该选项用于显示和设置最小公差或下偏差值。

⑤“高度比例”：该选项用于设置比例因子，计算标注分数和公差的文字高度。

⑥“垂直位置”：该选项用于控制对称公差和极限公差的文字对正。选择“上”选项时，公差文字与标注文字的顶部对齐；选择“中”选项时，公差文字与标注文字的中间对齐；选择“下”选项时，公差文字与标注文字的底部对齐。

(2)“换算单位公差”：该选项区域用于设置公差换算单位格式，其中“精度”选项用于设置换算单位公差值精度。

7.3 尺寸标注方法

在了解了尺寸标注的相关概念及标注样式的创建和设置方法后，本节介绍如何在中文版 AutoCAD 2014 中标注图形尺寸。

7.3.1 线性标注

线性尺寸标注是指标注线性方面的尺寸，线性标注可以是水平、垂直、对齐、旋转、基线或连续。

1. 水平、垂直线性标注

可以通过 AutoCAD 提供的 DIMLINEAR 命令标注。

执行方式如下：

【菜单】：选择“标注”→“线性”命令。

【命令行】：输入“DIMLINEAR”命令。

【工具栏】：单击 按钮。

执行线性标注命令后，命令行提示如下：

```
命令: _dimlinear                                //执行线性标注命令
指定第一条尺寸界线原点或 <选择对象>:            //指定第一条尺寸界线的端点
指定第二条尺寸界线原点:                          //指定第二条尺寸界线的端点
指定尺寸线位置或[多行文字(M)/文字(T)/            //拖动鼠标指定尺寸线的位置或选择其他命令选项
角度(A)/水平(H)/垂直(V)/旋转(R)]:
标注文字 = 100.00                                //系统提示测量数据
```

其中各命令选项的功能介绍如下。

(1) 指定尺寸线位置：拖动鼠标确定尺寸线位置。

(2) 多行文字(M)：选择此选项，弹出“文字格式”面板，如图 5.7 所示，其中尺寸测量的数据已经被固定，用户可以在数据的前面或后面输入文本。

(3) 文字(T)：选择此选项，将在命令行自定义标注文字。

(4) 角度(A)：选择此选项，将修改标注文字的角度。

(5) 水平(H)：选择此选项，将创建水平线性标注。

(6) 垂直(V)：选择此选项，将创建垂直线性标注。

(7) 旋转(R)：选择此选项，将创建旋转线性标注。

2. 对齐标注

经常遇到斜线或斜面的尺寸标注。AutoCAD 提供 DIMALIGNED 命令可以进行该类型的尺寸标注。

执行方式如下：

【菜单】：选择“标注”→“对齐”命令。

【命令行】：输入“DIMALIGNED”命令。

【工具栏】：单击 按钮。

3. 基线标注

执行方式如下：

【菜单】：选择“标注”→“基线”命令。
【命令行】：输入“DIMBASELINE”命令。
【工具栏】：单击按钮。

4. 连续标注

连续标注是指首尾相连的尺寸标注。
执行方式如下：
【菜单】：选择“标注”→“连续”命令。
【命令行】：输入“DIMCONTINUE”命令。
工具栏：单击按钮。

7.3.2 半径标注

半径标注是使用可选的中心线或中心标记测量圆弧和圆的半径。
执行方式如下：
【菜单】：选择“标注”→“半径”命令。
【命令行】：输入“DIMRADIUS”命令。
【工具栏】：单击按钮。
执行半径标注命令后，命令行提示如下：

```
命令:_DIMRADIUS                          //执行半径标注命令
选择圆弧或圆:                            //选择要测量的圆弧或圆
标注文字=10                              //系统显示测量数据
指定尺寸线位置或[多行文字(M)/文字(T)/     //拖动鼠标确定尺寸线位置或选择其他命令选项
角度(A)]:
```

7.3.3 角度标注

使用角度标注可以测量两条直线或 3 个点之间的角度。
执行方式如下：
【菜单】：选择“标注”→“角度”命令。
【命令行】：输入“DLMANGULAR”命令。
【工具栏】：单击按钮。
执行角度标注命令后，命令行提示如下：

```
命令: _DIMANGULAR                        //执行角度标注命令
选择圆弧、圆、直线或 <指定顶点>:          //选择要标注的对象
```

根据选择对象的不同，标注的方法也有所不同，具体介绍如下。

(1) 选择圆弧：将使用选定圆弧上的点作为三点角度标注的定义点。圆弧的圆心是角度的顶点。圆弧端点成为尺寸界线的原点。

(2) 选择圆：将选择拾取圆的第一点作为第一条尺寸界线的原点，圆的圆心是角度的顶点，第二个角度顶点是第二条尺寸界线的原点，且无须位于圆上。

(3) 选择直线：将测量由两条直线组成的角的角度。

(4) 指定顶点：执行角度标注命令后直接按 Enter 键可选择此命令选项。创建基于指定三点的标注，角度顶点可以同时为一个角度端点。如果需要尺寸界线，则角度端点可用做尺寸界线的起点，在尺寸界线之间绘制一条圆弧作为尺寸线。尺寸界线从角度端点绘制到尺寸线交点。

7.3.4 弧长标注

弧长标注用于测量圆弧或多段线弧线段上的距离。

执行方式如下：

【菜单】：选择“标注”→“弧长”命令。

【命令行】：输入“DIMARC”命令。

【工具栏】：单击按钮。

执行弧长标注命令后，命令行提示如下：

```
命令: _DIMARC                                    //执行弧长标注命令
选择弧线段或多段线弧线段:                          //选择要标注的弧线段
指定弧长标注位置或 [多行文字(M)/文字                //指定尺寸线的位置
(T)/角度(A)/部分(P)/引线(L)]:
标注文字 = 65.24                                 //系统显示测量数据
```

其中各命令选项功能介绍如下。

(1) 多行文字(M)：选择此选项，显示文字编辑器，可用它来编辑标注文字。可在生成的测量值前后输入前缀或后缀。

(2) 文字(T)：选择此选项，在命令行自定义标注文字。生成的标注测量值显示在尖括号中。

(3) 角度(A)：选择此选项，修改标注文字的角度。

(4) 部分(P)：选择此选项，缩短弧长标注的长度。

(5) 引线(L)：选择此选项，添加引线对象。

7.3.5 引线标注

引线标注由带箭头的引线和注释文字两部分组成，多用于标注文字或形位公差。

执行方式如下：

【菜单】：选择“标注”→“多重引线”命令。

【命令行】：输入“DLMANGULAR”命令。

【工具栏】：单击按钮。

执行引线标注命令后，命令行提示如下：

```
指定引线箭头的位置或 [引线基线优先(L)/内容优          //指定引线的起点或对引线进行设置
先(C)/选项(O)] <选项>:
```

如果选择“指定第一个引线点”命令选项，则命令行提示如下：

```
指定下一点:                              //指定引线的转折点
指定下一点:                              //指定引线的另一个端点
指定文字宽度<0>:                         //指定文字的宽度
输入注释文字的第一行<多行文字(M)>:         //输入文字，按 Enter 键结束标注
```

提示中，“指定引线箭头的位置”选项用于确定引线的箭头位置；“引线基线优先(L)”和“内容优先(C)”选项用于选择首先确定引线基线的位置还是首先确定标注内容，用户根据需要选择即可；“选项(O)”选项用于多重引线标注的设置，执行该选项，AutoCAD 提示如下。

```
输入选项 [引线类型(L)/引线基线(A)/内容类型(C)/最大节点数(M)/第一个角度(F)/第二个角度(S)/退出选项(X)] <内容类型>:
```

其中，“引线类型(L)”选项用于确定引线的类型；“引线基线(A)”选项用于确定是否使用基线；“内容类型(C)”选项用于确定多重引线标注的内容(多行文字、块或无)；“最大节点数(M)”选项用于确定引线端点的最大数量；“第一个角度(F)”和“第二个角度(S)”选项用于确定前两段引线的方向角度。

7.4 编辑尺寸标注

在 AutoCAD 2014 中，用户可以通过 DIMEDIT 和 DIMTEDIT 命令对已经标注的尺寸进行编辑，如修改标注文字的旋转角度、尺寸线的位置等。

7.4.1 使用 DIMEDIT 命令编辑尺寸标注

使用 DIMEDIT 命令可以编辑尺寸标注的标注文字和尺寸界线。执行该命令的方法有以下两种。

【工具栏】：单击“标注”工具栏中的“编辑标注”按钮。

【命令行】：在命令行中输入“DIMEDIT”命令。

执行该命令后，命令行提示如下：

```
命令: DIMEDIT
输入标注编辑类型 [默认(H)/新建(N)/旋转(R)/倾斜(O)] <默认>:
```

其中各命令选项的功能介绍如下。

(1) 默认(H)：选择此选项，将旋转标注文字移回默认位置。

(2) 新建(N)：选择此选项，弹出“文字格式”面板，在该面板中更改标注文字。

(3) 旋转(R)：选择此选项，旋转标注文字。

(4) 倾斜(O)：选择此选项，调整线性标注尺寸界线的倾斜角度，如图 7.25 所示。

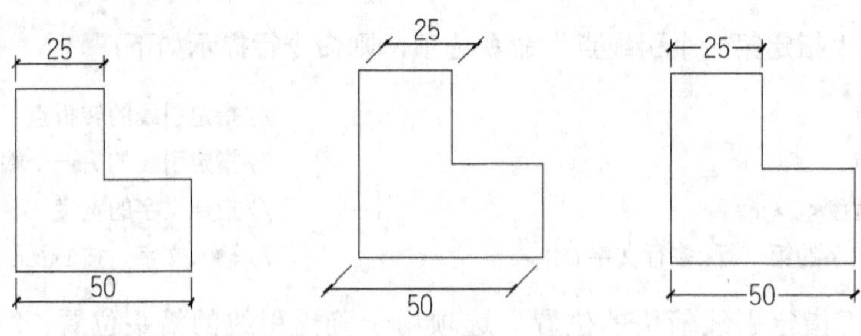

(a) 原始尺寸 (b) 尺寸界线的倾斜角度为45° (c) 文字旋转45°

图 7.25 编辑尺寸界线的倾斜角度

7.4.2 使用 DIMTEDIT 命令编辑标注文字

使用 DIMTEDIT 命令可以移动和旋转标注文字。

执行该命令的方法有以下两种。

【工具栏】：单击“标注”工具栏中的“编辑标注文字”按钮。

【命令行】：在命令行中输入“DIMTEDIT”命令。

执行该命令后，命令行提示如下：

```
命令: DIMTEDIT
选择标注:                                    //选择要编辑的尺寸标注
指定标注文字的新位置或 [左(L)/右(R)/          //指定标注文字的新位置
中心(C)/默认(H)/角度(A)]:
```

其中各命令选项功能介绍如下。

(1) 左(L)：选择此选项，将沿尺寸线左边对正标注文字。本选项只适用于线性、直径和半径标注。

(2) 右(R)：选择此选项，将沿尺寸线右边对正标注文字。本选项只适用于线性、直径和半径标注。

(3) 中心(C)：选择此选项，将标注文字放在尺寸线的中间。

(4) 默认(H)：选择此选项，将标注文字移回默认位置。

(5) 角度(A)：选择此选项，修改标注文字的角度。

7.5 综合实例

案例 应用前面所学的知识创建尺寸标注，效果如图 7.26 所示。

(1) 打开如图 7.27 所示的图形文件。

(2) 选择“格式”→“标注样式”命令，弹出“标注样式管理器”对话框，如图 7.28 所示。

(3) 单击“标注样式管理器”对话框中的“新建”按钮，弹出“创建新标注样式”对话框，在该对话框中的“新样式名”文本框中输入新建标注样式的名称“建筑标注”，基础样式选择“ISO-25”，将新建的标注样式应用于所有标注，如图 7.29 所示。

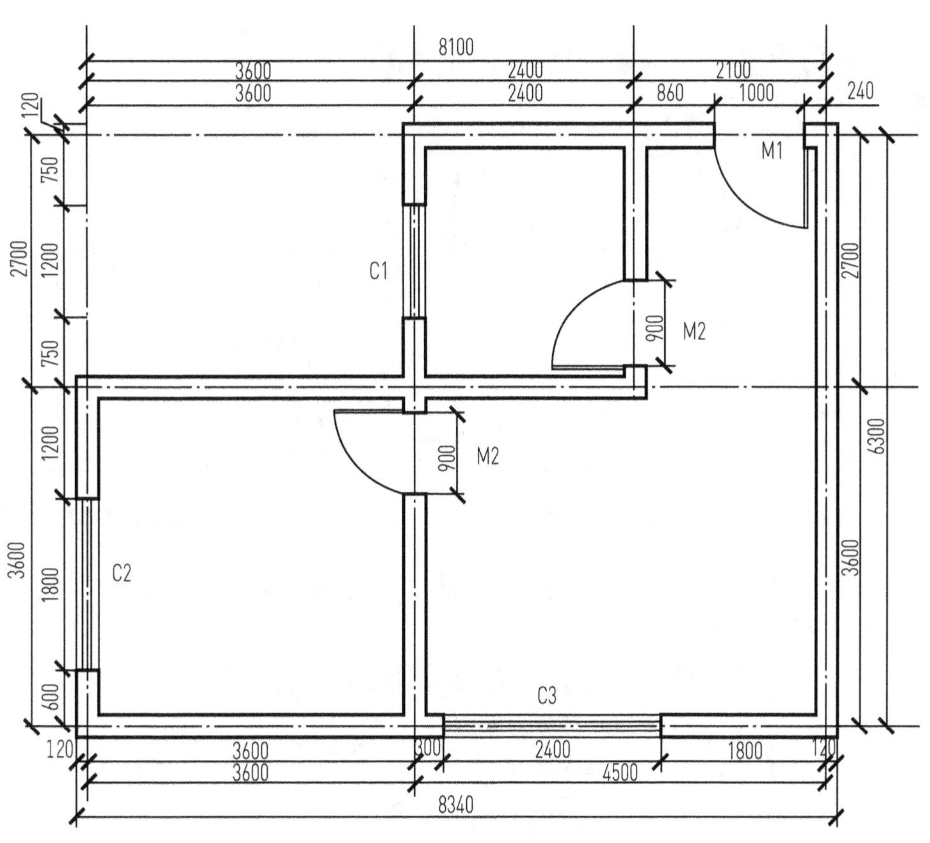

图 7.26 尺寸标注图形

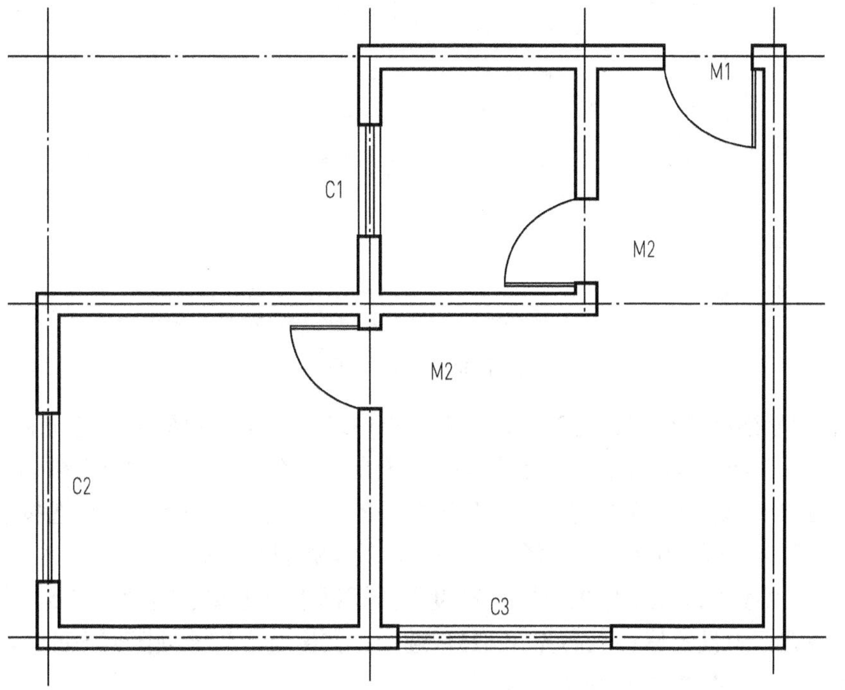

图 7.27 原图形文件

图 7.28 “标注样式管理器”对话框

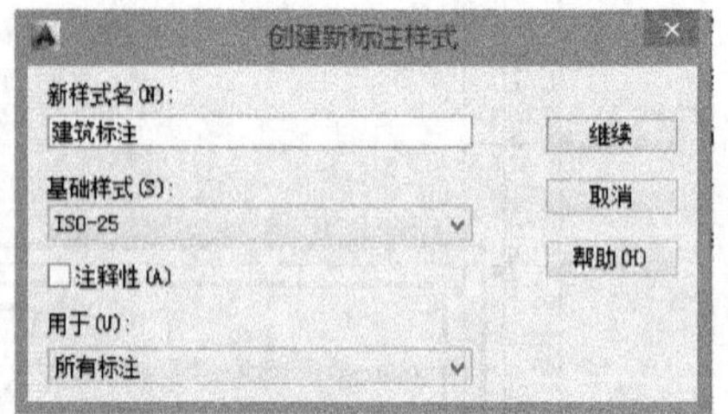

图 7.29 “创建新标注样式”对话框

(4) 单击“继续”按钮后弹出“新建标注样式：建筑标注”对话框，在“线”选项卡中的设置如图 7.30 所示。

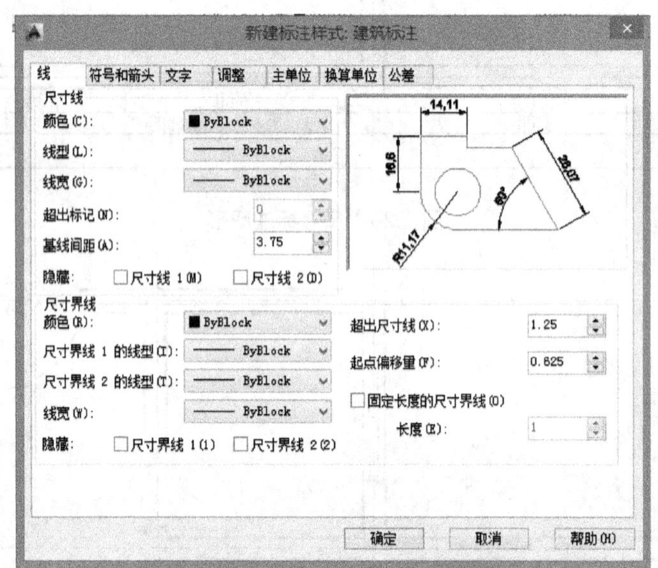

图 7.30 “线”选项卡

(5) 在“新建标注样式：建筑标注”对话框中选择“符号和箭头”选项卡，在该选项卡中的“箭头”选项区域中，“箭头”调为“建筑标记”，“箭头大小”微调框中设置箭头的大小为 2.5，选中“弧长符号”选项区域中的“标注文字的上方”单选按钮，在“半径折弯标注”选项区域中设置折弯角度为 45°，效果如图 7.31 所示。

(6) 在“文字”选项卡中的“文字高度”微调框中设置文字高度为 2.5，在“从尺寸线偏移”微调框中设置偏移距离为 0.625，选中“文字对齐”选项区域中的“与尺寸线对齐”单选按钮，如图 7.32 和图 7.33 所示。

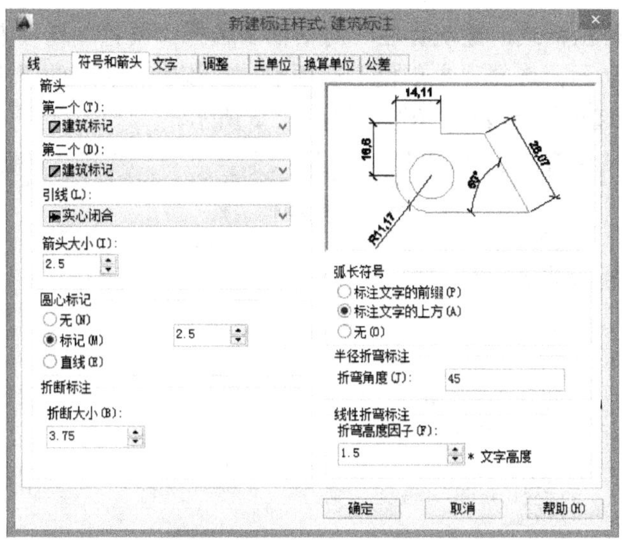

图 7.31 “符号和箭头”选项卡

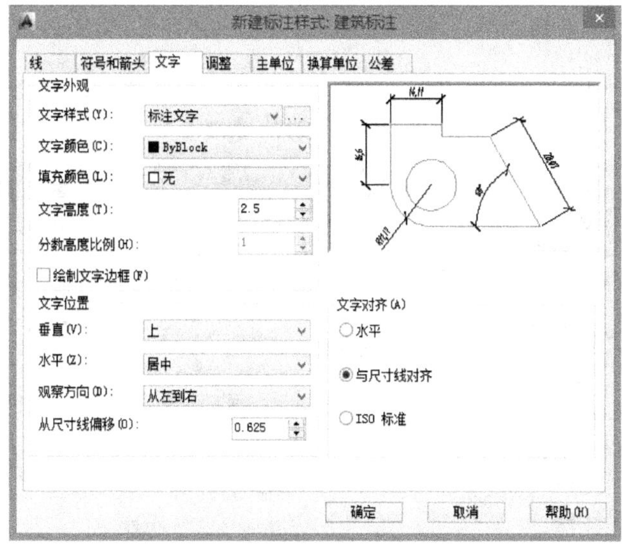

图 7.32 “文字”选项卡

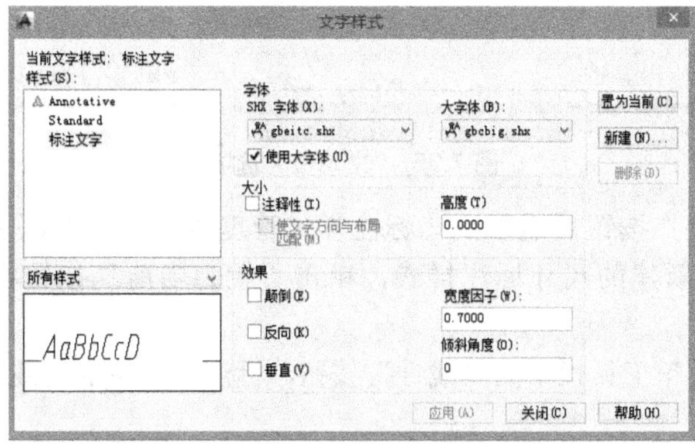

图 7.33 新建标注文字对话框

(7) 在“新建标注样式：建筑标注”对话框中选择“调整”选项卡，使用全局比例设为 50，如图 7.34 所示；选择“主单位”选项卡，在该选项卡中的“小数分隔符”下拉列表中选择“逗点”选项，精度选“0”，如图 7.35 所示。

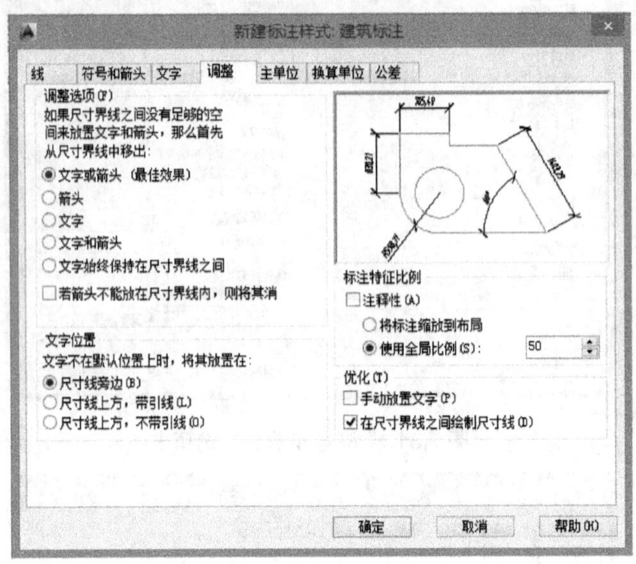

图 7.34 “调整”选项卡

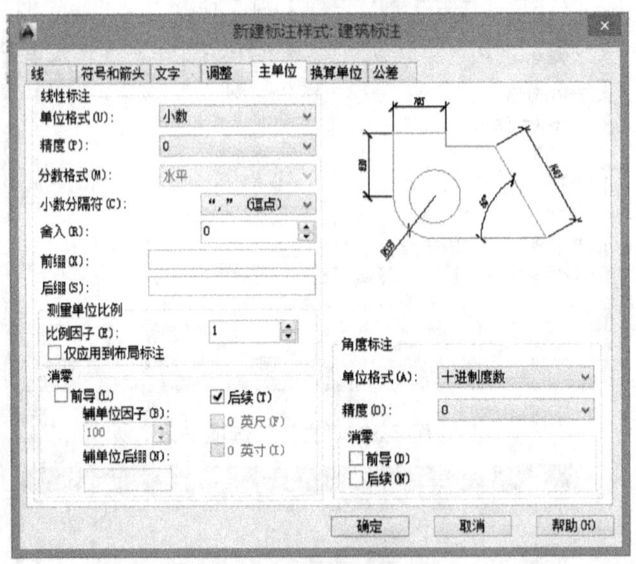

图 7.35 “主单位”选项卡

(8) 单击“确定”按钮后返回到“标注样式管理器”对话框，在该对话框中的“样式”列表框中选中新建的尺寸标注样式，单击“置为当前”按钮将其设置为当前标注样式。

(9) 单击“标注”工具栏中的“线性”按钮，标注图形中的直线尺寸，结果如图 7.36 所示。

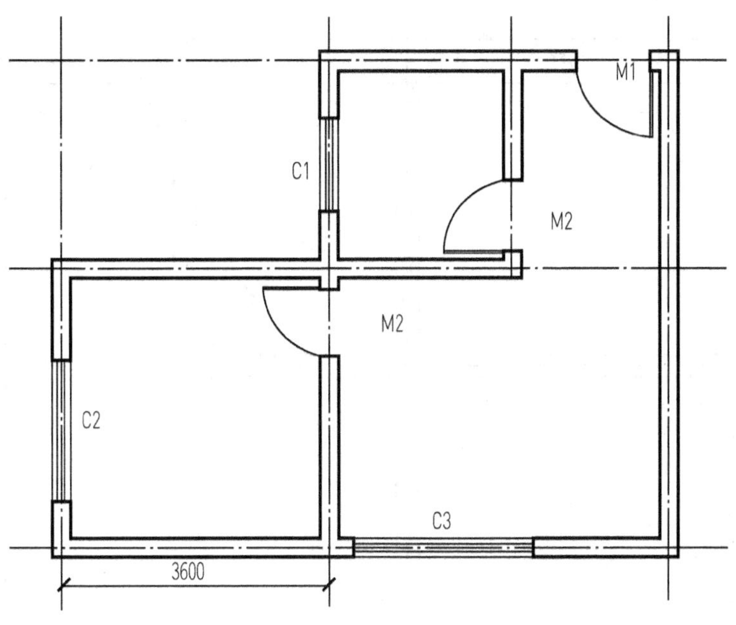

图 7.36 线性标注

(10) 单击“标注”工具栏中的“连续”按钮，标注图形中的连续尺寸，结果如图 7.37 所示。

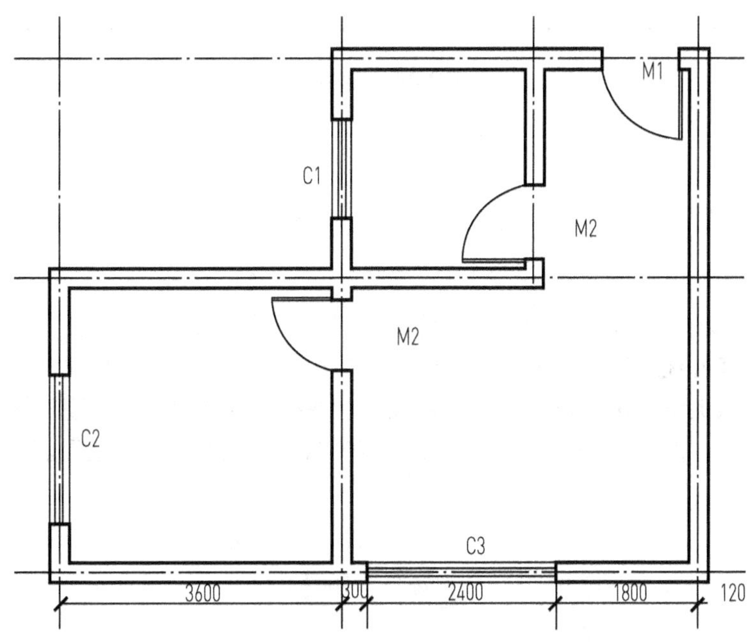

图 7.37 连续标注

(11) 重复“线性”标注和“连续”标注，标注效果如图 7.38 所示。

案例小结

本案例主要练习图形尺寸标注的相关内容，在标注过程中，主要介绍标注样式的设置、线性标注、连续标注的方法等内容。通过本案例的操作，可掌握图形绘制过程中尺寸标注的步骤及方法。

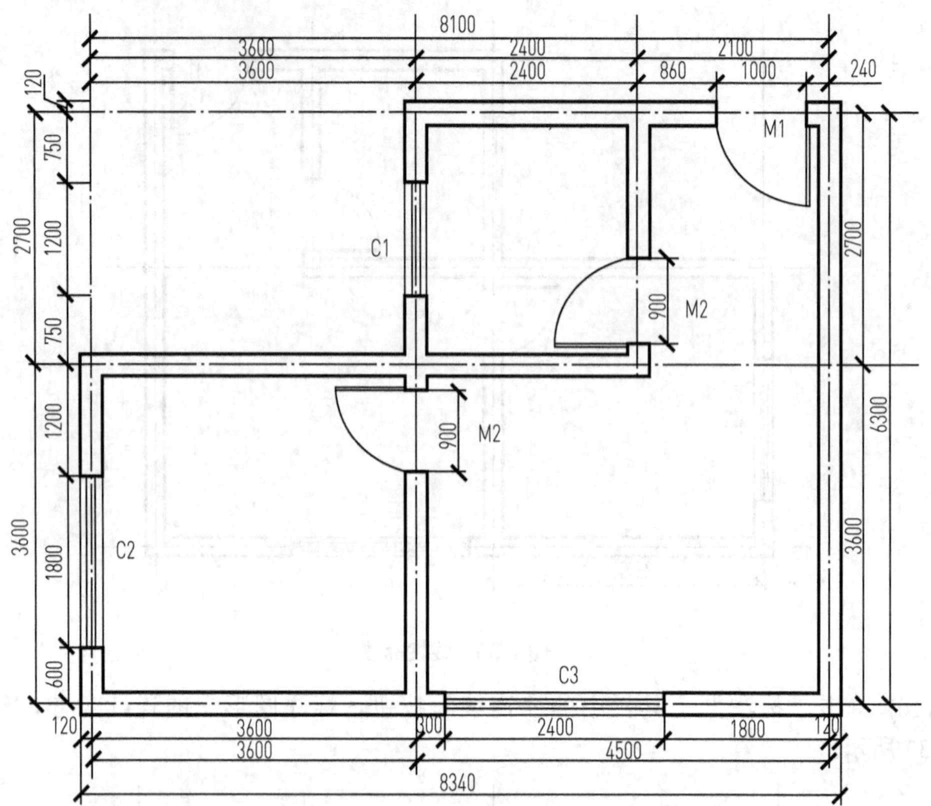

图 7.38　线性标注

本章小结

本章主要介绍 AutoCAD 中尺寸标注的创建与编辑方法，尺寸标注一般由尺寸线、尺寸界线、箭头和标注文字等组成。在创建尺寸标注之前，首先要创建尺寸标注的样式，并对尺寸标注样式的参数进行设置。通过对尺寸标注样式的控制可以实现对尺寸标注显示效果的控制，另外，用户还可以利用 DIMEDIT 和 DIMTEDIT 命令对已经创建的尺寸标注进行编辑。

习题

1．在 AutoCAD 2014 中有多少种尺寸标注命令？分别是什么？

2．在 AutoCAD 2014 中如何对尺寸标注进行编辑？

3．用线性标注命令标注尺寸时，为什么只显示标注线而没有显示标注文字？

4．尺寸标注设置时全局比例和测量比例因子的作用是什么？

5．绘制如图 7.39 所示图形，设置图层、标注样式及文字样式并进行尺寸标注。

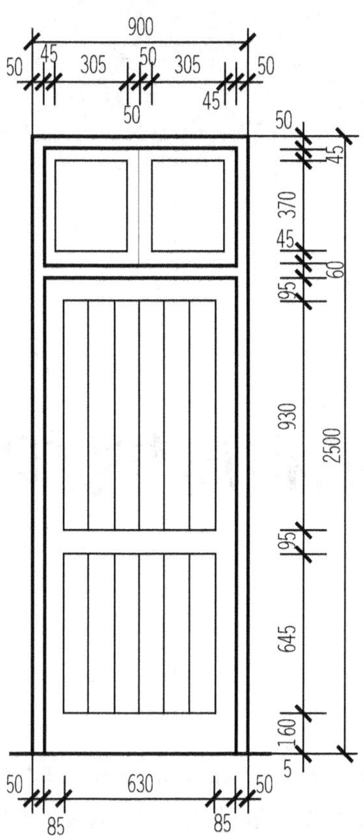
900
50
45
305
50
305
50
45
50
50
45
370
45
60
95
930
2500
95
645
160
5
50
630
50
85
85

图 7.39　门立面图

第8章

图纸布局与打印输出

教学目标

在前面的章节中已经介绍了 AutoCAD 命令的基本操作与编辑方法，本章将介绍图形绘制完后有关的打印输出操作，应掌握打印的设置及如何通过打印机输出图纸。

学习要求

能力要求	知识要点	权重
模型空间和图纸空间	模型空间和图纸空间的概念、布局的概念	20%
模型空间输出图形	页面设置管理器的设置、打印样式的设置	20%
网上发布文件	网上发布命令的调用、操作步骤	20%
电子传递文件	电子传递文件的操作步骤	20%
模型空间和图纸空间	模型空间和图纸空间的概念、布局的概念	20%

本章导读

在 AutoCAD 中绘制完成图形后，可以保存为电子文档，但更重要的是图形的输出。图形的输出分为两类，一类是输出为其他文件格式(如 DXF 文件、WMF 文件、ACIS 文件等)以方便其他软件读取，另一类是打印输出，打印出图纸，用于生产实践。

AutoCAD 2014 提供了两种工作空间，即模型空间和图纸空间。一般来说在模型空间进行绘图操作，在图纸空间里进行打印输出。另外，图形还可以在网上予以发布和电子传递，本章将详细讲述图纸打印输出的相关操作。

引例与思考

AutoCAD 为设计人员提供了很好的绘图平台，画好的图纸需要通过绘图仪或打印机等打印输出，以方便现场传阅，指导工程，因此，必须掌握好图纸打印输出的相关操作方法。

模型空间输出图形和布局空间输出图形哪个更优越?

8.1 模型空间与图纸空间

打开 AutoCAD 后，系统提供了一个“模型”选项卡和两个“布局”选项卡，以使用户可以非常方便地在这两种空间之间来回切换。

“模型”选项卡可以用来在模型空间中建立和编辑图形，该选项卡不能被删除和重命名；“布局”选项卡用来编辑打印图形的图纸，可以进行删除和重命名操作。“模型”选项卡对应模型空间，“布局”选项卡对应图纸空间，所有的绘制、编辑操作都是在其中某种空间环境中进行的，即所有的图形不是在模型空间就是在图纸空间中。

模型空间是一个三维坐标空间，主要用于几何模型的构建。“模型”空间中的“模型”是指用绘制与编辑命令生成的代表现实世界物体的对象，当启动 AutoCAD 后，默认处于模型空间，用户使用 AutoCAD 首先是在模型空间里工作，并通常按 1∶1 的比例进行绘图。对已建好的几何模型进行打印输出则通常是在图纸空间中完成的。

图纸空间的“图纸”与真实的图纸相对应，图纸空间是设置、管理视图的 AutoCAD 环境。图纸空间就像一张图纸，打印之前可在上面摆放图形。图纸空间是以布局的形式来使用的，在一个图形文件中模型空间只有一个，布局可以设置多个，利用布局可以在图纸空间方便、快捷地创建多个视口来显示不同的视图，每个布局代表一张单独的打印输出图纸，这样就可以用多张图纸全方位地反映一个图形对象。模型空间中的三维对象在图纸空间中是用二维平面上的投影来表示的，因此图纸空间是一个二维环境。

在模型空间中，用户可以进行以下操作。

(1) 设置工作环境，即设置尺寸单位和精度、绘图范围、线型、线宽及辅助绘图工具等。

(2) 建立多个视口。模型空间允许用户使用多视口进行绘图。

(3) 根据对象的尺寸绘制、编辑二维或三维实体。

单击状态栏中的“布局”按钮，即可进入图纸空间，它采用和模型空间一样的坐标系，但 UCS 图标变成三角形。在图纸空间中可以进行以下操作。

(1) 生成图框和标题栏。

(2) 设定模型空间视口与图纸之间的比例关系。

(3) 设置图纸的大小。

(4) 建立多个图纸空间视口，使模型空间的视图通过图纸空间显示出来。

(5) 进行视图的调整、定位、尺寸标注等。

在使用 AutoCAD 绘图的过程中建立布局后，还可以回到模型空间修改，对模型改动后，也可以回到图纸空间。用户需要经常在模型空间和图纸空间之间进行切换，可以直接选择绘图区底部的“模型”或“布局”选项卡来切换。

8.2 从模型空间输出图形

由于模型空间的绘图界限不受限制，建议在绘图时以 1∶1 比例绘制，图形绘制完成后，在模型空间打印输出即可。在模型空间输出图形时，需将要输出的图框先按图样输出比例进行相应缩放，注意图框缩放的倍数与图形输出的倍数正好相反，即在 1∶1 的图上套上合适的图框，也可以将图形先按比例缩放到 1∶1 的标准图框中再打印。

在模型空间中，选择“文件”→“打印”命令，或在命令行输入“PLOT”，都可以弹出“打印-模型对话框，如图 8.1 所示，用户需要设置打印设备、图纸尺寸、打印区域等。

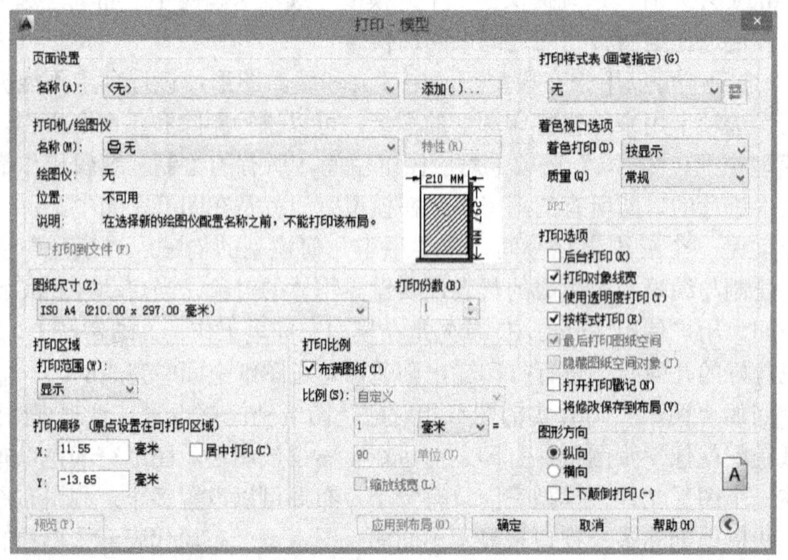

图 8.1 “打印-模型”对话框

1. 选择打印设备

“打印机/绘图仪”选项区域用于选择打印设备。

用户可以在“名称”下拉列表中选择打印设备的名称。当选定打印设备后，系统将显示该设备的绘图仪、位置、说明等注释信息，同时其右侧“特性”按钮将变为可选状态。

单击“特性”按钮，弹出“绘图仪配置编辑器”对话框，如图 8.2 所示，可以从中设置打印介质、自定义特性、自定义图纸尺寸等。

“打印机/绘图仪”选项区域的右下部显示图形打印的预览图标，如图 8.3 所示，该预览图标显示了图纸的尺寸及可打印的有效区域。

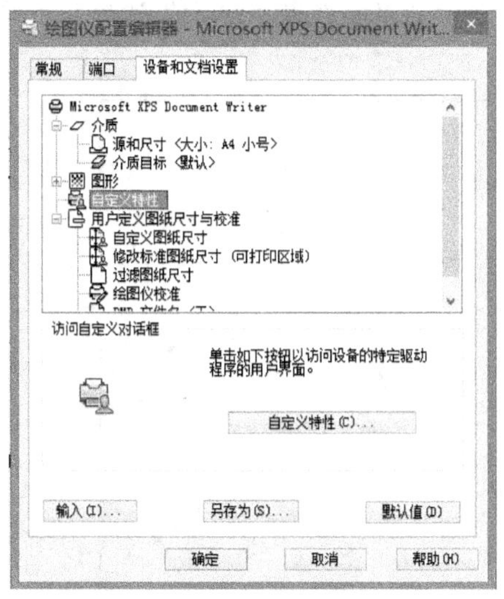

图 8.2 “绘图仪配置编辑器”对话框

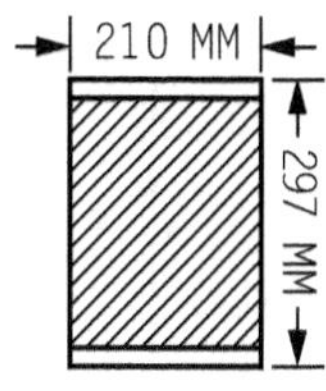

图 8.3 预览图标

2. 选择图纸尺寸

“图纸尺寸”选项区域用于选择图纸的尺寸。

打开“图纸尺寸”下拉列表，如图 8.4 所示，用户可根据打印的要求选择相应的图纸。若下拉列表中没有相应的图纸，则需要用户自定义图纸尺寸，它是在“绘图仪配置编辑器”对话框中设定的。

3. 设置打印区域

“打印区域”选项区域用于设置图形的打印范围。

打开“打印区域”选项区域中的“打印范围”下拉列表，如图 8.5 所示，从中可选择要输出图形的范围。

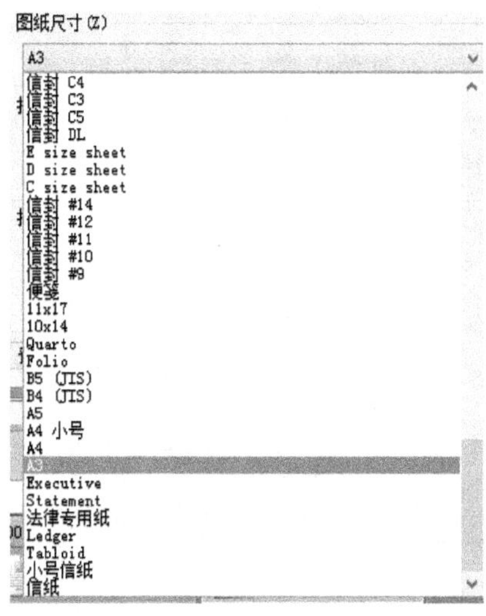

图 8.4 “图纸尺寸”下拉列表

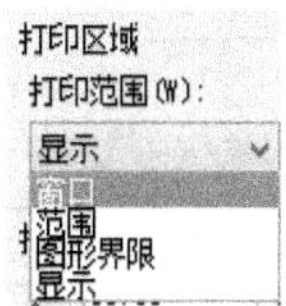

图 8.5 “打印范围”选项区域

“显示”选项：当用户在“打印范围”下拉列表中选择“显示”选项时，系统将打印绘图窗口内显示的图形对象，如图 8.6 所示。

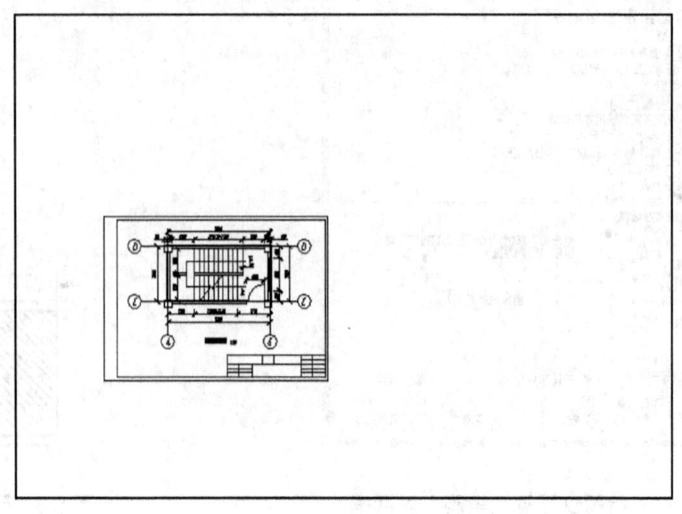

图 8.6　选择“显示”选项打印预览图

“窗口”选项：当用户在“打印范围”下拉列表中选择“窗口”选项后，其右侧将出现“窗口”按钮，单击“窗口”按钮，系统将隐藏“打印-模型”对话框，此时用户即可在绘图窗口内指定打印的区域，如图 8.7(a)所示，打印预览效果如图 8.7(b)所示。

“范围”选项：当用户在“打印范围”下拉列表中选择“范围”选项时，系统可打印出图形中所有的对象，打印预览效果如图 8.8 所示。

“图形界限”选项：当用户在“打印范围”下拉列表中选择“图形界限”选项时，系统将按照用户设置的图形界限来打印图形，此时在图形界限范围内的图形对象将打印在图纸上，打印预览效果如图 8.9 所示。

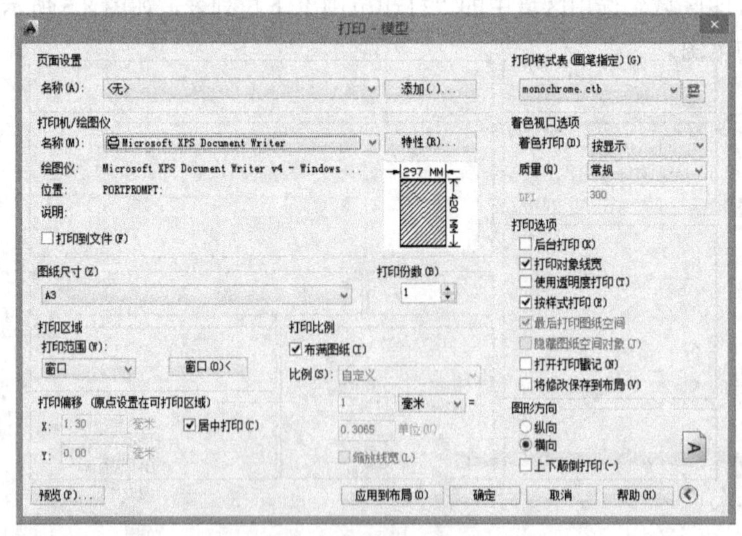

(a) 窗口打印设置

图 8.7　选择“窗口”选项设置打印范围及打印预览图

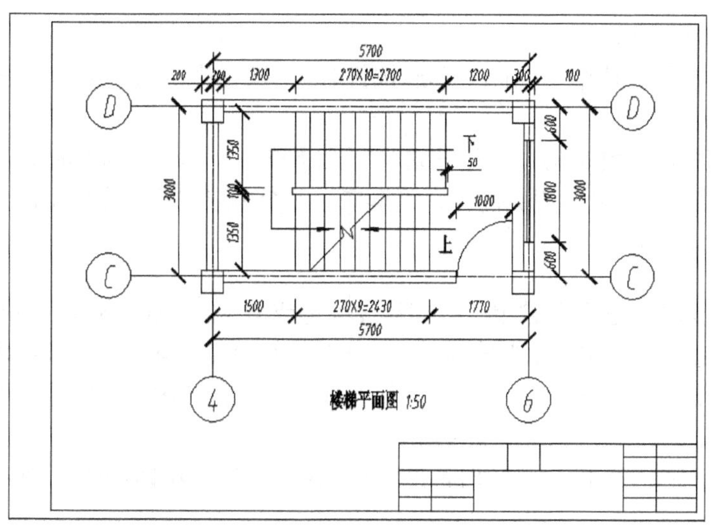

(b) 打印预览图

图 8.7　选择“窗口”选项设置打印范围及打印预览图(续)

4. 设置打印比例

“打印比例”选项区域用于设置图形打印的比例，如图 8.8 所示。

当用户选中“布满图纸”复选框时，系统将自动按照图纸的大小适当缩放图形，使打印的图形布满整张图纸。选中“布满图纸”的复选框后，“打印比例”选项区域的其他选项变为不可选状态。

“比例”下拉列表框用于选择图形的打印比例，当用户选择相应的比例选项后，系统将在下面的数值框中显示相应的比例数值。

5. 设置打印的位置

“打印偏移”选项区域用于设置图纸打印的位置，如图 8.9 所示。在默认的状态下，AutoCAD 将从图纸的左下角打印图形，其打印原点的坐标是(0，0)。若用户在 *X*、*Y* 文本框中输入相应的数值，则可以设置图形打印的原点位置，此时图形将在图纸上沿 *X* 和 *Y* 轴移动相应的位置。

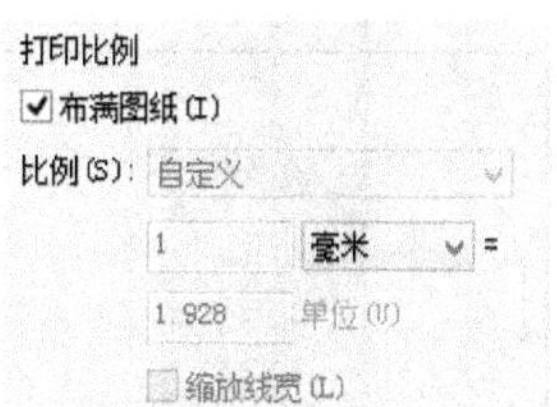

图 8.8　“打印比例”选项区域

图 8.9　“打印偏移”选项区域

若选中“居中打印”复选框，则系统将在图纸的正中间打印图形。

6. 设置打印的方向

“图形方向”选项区域用于设置图形在图纸上的打印方向，如图 8.10 所示。

“纵向”：当用户选中“纵向”单选按钮时，图形在图纸上的打印位置是纵向的，即图形的长边为垂直方向。

“横向”：当用户选中“横向”单选按钮时，图形在图纸上的打印位置是横向的，即图形的长边为水平方向。

“上下颠倒打印”复选框：当用户选中“上下颠倒打印”复选框时，可以使图形在图纸倒置打印。该选项可以与“纵向”、“横向”两个单选按钮结合使用。

7. 设置着色打印

“着色视口选项”选项区域用于打印经过着色或渲染的三维图形，如图 8.11 所示。

“按显示”：选择“按显示”选项时，系统按图形对象在屏幕上的显示情况进行打印。

“线框”：选择“线框”选项时，系统按线框模式打印图形对象，而不考虑图形在屏幕中的显示情况。

“消隐”：选择“消隐”选项时，系统按消隐模式打印图形对象，即在打印图形时去除其隐藏线。

还可以选择“三维隐藏”、“概念”、“真实”等方式打印。

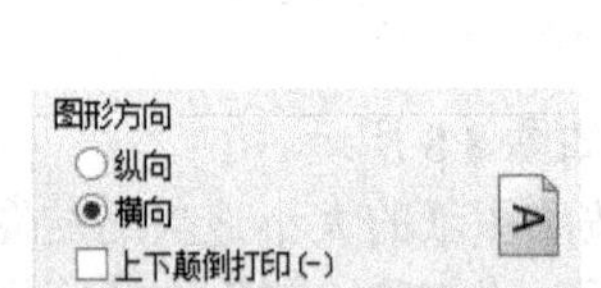

图 8.10 “图形方向”选项区域

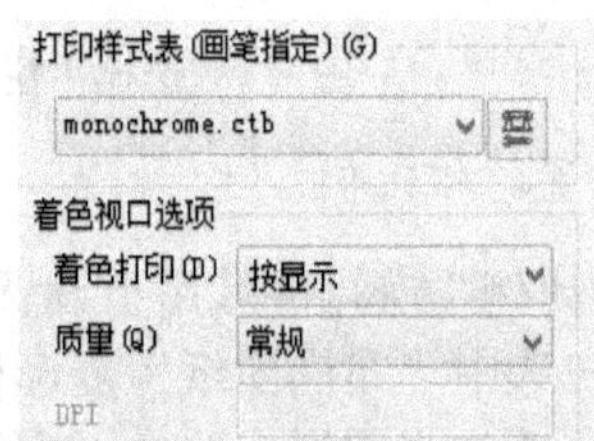

图 8.11 “着色视口选项”选项区域

8. 打印预览

打印设置完成后，单击“预览”按钮，将显示图纸打印的预览图，如图 8.12 所示。如果想直接进行打印，可以单击“打印”按钮( )，打印图形；如果打印效果不理想，可以单击“预览”按钮，返回到“打印”对话框中进行修改，然后再进行打印。

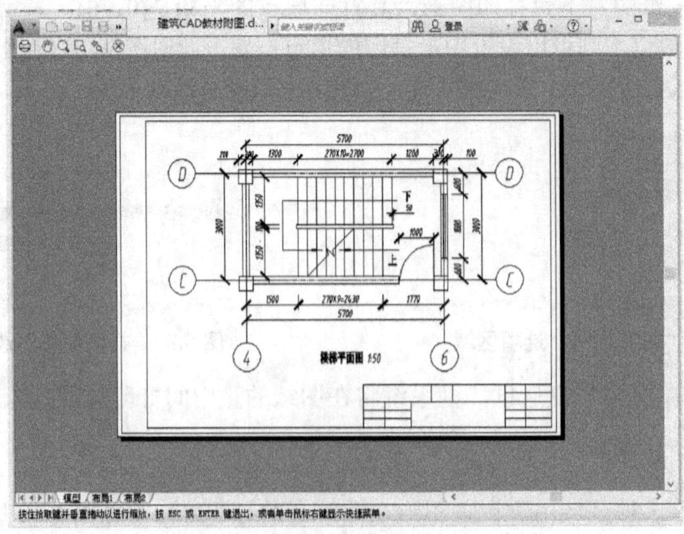

图 8.12 “预览”窗口

8.3 从图纸空间输出图形

第 8.2 节介绍的方法是在模型空间里进行打印设置出图，本节介绍在图纸空间输出图形，图纸空间又叫布局，布局代表打印的页面可以根据需要创建多个布局。每个布局都保存在自己的布局选项卡中，可以与不同的页面设置相关联。

从图纸空间打印图形，一般需要在模型空间建立好模型，然后按照一定的比例创建布局，并标注尺寸、注写文字等，最后打印出图。

1. 创建布局

AutoCAD 提供了开始建立布局、利用样板建立布局和利用向导建立布局 3 种方法创建新布局。

在已有的“布局”选项卡上右击，从弹出的快捷菜单中选择“新建布局”命令，即可完成布局的创建。一般来说，可以通过向导来创建布局。选择“工具”→“向导”→“创建布局”命令，即可启动创建布局向导，通过向导创建布局的具体操作步骤如下。

(1) 选择“工具”→“向导”→“创建布局”命令，弹出“创建布局-开始”对话框，如图 8.13 所示。

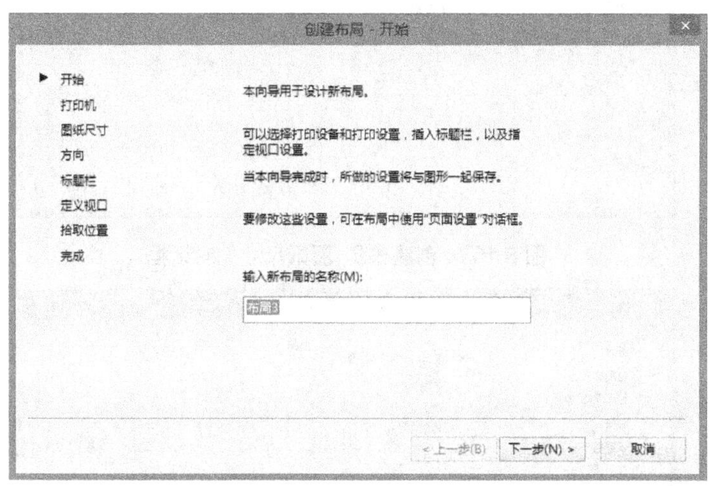

图 8.13 “创建布局-开始”对话框

(2) 单击“下一步”按钮，弹出如图 8.14 所示的“创建布局-打印机”对话框，用于为新布局选择配置的绘图仪，在“为新布局选择配置的绘图仪”列表框中，给出了当前已经配置完毕的打印设备，这里选择“Microsoft XPS Document Writer”。

(3) 单击“下一步”按钮，弹出如图 8.15 所示的“创建布局-图纸尺寸”对话框，用于选择布局使用的图纸尺寸。在下拉列表框中选择要使用的纸张大小，在“图形单位”选项区域中指定图形所使用的打印单位。这里选择 A3 图纸，图形单位为“毫米”。

(4) 单击“下一步”按钮，弹出如图 8.16 所示的“创建布局-方向”对话框，用于选择图形在图纸上的方向，这里选中“横向”单选按钮。

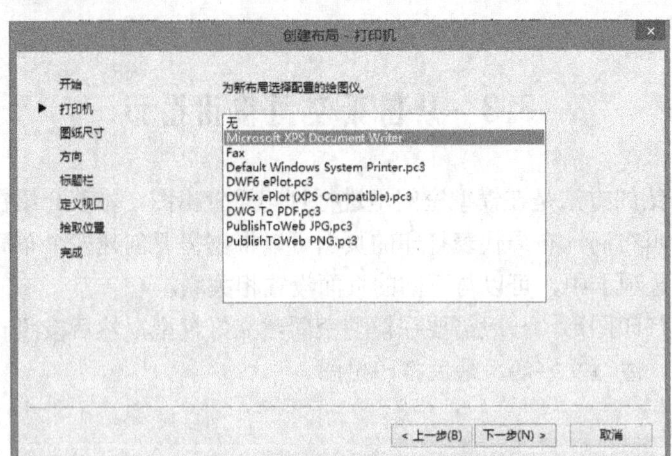

图 8.14 “创建布局-打印机”对话框

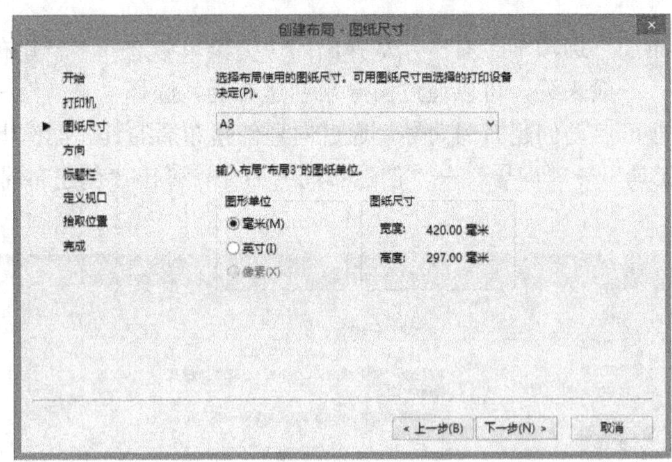

图 8.15 “创建布局-图纸尺寸”对话框

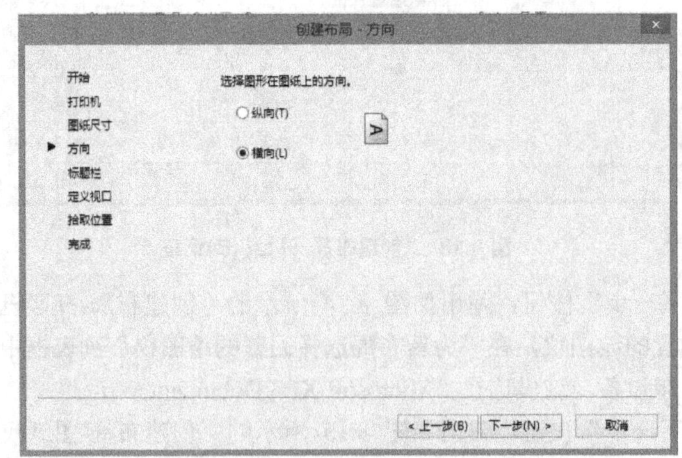

图 8.16 “创建布局-方向”对话框

(5) 单击“下一步”按钮，弹出如图 8.17 所示的“创建布局-标题栏”，用于选择应用于此布局的标题栏，可以在“路径”下拉列表框中选择合适的标题栏。

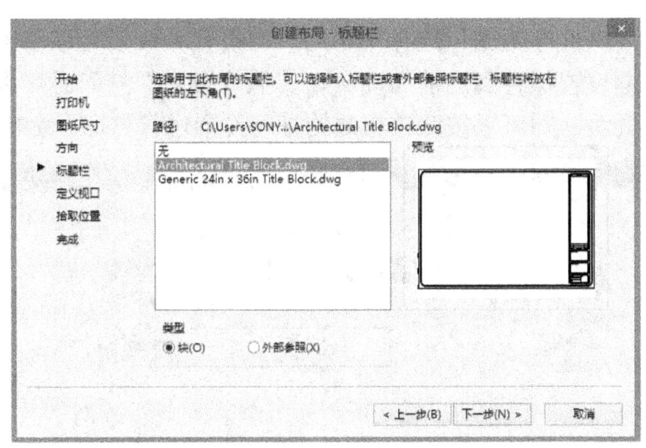

图 8.17 “创建布局-标题栏”对话框

(6) 单击“下一步”按钮，弹出如图 8.18 所示的“创建布局-定义视口”对话框，用于设置该布局视口的类型以及比例等。用户可以在“视口设置”选项区域中选择视口类型，在“视口比例”下拉列表中选择比例为“按图纸空间缩放”，“行数”、“列数”、“行间距”、“列间距”用于设置行列及间距。这里选中“单个”单选按钮，其他为默认设置。

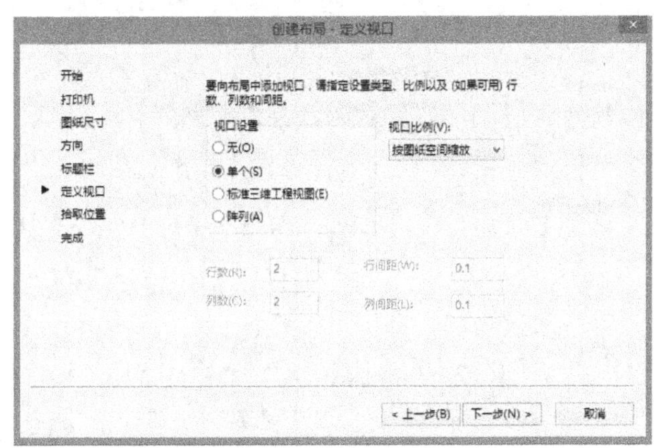

图 8.18 “创建布局-定义视口”对话框

(7) 单击“下一步”按钮，弹出如图 8.19 所示的“创建布局-拾取位置”对话框，用于选择要创建的视口配置的角点，这里不作选择。

(8) 单击“下一步”按钮，弹出如图 8.20 所示的“创建布局-完成”对话框，单击“完成”按钮，完成布局的创建。

2. 在布局中标注尺寸和文字

与模型空间相比，在图纸空间里标注尺寸和文字是非常方便的，在图纸空间中只需将标注样式的比例设为 1∶1，在图纸上创建多个视口，并且将各个视口设置所需要的比例，将需要打印的图形移至视口中。在标注尺寸时系统会自动地根据各个视口的比例调整标注的数值，而样式保持不变。若此时需要对模型进行调整，则可以在视口处双击切换到模型空间。修改完成后，在视口外任意一点双击就可以回到图纸空间。说明文字的比例同样按 1∶1 配置，如 5 号字就设置字高为 5，在图纸上就会显示 5mm 的文字。

创建好布局并标注好尺寸文字后便可进行打印出图，具体的打印步骤与从模型空间打印出图类似。只不过“打印范围”选择“布局”，设置完成后可以单击“应用到布局”将当前“打印”对话框设置保存到当前布局。在其他“布局”打印时可以通过“页面设置”下拉列表框选择该页面，则可以按照该布局的打印设置进行打印，如图 8.21 所示。

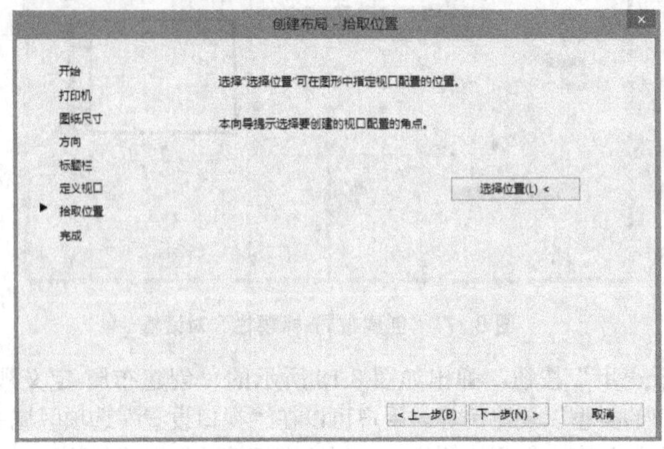

图 8.19 “创建布局-拾取位置”对话框

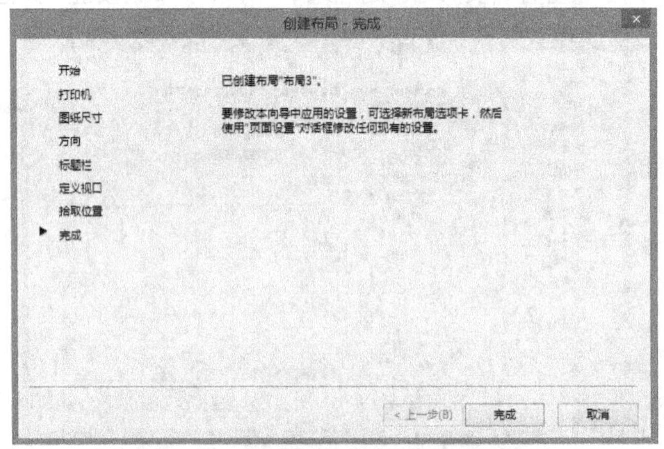

图 8.20 “创建布局-完成”对话框

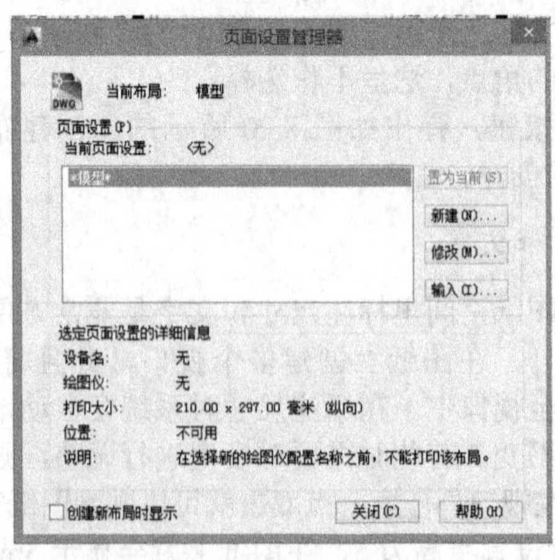

图 8.21 修改布局

3. 页面设置管理器

在布局按钮上右击，在弹出的快捷菜单中选择“页面设置管理器”命令，如图 8.21 所示，单击“修改”按钮，弹出如图 8.22 所示的“页面设置”对话框，可以像在“打印-模型”对话框中一样设置打印设备、图纸尺寸、打印区域等。

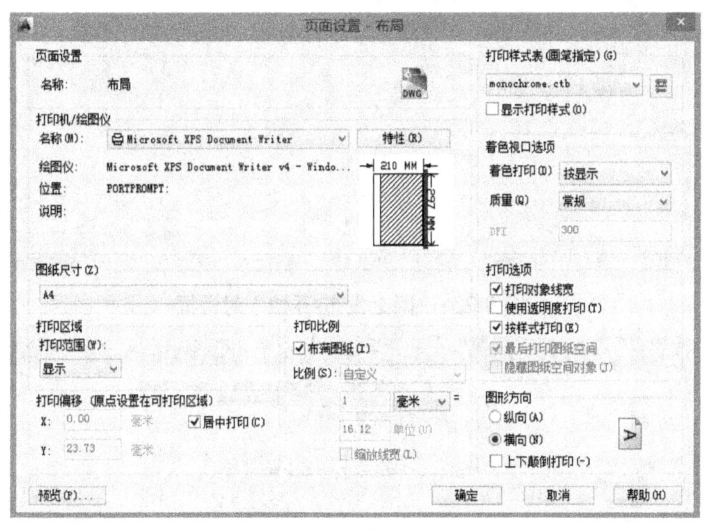

图 8.22 “页面设置”对话框

特别提示

本章引例与思考题目答案：模型空间输出图形和布局空间输出图形各有所长，在图形输出过程中，用户可以根据需要选择模型空间输出图形或布局空间输出图形。

8.4 网上发布文件

“网上发布”用于创建包含选定图形的网页。向导会产生 HTML 页面，页面中的图像或 DWF 文件中包含了设计内容，也可以编辑网页来进行更新或修改其内容。“网上发布”向导提供了一个简化的界面，用于创建包含 DWF、DWFx、JPEG 或 PNG 图像的格式化 Web 页。图像格式说明如下。

DWFx 格式：不压缩图形文件。

JPEG 格式：使用有损压缩，为了极大地减小压缩文件的大小，会丢失一些数据。

PNG 格式：使用无损压缩，不会为了减小压缩文件大小而丢失一些原始数据。

执行操作方式：选择“文件”→“网上发布”，或者在命令行输入：PUBLISHTOWEB，即可启动网上发布命令。

(1) 启动网上发布命令后，在“网上发布-开始”对话框中选中“创建新 Web 页”单选按钮，如图 8.23 所示，单击“下一步”按钮。

(2) 在“网上发布-创建 Web 页”对话框中，在“指定 Web 页的名称”文本框中输入“建施图示意”，在“指定文件系统中 Web 页文件夹的上级目录”下单击…按钮，选择放置 Web 页的文件夹，如图 8.24 所示，单击“下一步”按钮。

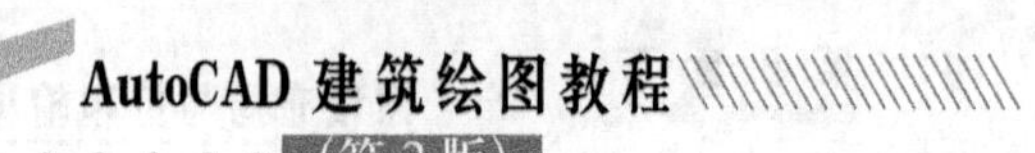

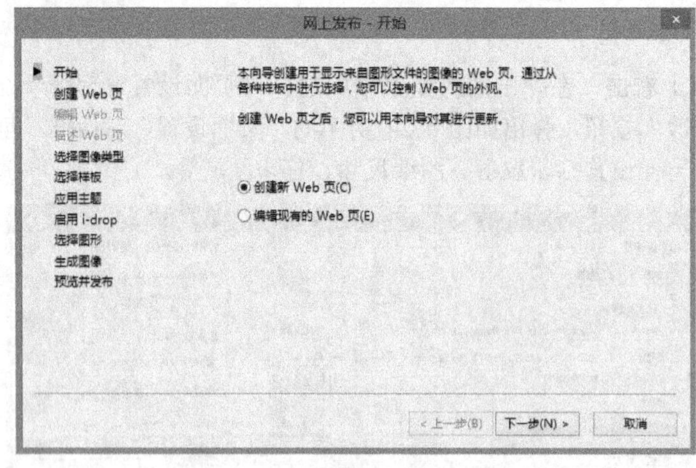

图 8.23 “网上发布-开始”对话框

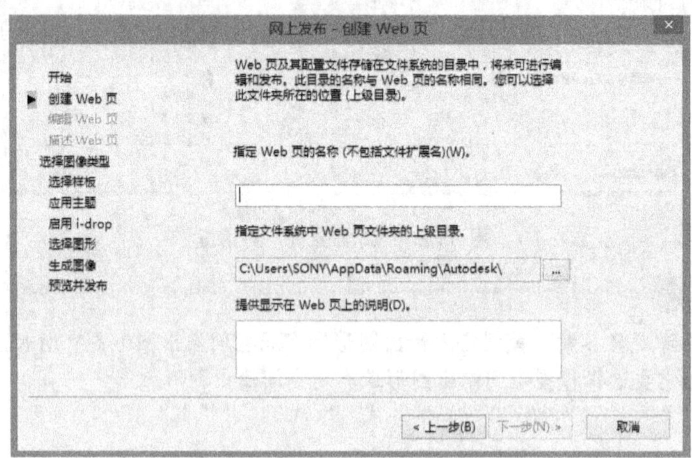

图 8.24 “网上发布-创建 Web 页”

(3) 在“网上发布-选择图像类型”对话框中，在“从下面的列表中选择一种图像类型(S)中”选择“DWFx”，如图 8.25 所示，单击“下一步”按钮。

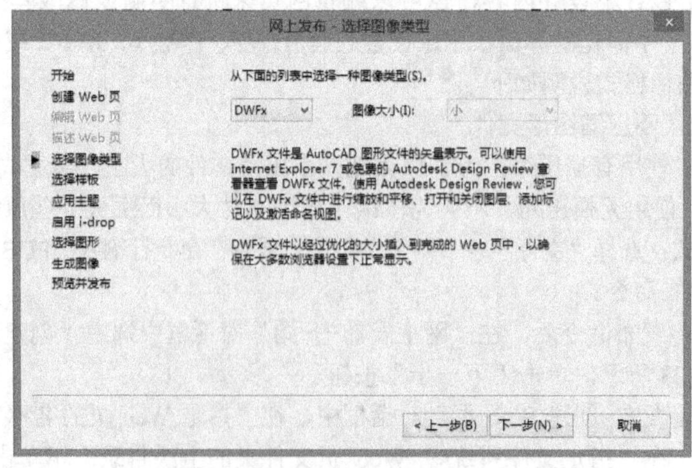

图 8.25 “网上发布-选择图像类型”对话框

(4) 在“网上发布-选择样板”对话框中选择“数组加摘要”选项，如图 8.26 所示，单击“下一步”按钮。

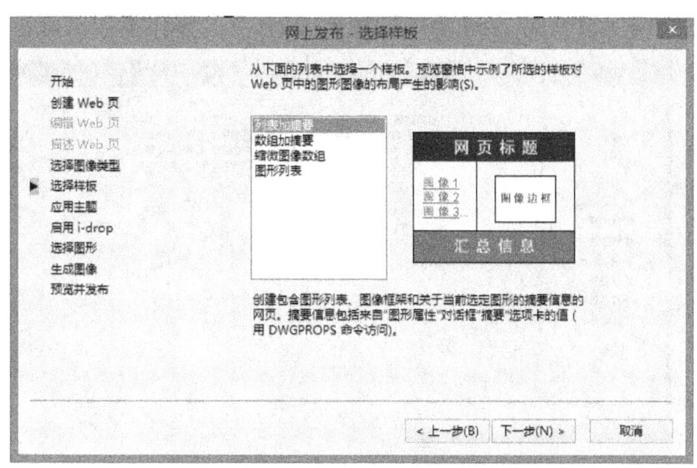

图 8.26 “网上发布-选择样板”对话框

(5) 在“网上发布-应用主题”对话框中，选择“秋天的田野”，如图 8.27 所示，单击“下一步”按钮。

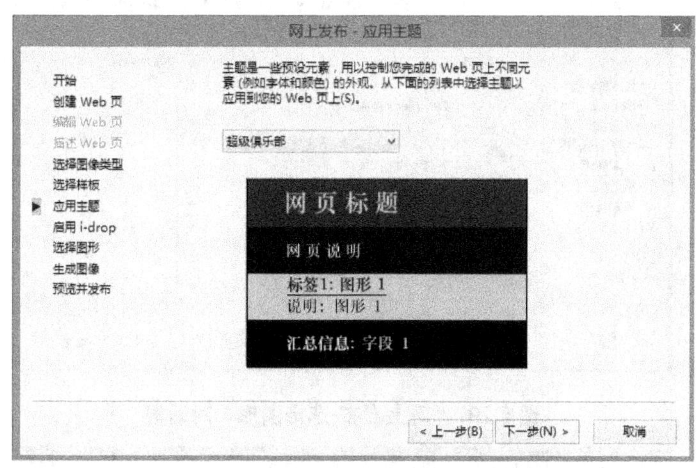

图 8.27 “网上发布-应用主题”对话框

(6) 在“网上发布-启用 i-drop”对话框中，选中“启用 i-drop”复选框，如图 8.28 所示，单击“下一步”按钮。

(7) 在“网上发布-选择图形”对话框中，单击[...]按钮选择找到要发布的“施工图.dwg”，在“布局”下拉列表框中选择“模型”选项，单击“添加”按钮，如图 8.29 所示，单击“下一步”按钮。

(8) 在“网上发布-生成图像”对话框中，选中“重新生成所有图像”单选按钮，如图 8.30 所示，单击“下一步”按钮。

(9) 在如图 8.31 所示的“网上发布-预览并发布”对话框中单击“预览”按钮，预览发布的网页。单击“完成”按钮，完成网上发布操作。

使用“网上发布”向导，即使不熟悉 HTML 编码，也可以快速轻松地创建精彩的格式化 Web 页。创建 Web 页后，可以将其发布到 Internet 或 Intranet。

使用网上发布编辑现有的 Web 页与创建新 Web 页的操作类似，可自行操作。

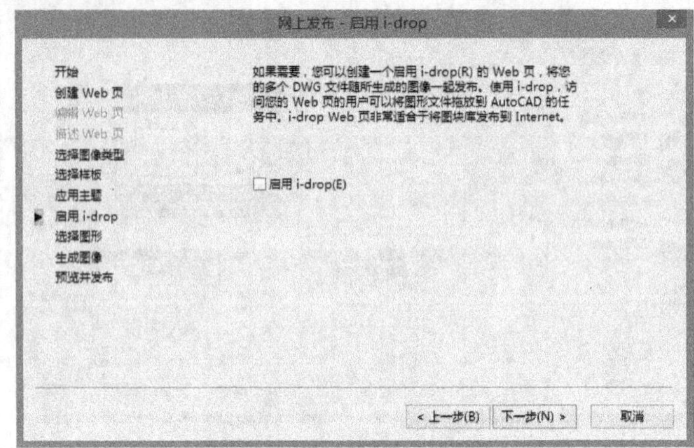

图 8.28 “网上发布-启用 i-drop”对话框

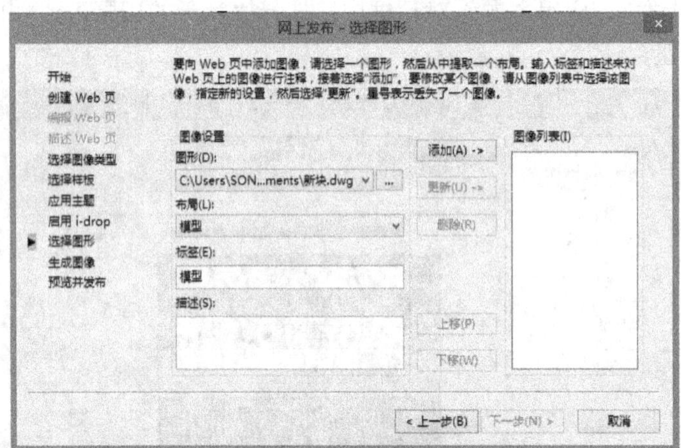

图 8.29 “网上发布-选择图形”对话框

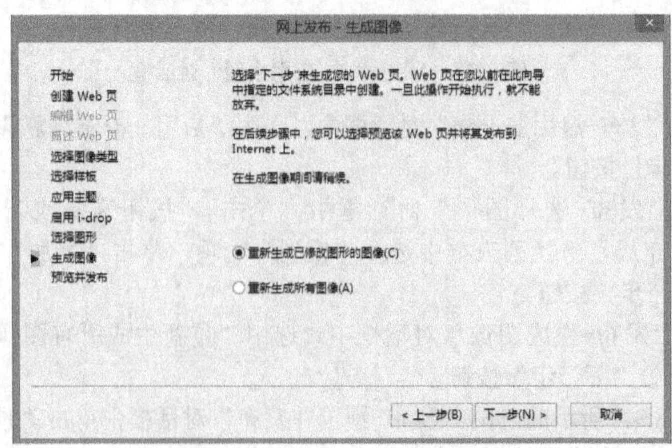

图 8.30 “网上发布-生成图像”对话框

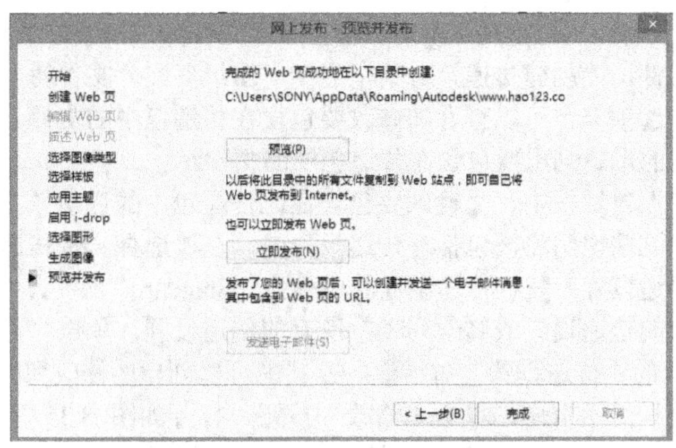

图 8.31 “网上发布-预览并发布”对话框

8.5 电子传递文件

使用电子传递，可以打包要进行 Internet 传递的文件集。使用电子传递必须将图形保存为 DWG 或 DWT 格式。

命令执行操作：选择“文件”→“电子传递”命令，如图 8.32 所示，或命令行输入“ETRANSMIT”命令，可以打开如图 8.33 所示的“创建传递”对话框。

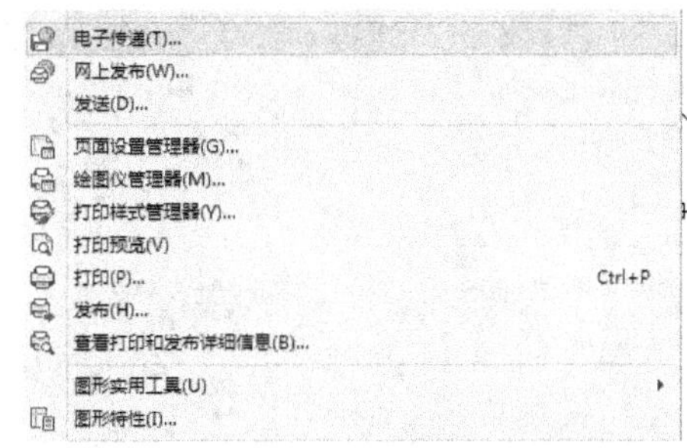

图 8.32 “文件”→“电子传递”命令

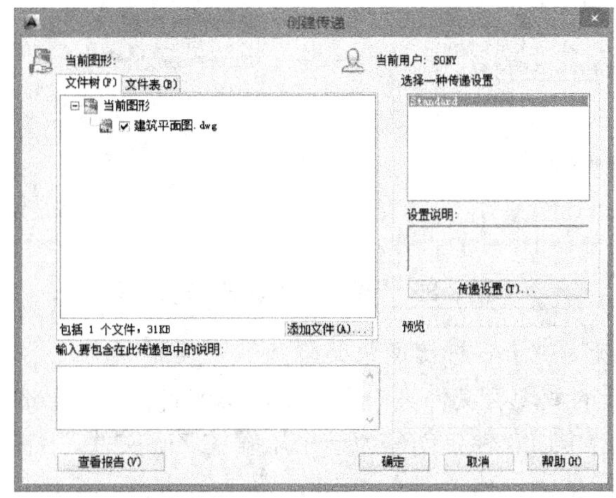

图 8.33 “创建传递”对话框

对于单个图形文件，“创建传递”对话框显示“文件树”和“文件表”两个选项卡；对于图纸集的图形文件，“创建传递”对话框显示“图纸”、“文件树”和“文件表”3 个选项卡。使用这些选项卡，可以查看和修改要包含在传递包中的文件。其中“文件树”选项卡以层次结构树的形式列出要包含在传递包中的文件。

在“创建传递”对话框中，“输入要包含在此传递包中的说明”文本框用来输入与传递包相关的说明，这些说明将被包括在传递报告中。在“选择一种传递设置”列表框中列出了以前保存的传递设置。默认传递设置的名称为“Standard”。

要创建一个新的传递设置或修改列表中现有的传递设置，单击“传递设置”按钮，会打开如图 8.34 所示的“传递设置”对话框，在其中可以创建、修改和删除传递设置。

在“传递设置”对话框中，单击“修改”按钮，打开如图 8.35 所示的“修改传递设置”对话框，该对话框和“修改归档设置”对话框非常相似。

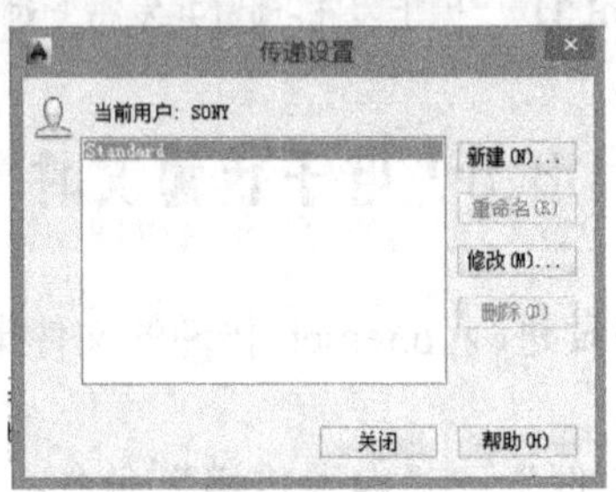

图 8.34 “传递设置”对话框

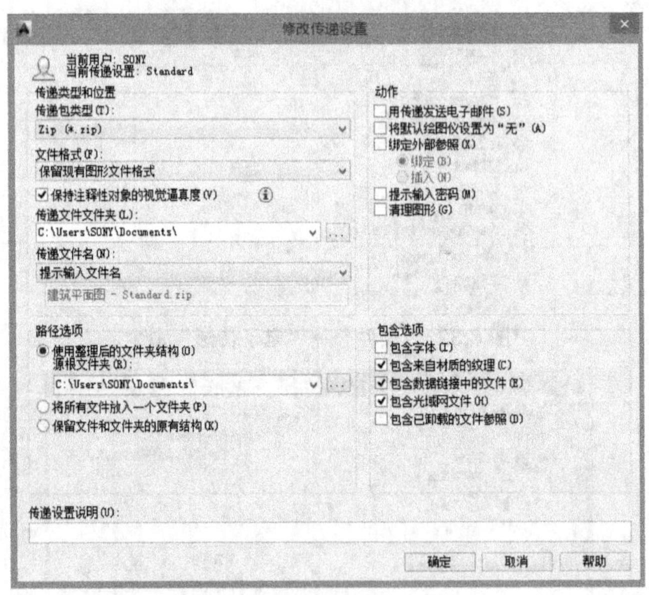

图 8.35 “修改传递设置”对话框

传递包类型：系统提供了 3 种传递包类型。

(1) 文件夹：在新的或现有文件夹中创建未压缩文件的传递软件包。

(2) Zip：将文件的传递软件包创建为一个压缩的 Zip 文件。

(3) 自解压可执行文件：将文件的传递软件包创建为一个压缩的、自解压可执行的 EXE 文件。

文件格式：指定传递包中包含的所有图形要转换的文件格式。

(1) 用传递发送电子邮件：创建传递包时启动系统默认的电子邮件应用程序，可以将传递包作为附件通过电子邮件的形式发送。

(2) 绑定外部参照：将所有外部参照绑定到他们所附着的文件上。

(3) 传递设置说明：输入传递设置的说明。此说明显示在“创建传递”对话框的传递文件设置列表下，可以选择列表中的任何传递设置以显示其说明。

本章小结

通过本章的学习，应掌握 AutoCAD 2014 打印出图的一些基本操作，采用模型空间输出图形，不容易准确控制输出图形的比例，采用布局空间出图可以准确设置图形输出的比例，通过打印操作实践来掌握打印的设置方法和操作步骤，应了解网上发布和电子传递的概念。

习题

1. 新建一个文件，然后新建一个布局，并命名为“我的布局”。
2. 模型空间和图纸空间有什么区别？
3. 网上发布图纸的步骤有哪些？
4. 文件电子传递时的文件包类型有哪 3 种？
5. 打开一个已经绘制好的图形，从图纸空间将其打印输出。

第 9 章

绘制建筑施工图

教学目标

通过本章的学习，了解绘制建筑施工图的基本步骤，掌握绘制住宅楼平、立、剖面图时所涉及的基本绘图命令，并对前几章所学的基本绘图和编辑命令重复使用，以达到进一步加深理解和熟练运用的目的。

学习要求

能力要求	知识要点	权重
能够熟练地绘制住宅平、立、剖面图	了解建筑施工图的绘制顺序，掌握平、立、剖面图中所涉及的基本绘图和编辑命令	55%
在绘图中能够熟练地运用图层	掌握建立图层和加载线型的方法，掌握线型比例和当前图层的设定方法	10%
创建尺寸标注的基本技能	尺寸标注的格式、尺寸标注工具栏上的标注命令及各种尺寸标注的编辑方法	10%
使用图块的基本技能	Make Block 和 Write Block 命令，插入图块、图块的属性，编辑已制作和已插入的图块	10%
创建文字说明的基本技能	文字格式、高度的确定方法，单行文字和多行文字等文字编辑方法	15%

本章导读

建筑设计师为了更清晰地表达建筑物各部分的做法，便于施工人员了解设计意图，需要用 AutoCAD 绘制建筑施工图，建筑施工图是房屋工程施工图中具有全局性地位的图纸，反映房屋的平面形状、功能布局、外观特征、各项尺寸和构造做法等，是其他专业进行设计、施工的技术依据和条件。建筑施工图包含建筑平面图、建筑立面图、建筑剖面图、建筑详图等图纸。

本章将学习使用 AutoCAD 绘制建筑平、立、剖面图的基本方法，加强基本命令的操作实践，需要重点掌握基本操作步骤。

引例与思考

一套房屋建筑工程图包含建筑施工图、结构施工图、设备施工图、装饰施工图等，是用于指导房屋建筑工程施工的图纸，用 AutoCAD 来绘制这些施工图更加方便、快捷。

(1) 用 AutoCAD 绘制建筑平面图前应进行哪些设置?

(2) 用 AutoCAD 绘制建筑平面图的步骤有哪些?

9.1 建筑工程图样板文件

图形样板文件通过提供标准样式和设置来保证用户所创建图形的一致性，其扩展名为 * .dwt。如果根据现有的图形样板文件创建新图形并进行修改，则新图形中的修改不会影响图形样板文件。

需要创建使用相同约定和默认设置的多个图形时，通过创建或自定义图形样板文件而不是每次启动时都指定约定和默认设置可以节省很多时间。通常存储在样板文件中的约定和设置包括以下几点。

(1) 单位类型和精度。

(2) 标题栏、边框和徽标。

(3) 图层名。

(4) 捕捉、栅格和正交设置。

(5) 栅格界限。

(6) 注释样式(标注、文字、表格和多重引线)。

(7) 线型。

选择“文件”→“新建”命令，弹出如图 9.1 所示的“选择样板”对话框，可以从列表中选择样板，也可以自己创建样板文件。如果想不使用样板文件创建一个新图形，可单击“打开”按钮旁边的下三角箭头，选择列表中的一个“无样板”选项。

特别提示

本章引例与思考题目 1 的解答：在绘制工程图前，要根据需要设置图形环境及创建图形样板文件。

A3 标准图形样板的创建：

1. 设置绘图环境

1) 图层创建及设置

【命令执行】：通过选择“格式”→“图层”命令，打开“图层特性管理器”对话框进行设置图层特性，如图 9.2 所示。

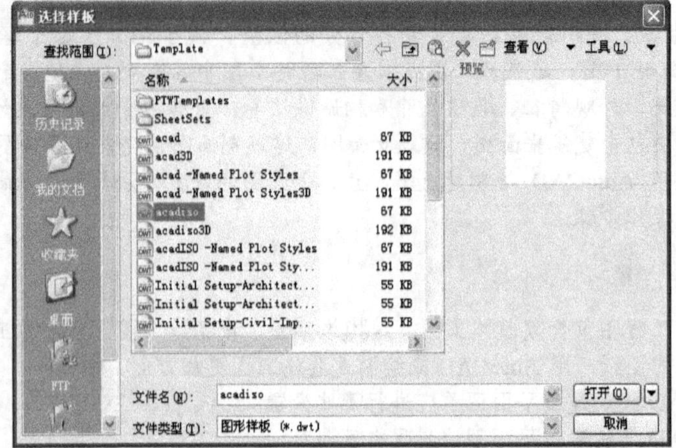

图 9.1 “选择样板”对话框

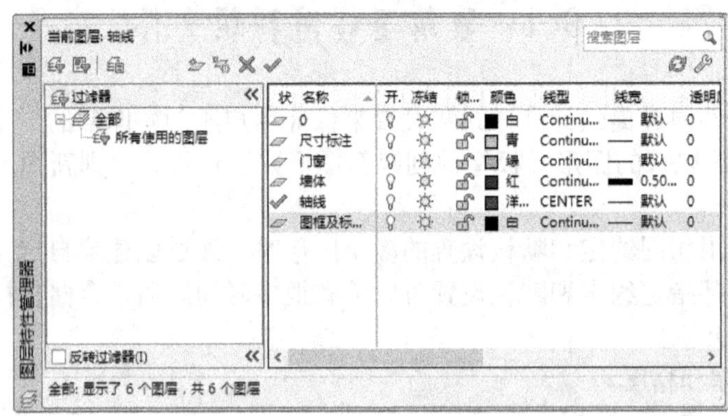

图 9.2 “图层特性管理器”对话框

2) 文字样式

【命令执行】：通过选择“格式”→“文字样式”命令，打开“文字样式”对话框，单击新建按钮创建如图 9.3 和图 9.4 所示的文字样式:汉字和标注文字。

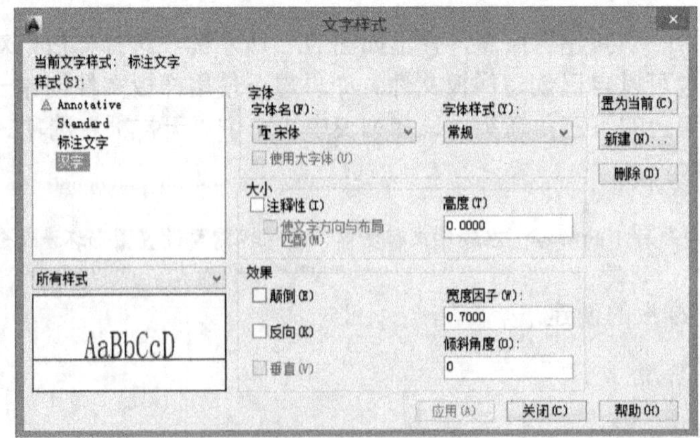

图 9.3 汉字文字样式

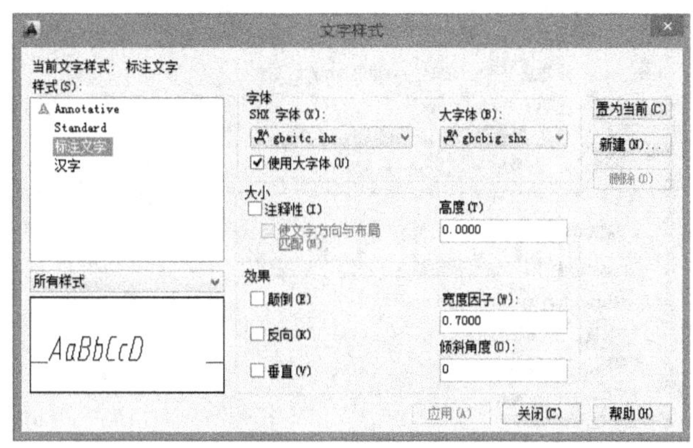

图 9.4 标注文字样式

3) 标注样式

【命令执行】：通过选择“格式”→“标注样式”命令，打开“标注样式管理器”对话框如图 9.5 所示，单击新建按钮创建名称为建筑标注的样式，分别设置“符号箭头”和“文字”选项卡，如图 9.6 和图 9.7 所示。

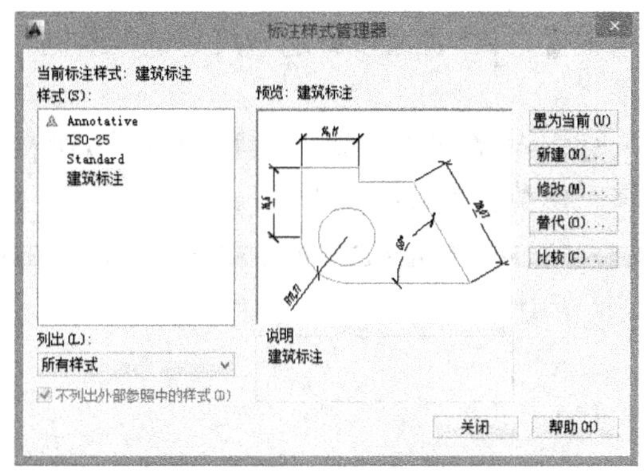

图 9.5 “标注样式管理器”对话框

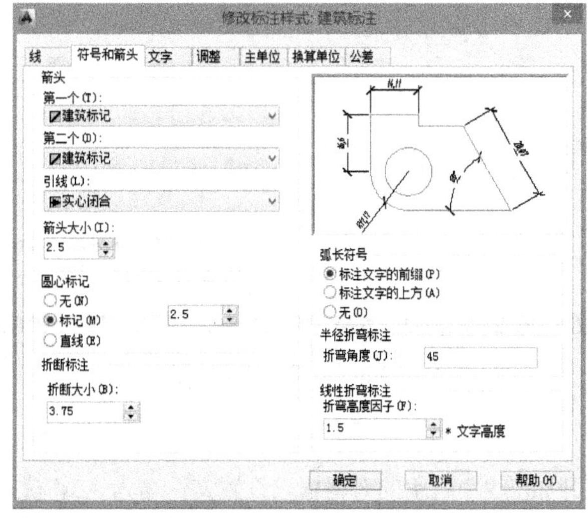

图 9.6 “符号和箭头”选项卡

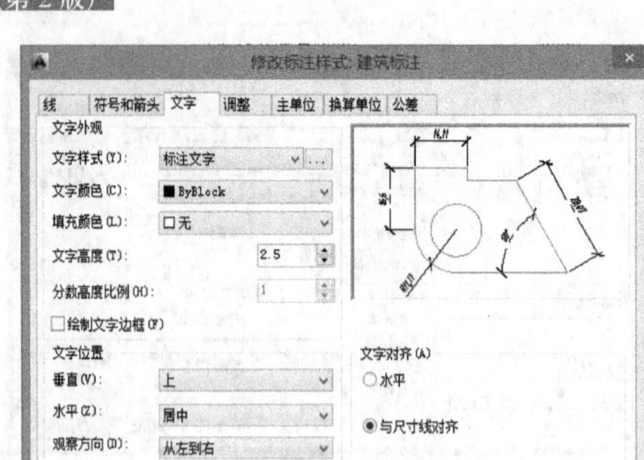

图 9.7 “文字”选项卡

2. 绘制 A3 图框和标题栏

根据第 2 章中制图基本规定 A3 图框及标题栏尺寸进行绘制。

操作步骤如下:

绘制矩形 420×297，利用偏移命令及分解、修剪命令进行编辑处理得到 A3 图框(图 9.8)。利用直线命令及偏移、修剪命令绘制标题栏。

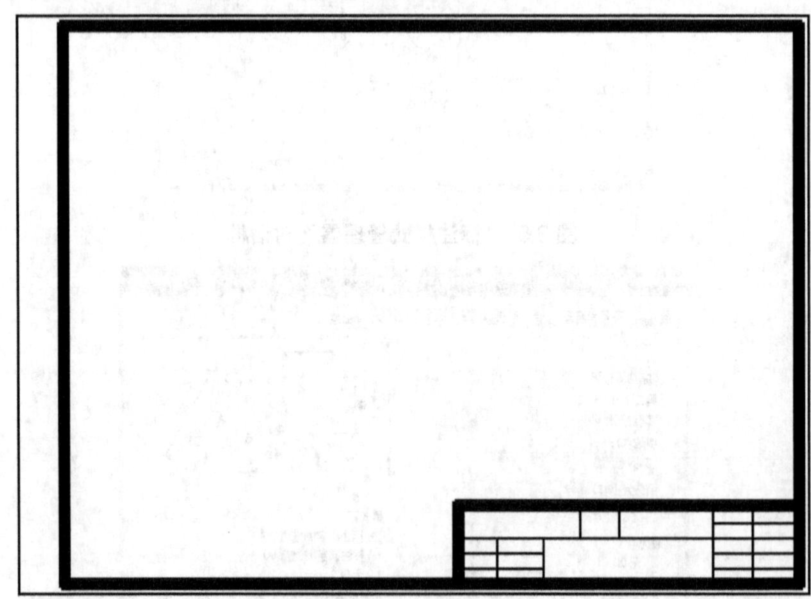

图 9.8 A3 图框及标题栏

3. 保存样板文件

通过另存命令打开如图 9.9 所示的对话框，设置文件名为 A3，文件类型为 dwt 文件。

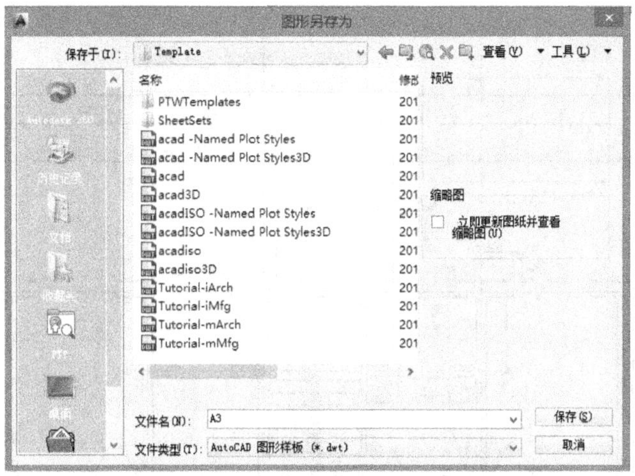

图 9.9 “图形另存为”对话框

9.2 建筑平面图的绘制

9.2.1 建筑平面图绘图步骤

在建筑平面图中，被剖切平面剖切到的墙体使用粗实线，尺寸线、尺寸界限、图例线、标高符号使用细实线，图例线中的虚线采用细虚线，定位轴线采用细点划线，如图 9.10 所示。

绘图步骤如下：

(1) 图层创建及设置。

(2) 绘制轴线。

(3) 绘制墙体。

(4) 绘制门窗。

(5) 尺寸标注及轴线编号。

(6) 插入图框及标题栏。

9.2.2 绘图准备

1. 设置绘图界限

根据建筑平面图所标注的尺寸可知，新建房屋的大小为 14900×12000，留出标注尺寸的位置，建筑平面图的绘图区域设置成 100 倍 A3 图纸较为合适。

(1) 选择“格式”→“图形界限”命令，或者在命令行输入“LIMITS”，命令行提示如下：

```
命令: _LIMITS
重新设置模型空间界限:
指定左下角点或 [开(ON)>关(OFF)]<0.0000,0.↵0000>:
指定右上角点 <4200.000,2970.0000>: 42000,29700
```

(2) 选择“视图”→“缩放”→“全部”命令，使设定的绘图界限包含在绘图区中。

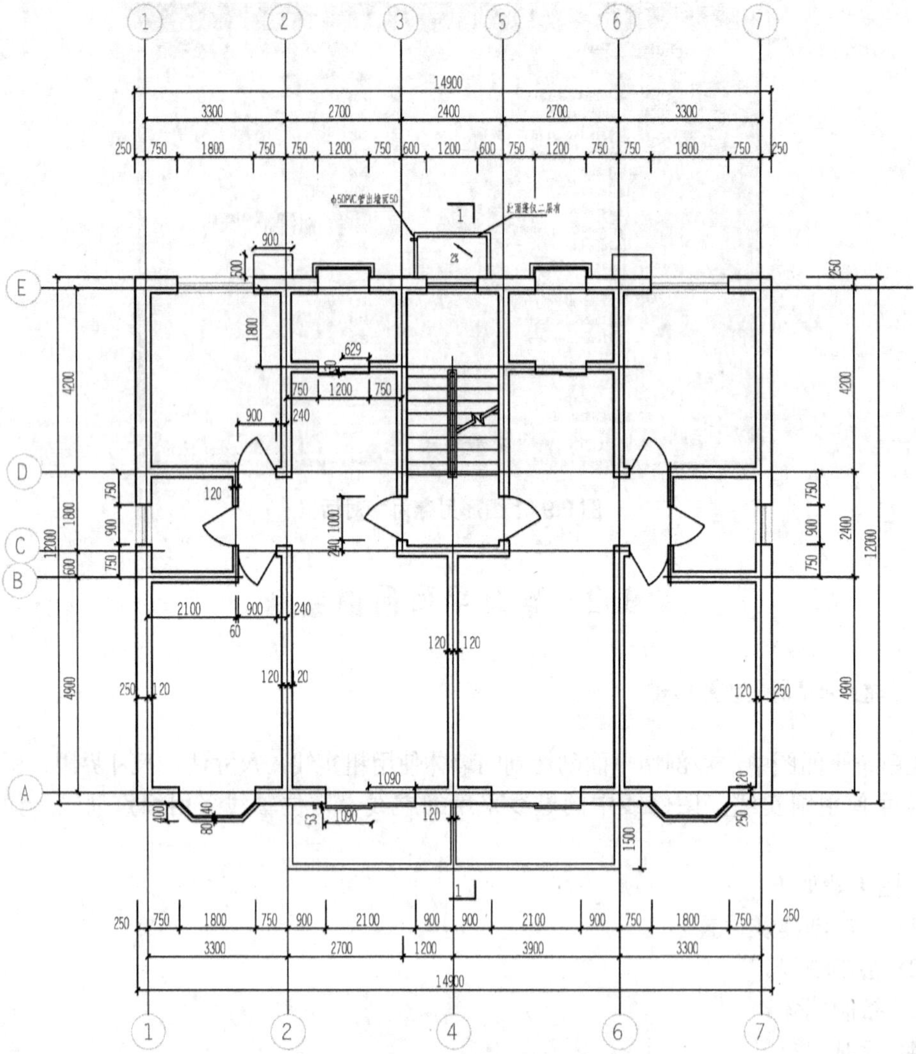

图 9.10　住宅平面图

(3) 在如图 9.11 所示的对话框中选中“启用栅格”复选框，使设定的图纸全部显示。

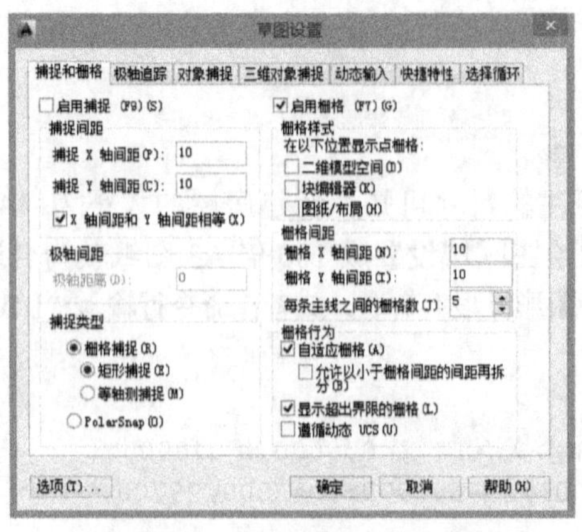

图 9.11　“启用栅格”复选框

2. 设置文字样式

“文字样式”对话框如图 9.12 所示。

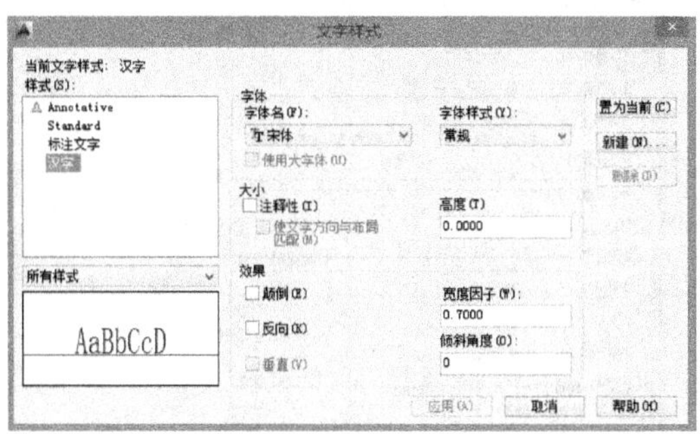

图 9.12 “文字样式”对话框

3. 设置尺寸标注样式

新建名称为建筑标注的标注样式。

(1) 设置“线”选项卡，如图 9.13 所示。

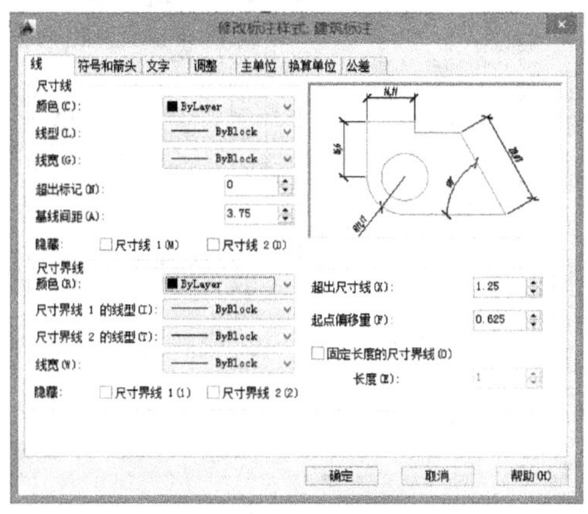

图 9.13 “线”选项卡

(2) 设置“符号和箭头”，如图 9.14 所示。

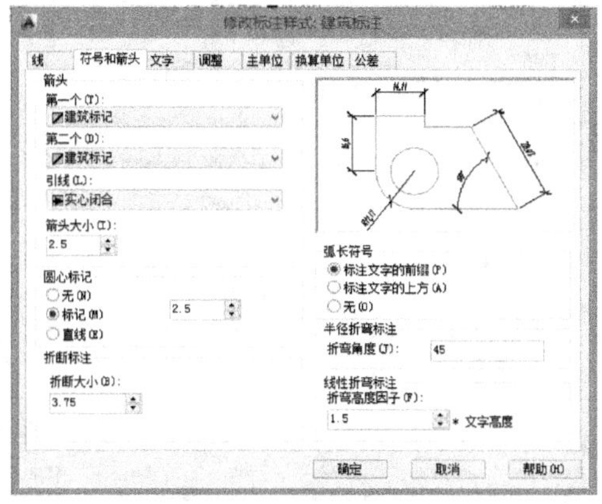

图 9.14 “符号和箭头”选项卡

(3) 设置“文字”选项卡，如图 9.15 所示。

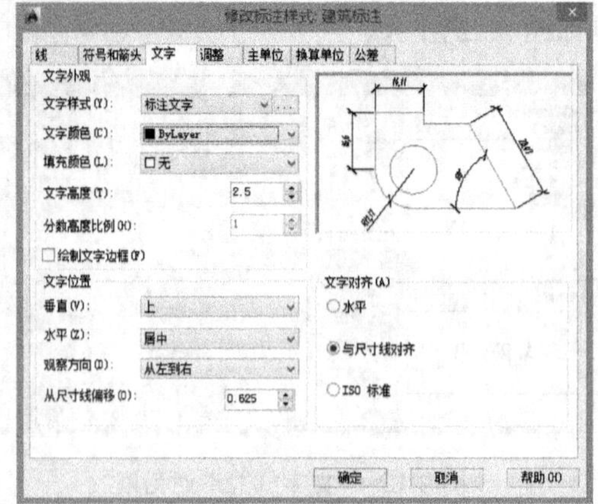

图 9.15 “文字”选项卡

(4) 设置“调整”选项卡，如图 9.16 所示。

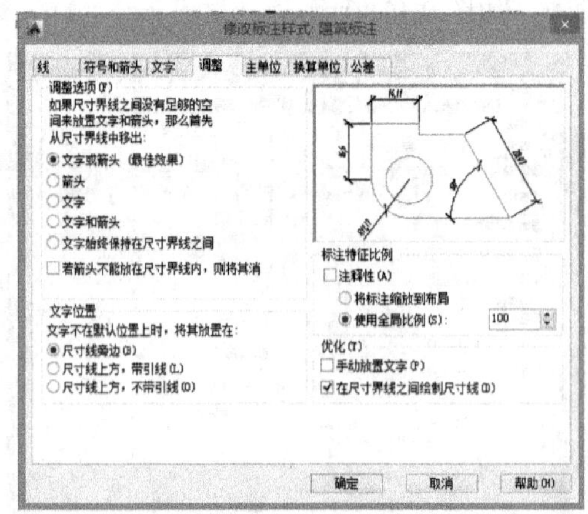

图 9.16 “调整”选项卡

(5) 设置“主单位”选项卡，在“消零”选择区域中选中“消零”选项，如图 9.17 所示。

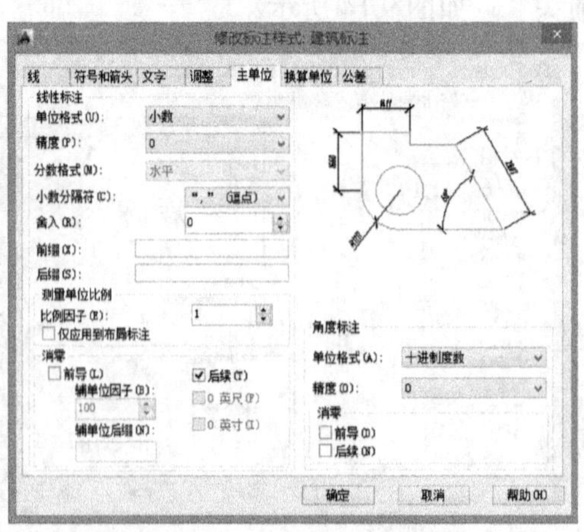

图 9.17 “主单位”选项卡

如果在开始画图之前已经根据图 9.1 中的步骤创建了 A3 图形样板文件，就可以省去这些步骤，直接新建图形文件打开 A3 样板如图 9.18 所示。

图 9.18 “选择样板”对话框

9.2.3 建筑平面图绘制

案例 1 绘制平面图。

(1) 创建图层，图层设置如图 9.19 所示。

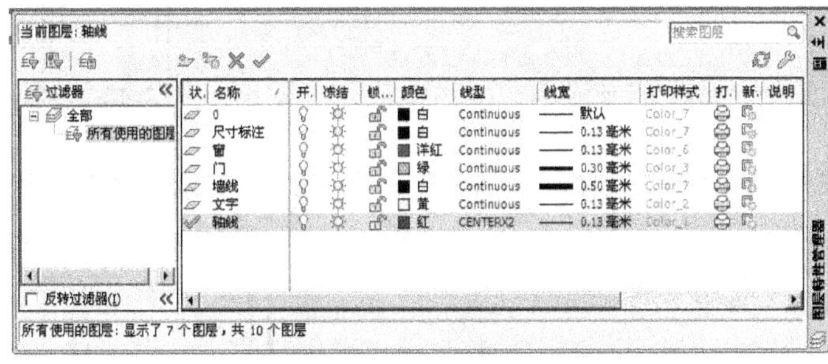

图 9.19 设置图层

(2) 切换到“轴线”图层，绘制水平和垂直线，设置线型比例为 30，执行“偏移”命令形成轴网，效果如图 9.20 所示。

(3) 使用“修剪”命令对轴网进行修剪，使用轴线偏移方法绘制辅助线，偏移距离如图 9.21 所示。

(4) 创建 3 种多线样式，名称分别为 W37、W24、W12，参数分别为(120，-250)、(120，-120)和(60，-60)

(5) 绘制线型为 W37，对正样式为无、比例为 1 的墙体，如图 9.22 所示。

(6) 使用多线样式 W24 和 W12 绘制其他墙体，效果如图 9.23 所示。

(7) 修改多线样式，使用 对角点进行编辑，使用 对 T 形点进行编辑，编辑效果如图 9.24 所示。

(8) 分解所有多线，按如图 9.25 所示尺寸偏移轴线，并对墙体修剪。执行“直线”命令补充墙线，创建出门窗洞口，如图 9.25 所示。

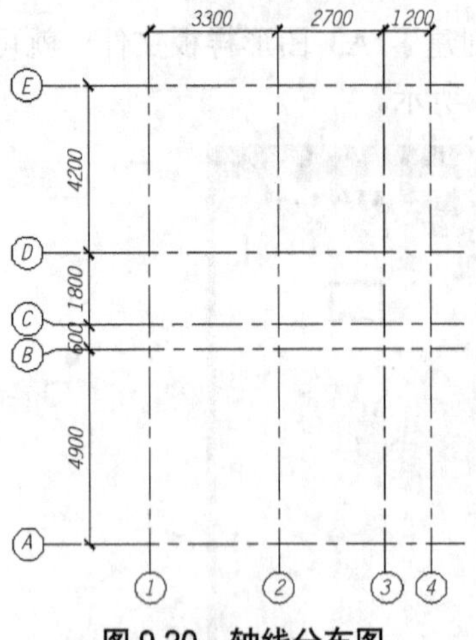

图 9.20　轴线分布图

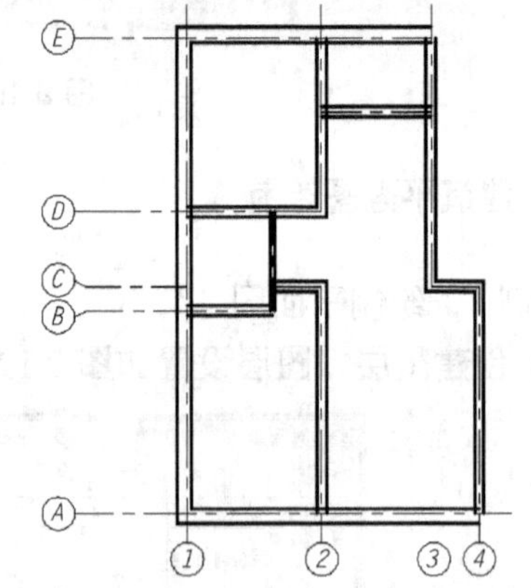

图 9.21　偏移形成辅助线

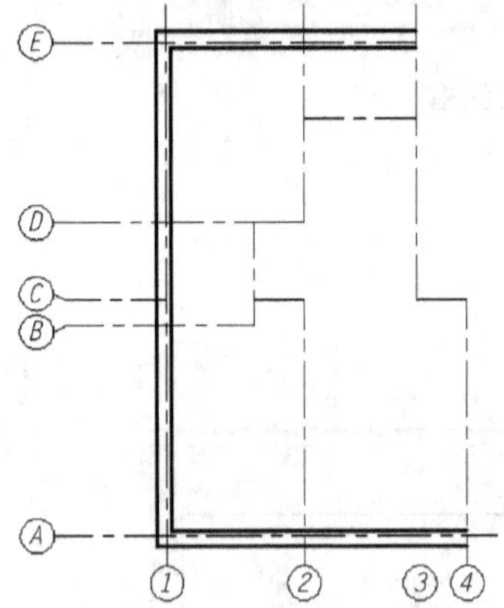

图 9.22　绘制的 W37 墙体

图 9.23　绘制 W24 墙体和 W12 墙体

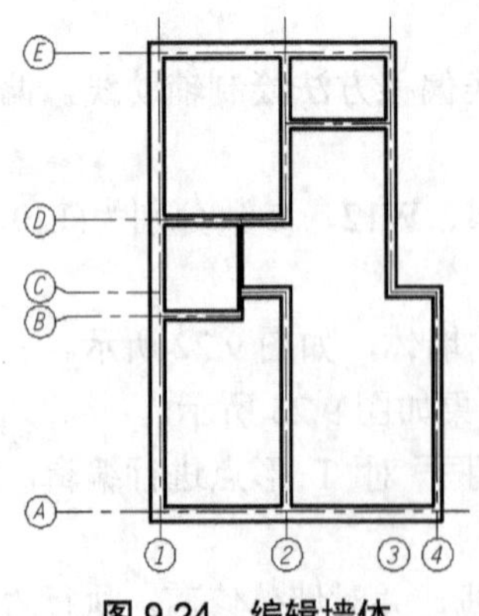

图 9.24　编辑墙体

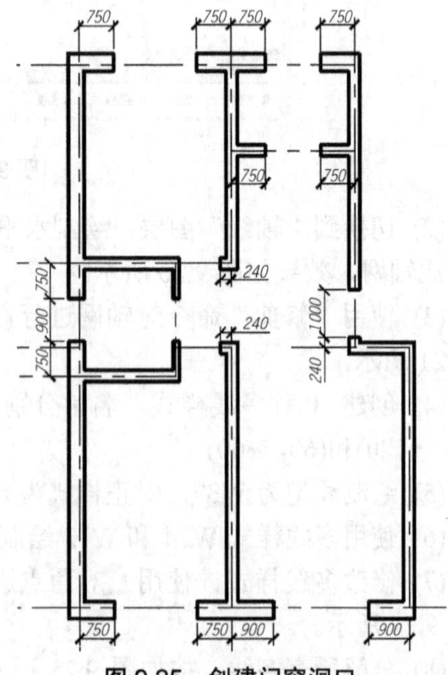

图 9.25　创建门窗洞口

(9) 切换到“窗”图层绘制飘窗，绘制直线，两点捕捉墙顶点，绘制“构造线”选择角度，分别设置为 45、135，执行 “偏移”、“修剪”命令，绘制飘窗，如图 9.26 所示。

(10) 使用修改对象多段线将绘制的飘窗合并成多段线，然后分别向上、向下偏移 40、80，并使用“延伸”命令延伸到墙体，如图 9.27 所示。

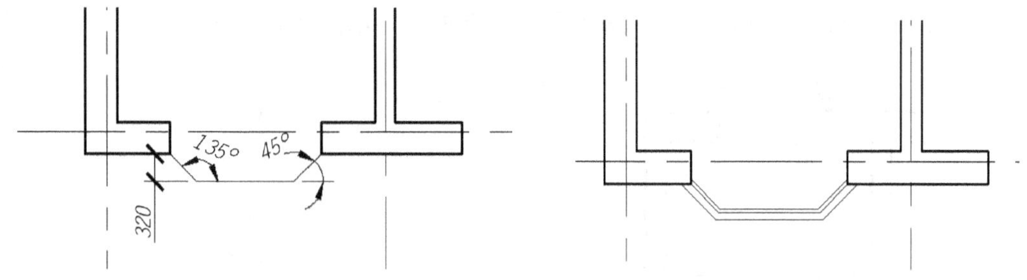

图 9.26 绘制飘窗线　　图 9.27 宽 1800 的飘窗效果

(11) 执行“多段线”命令绘制阳台线，效果如图 9.28 所示。

(12) 执行“偏移”命令将(1)中绘制的多段线向外偏移 120，效果如图 9.29 所示。

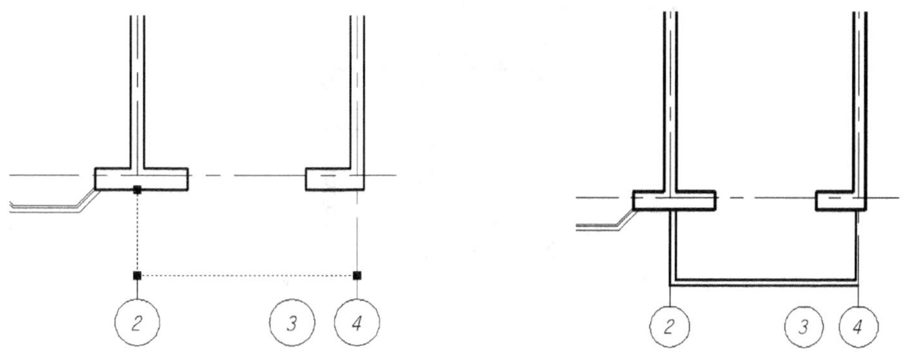

图 9.28 绘制阳台线　　图 9.29 阳台效果

(13) 执行“绘图”→“点”→“定数等分”绘制主卧室窗图例线，如图 9.30 所示。执行“矩形”命令绘制阳台推拉门，如图 9.31 所示。

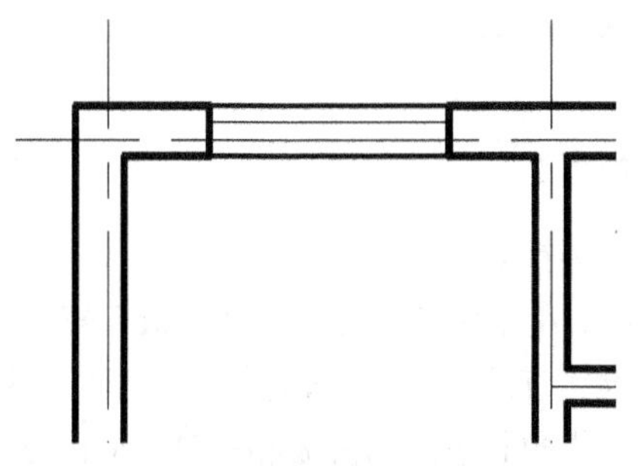

图 9.30 主卧室窗

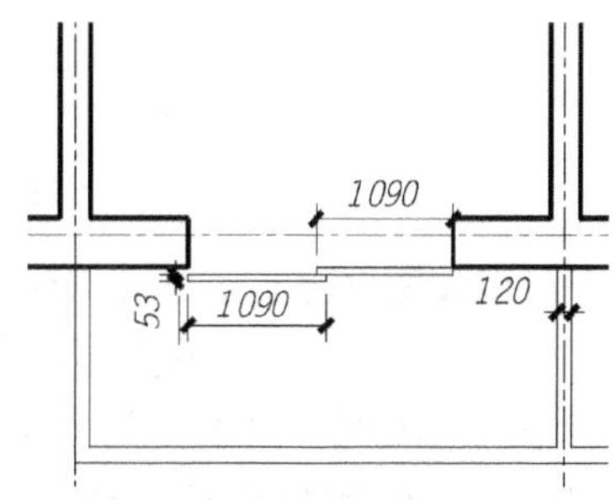

图 9.31 阳台推拉门

(14) 执行“偏移”命令绘制灶台。设置偏移距离为 600，对偏移线进行修剪，效果如图 9.32 所示。

(15) 将图层 “门”设置为当前层。执行“构造线”命令选择角度，设置为 150，绘制门线。执行“圆”命令，捕捉墙线门剖切线中心为圆心，捕捉另外一个中心确定半径绘制门开启线圆。执行“修剪”命令修剪步骤中绘制的圆，如图 9.33 所示。

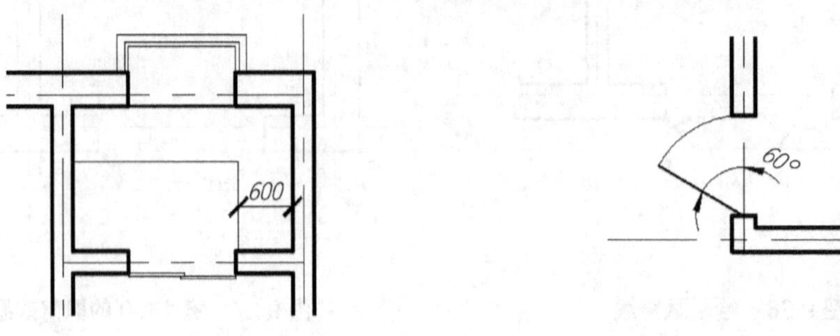

图 9.32　绘制灶台　　　　图 9.33　入户门开启线

(16) 按照步骤(15)绘制其余门及开启线，如图 9.34 所示。

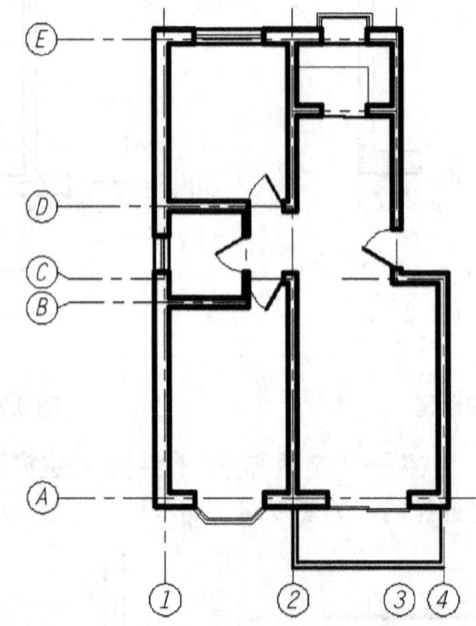

图 9.34　绘制完成的门

(17) 参照如图 9.35～图 9.38 所示中的尺寸绘制楼梯。

(18) 绘制洁具、灶具。位于厨房和卫生间的各项用具设施，可通过“AutoCAD 设计中心”找到相应的图例。以卫生间为例，单击“标准”工具栏中的按钮，出现“设计中心”标签，在左侧的列表框中选择 AutoCAD 提供的样图 x:/progam files\autocad2010\Sample\DesignCenter\House Designer，将设计中心的图块分解后拖动到适当的位置即可，如图 9.39 所示。若读者自行绘制用具设施，可参照如图 9.40 所示尺寸，并通过“W”命令写成外部块。

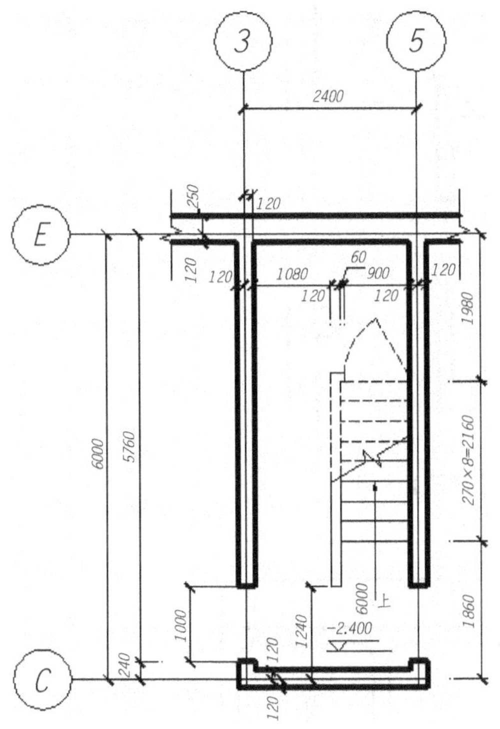

图 9.35　地下室楼梯间平面图

图 9.36　首层楼梯间平面图

图 9.37　二层楼梯间平面图

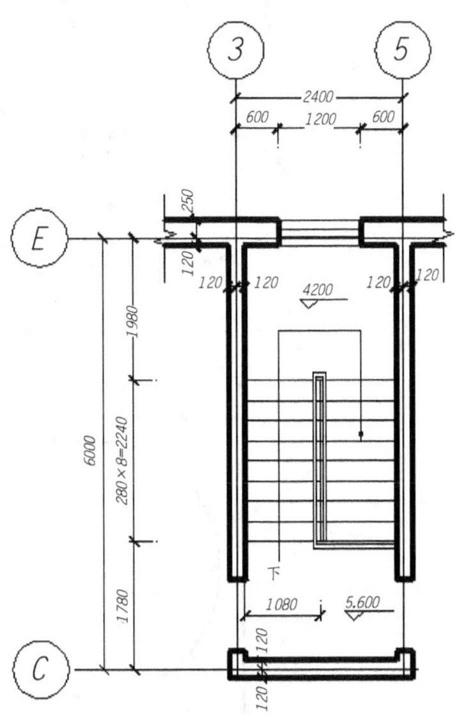

图 9.38　三层楼梯间平面图

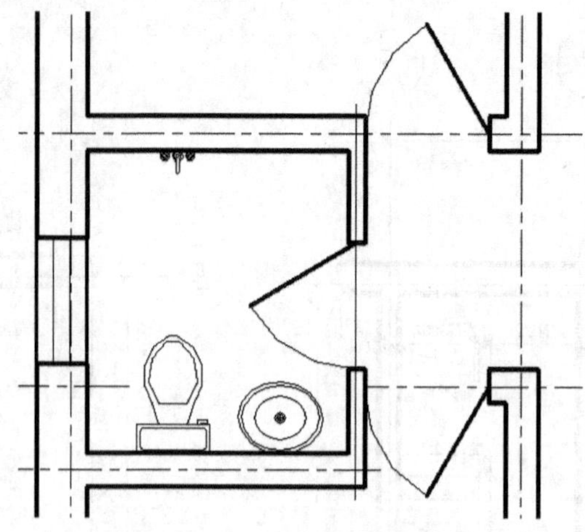

图 9.39　插入设施的卫生间

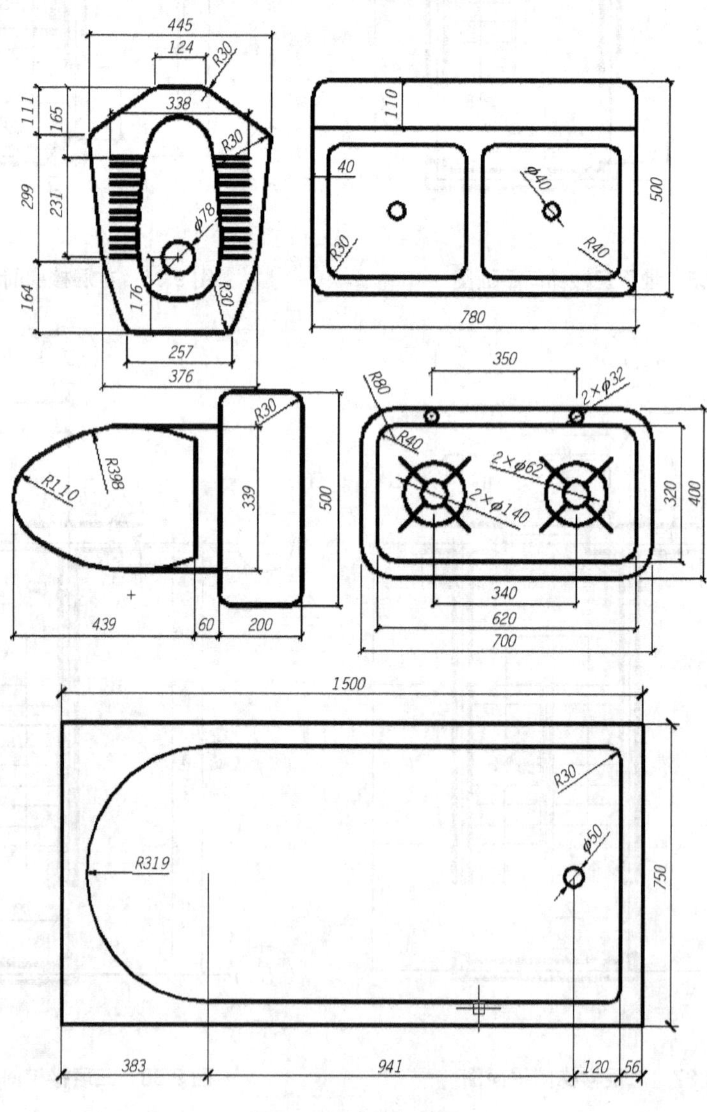

图 9.40　洁具、灶具

特别提示

本章引例与思考题目 2 的解答：通过以上案例，可以掌握用 AutoCAD 绘制建筑平面图的步骤。

案例小结

本案例通过建筑平面图的绘制，介绍了利用 AutoCAD 绘制平面图的操作步骤及基本方法，综合利用基本绘图命令及编辑、尺寸标注及其他相关内容的操作。

9.3 建筑立面图的绘制

9.3.1 建筑立面图概述

为了丰富立面图的效果，一般采用不同宽度的图线来表现不同的对象，以区分主次和丰富图面的层次。按照《房屋建筑制图统一标准》的要求，用加粗线绘制地平线；用粗实线绘制立面的最外轮廓线和位于立面轮廓内的具有明显凹凸起伏的所有形体与构造，如建筑转折、立面上的阳台、雨篷、室外台阶、花池、窗台、凸于墙面的柱子等；用中粗线绘制门窗洞口轮廓；用细实线绘制其余所有的图线、文字说明指引线、墙面装饰分割线、图例线等，如图 9.41 所示。

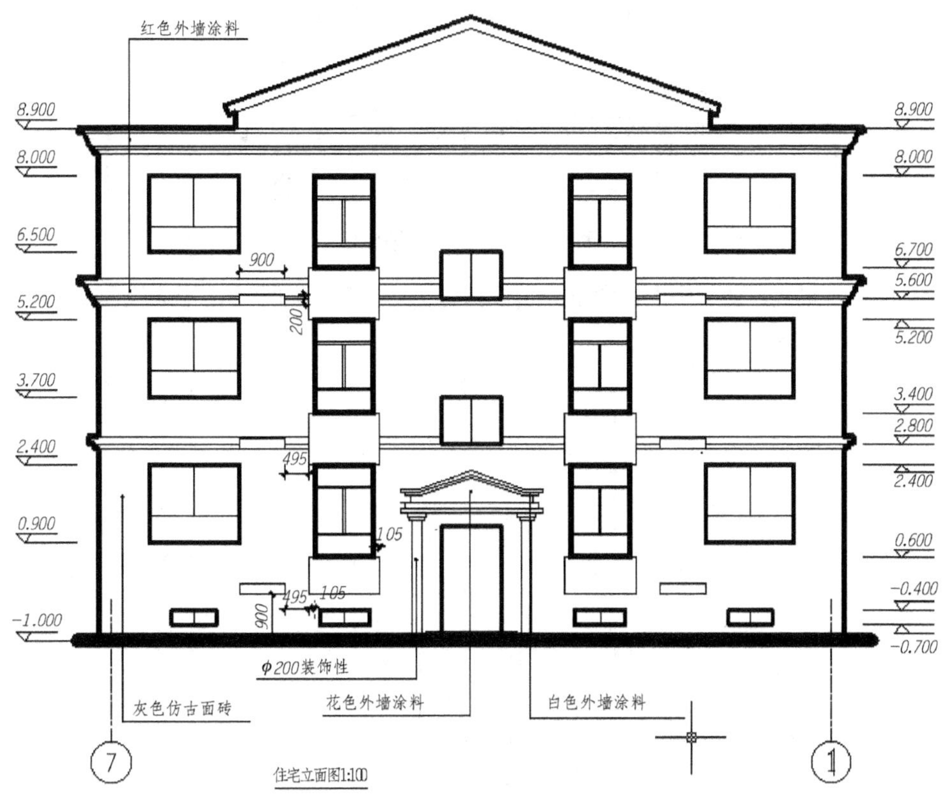

图 9.41 住宅立面图

9.3.2 绘图准备

图层、绘图界限、绘图单位、绘图辅助工具、文字样式、尺寸样式等的设置与平面图中相应的设置方法完全相同。

9.3.3 立面图的绘制

案列 2 绘制平面图。

(1) 打开“住宅二层平面图”切换到“轴线”图层，绘制竖向辅助线，如图 9.42 所示。

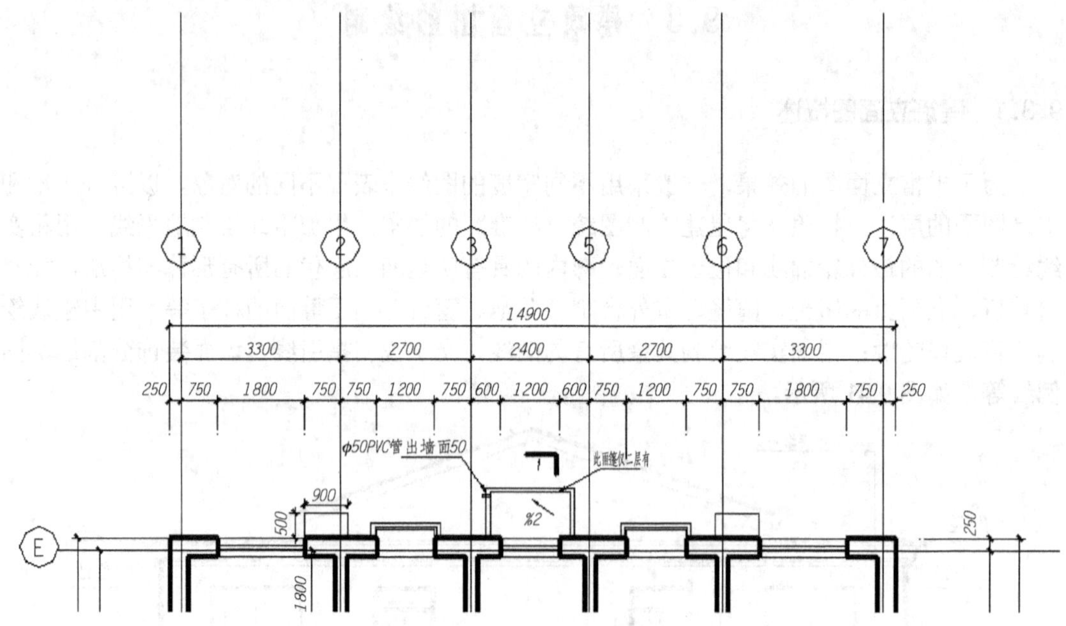

图 9.42 绘制竖向辅助线

(2) 绘制水平线，然后向上、向下分别偏移如图 9.43 所示的距离，形成横向主要辅助线。

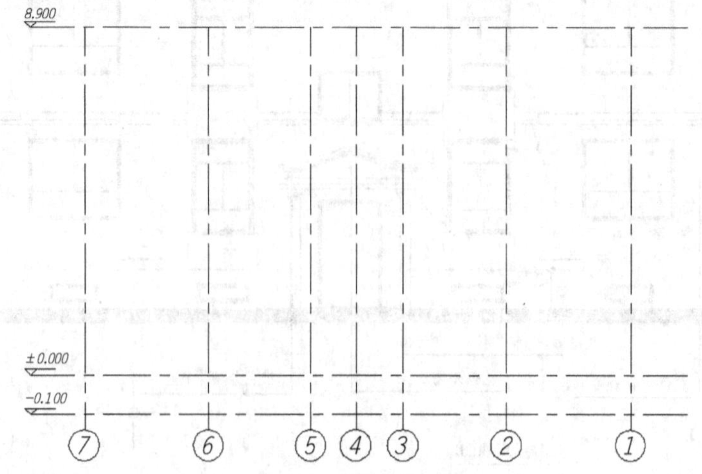

图 9.43 绘制横向辅助线

(3) 执行“偏移”命令，将最左和最右两根辅助线分别向左和向右偏移 250，得到外墙辅助线，如图 9.44 所示。

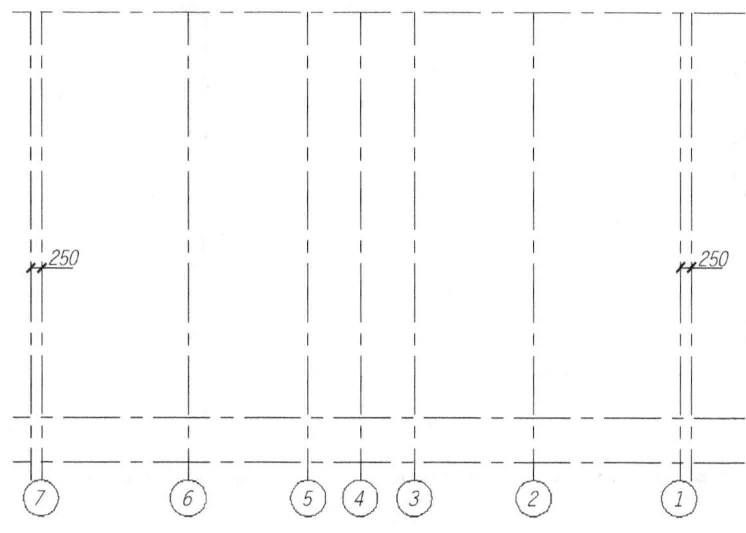

图 9.44 偏移外墙辅助线

(4) 切换到“墙线”图层，执行“直线”命令绘制地平线和外墙线，效果如图 9.45 所示。

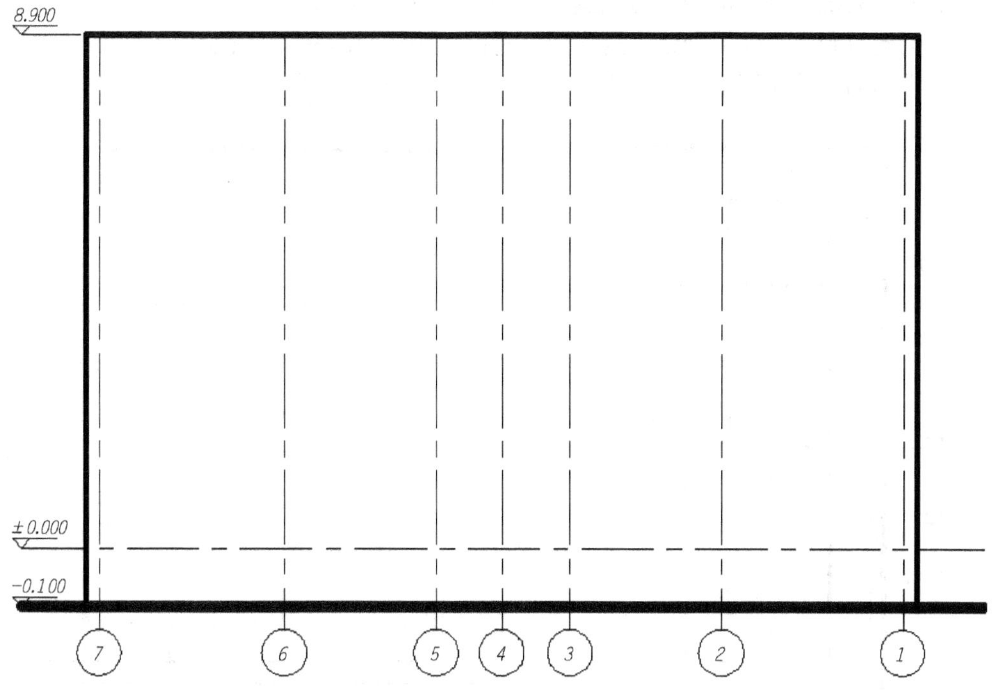

图 9.45 绘制外墙和地平线

(5) 创建绘制卧室窗户的辅助线，卧室横竖向辅助线如图 9.46 所示，尺寸由建筑平面图获得。

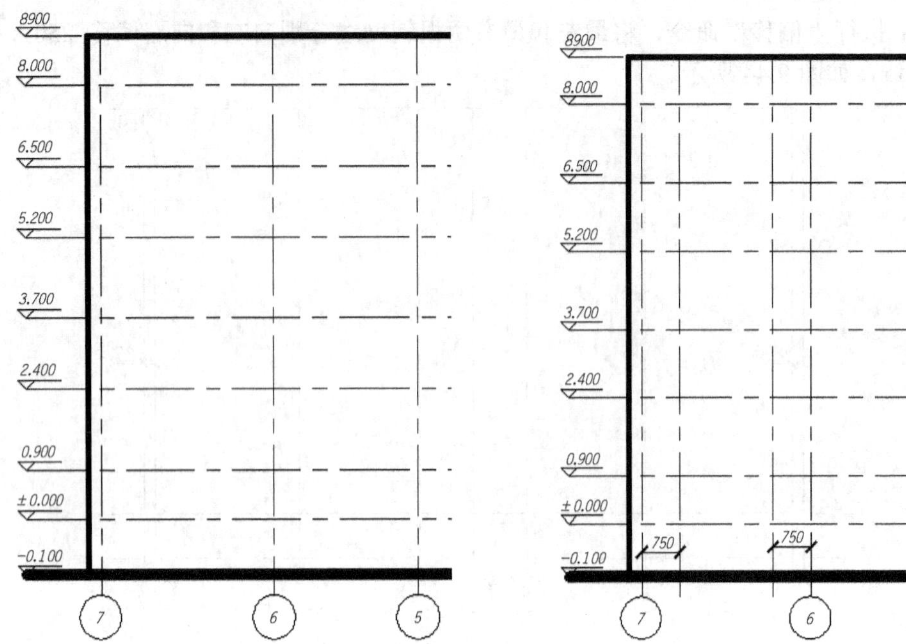

图 9.46　绘制卧室横竖向辅助线

(6) 沿辅助线绘制矩形得到卧室洞口线，效果如图 9.47 所示。

(7) 创建绘制窗户的辅助线，厨房横、竖向辅助线如图 9.48 和图 9.49 所示。

(8) 沿辅助线绘制矩形得到厨房洞口线，效果如图 9.50 所示。

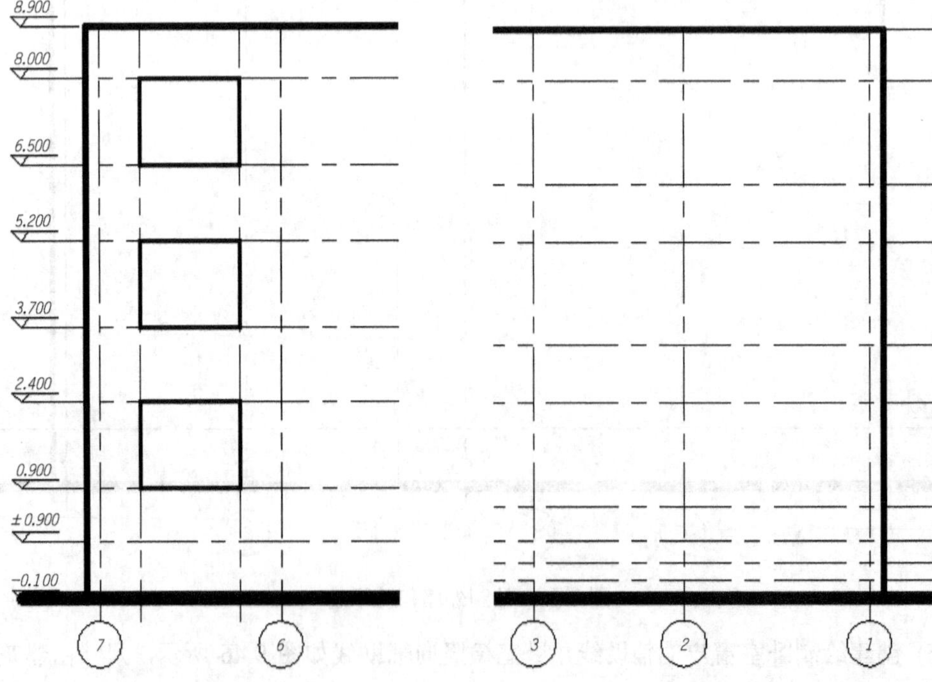

图 9.47　绘制卧室洞口线

图 9.48　绘制厨房横向辅助线

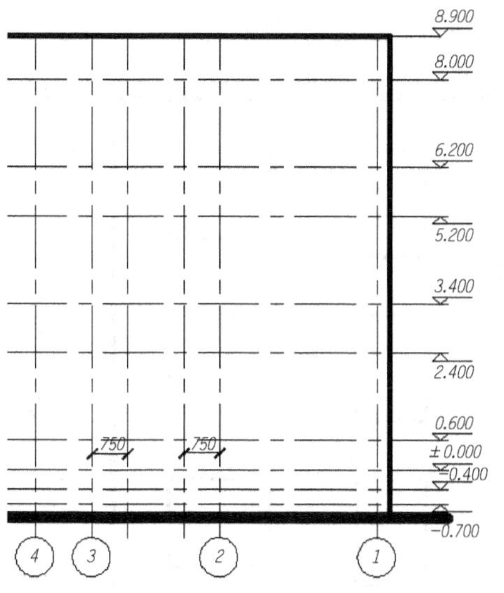

图 9.49　绘制厨房竖向辅助线

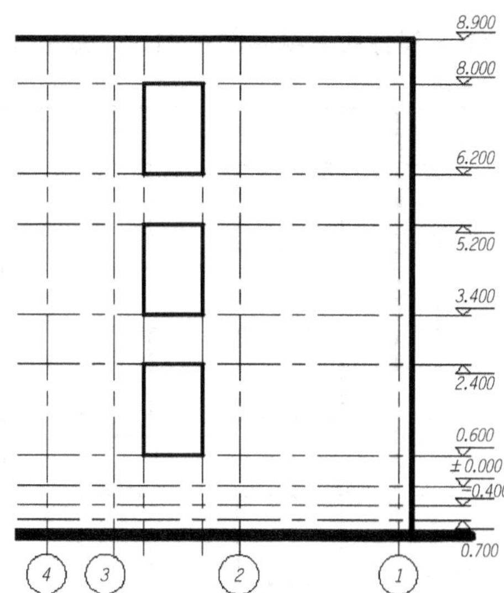

图 9.50　绘制厨房洞口线

(9) 按步骤(1)～(4)绘制地下室洞口线，如图 9.51 所示。

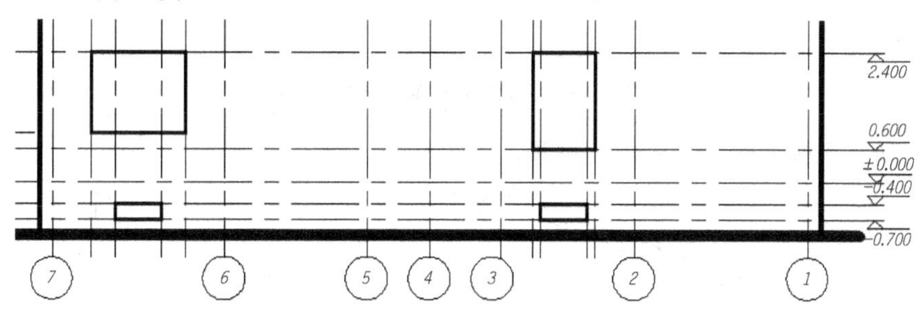

图 9.51　绘制地下室洞口线

(10) 绘制楼梯间窗户的辅助线、卧室横向辅助线，如图 9.52 所示，并沿辅助线绘制矩形得到洞口线，效果如图 9.53 所示。

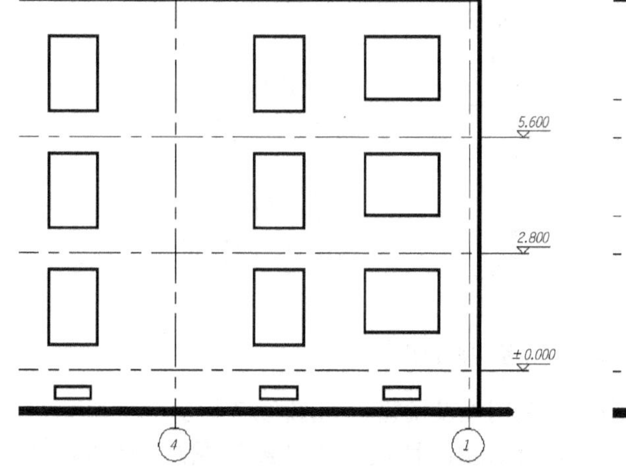

图 9.52　绘制楼梯间窗户水平辅助线

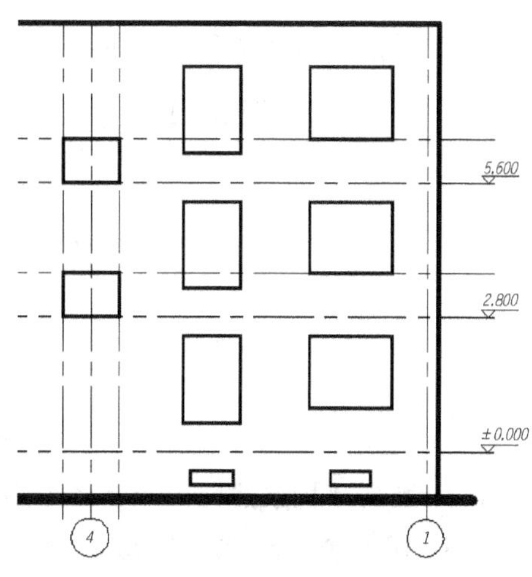

图 9.53　绘制楼梯间洞口线

(11) 镜像所有绘制的窗洞口，效果如图 9.54 所示。

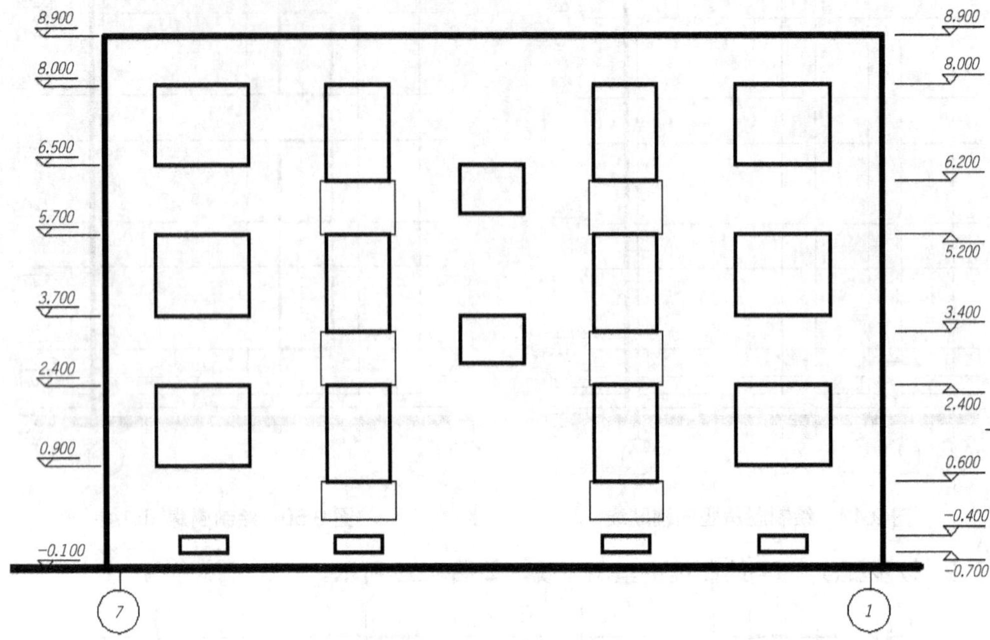

图 9.54 绘制完成洞口的立面图

(12) 执行“构造线”命令绘制屋顶，如图 9.55 所示。

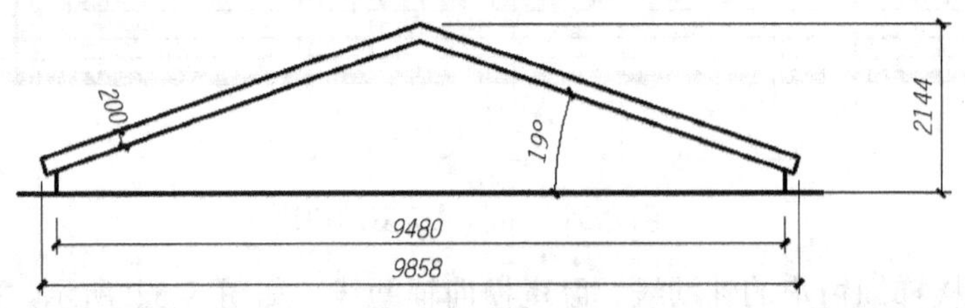

图 9.55 屋顶的形状和尺寸

(13) 按照如图 9.56 所示中的尺寸，绘制立面窗，并使用写块“W”命令将其作成块。

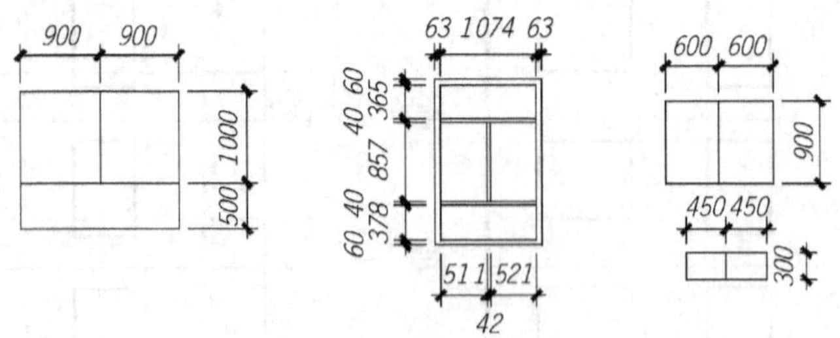

图 9.56 立面图中的窗户

(14) 执行“构造线”→“直线”命令绘制门柱及雨篷，如图 9.57 所示。

(15) 切换至“轴线”图层，绘制屋檐辅助线；切换至“墙线”图层，绘制屋檐直线，执行“绘图”→“圆弧”→“起点、端点、方向”命令，分别从如图 9.58(b)所示的起点绘制圆弧。

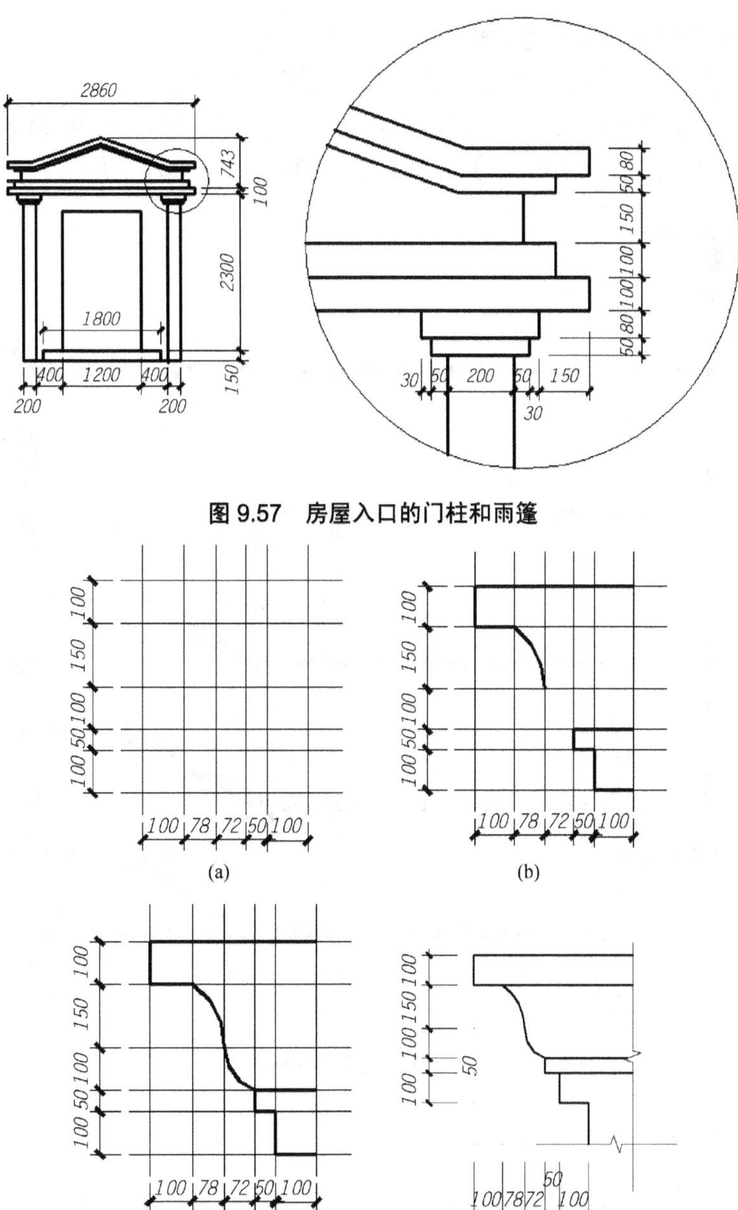

图 9.57 房屋入口的门柱和雨篷

图 9.58 屋檐的绘制

9.4 建筑剖面的绘制

9.4.1 建筑剖面图概述

为了使建筑剖面图的图形清晰、重点突出和层次分明，所使用的图线粗度应当按照下述要求选取。

(1) 室外地坪线用加粗实线绘制。

(2) 被剖切到的主要构造、构配件的轮廓线使用粗实线绘制。

(3) 被剖切到的次要构配件的轮廓线、构配件的可见轮廓线用中粗线绘制。

(4) 其余图线，如门窗图例线等，用细实线绘制，如图 9.59 所示。

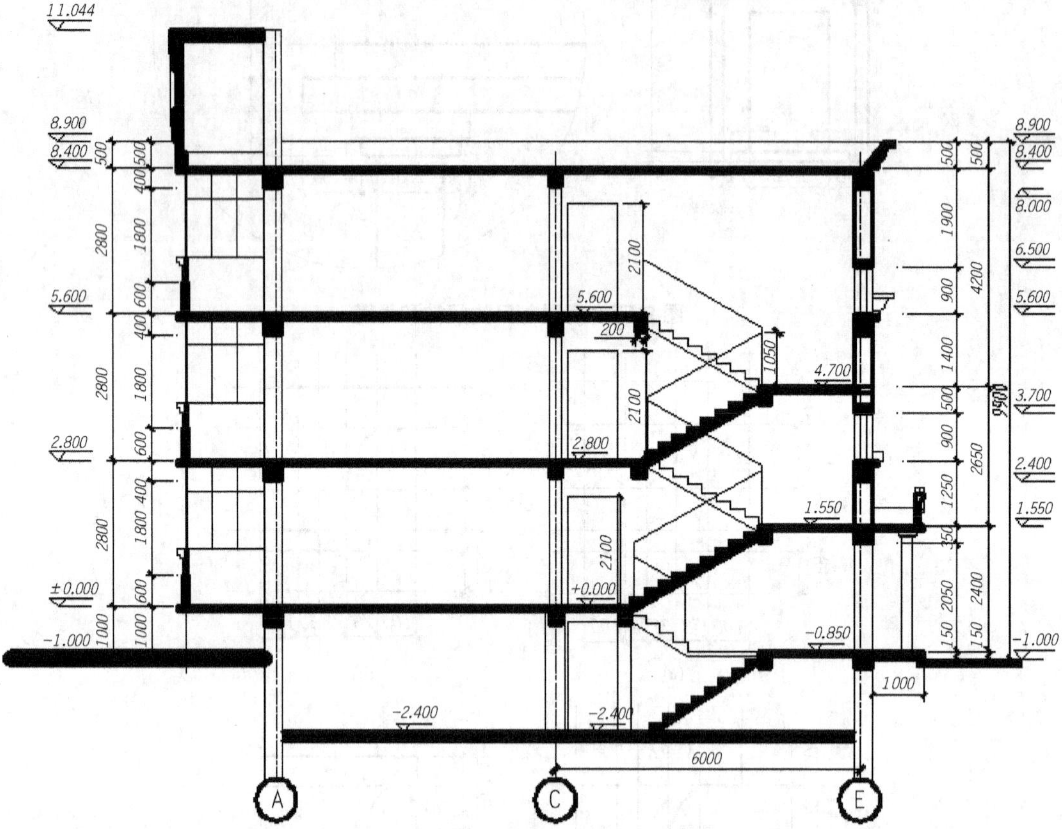

图 9.59　建筑剖面图

9.4.2　绘图准备

图层、绘图界限、绘图单位、绘图辅助工具、文字样式、尺寸样式等的设置与平面图中相应的设置方法完全相同。

9.4.3　剖面图的绘制

案例 3　绘制剖面图。

(1) 切换到“轴线”图层，绘制水平辅助线和竖直辅助线，如图 9.60 所示。

(2) 使用“偏移”或“多线”命令绘制墙体，如图 9.61 所示。

(3) 按照如图 9.62 所示偏移楼层水平线。

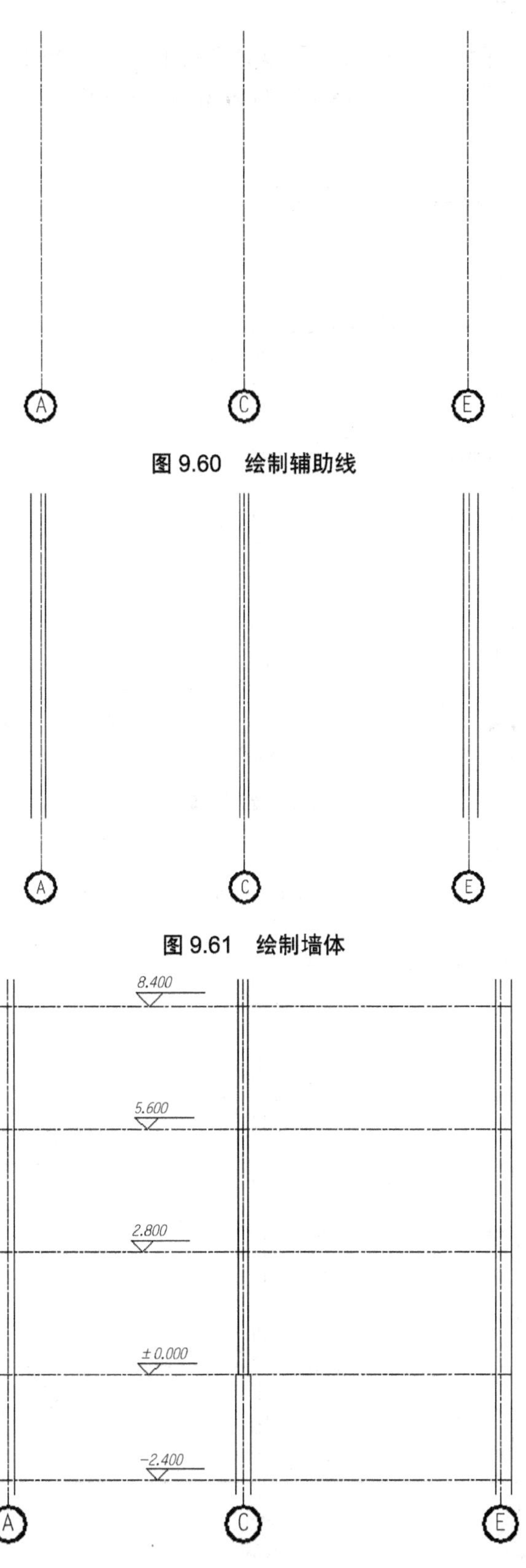

图 9.60 绘制辅助线

图 9.61 绘制墙体

图 9.62 偏移楼层水平线

(4) 楼板和屋面厚度都是 100mm，所以分别将水平辅助线向下偏移 100，右侧外墙平台下面的过梁断面尺寸分别为 370mm×250mm 和 370mm×300mm，在相应的位置画出矩形，如图 9.63 所示。

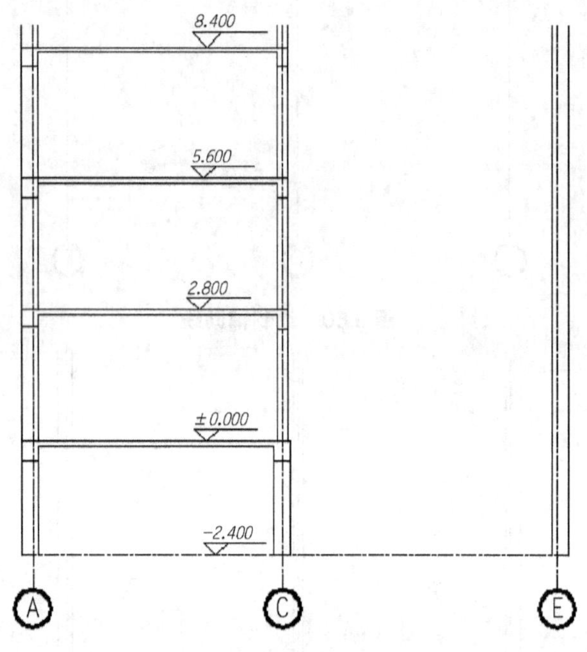

图 9.63 绘制楼板、梁

(5) 按照如图 9.64 所示偏移平台高度线。

(6) 根据地下室楼梯平面图如图 9.65 所示，偏移地下室楼梯剖面辅助线，如图 9.65 所示。

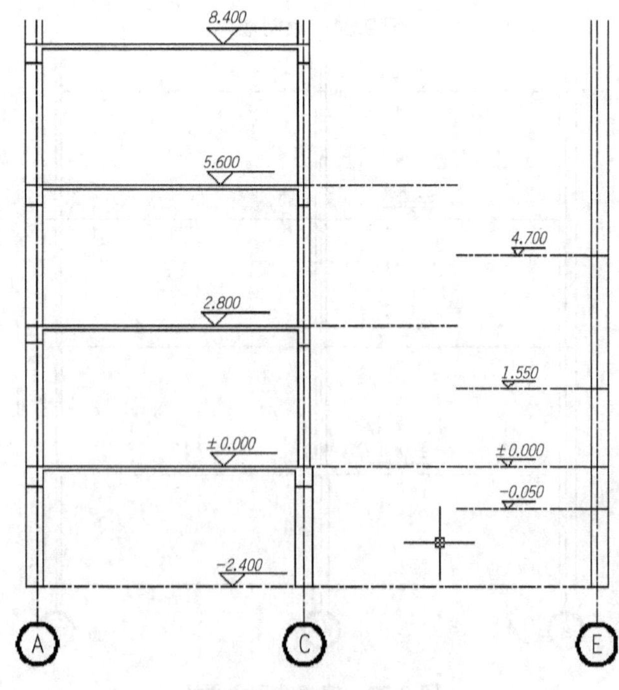

图 9.64 偏移平台高度线

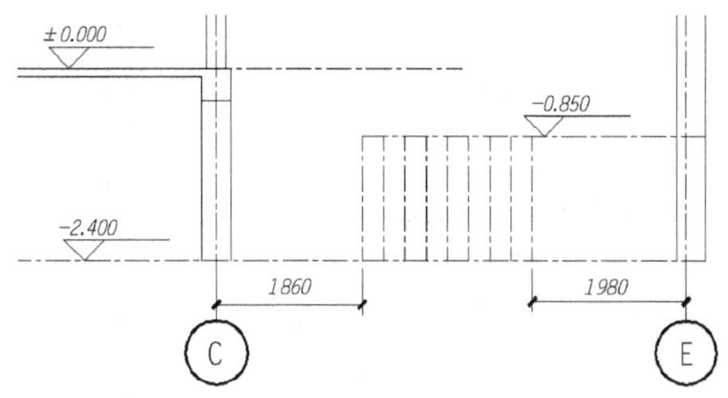

图 9.65 地下室楼梯辅助线

(7) 按照图 9.65 中的踏步尺寸偏移楼梯辅助线，执行“绘图”→“点”→“定数等分”命令，选择竖直辅助线中的一条，输入线段数目 9，等分踢步高度，如图 9.66 所示。

(8) 执行“构造线”命令选择“水平(H)”，指定通过定数等分点，绘制水平辅助线，如图 9.67 所示。

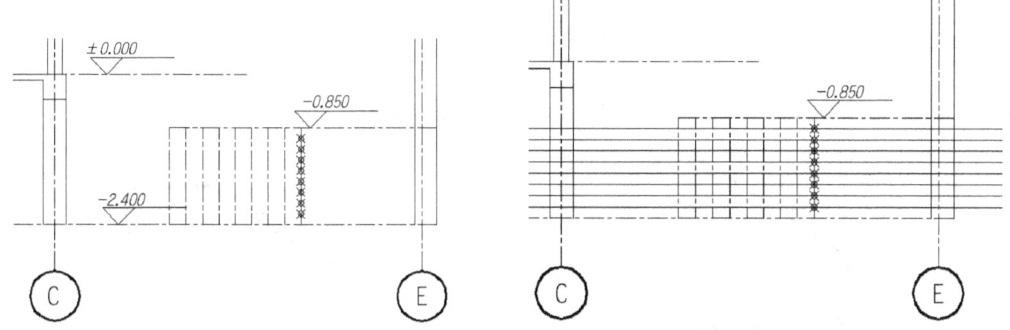

图 9.66 定数等分竖直辅助线

图 9.67 构造线作水平辅助线

(9) 执行“多段线”命令拾取辅助线交点绘制楼梯线，如图 9.68 所示。

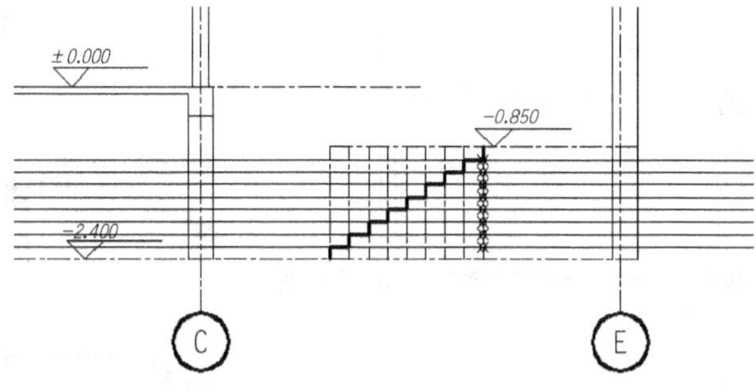

图 9.68 多段线绘制楼梯线

(10) 按照如图 9.65～图 9.68 所示，参照步骤(7)～(9)绘制所有楼梯线，如图 9.69 所示。

(11) 楼梯梁的断面尺寸为 200mm×250mm，在相应的位置画出矩形，执行“修剪”命令修剪偏移的直线，并过楼梯下部绘制构造线，将构造线偏移 120，得到楼板线，效果如图 9.70 所示。

(12) 为剖切到的楼梯填充，填充图案为 SOLID，填充效果如图 9.71 所示。

(13) 填充所有剖切到的楼梯，如图 9.72 所示。

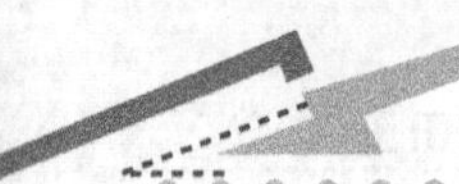

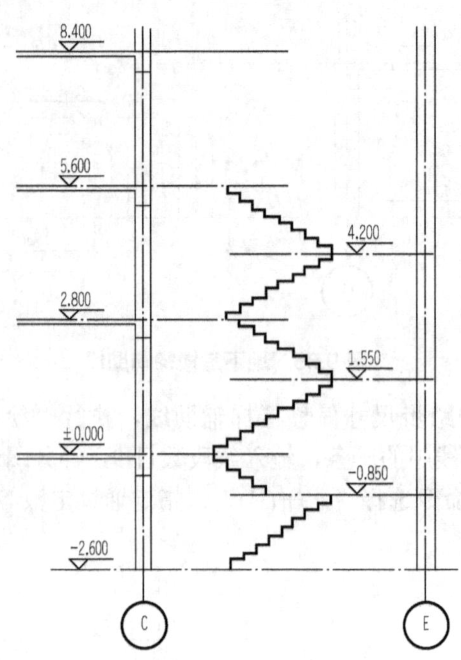

图 9.69　绘制所有楼梯线

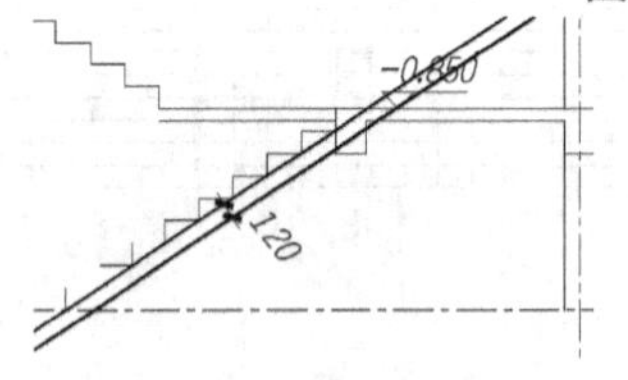

图 9.70　绘制楼梯板线

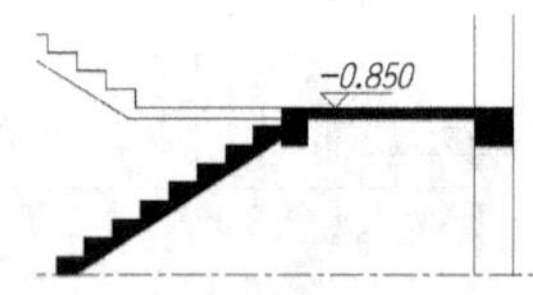

图 9.71　填充地下室楼梯效果

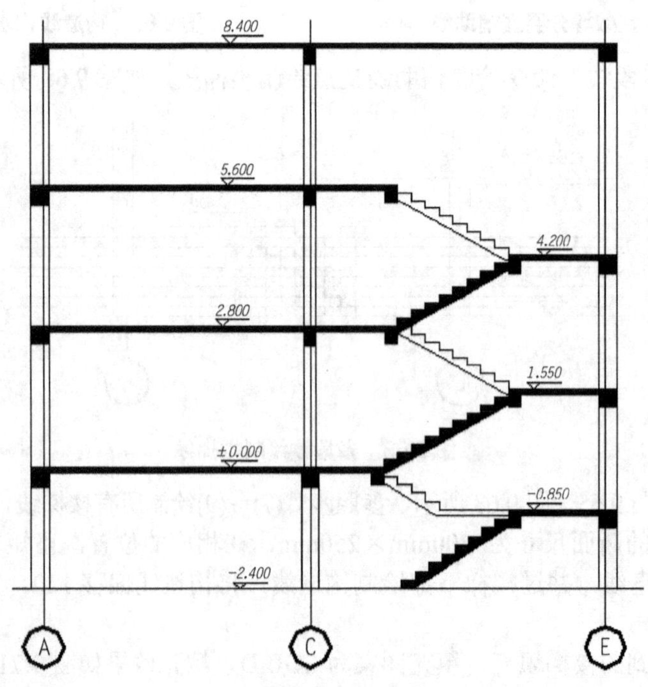

图 9.72　填充后的效果

(14) 拾取台阶端部，绘制“直线”1050，并向左边偏移 50mm，过台阶端点采用“构造线”绘制扶手辅助线，执行“偏移”命令选择通过左边线的端点绘制扶手线，如图 9.73 所示。

(15) 按照同样的方法添加其他扶手线，如图 9.74 所示。

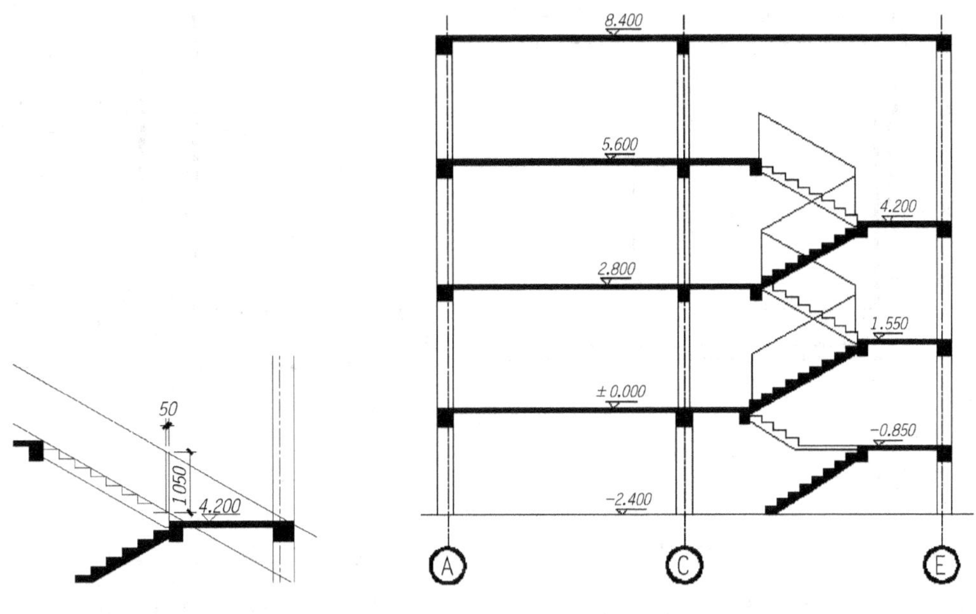

图 9.73 绘制扶手线　　图 9.74 添加其他扶手线

(16) 绘制阳台尺寸如图 9.75 和图 9.76 所示。

(17) 按照如图 9.77 所示绘制雨篷上部的装饰图形。

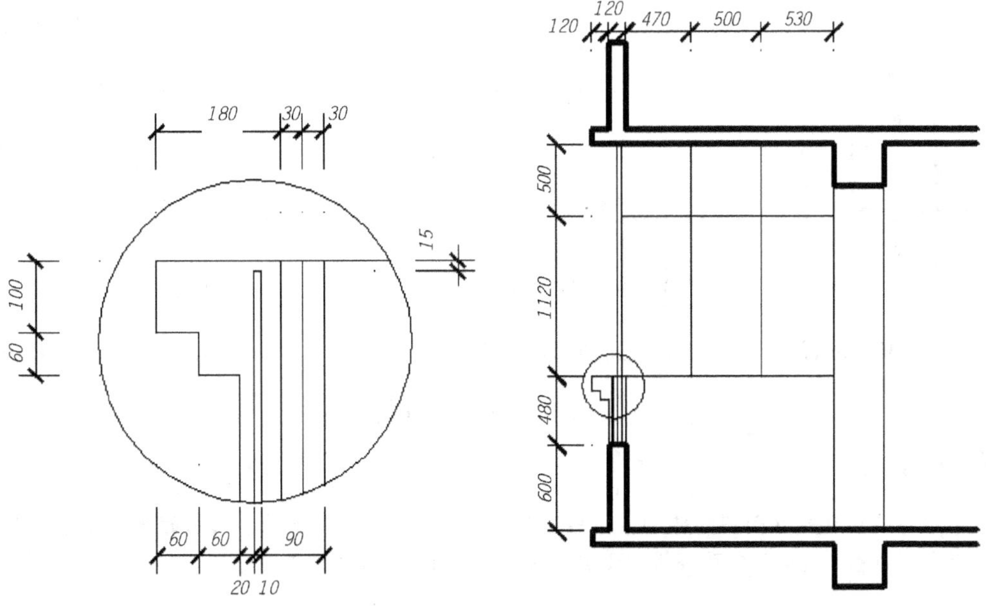

图 9.75 阳台部分的尺寸

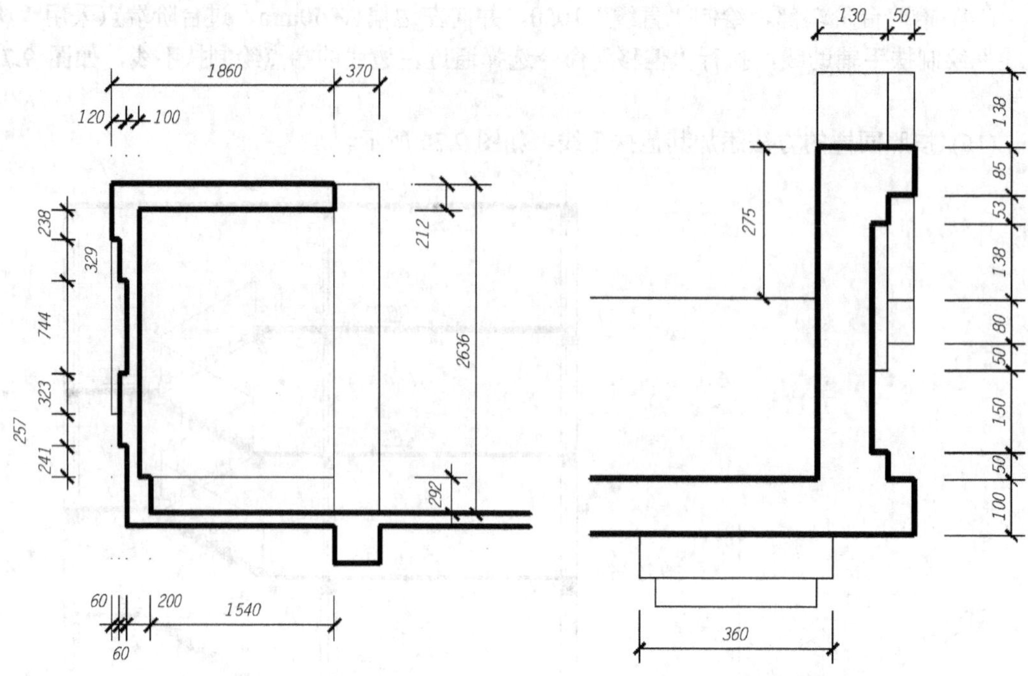

图 9.76　阳台顶部的形状和尺寸　　　　图 9.77　雨篷上部的装饰图形

(18) 绘制门窗。窗过梁为 370mm×100mm；入户门为 1000mm×2100mm。

(19) 绘制屋檐、腰线，如图 9.78 所示。

(20) 标注剖面图中的高度尺寸和标高尺寸，如图 9.79 所示。

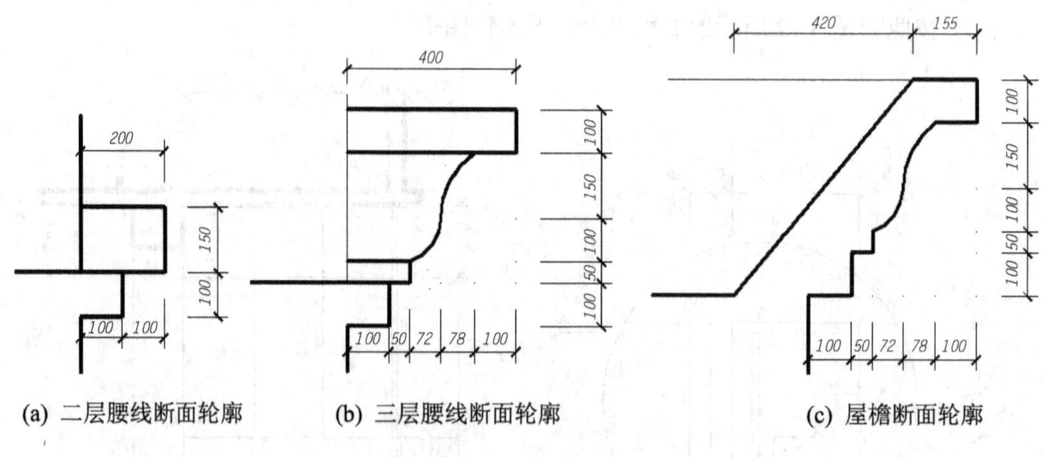

(a) 二层腰线断面轮廓　　(b) 三层腰线断面轮廓　　(c) 屋檐断面轮廓

图 9.78　屋檐、腰线

案例小结

本案例通过建筑立面图的绘制，介绍了利用 AutoCAD 绘制建筑立面图的操作步骤及基本方法，综合利用基本绘图命令及编辑、尺寸标注及其他相关内容的操作。

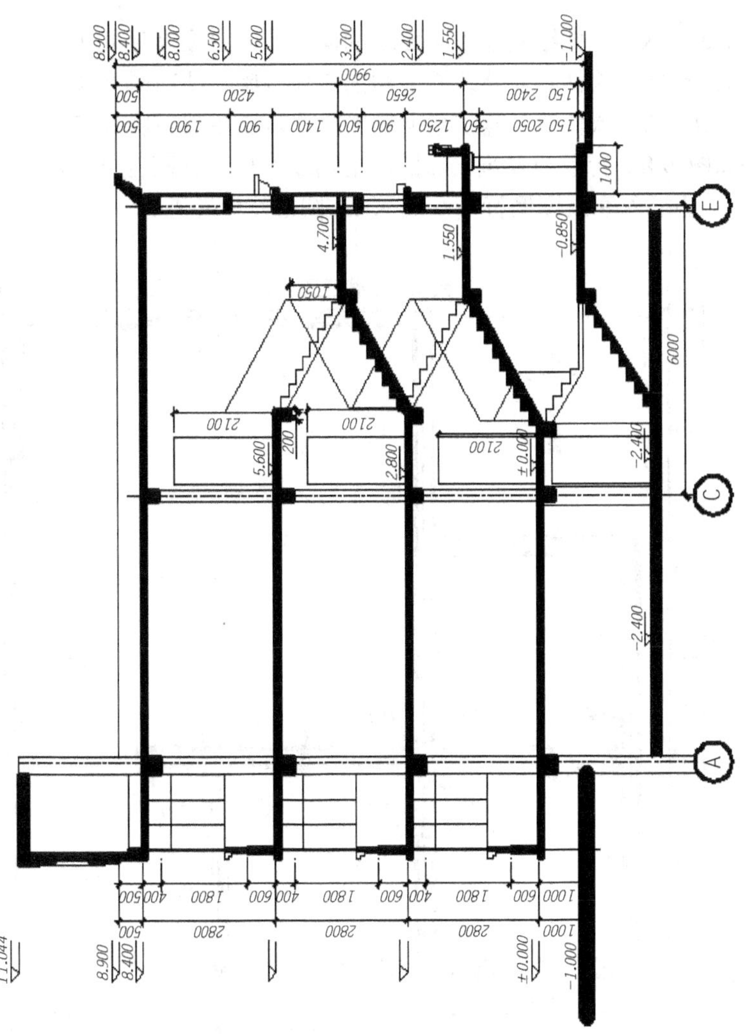

图 9.79　图形绘制完成后的剖面图

本章小结

本章主要介绍利用 AutoCAD 软件绘制建筑平面、立面、剖面图的基本步骤以及绘制建筑平面图和剖面图时所涉及的绘图和编辑命令。通过本章的学习，首先应看懂附图中所给的建筑平、立、剖面图，了解建筑施工图的基本绘图步骤和方法，并在理解的基础上掌握新的绘图和编辑命令，加强实践操作练习。

1．选择 acadiso 样板文件为模板新建图形文件。

2．利用 AutoCAD 软件绘制建筑平面图的操作步骤主要有哪几步？

3．利用 AutoCAD 软件绘制建筑立面图的操作步骤主要有哪几步？

4．利用 AutoCAD 软件绘制建筑剖面图的操作步骤主要有哪几步？

5．绘制如图 9.80 所示的建筑平面图，把轴线编号、标高符号创建成属性块插入到图形，利用设计中心插入家具图例符号，插入 A3 图框及标题栏。

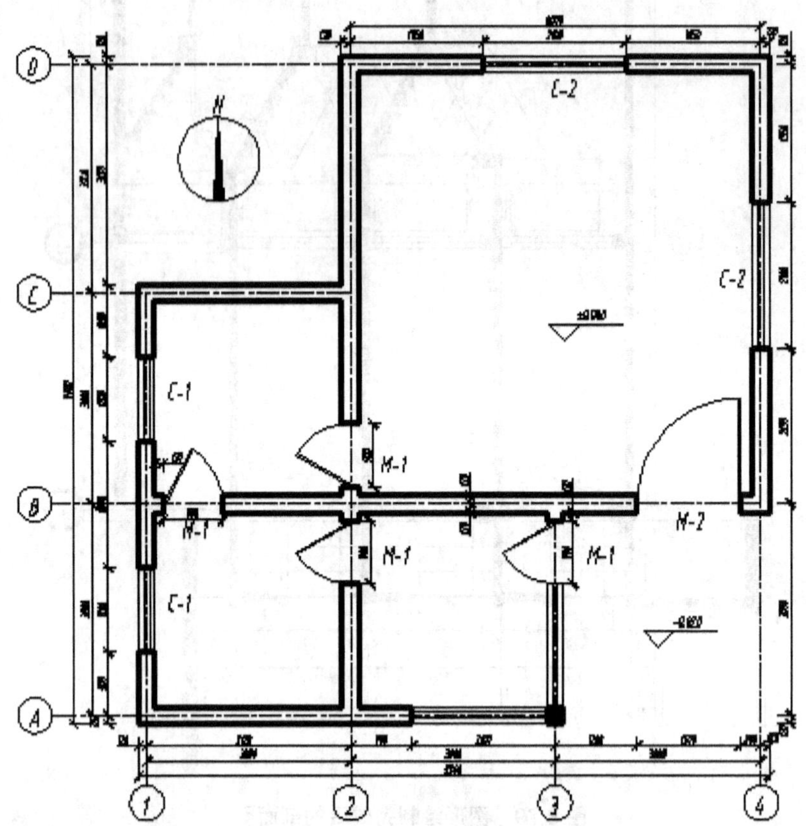

图 9.80　建筑平面图

第 10 章

天正建筑 TArch 概述

教学目标

本章主要介绍天正建筑 TArch 2014 的操作界面组成和系统设置，通过本章的学习，掌握天正建筑 TArch 2014 命令的操作及使用方法、绘图环境的设置。天正建筑软件是国内比较流行的专业设计软件，利用它可以快速绘制建筑平面图、立面图、剖面图及尺寸标注，天正建筑软件在绘制建筑工程图方面有很大的便利。

学习要求

能力要求	知识要点	权重
天正建筑操作界面	屏幕菜单、工具栏、快捷键、文档标签、在位编辑及动态输入	50%
系统设置	天正选项、自定义设置	50%

本章导读

天正建筑软件以 AutoCAD 软件为平台，采用分布式工具集作业方式，给设计师以极大的灵活性。用户可以选择任何一个天正建筑软件工具进行随心所欲的绘图设计，不受流程和步骤的限制，而且天正建筑软件还完整地保留了 AutoCAD 软件的原界面和命令。

天正建筑软件采用自定义建筑对象，软件具有人性化、智能化、参数化、可视化等多个重要特征，以建筑构件作为基本设计单元，把内部带有专业数据的构件模型作为智能化的图形对象，天正建筑软件提供体贴用户的操作模式使得软件更加易于掌握，可轻松完成各个设计阶段的任务。天正建筑软件基于先进的建筑信息模型 BIM 思想研发，广泛用于建筑施工图设计和日照、节能分析等，支持最新的 AutoCAD 图形平台。目前基于天正建筑软件对象的建筑信息模型已经成为天正系列软件的核心，逐渐被多数建筑设计单位所接受，成为设计行业软件正版化的首选。

引例与思考

在建筑设计过程中，AutoCAD 软件作为通用软件，绘制建筑工程图效率比较低，为了满足建筑专业设计的需要，在 AutoCAD 基础上进行二次开发得到天正建筑软件。

天正建筑软件与 AutoCAD 在操作界面上的主要区别是什么？

10.1　天正建筑 2014 操作界面

针对建筑设计的实际需要，天正建筑 TArch 2014 对 AutoCAD 的交互界面作出了必要的扩充，建立了自己的菜单系统和快捷键，新提供了可由用户自定义的折叠式屏幕菜单，新颖、方便的在位编辑框，与选取对象环境关联的快捷菜单和图标工具栏，保留了 AutoCAD 的所有下拉菜单和图标菜单，从而保持 AutoCAD 的原有界面体系，便于用户同时加载其他软件，其操作界面如图 10.1 所示。

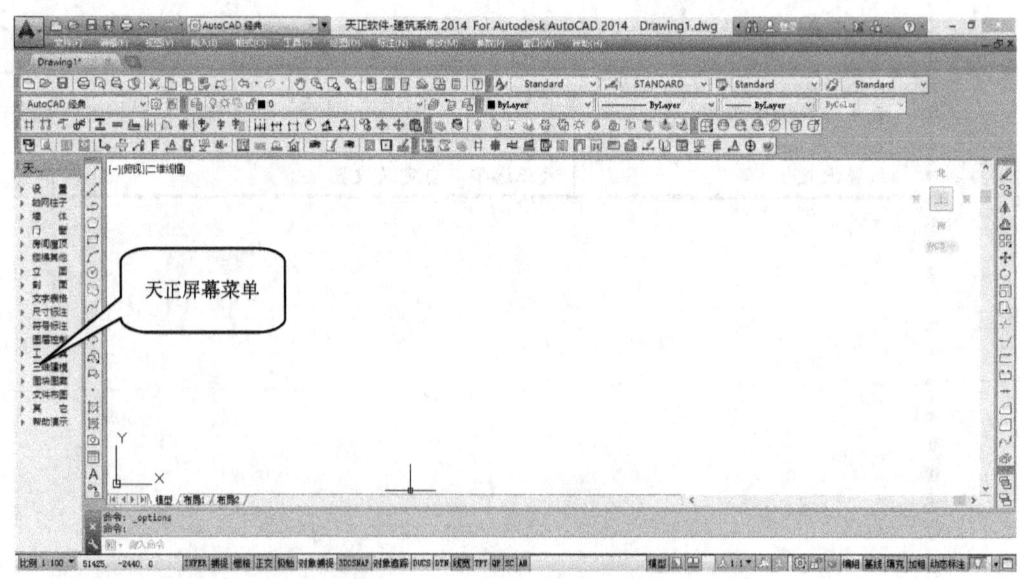

图 10.1　天正建筑 2014 操作界面

本章引例与思考题目的解答：天正建筑软件 TArch 是 AutoCAD 软件的二次开发，通过图 10.1 可以发现其区别。

10.1.1 屏幕菜单

天正建筑的主要功能都列在“折叠式”三级结构的屏幕菜单上，上一级菜单可以单击展开下一级菜单，同级菜单互相关联，展开另外一个同级菜单时，原来展开的菜单自动合拢，如图 10.2 所示。

天正建筑屏幕菜单主要通过 Ctrl++组合键来控制。天正屏幕菜单默认停靠在 AutoCAD 图形编辑界面的左侧，也可以拖动菜单标题，使菜单在界面上浮动或改在 AutoCAD 界面右侧停靠，单击菜单标题右上角的按钮 × 可以关闭菜单，如图 10.3 所示。

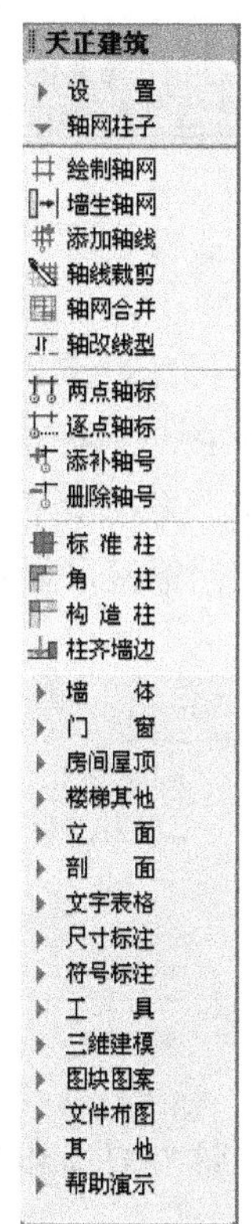

图 10.2 屏幕菜单

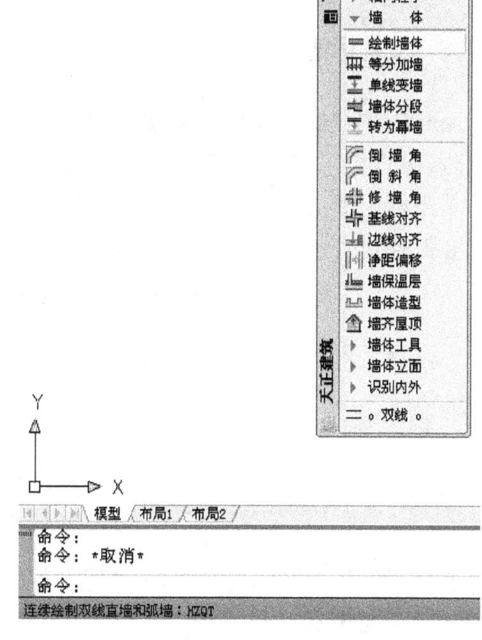

图 10.3 菜单选项功能提示

折叠式菜单效率最高，但由于屏幕的高度有限，在展开较长的菜单后，有些菜单项无法完全可见，为此可用鼠标滚轮上下滚动菜单快速选取当前不可见的项目。

10.1.2 工具栏

天正建筑软件图标工具栏兼容图标菜单，由 3 条默认工具栏以及 1 条用户定义工具栏组成，默认工具栏 1 和 2 使用时停靠于界面右侧，把分属于多个子菜单的常用建筑命令收纳其中，天正建筑提供常用图层快捷工具栏，以避免反复的菜单切换，进一步提高了效率，如图 10.4 所示。

将鼠标指针移到图标上稍作停留，即可提示各图标功能。用户图标工具栏与常用图层快捷工具栏默认设在图形编辑区的下方，由 AutoCAD 的 TOOLBAR 命令控制它的打开或关闭，用户可以输入“自定义”命令选择“工具条”命令，在其中增删工具栏的内容，不必编辑任何文件，如图 10.5 所示。

图 10.4 自定义工具栏及图层快捷工具

图 10.5 常用快捷功能

10.1.3 文档标签

AutoCAD 2014 支持打开多个 DWG 文件，为方便在几个 DWG 文件之间切换，天正建筑软件提供了“文档标签”功能，为打开的每个图形在界面上方提供了显示文件名的标签，单击标签即可将标签代表的图形切换为当前图形，右击文档标签可显示多文档专用的关闭和保存所有图形、图形导出等命令，如图 10.6 所示。

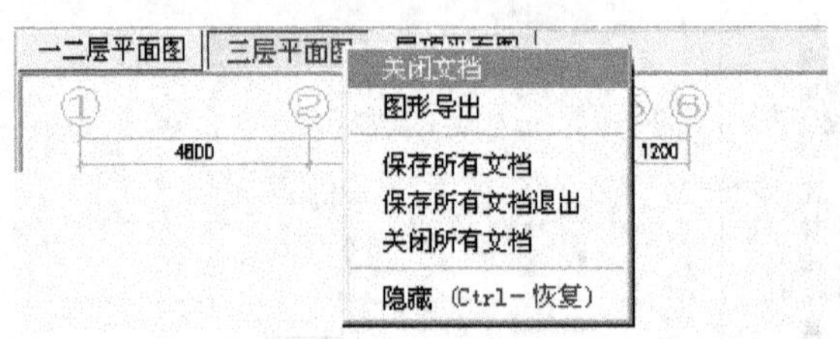

图 10.6 文档标签

文档标签通过“自定义”→“基本界面”→“启用文档标签”启动和关闭，还提供了热键来隐藏与恢复打开。

10.1.4 状态栏

在 AutoCAD 状态栏的基础上增加了比例设置的下拉列表框及多个功能切换开关，既解决了编组、墙基线、填充、加粗和动态标注的快速切换，又避免了与 AutoCAD 2006 以上版本的热键冲突问题，如图 10.7 所示。

图 10.7　状态栏

10.1.5　在位编辑与动态输入

在位编辑框是从 AutoCAD 的动态输入中首次出现的新颖编辑界面，天正建筑软件把这个特性引入到 AutoCAD 平台，使得这些平台上的天正软件都可以享用这个新颖界面特性， 对所有尺寸标注和符号说明中的文字进行在位编辑，而且提供了与其他天正文字编辑同等水平的特殊字符输入控制，可以输入上下标、钢筋符号、加圈符号，还可以调用专业词库中的文字，与同类软件相比，天正在位编辑框总是以水平方向合适的大小提供编辑框修改与输入文字，而不会因图形当前显示范围而影响操控性能。

在位编辑框在天正建筑中广泛用于构件绘制中的尺寸动态输入、文字表格内容修改、标注符号编辑等，成为新版本的特色功能之一，动态输入中的显示特性可在状态行中右击 DYN 按钮进行设置。

1. 在位编辑

天正建筑提供了对象文字内容的在位编辑，不必进入对话框，启动在位编辑后在该位置显示编辑框，在其中输入或修改文字，在位编辑适用于带有文字的天正对象以及 AutoCAD 2006 以下版本的单行文字对象。

以下介绍在位编辑的具体操作方法，如图 10.8 所示。

图 10.8　在位编辑

【启动在位编辑】：对标有文字的对象，双击文字本身，如各种符号标注；对还没有标文字的对象，右击该对象从快捷菜单的在位编辑命令启动，如没有编号的门窗对象；对轴号对象，双击轴号圈范围。

【在位编辑选项】：右击编辑框外范围启动快捷菜单，文字编辑时菜单内容为特殊文字输入命令，轴号编辑时为轴号排序命令等。

【取消在位编辑】：按 Esc 键或在快捷菜单中选择“取消”命令。

【确定在位编辑】：单击编辑框外的任何位置、快捷菜单中选择“确定”命令、在编辑单行文字时按 Enter 键均可确定在位编辑。

【切换编辑字段】：对存在多个字段的对象，可以通过按 Tab 键切换当前编辑字段，如切换表格的单元、轴号的各号圈、坐标的 XY 数值等。

2. 动态输入技术

动态输入指的是在图形上直接输入对象尺寸数据的编辑方式，非常有利于提高精确绘图的效率，主要应用于以下两个方面。

(1) 应用于对象动态绘制的过程。例如，绘制墙体和插门窗过程支持动态输入。

(2) 应用于对象的夹点编辑过程。在对象夹点拖曳过程中，可以动态显示对象的尺寸数据，并随时输入当前位置尺寸数据。

动态输入数据后按 Enter 键来确认生效，Tab 键用来在各输入字段间切换(这一点与文字在位编辑一致)，在一个对象有多个字段的情况下，修改一个字段数据后按 Tab 键代表这个字段数据的锁定，如图 10.9 所示为在 AutoCAD 2006 中拖动夹点时使用动态输入墙垛尺寸的实例。

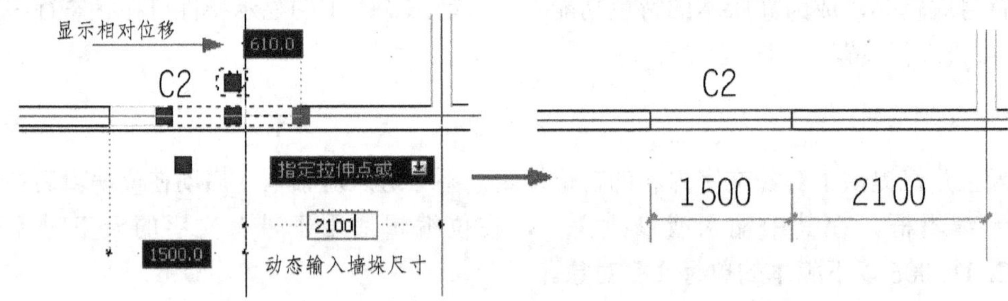

图 10.9 动态输入

动态输入特性由状态栏的 DYN 按钮控制，AutoCAD 2006 以上版本的 DYN 按钮由 AutoCAD 平台提供，其他 R16 平台下的 DYN 按钮由天正软件提供。

10.2 系统设置

天正建筑 TArch 为用户设置初始设置功能，可以通过对话框进行设置，分为选项对话框、天正自定义和系统参数 3 个部分。

10.2.1 天正选项

命令执行方式如下：

【屏幕菜单】：选择“设置”→“天正选项”命令。

【工具栏】：单击“自定义”工具栏的按钮 天正选项。

单击“天正选项”按钮进入“天正选项”对话框后，通过“基本设定”、“加粗填充”、“高级选项”选项卡进行各自的设置，如图 10.10～图 10.12 所示。

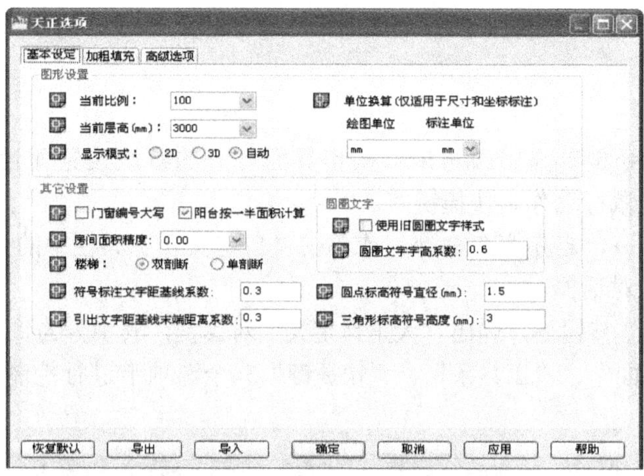

图 10.10 “基本设定”选项卡

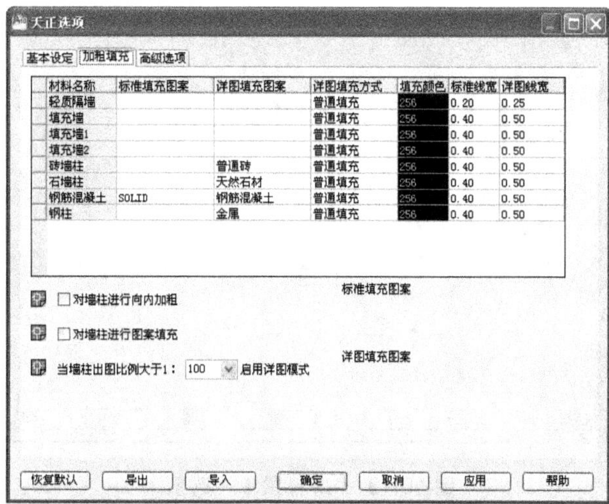

图 10.11 “加粗填充”选项卡

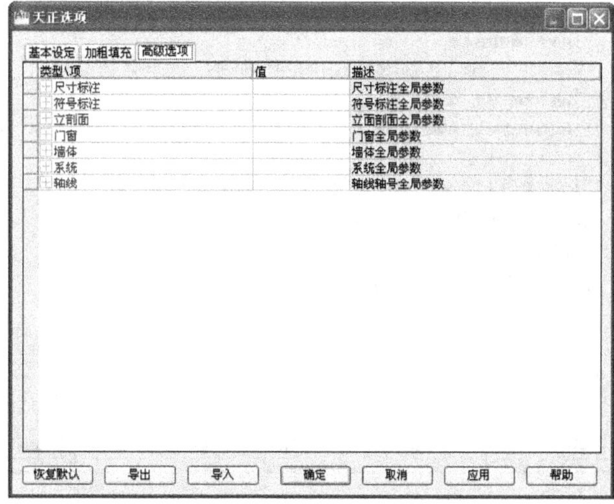

图 10.12 “高级选项”选项卡

10.2.2 自定义

“自定义”命令是专为修改与用户操作界面有关的参数设置而设计的，包括屏幕菜单、图形工具栏、鼠标动作、快捷键等。

选择“设置”→“自定义”命令，或单击“自定义”工具栏中的“自定义”按钮，打开“天正自定义”对话框。

单击“自定义”按钮后，弹出“天正自定义”对话框，其中分为“屏幕菜单”、“操作配置”、“基本界面”、“工具条”、“快捷键”5 个选项卡进行控制，分别如图 10.13～图 10.17 所示。

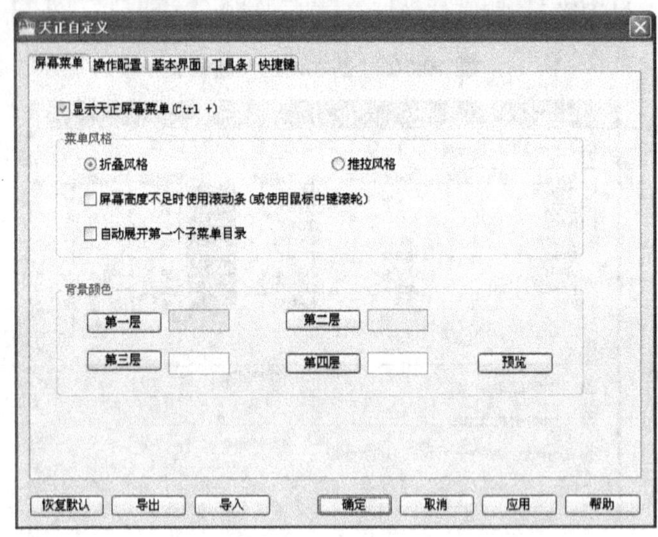

图 10.13 “屏幕菜单”选项卡

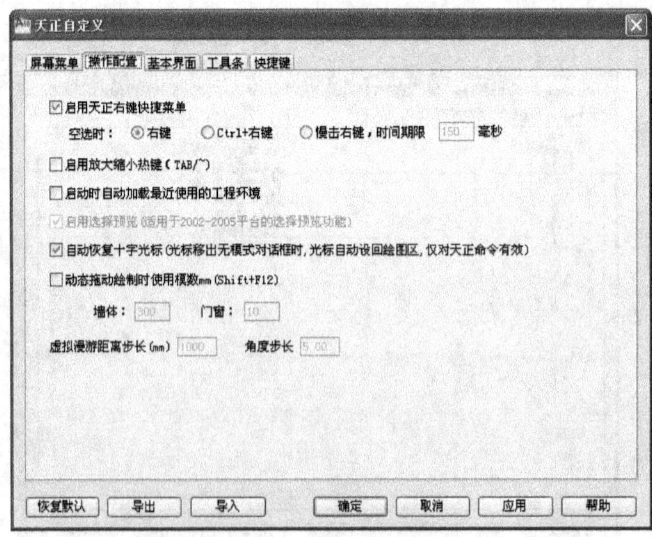

图 10.14 “操作配置”选项卡

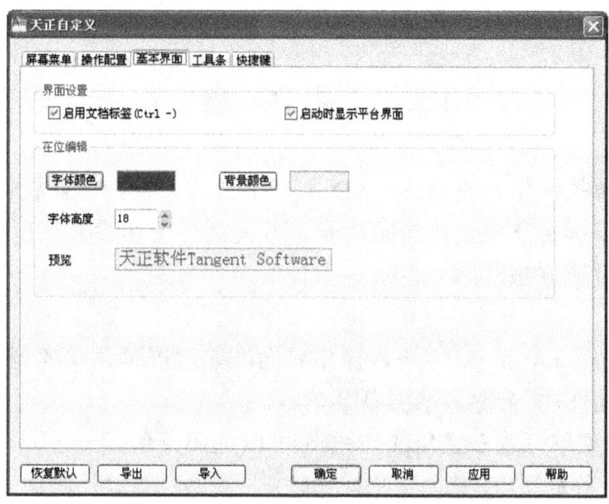

图 10.15 “基本界面”选项卡

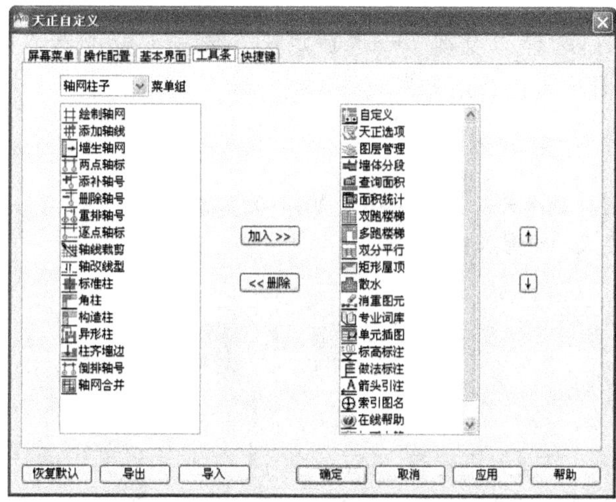

图 10.16 “工具条”选项卡

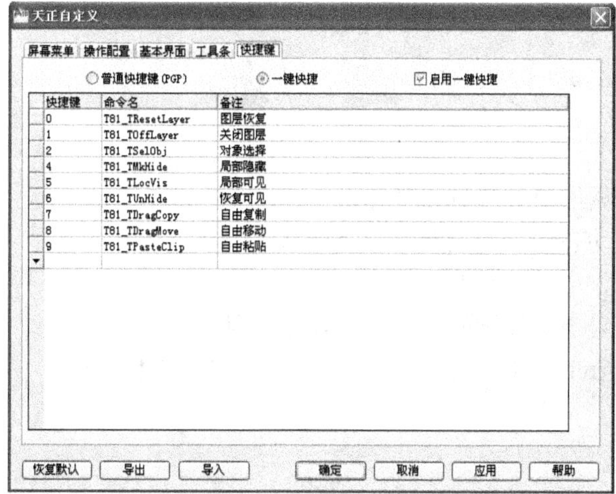

图 10.17 “快捷键”选项卡

10.3 项目训练

案例 天正建筑软件作为在 AutoCAD 基础上二次开发的专业软件，保留了 AutoCAD 的基本界面，增加了屏幕菜单及快捷键功能。本案例要求熟悉天正建筑 TArch 2014 的用户界面组成及基本设置方法。

操作提示如下。

(1) 启动天正建筑 TArch 2014 进入操作界面，熟悉屏幕菜单的调用操作方法。

【启动】：按 Ctrl++组合键显示屏幕菜单。

【退出】：单击菜单标题右上角的按钮 × 可以关闭菜单。

(2) 天正选项及自定义。

【天正选项启动】：通过“设置”菜单打开“天正选项”对话框，或单击“自定义”工具栏命令 天正选项 按钮。

【自定义启动】：选择“设置”→“自定义”命令，或单击“自定义”工具栏中的“自定义”按钮，打开“天正自定义”对话框。

案例小结

通过本案例的练习，熟悉天正建筑 TArch 2014 的基本界面及操作方法，掌握屏幕菜单的启用方法及天正选项、自定义的设置及操作方法。

本章小结

通过本章的学习，掌握天正建筑 TArch 2014 的基本界面组成及操作方法，熟练掌握应用屏幕菜单、工具栏及快捷键绘图的方法；为了满足绘图需要，掌握天正选项及自定义设置的方法。因此，要想熟练使用天正建筑绘制图形，必须熟悉基本操作及界面设置。

习题

1. 屏幕菜单的调用及设置方法是什么？
2. 在位编辑及动态输入的设置方法是什么？
3. 文档标签的作用是什么？
4. 天正选项及自定义设置的主要内容及方法是什么？
5. 天正建筑 TArch 2014 绘图命令操作的基本方式是什么？

第11章 天正建筑绘制建筑平面图

教学目标

本章主要通过案例介绍使用天正建筑 TArch 2014 绘制建筑平面图的方法，主要包括平面图定位轴网的创建与编辑、墙体的绘制与编辑、柱子的插入与编辑、门窗的插入与设置、楼梯的创建与编辑、坡道散水的插入、洁具的布置方法、房间标注的方法及设置、尺寸及标高标注的方法、图框插入及图名标注等。

学习要求

能力要求	知识要点	权重
轴网的创建与编辑	轴网的绘制、编辑与标注	15%
墙体的绘制与编辑	墙体绘制中参数设置及编辑方法	15%
柱子的创建与编辑	柱子的参数设置及创建、替换及对象特性编辑	10%
门窗的插入与编辑	门窗插入的方法、设置及对象编辑处理	15%
楼梯的创建	楼梯创建及参数设置	10%
坡道散水	坡道散水的插入	5%
洁具布置	卫生洁具的选择及布置	5%
房间标注	房间标注的方法及名称的修改	5%
尺寸及标高标注	尺寸标注的方法及编辑、标高标注设置	15%
图框插入及图名标注	图框的插入及图名标注的设置	5%

本章导读

建筑平面图作为建筑施工图的组成部分，主要反映建筑物的内部功能、结构、建筑内外环境、交通联系及建筑构件设置、设备及室内布置等，是立面、剖面及三维模型和透视图的基础。本章主要介绍利用天正建筑 TArch 2014 绘制建筑平面图的方法与技巧。

引例与思考

根据前面所讲知识，利用 AutoCAD 软件绘制建筑施工图比较复杂，为了使设计人员快速、高效地绘制建筑工程图，可以考虑使用天正建筑 TArch 2014 与 AutoCAD 软件综合运用。

如何使用天正建筑 TArch 2014 绘制平面图中的轴网、墙体、柱子、门窗及其他符号的标注？

11.1 绘制底层平面图

绘制建筑底层平面图的主要步骤：绘制轴线、绘制墙体、插入门窗、绘制附属设施、标注尺寸及文字、插入图框等，如图 11.1 所示。

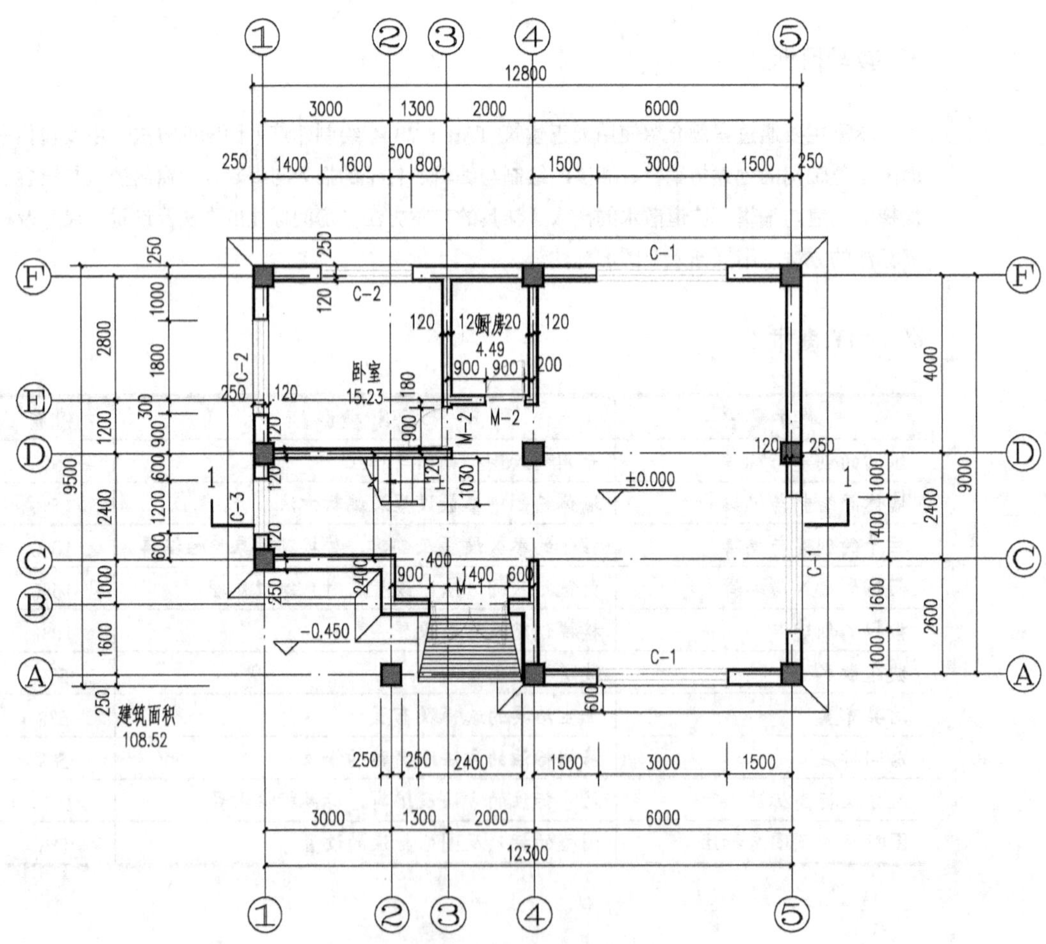

图 11.1　底层平面图

11.1.1 轴网的绘制与编辑

1. 轴网的绘制

【菜单】：选择“轴网柱子”→“绘制轴网”命令。

【命令行】：输入“HZZW”命令。

轴网绘制操作步骤如下。

(1) 单击“绘制轴网”按钮，弹出“绘制轴网”对话框，选择“直线轴网”选项卡，在轴间距内输入“3000”、“1300”、“2000”、“6000”，如图 11.2 所示。

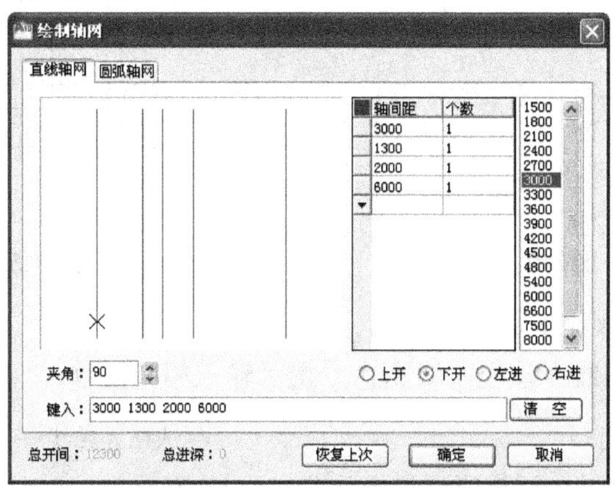

图 11.2 “绘制轴网”对话框

特别提示

“绘制轴网”对话框：默认选择“直线轴网”选项卡，可通过开间、进深确定轴网尺寸；选择“圆弧轴网”选项卡，可通过夹角、进深、半径等数据确定弧形轴网，在对话框左侧可预览轴网结果。

(2) 选中“左进”单选按钮，在“键入”文本框内输入进深尺寸“2600”、“2400”、“4000”，如图 11.3 所示。

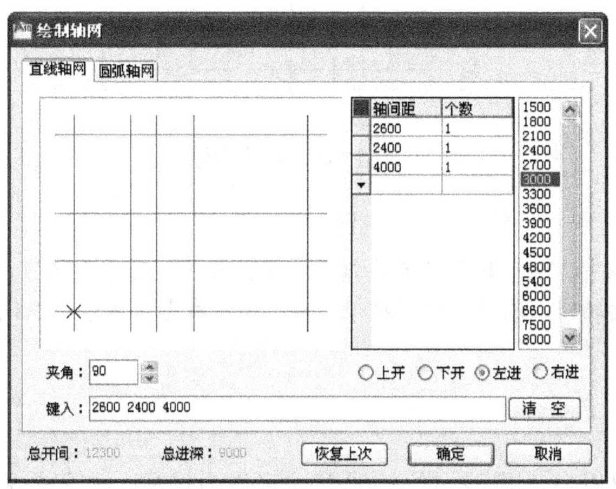

图 11.3 “绘制轴网”对话框

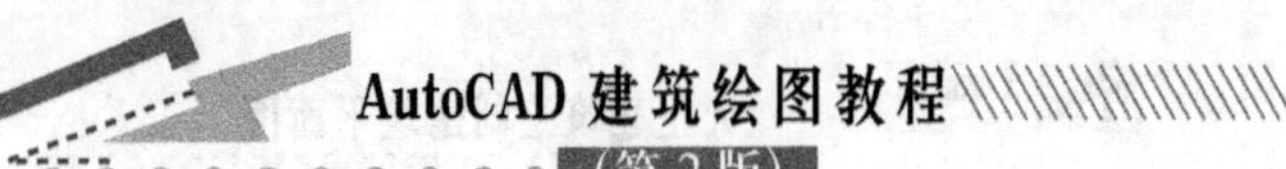

(3) 单击“确定”按钮，退出“绘制轴网”对话框，在屏幕单击左键，完成轴网的绘制，如图 11.4 所示。

2. 轴网编辑

轴网编辑包括添加、删除、修剪等，可以通过 AutoCAD 命令实现，也可以由天正命令完成，如图 11.5 所示。

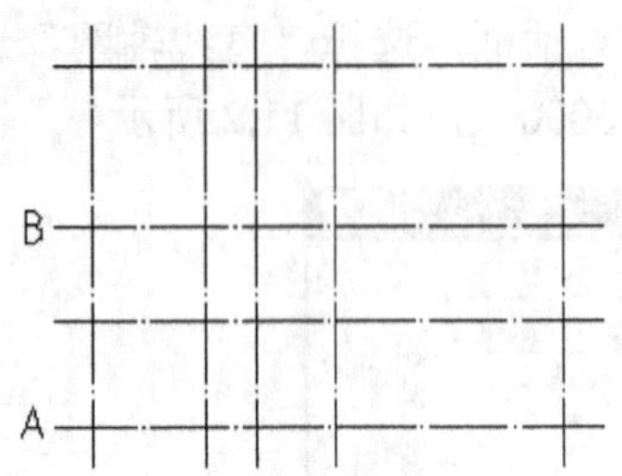

图 11.4　绘制轴网

图 11.5　添加轴网

添加轴线操作步骤如下。

(1) 单击“添加轴线”按钮，根据命令提示输入相应内容：

```
选择参考轴线 <退出>:                              //选择 A 轴线
新增轴线是否为附加轴线?[是(Y)/否(N)]<N>:          //N
偏移方向<退出>:                                   //A 轴线上侧
距参考轴线的距离<退出>: 1600                      //得到 C 轴线
```

用同样的方法得到 D 轴线。

(2) 使用 AutoCAD 命令修剪轴网，如图 11.6 所示。

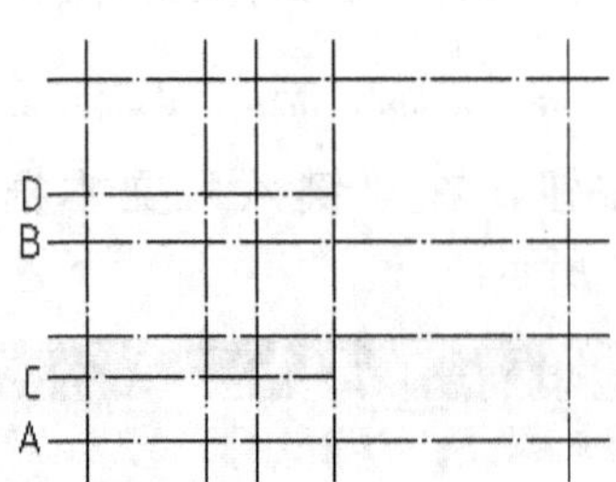

图 11.6　编辑轴网

在绘制轴网的过程中，使用轴网绘制及编辑命令，根据所给平面图可以通过设置左右进深尺寸的不同直接生成所需的轴网，选择“轴网柱子”→“轴改线型”命令可以改变轴线为点划线。

3. 轴网标注

两点轴标命令可以自动将竖向的轴线以数字作为轴号，水平轴网以字母作为轴号。

轴网标注的操作步骤如下。

(1) 单击“两点标注”按钮，弹出“轴网标注”对话框，如图 11.7 所示。

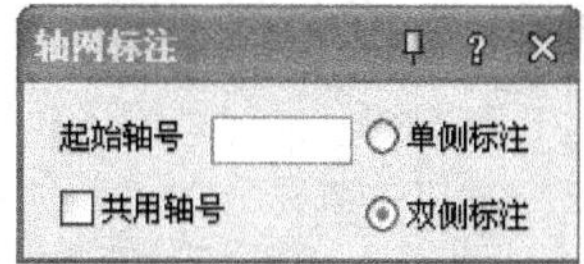

图 11.7 “轴网标注”对话框

(2) 根据命令行提示，从左向右、由下向上选择轴线，轴网标注的效果如图 11.8 所示。

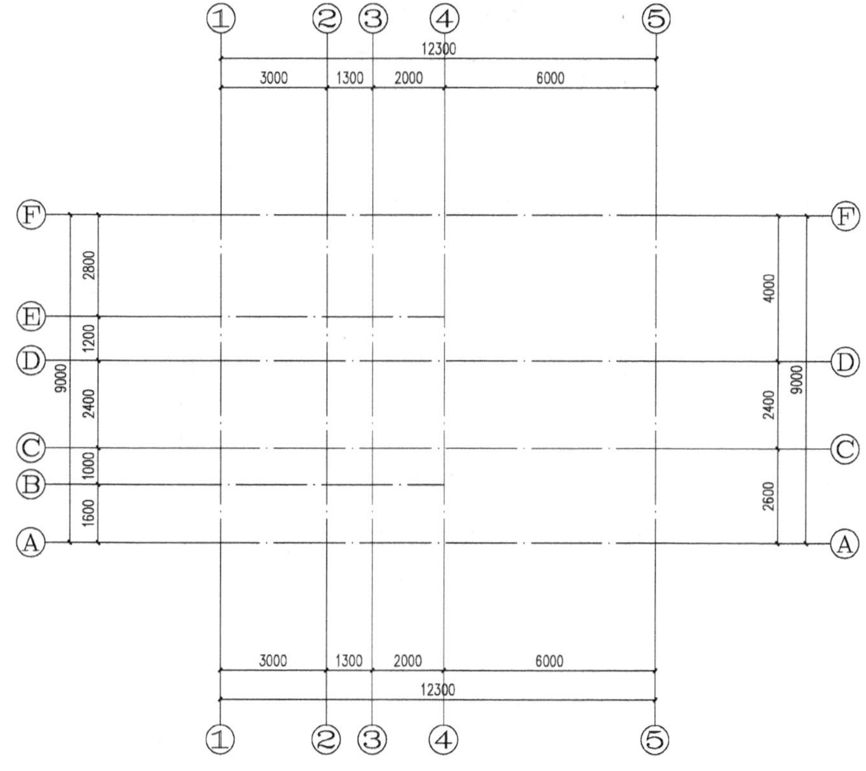

图 11.8 轴网标注

特别提示

在轴网标注的过程中，可以通过“两点标注”、“逐点标注”、“添补轴号”、“删除轴号”等对轴网进行标注及编辑。

11.1.2 绘制墙体

命令执行方式如下。

【命令行】：输入“HZQT”命令。

【菜单】：选择“墙体”→“绘制墙体”命令。

操作步骤如下。

(1) 单击“绘制墙体”按钮，弹出“绘制窗体”对话框，如图 11.9 所示，输入相应的参数，建筑物外墙为 37 墙，选择角点顺序连接，如图 11.10 所示。

绘制墙体可以打开对象捕捉功能。

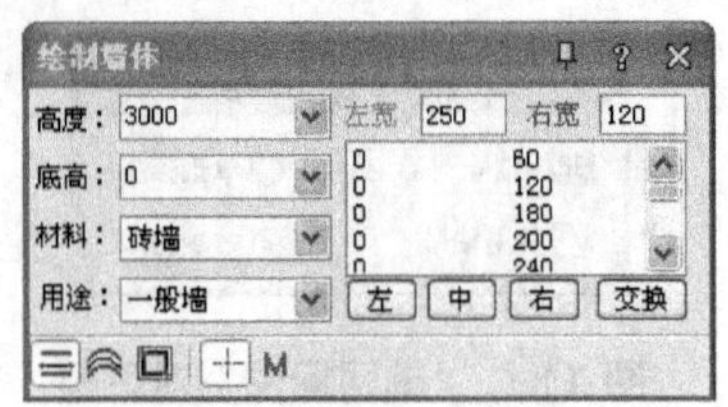

图 11.9　输入外墙数据

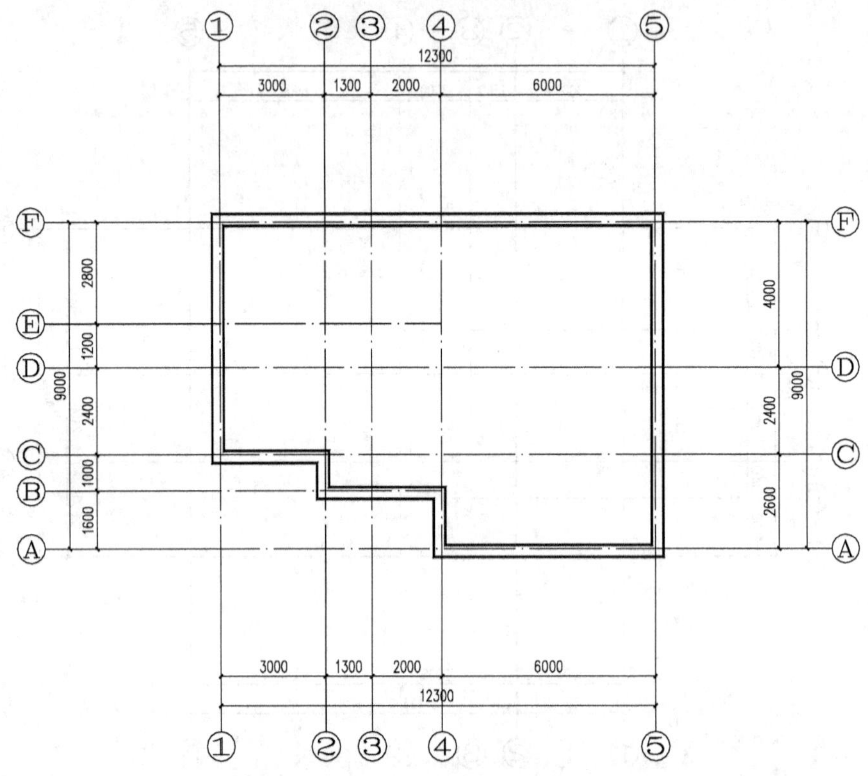

图 11.10　绘制外墙

(2) 在“绘制墙体”对话框中输入相应的参数，如图 11.11 所示，绘制内墙如图 11.12 所示。

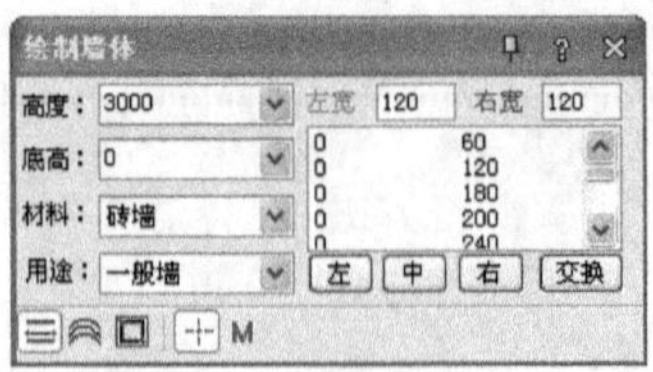

图 11.11　输入墙体数据

绘制墙体还可以通过“等分加墙”、“单线变墙”等命令进行操作，绘制过程中单击“对象捕捉”按钮，系统开启自动捕捉功能，并按照端点、交点等进行捕捉。

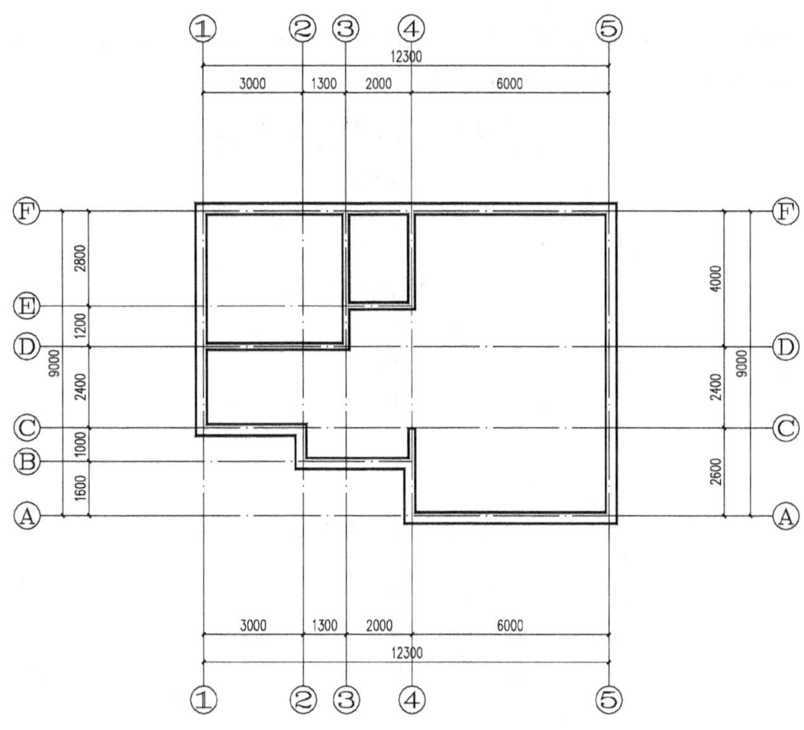

图 11.12 绘制内墙

(3) 在卫生间与楼梯之间设置隔墙，利用“单线变墙”命令，根据平面图中尺寸在新增墙体位置绘制单线，如图 11.13 所示。

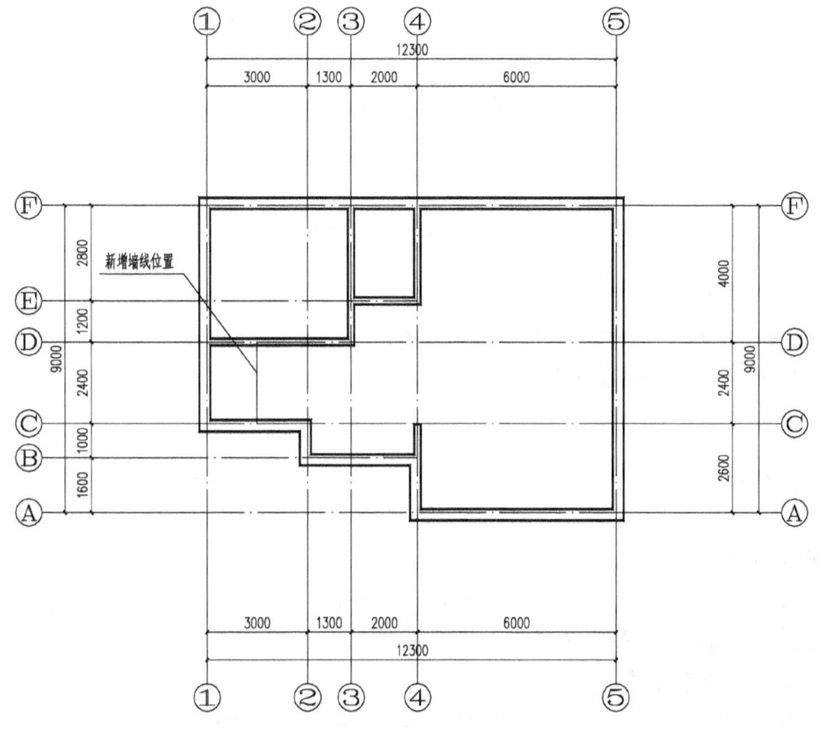

图 11.13 绘制单线

单击“单线变墙”按钮，弹出“单线变墙”对话框，如图 11.14 所示。输入相应的参数，即可得到单线变墙，如图 11.15 所示。

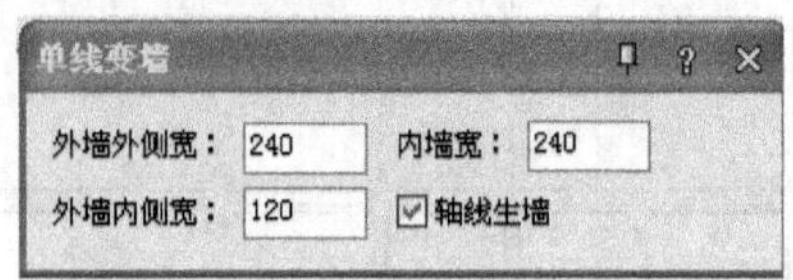

图 11.14 “单线变墙”对话框

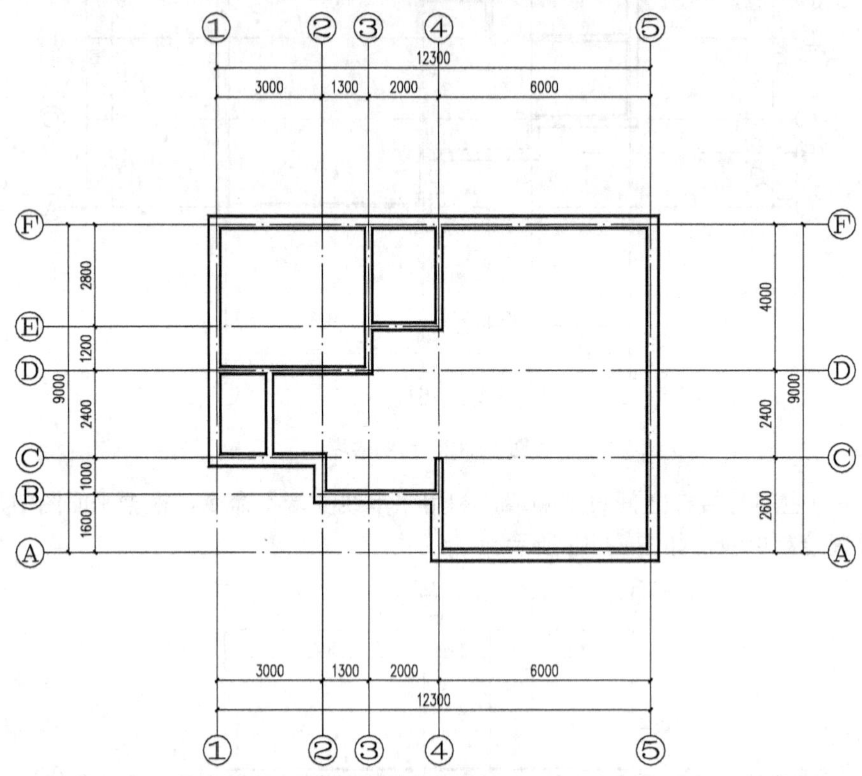

图 11.15 单线变墙

特别提示

绘制墙体后可以通过“基线对齐”、“墙体保温”、“识别内外”等命令对墙体进行编辑；同时可以通过单击“加粗”按钮，使墙体线变宽。

11.1.3 插入柱子

命令执行方式如下。

【菜单】：选择“轴网柱子”→“标准柱”命令。

【命令行】：输入“BZZ”命令。

插入柱子的操作步骤如下。

(1) 单击“标准柱”按钮，在弹出的“标准柱”对话框中输入柱子参数，如图 11.16 所示。

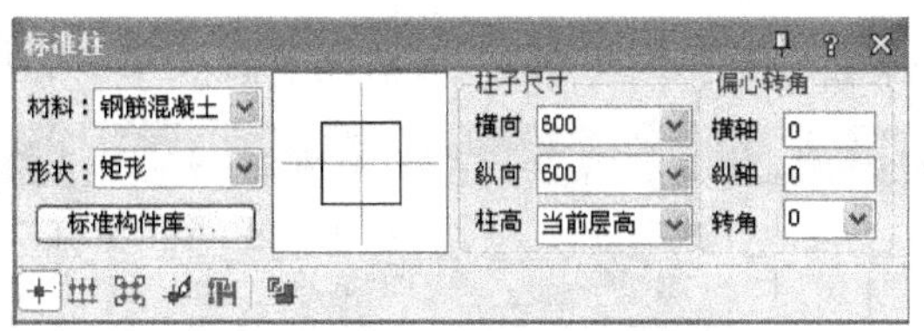

图 11.16 确定柱子参数

(2) 在绘图区域确定需要设置柱子的轴线交点，如图 11.17 所示。

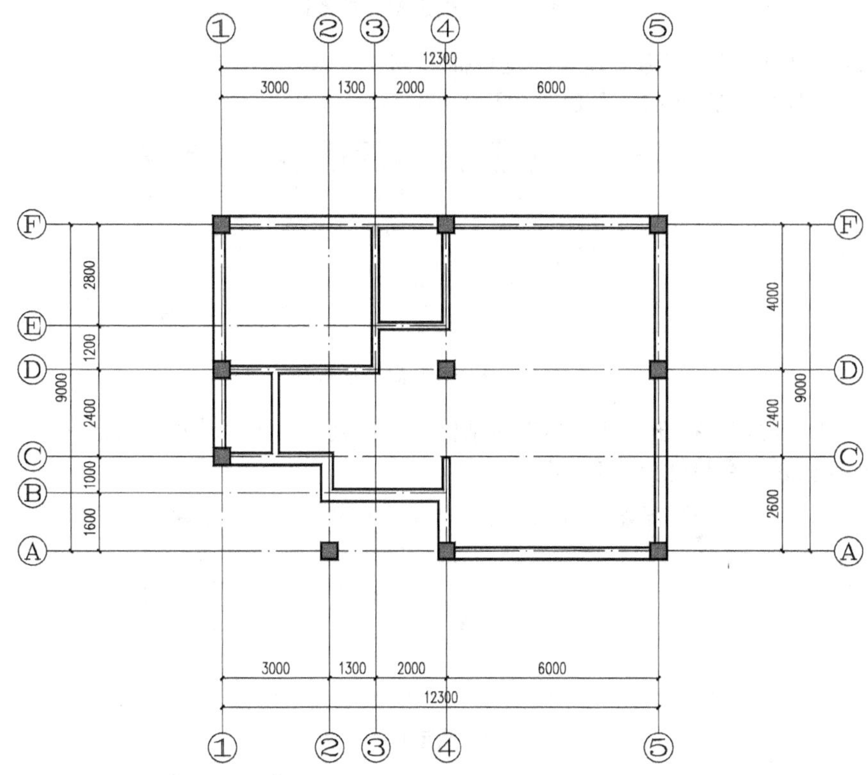

图 11.17 插入柱子

特别提示

在插入柱子过程中，可以通过“角柱”、“构造柱”、“柱齐墙边”等命令绘制及编辑柱子。

11.1.4 插入门窗

建筑施工图中门窗种类较多，本例仅简单介绍普通门窗的创建。

命令执行方式如下。

【菜单】：选择“门窗”→“门窗”命令。

【命令行】：输入“MC”命令。

插入门窗操作步骤如下。

(1) 单击“门窗”按钮，在弹出的“门”对话框中输入 M-1 的数据，如图 11.18 所示。

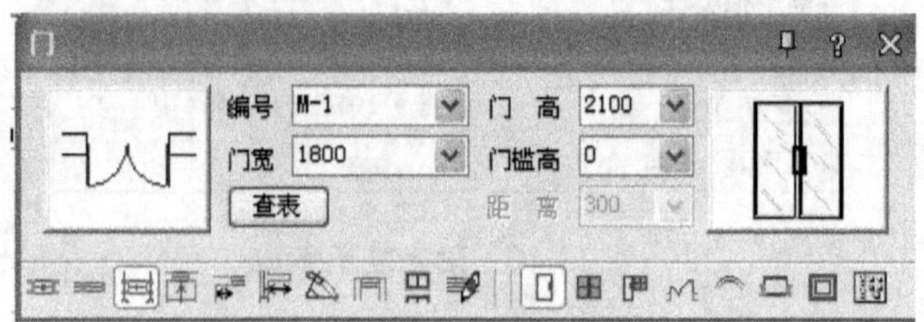

图 11.18 确定 M-1 的数据

在绘图区域单击，在需要设置的位置插入 M-1。

(2) 同样的方法确定 M-2 的数据(图 11.19)，插入 M-2。

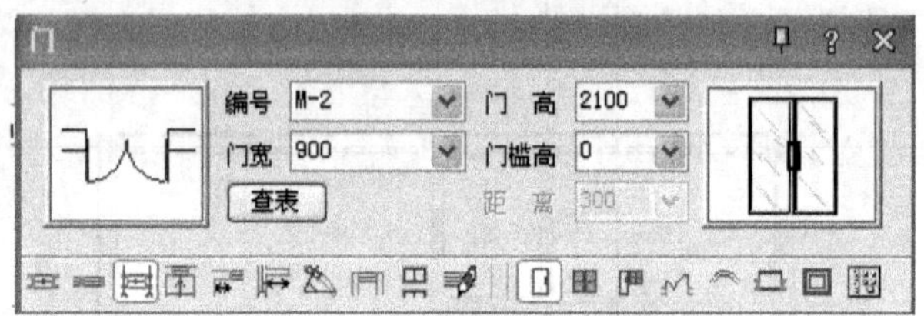

图 11.19 确定 M-2 的数据

(3) 单击“门窗”按钮，在“窗”对话框中切换到“插窗”选项，确定 C-1、C-2、C-3 的数据(图 11.20～图 11.22)，插入窗子。

图 11.20 确定 C-1 的数据

图 11.21 确定 C-2 的数据

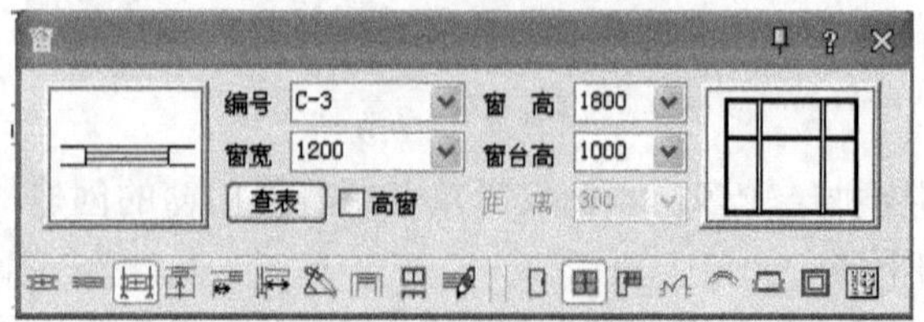

图 11.22 确定 C-3 的数据

插入门窗，如图 11.23 所示。

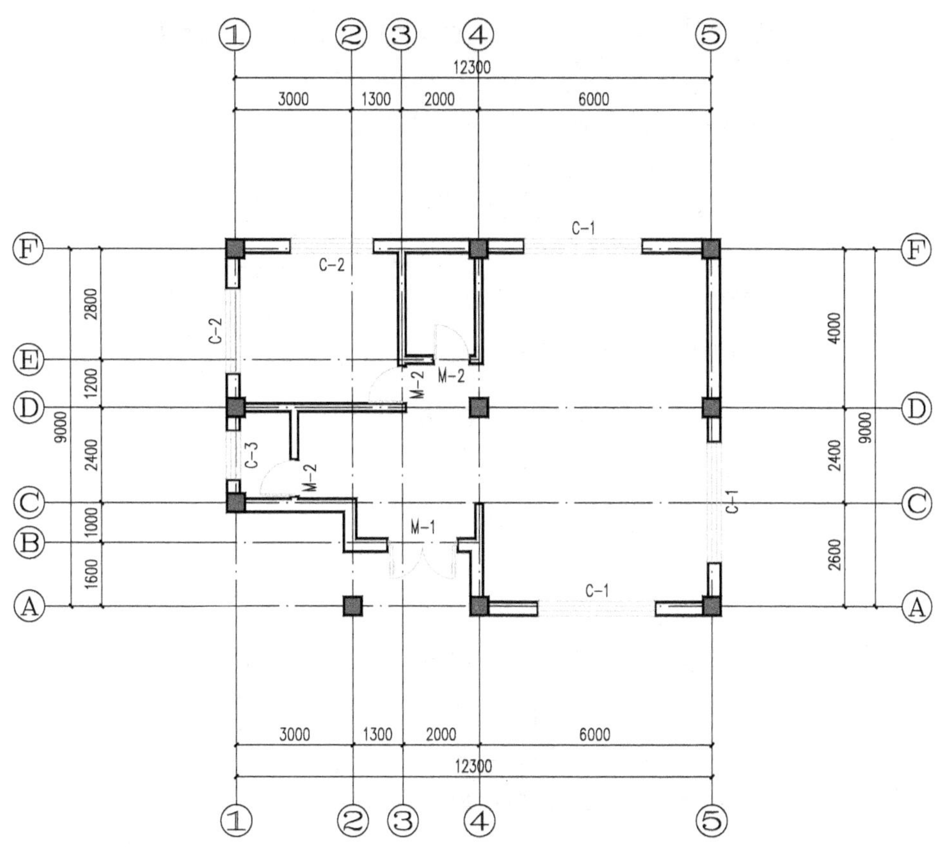

图 11.23 插入门窗

特别提示

插入门窗后，可以通过“门窗编号”、“门窗表”、“门窗检查”等对门窗进行处理及操作。

11.1.5 插入楼梯

命令执行方式如下。

【菜单】：选择“楼梯及其他”→“双跑楼梯”命令。

【命令行】：输入“SPLT”命令。

插入楼梯的操作步骤如下。

(1) 单击“双跑楼梯”按钮，在弹出的“双跑楼梯”对话框中输入楼梯数据，如图 11.24 所示。

(2) 在绘图区域单击，命令行提示如下。

```
点取位置或 [转 90 度(A)/左右翻(S)/上下翻(D)/对齐(F)/改转角(R)/改基点(T)]<退出>:
//指定插入点插入楼梯
```

具体如图 11.25 所示。

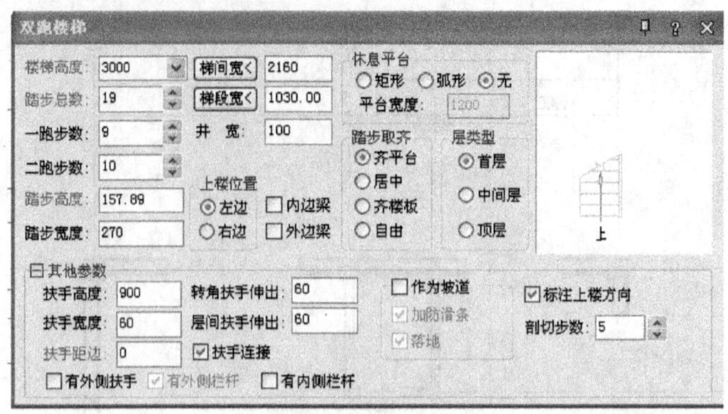

图 11.24 确定楼梯数据

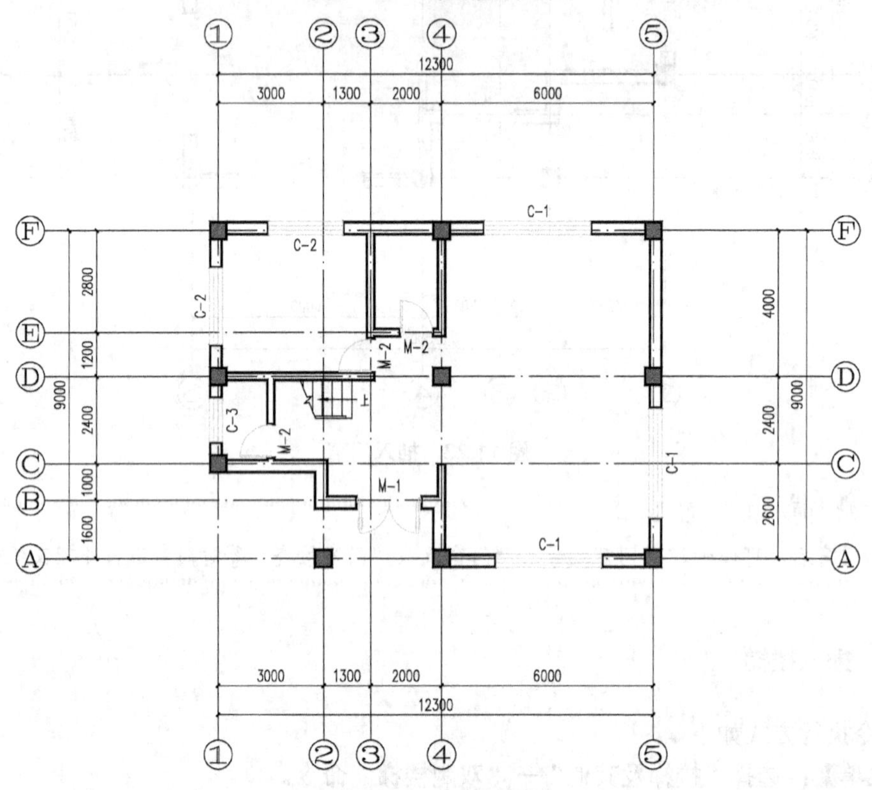

图 11.25 插入楼梯

特 别 提 示

根据平面图中楼梯的形式选择合适的选项插入楼梯，可以通过“添加扶手”、“连接扶手”等对楼梯进行处理。

11.1.6 插入坡道

命令执行方式如下：

【菜单】：选择“楼梯其他”→“坡道”命令。

【命令行】：输入“PD”命令。

插入坡道操作步骤如下。

(1) 单击“坡道”按钮，在弹出的“坡道”对话框中输入数据，如图 11.26 所示。

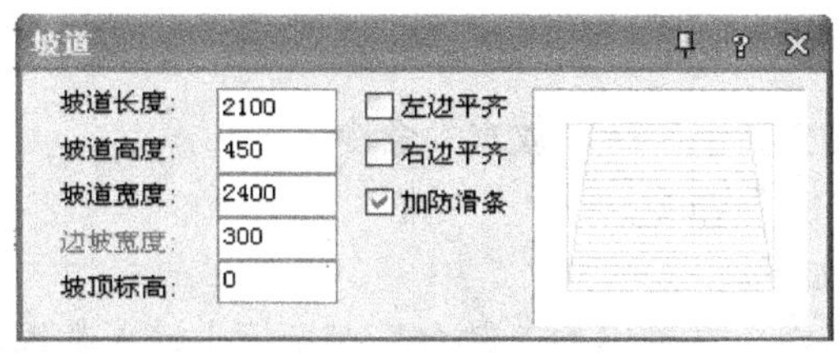

图 11.26　确定坡道数据

(2) 根据命令行提示插入坡道。

```
点取位置或 [转 90 度(A)/左右翻(S)/上下翻(D)/对齐(F)/改转角(R)/改基点(T)]<退出>:
//指定插入点
```

完成坡道插入的界面如图 11.27 所示。

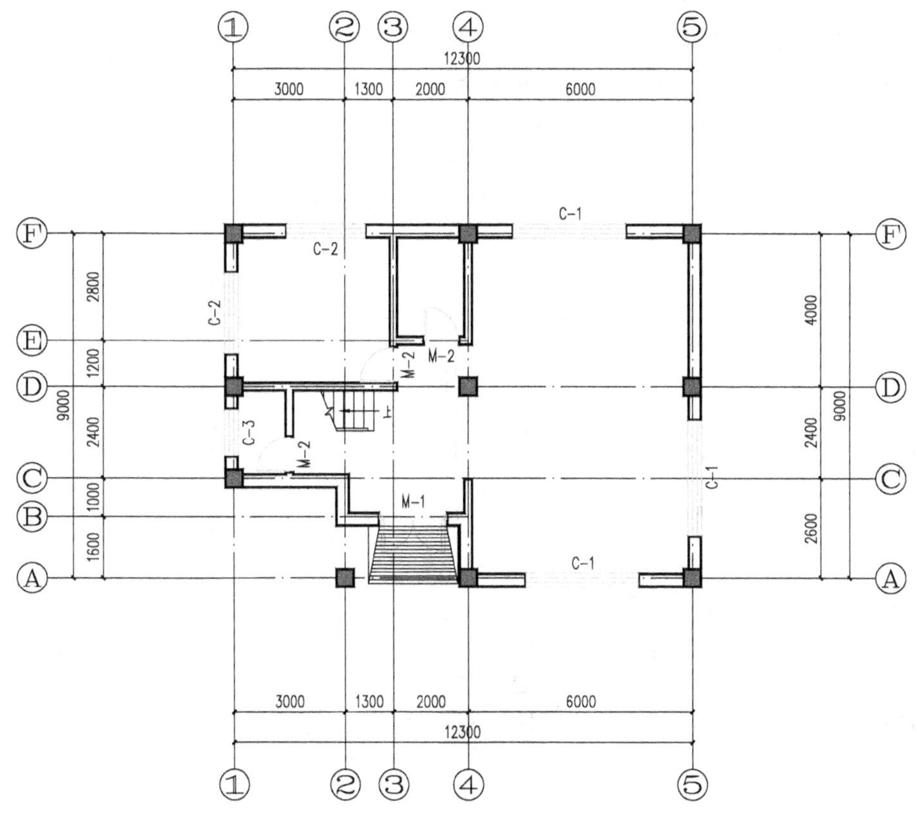

图 11.27　插入坡道

特别提示

坡道作为连接室内外的构件，可以通过“楼梯其他”菜单插入“台阶”，根据命令行提示进行具体操作。

11.1.7 绘制散水

命令执行方式如下。

【菜单】：选择“楼梯其他”→“散水”命令。

【命令行】：输入“SS”命令。

绘制散水操作步骤如下。

(1) 单击“散水”按钮，在弹出的“散水”对话框中输入数据，如图 11.28 所示。

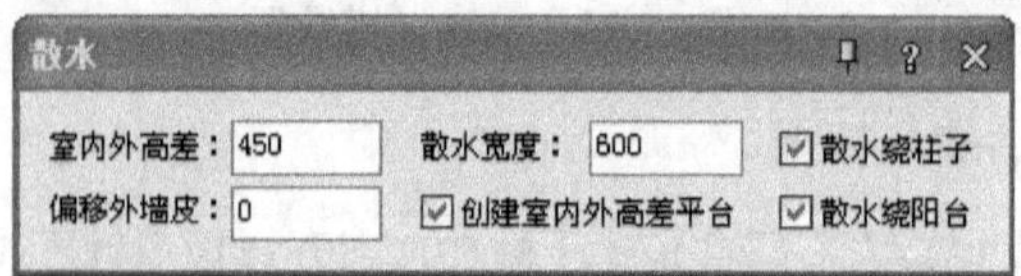

图 11.28 确定散水数据

(2) 根据命令行提示绘制散水。

根据命令行提示“请选择构成一完整建筑物的所有墙体(或门窗、阳台):选择建筑物所有墙体绘制散水”，形成如图 11.29 所示的图形。

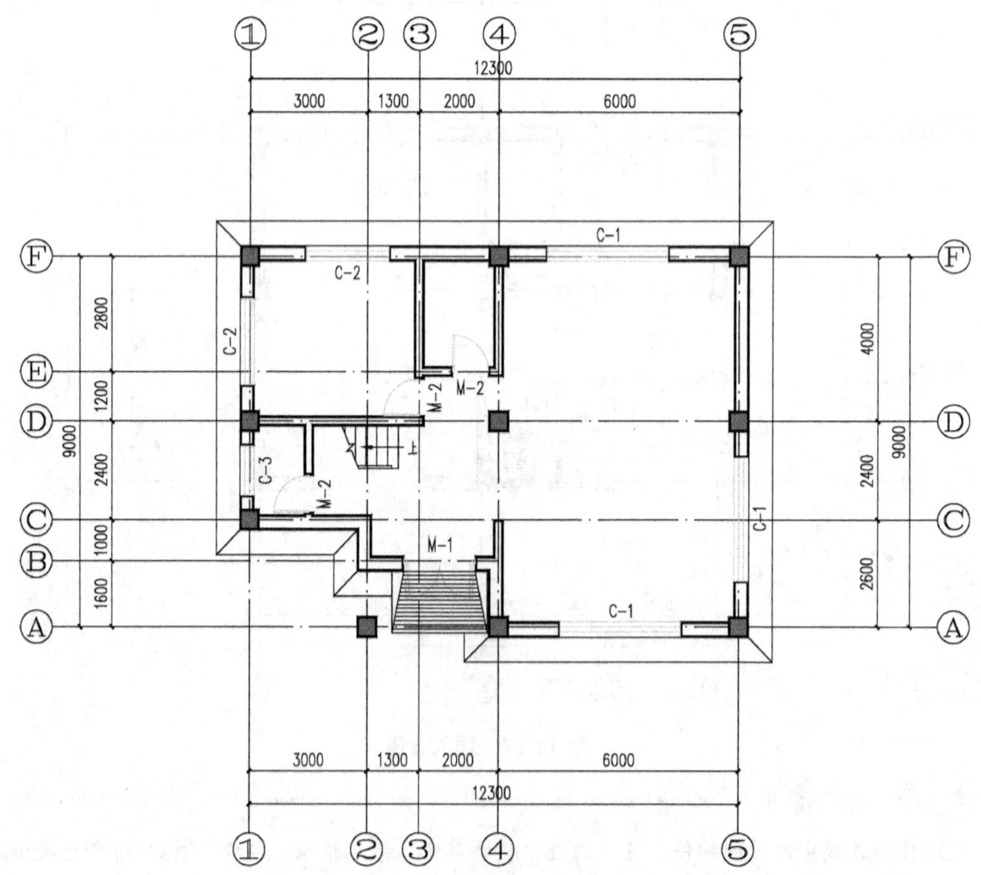

图 11.29 绘制散水

11.1.8 布置洁具

卫生洁具可以直接用天正图库自动绘制生成。

命令执行方式如下。

【菜单】：选择“房间屋顶”→“房间布置”→“布置洁具”命令。

【命令行】：输入“BZJJ”命令。

布置洁具的操作步骤如下。

(1) 单击“布置洁具”按钮，在弹出的“天正洁具”窗口中选择相应的洁具，如图 11.30 所示。

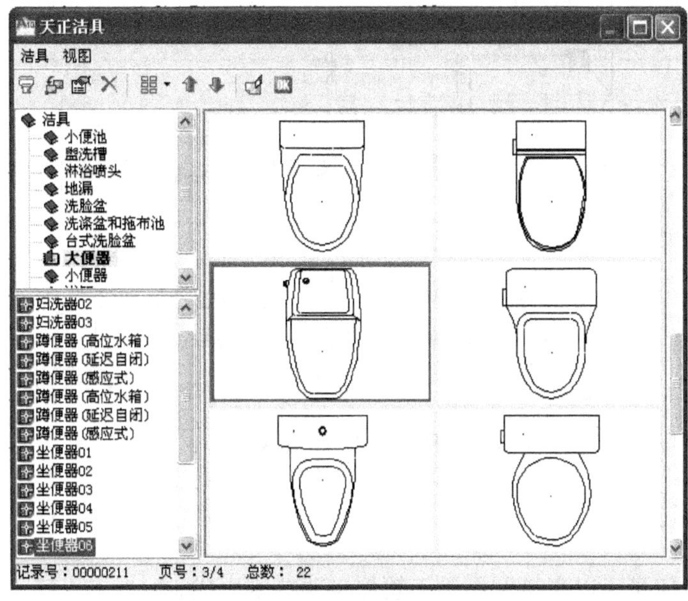

图 11.30 确定坐便器的数据

(2) 双击所选择的洁具，弹出“布置坐便器 06”对话框，如图 11.31 所示。

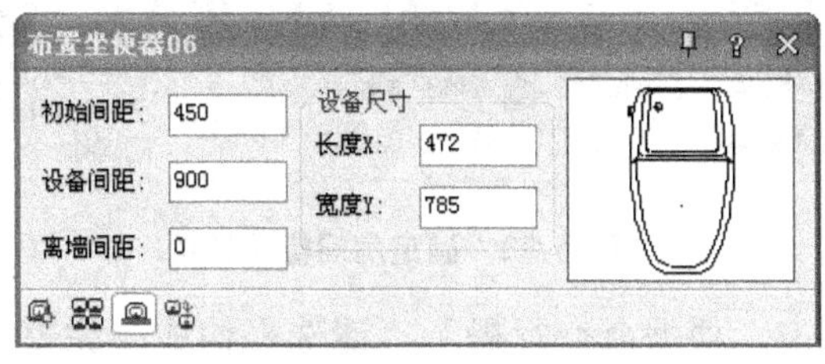

图 11.31 “布置坐便器 06”对话框

(3) 根据命令行提示“请选择沿墙边线 <退出>:选择卫生间相应的墙线”，形成如图 11.32 所示的图形。

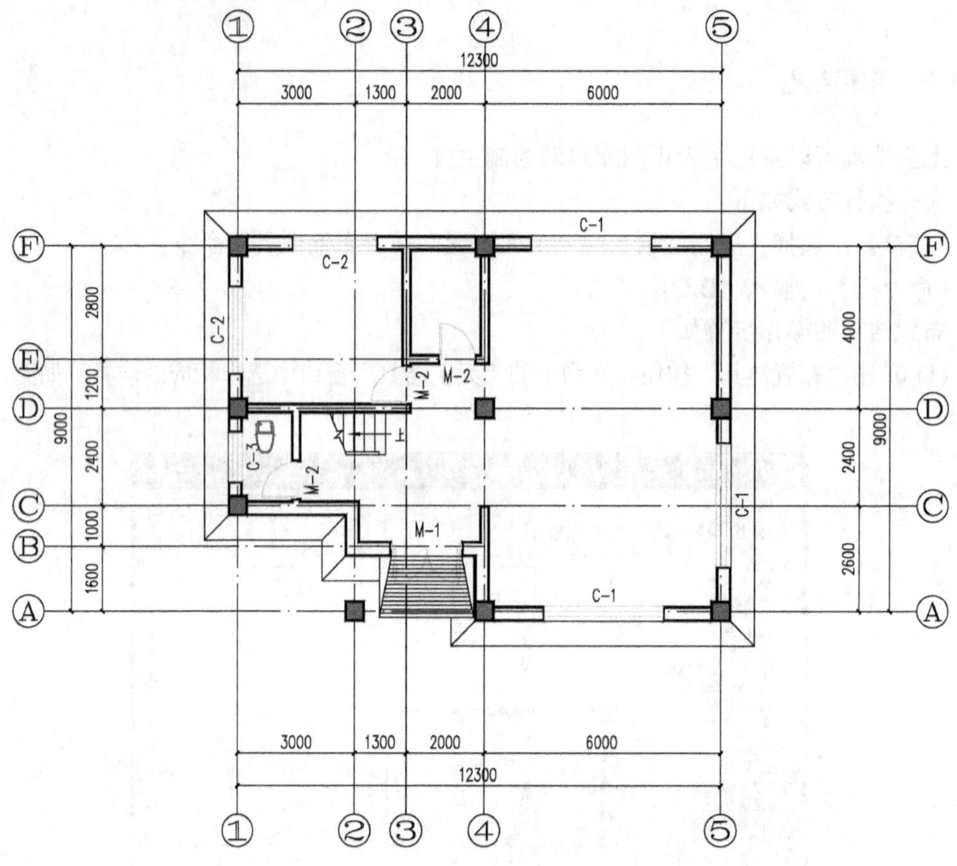

图 11.32 布置洁具

11.1.9 房间标注

绘制房屋的信息可以直接利用天正软件自动绘制而成。

(1) 单击“搜索房间”按钮，在弹出的“搜索房间”对话框中输入相应数据，如图 11.33 所示。

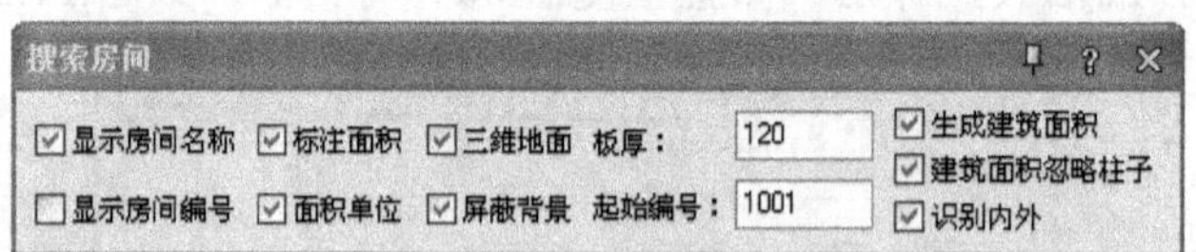

图 11.33 确定房间标注数据

(2) 在绘图区域单击，根据命令行提示“请选择构成一完整建筑物的所有墙体(或门窗):框选建筑物所有墙体”，形成如图 11.34 所示的图形。

(3) 通过在位编辑命令，双击需修改的房间名称，直接修改名字。

通过菜单“房间屋顶”中“搜索房间”、“房间轮廓”、“查询面积”等命令对房间进行标注。

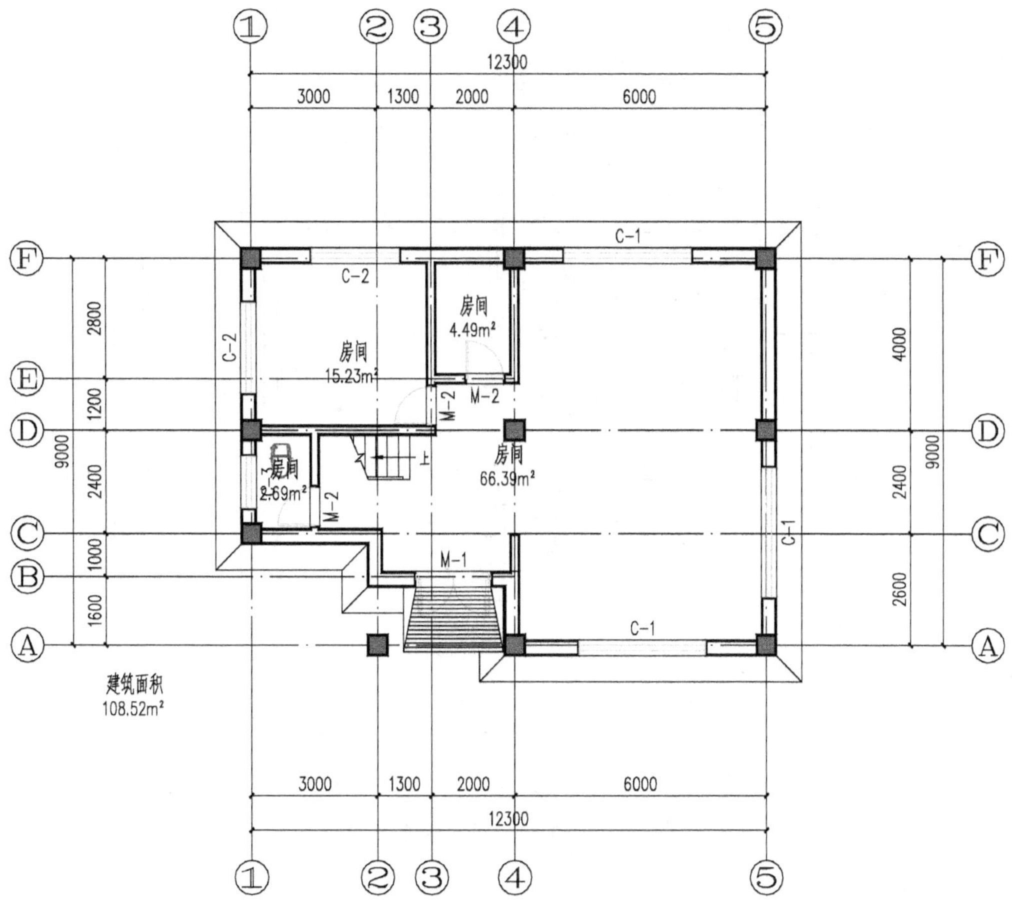

图 11.34 房间标注

11.1.10 尺寸标注

尺寸标注主要用来明确建筑构件的平面尺寸。

尺寸标注的操作步骤如下。

(1) 选择“尺寸标注”中的“门窗标注”命令，根据命令行提示选择尺寸标注门窗所在的墙线，得到门窗标注。

(2) 选择“墙厚标注”命令，根据命令行提示选择标注的墙线，自动生成墙厚标注。

(3) 其他位置的标注选择“逐点标注”命令，直接标注尺寸。

完成尺寸标注的界面如图 11.35 所示。

特别提示

菜单“尺寸标注”中包含“门窗标注”、“墙厚标注”、“两点标注”、“逐点标注”、“快速标注”、“半径标注”、“直径标注”等命令，根据需要进行选取。

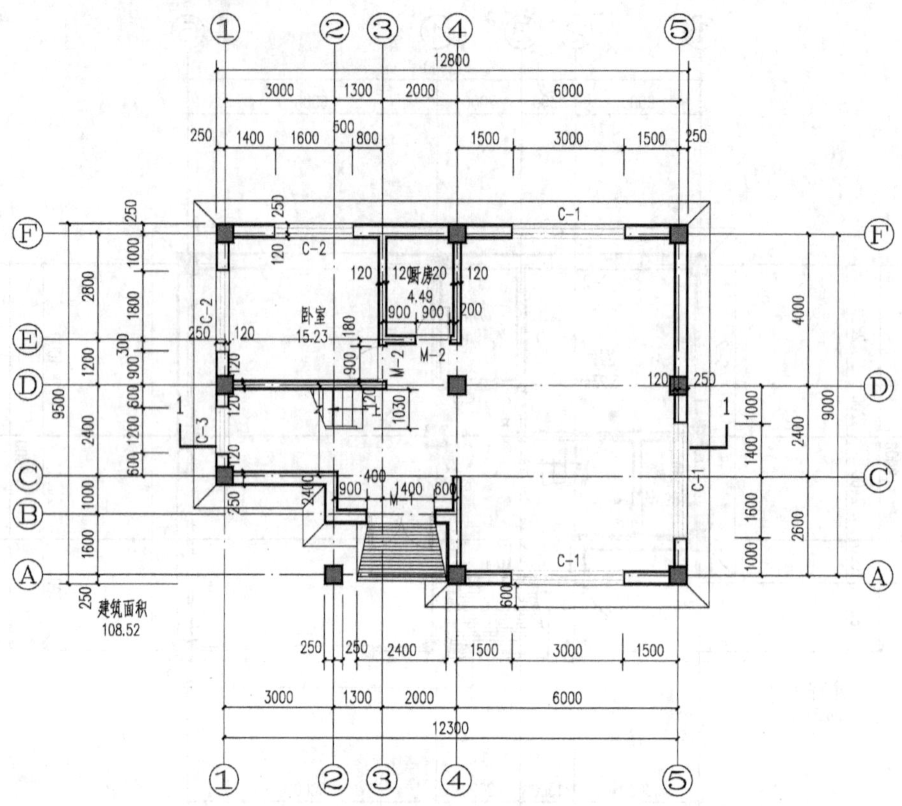

图 11.35 尺寸标注

11.1.11 标高标注

标高标注主要用于明确建筑物室内外的平面高差。

标高标注操作步骤如下。

(1) 选择“标高标注”命令，在弹出的“标准标注”对话框中输入相应数据，如图 11.36 所示。

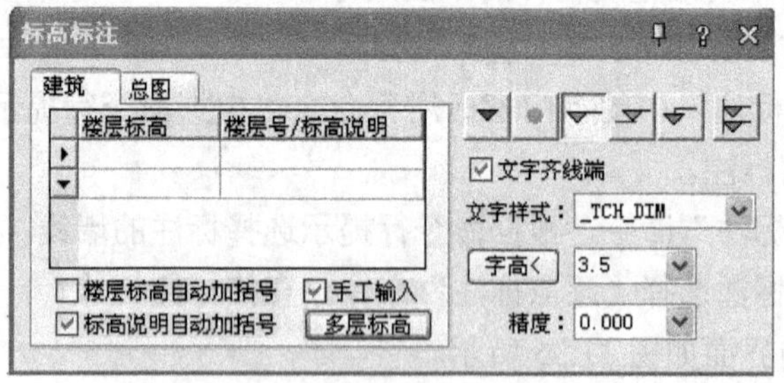

图 11.36 “标高标注”对话框

菜单“符号标注”中包括“标高标注”、“标高检查”、“索引符号”、“做法标注”、“剖面剖切”、“断面剖切”、“折断线”、“指北针”和“图名标注”等命令。

(2) 在绘图区域单击，根据命令行提示标注建筑物内的标高，用同样的方法标注建筑物外的标高。如图 11.37 所示。

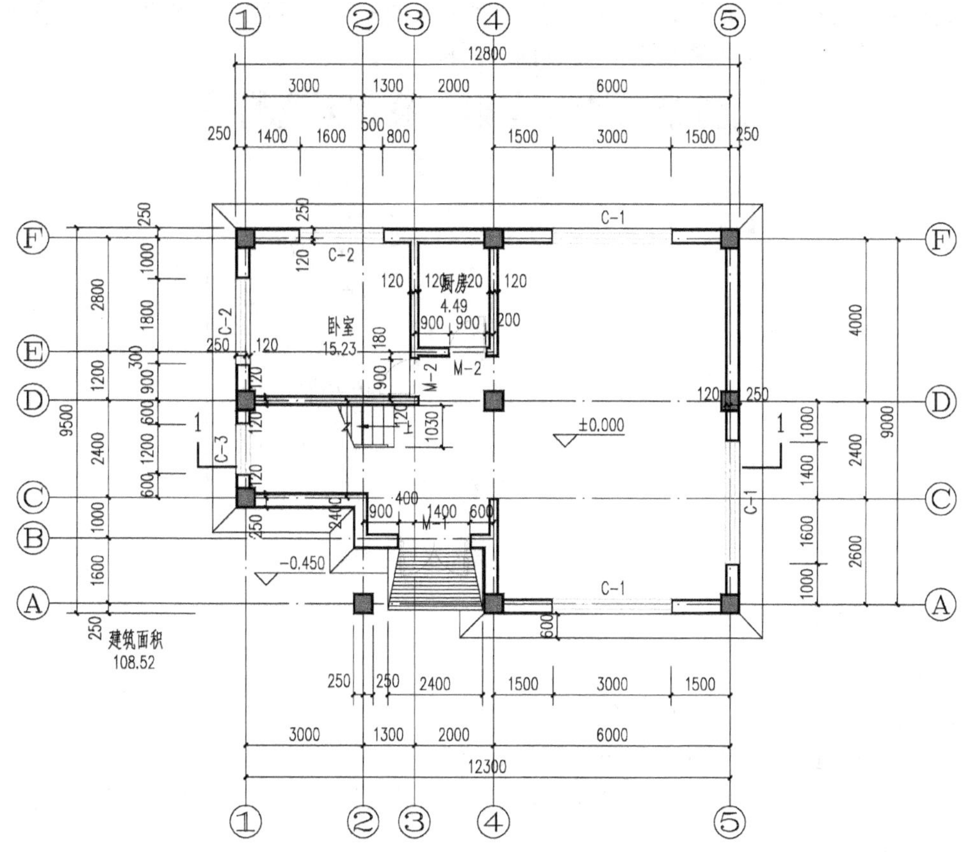

图 11.37 标高标注

11.1.12 符号标注

本命令在图上绘制一个国标规定的指北针符号，从插入点到橡皮线的终点定义为指北针的方向，这个方向在坐标标注时起指示北向坐标的作用。

命令执行方式如下。

【命令行】：输入“HZBZ”命令。

【菜单】：选择“符号标注”→“画指北针”命令。

选择菜单命令后，命令行提示如下：

```
指北针位置<退出>: //单击指北针的插入点
指北针方向<90.0>:      //拖动光标或键入角度定义指北针方向，X 正向为 0
```

11.1.13 插入图框及图名标注

1. 插入图框

命令执行方式如下。

【命令行】：输入“CRTK”命令。

【菜单】：选择“文件布图”→“插入图框”命令。

选择菜单命令后，弹出如图 11.38 所示“搜入图框”对话框。单击“插入”按钮，命令行提示“请单击插入位置<返回>:完成插入图框”。

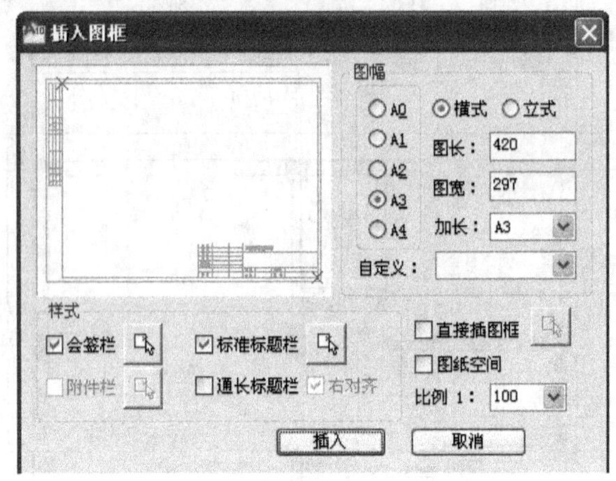

图 11.38 “插入图框”对话框

2. 图名标注

命令执行方式如下。

【命令行】：输入“TMBZ”命令。

【菜单】：选择“符号标注”→“图名标注”命令。

选择菜单命令后，弹出如图 11.39 所示“图名标注”对话框，输入相应的参数即可得到图名标注。

图 11.39 “图名标注”对话框

11.2 绘制其他楼层平面图

11.2.1 二层平面图

二层平面图绘制步骤如下。

打开底层平面图，如图 11.40 所示，将其另存为二层平面图，将二层与底层进行比较，添加与删除不同内容即可得到二层平面图，删除大门、散水、坡道、指北针等，将门厅改为房间，加墙体；将楼梯改为中间层，调整标高。二层平面图如图 11.41 所示。

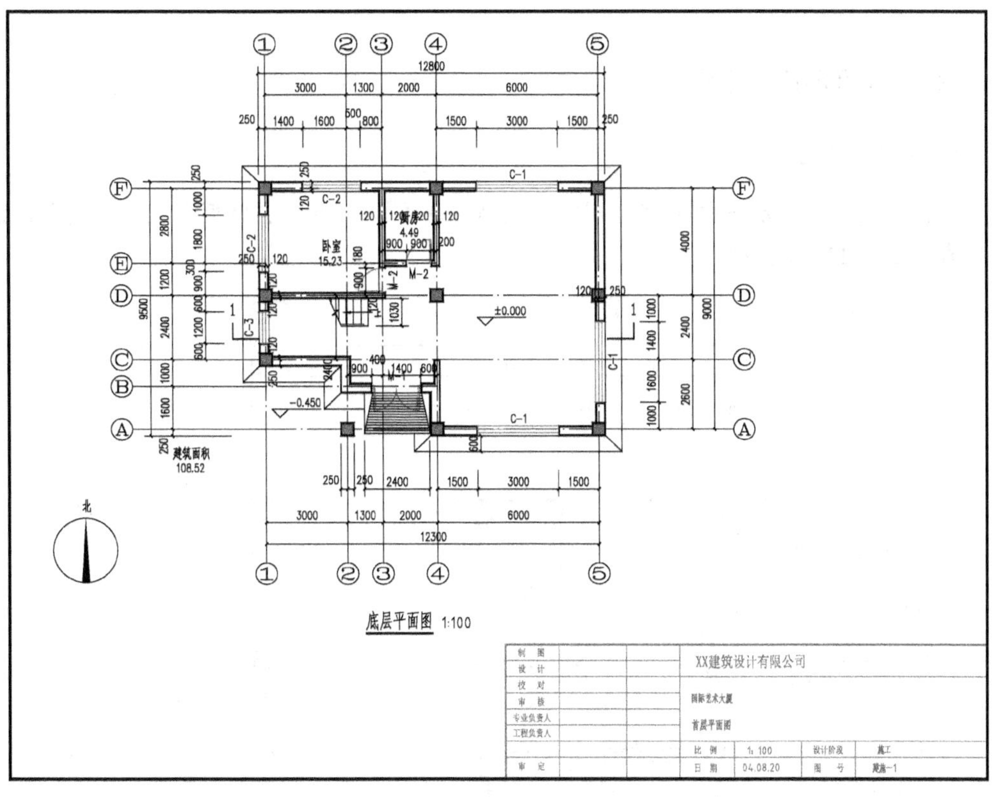

图 11.40 底层平面图

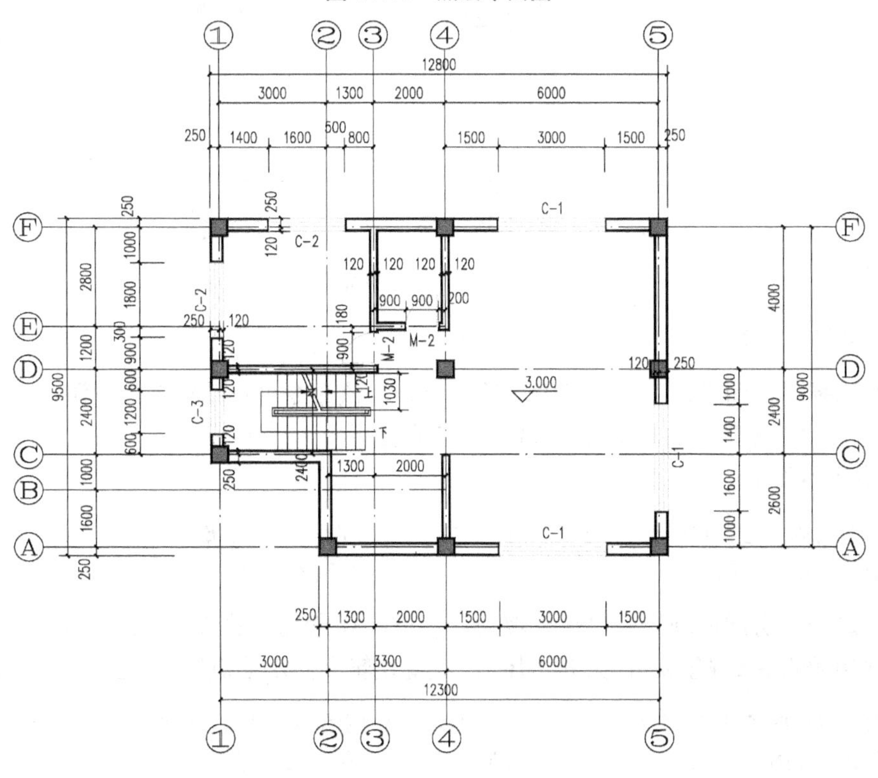

图 11.41 二层平面图

11.2.2 三层及屋顶平面图

1. 三层平面图

三层平面图与二层平面图完全相同，只是标高不同，将二层另存为三层平面图，调整标高值，如图 11.42 所示。

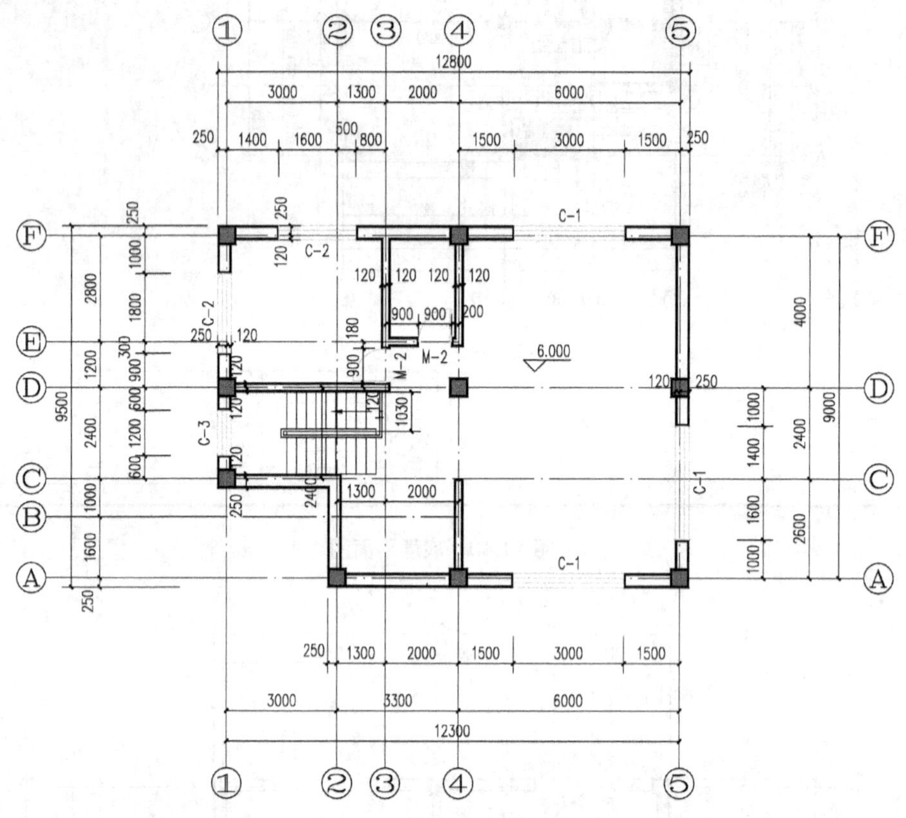

图 11.42 三层平面图

2. 屋顶平面图

(1) 选择“房间屋顶”→“搜索屋顶”命令，该命令可自动跨越门窗洞口搜索墙线的封闭区域，生成屋顶平面轮廓线，如图 11.43 所示。

命令提示如下：

```
请选择构成一完整建筑物的所有墙体(或门窗)：    //框选建筑全部墙体
偏移外皮距离<600>:                              //输入 600
```

(2) 选择“房间屋顶”→“任意坡顶”命令，任意坡顶的绘制如图 11.44 所示。该命令可以由封闭的多段线生成指定坡度的屋顶，对象编辑可以分别修改各坡度，命令提示如下。

```
选择一封闭的多段线<退出>:        //选择上一步搜索屋顶中生成的屋顶线
请输入坡度角 <30>:               //输入“30”，按 Enter 键
出檐长<600>:                     //输入“600”，按 Enter 键，生成任意坡屋顶
```

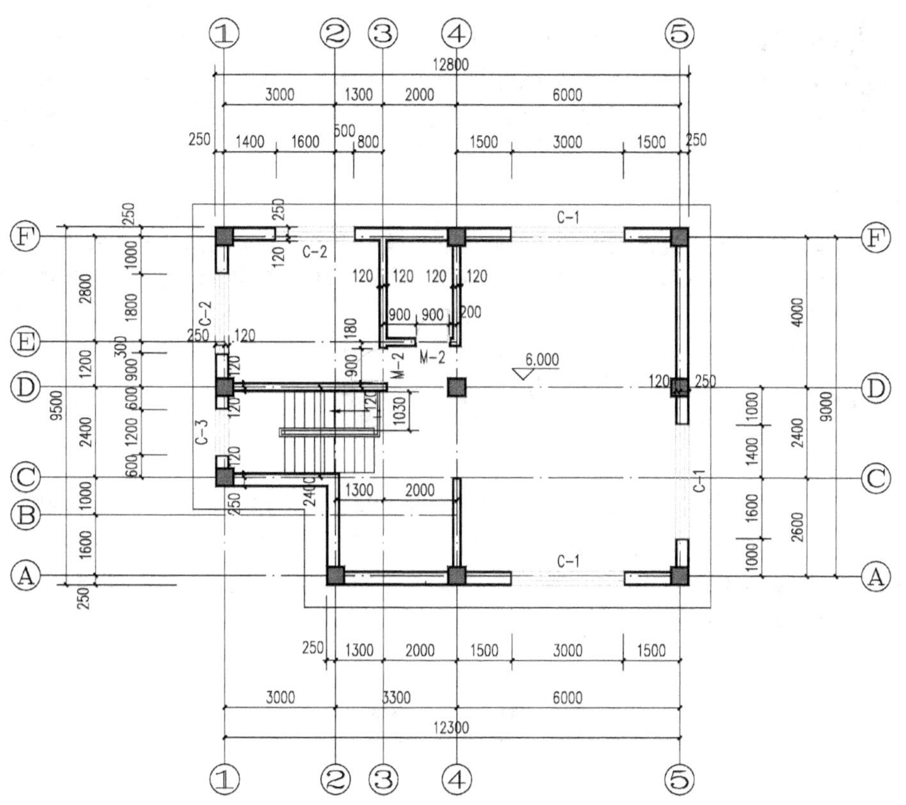

图 11.43 搜屋顶线

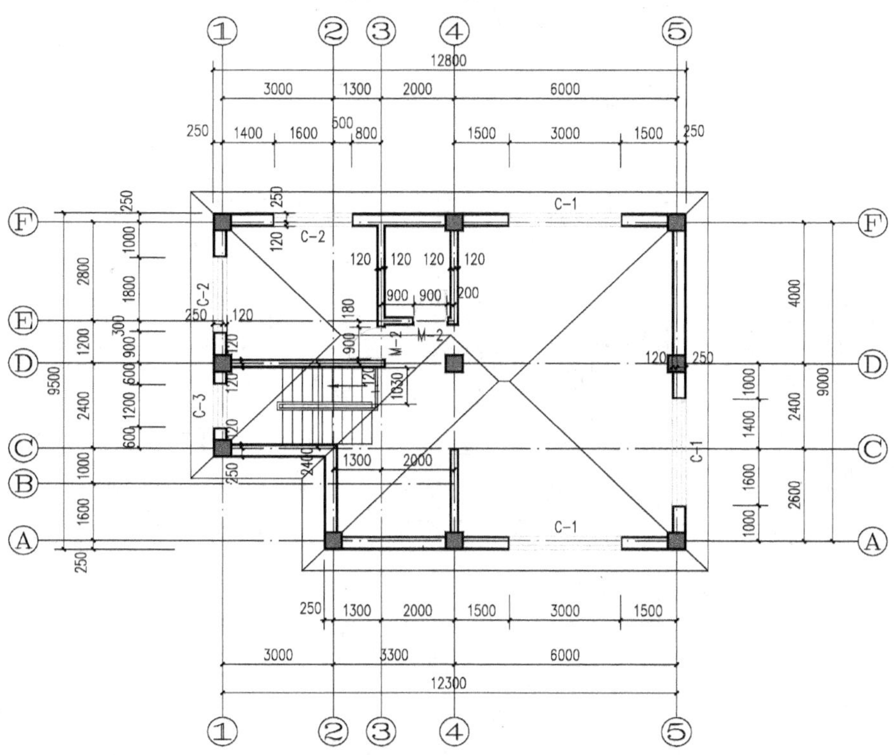

图 11.44 任意坡顶

特别提示

绘制屋顶平面图时，要注意生成的任意坡屋顶与三层平面图标高的衔接，可以选择“视图”→“三维视图”→“西南等轴测”命令查看相互的位置关系，使用 AutoCAD 相关命令进行修改。

案例小结

本章案例通过利用天正建筑 TArch 2014 绘制建筑平面图，掌握轴网的绘制及编辑、墙体的绘制及编辑、柱子门窗的插入及其他功能的使用及操作方法。通过本章案例的绘制，掌握建筑平面图的绘制方法及操作步骤。

本章小结

本章通过介绍使用天正建筑 TArch 2014 绘制建筑平面图的方法，掌握轴网绘制及编辑、柱子的插入、墙体的绘制及编辑、门窗插入、楼梯的创建、坡道散水的插入、房间标注、尺寸及标高标注的基本方法；熟练掌握天正建筑与 AutoCAD 配合使用的方法，提高绘图的速度和效率，满足专业要求。

习题

根据绘制的底层平面图完成二层、三层平面图及屋顶平面图的绘制，效果图如图 11.45 所示。

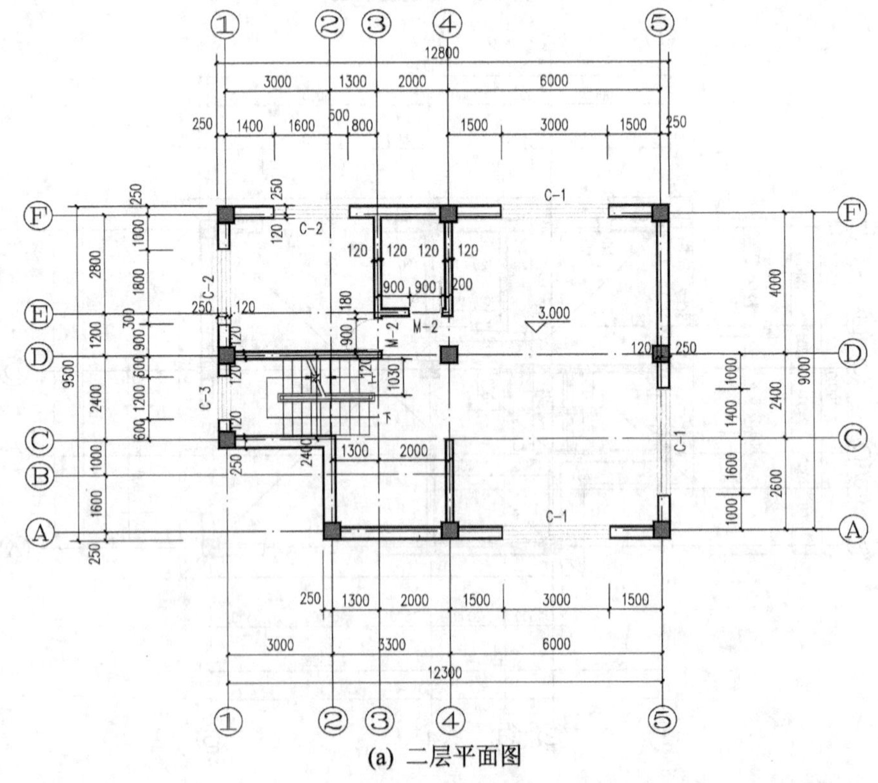

(a) 二层平面图

图 11.45 平面图

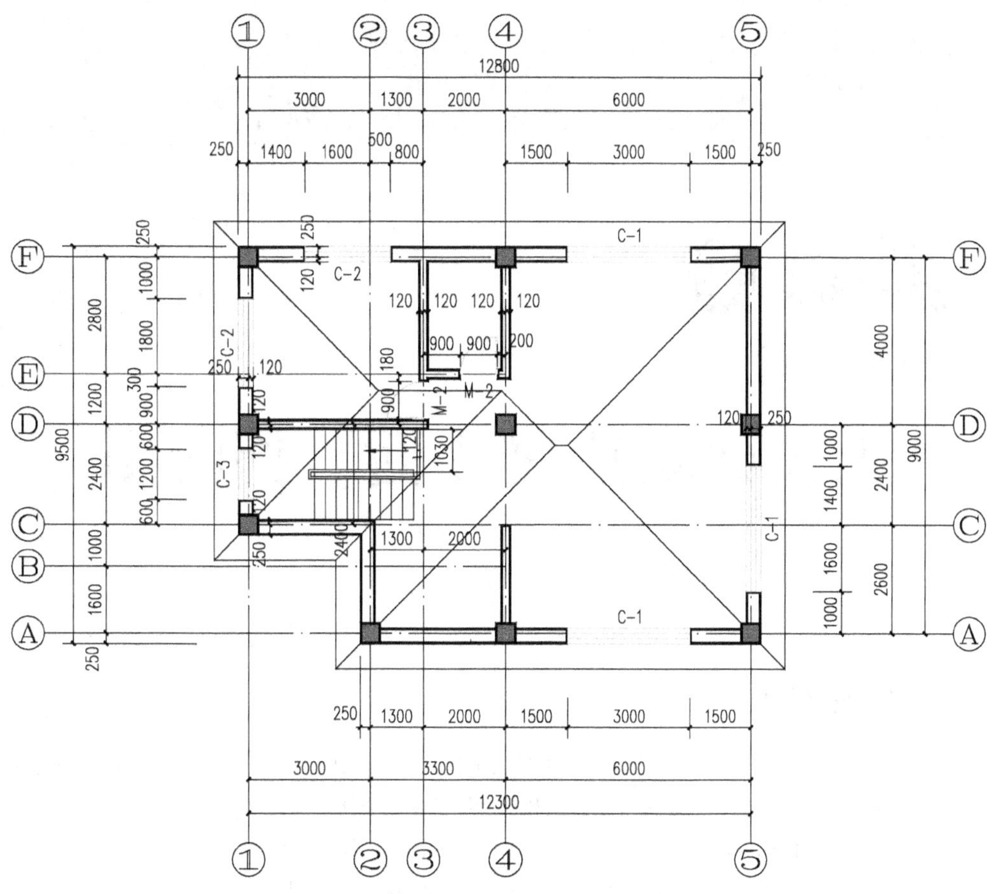

(b) 三层及屋顶平面图

图 11.45　平面图(续)

第12章 天正建筑绘制立面、剖面图

教学目标

本章主要介绍使用天正建筑软件(TArch 2014)提供的工程管理功能由平面图创建立面图和剖面图的方法，以及进行立面图和剖面图的编辑方法。通过本章的学习，掌握建筑立面的生成、立面门窗、门窗参数、立面门套、立面阳台、雨水管线、立面轮廓及其他功能的绘制及生成；掌握建筑剖面图的生成、剖面墙、双线楼板、加剖断梁、剖面门窗、门窗过梁、楼梯栏杆、扶手接头、剖面填充及加粗处理等绘制方法，提高绘图的速度及质量。

学习要求

能力要求	知识要点	权重
掌握工程管理	工程管理设置、新建工程项目的方法、楼层表属性定义及设置	20%
立面图的创建与编辑	天正建筑软件直接生成建筑立面的方法、立面门窗、门窗参数、立面门套、立面阳台、雨水管线及立面轮廓、图框插入及图名标注	40%
剖面图的创建与编辑	由平面图直接生成建筑剖面图的方法、剖面墙绘制、双线楼板、加剖断梁、剖面门窗、门窗过梁及楼梯栏杆、扶手接头、剖面填充及加粗的使用	40%

本章导读

建筑是一个空间的三维体，因此运用图纸完整地表达建筑形体和功能，还需要绘制反映建筑外观的立面图，以及表示建筑内部空间关系和构造的剖面图。建筑立面图和剖面图同样是建筑施工图主要的组成部分，立面图用来展示建筑物外貌和外墙面的装饰材料，剖面图用来表达房屋内部垂直方向的高度、楼层分布情况，以及简要的结构形式和构造方式。使用天正建筑 TArch 2014 提供的工程管理功能，可快速提取各层信息生成整体建筑图形、立面图(图 12.1)和剖面图，为建筑设计提供极大的便利。

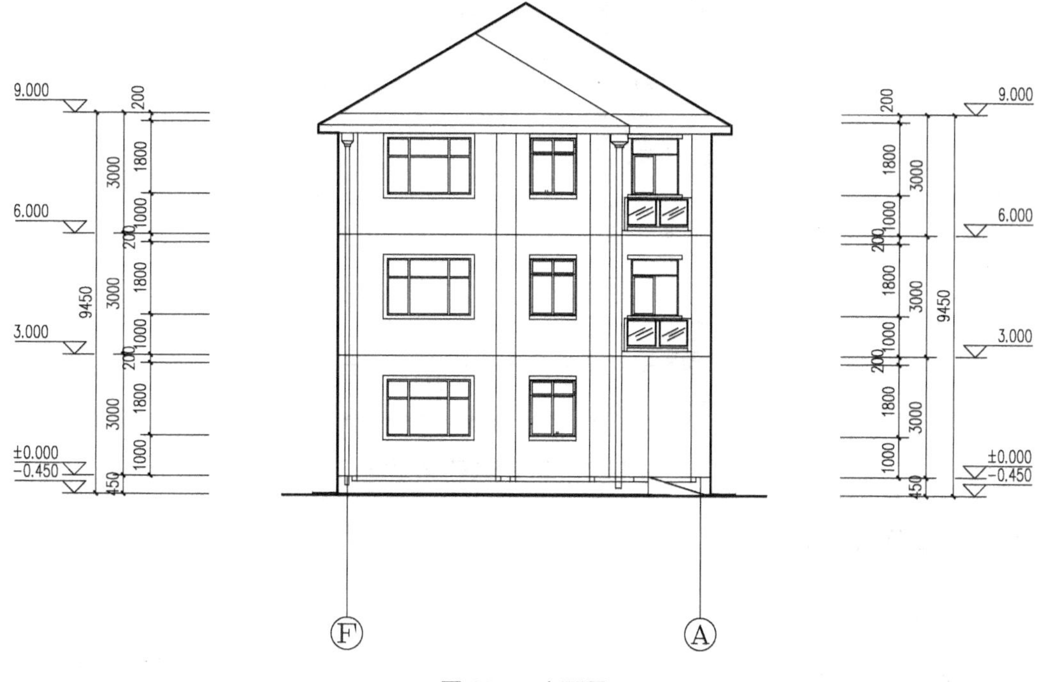

图 12.1 立面图

引例与思考

在利用 AutoCAD 软件绘制建筑立面图、剖面图的过程中，必须使用基本绘图及编辑命令逐步绘制，绘图步骤比较烦琐，而使用天正建筑 TArch 2014 则可以提高绘图速度及效率。

天正建筑中如何自动生成建筑立面、剖面图?

12.1 工程管理

工程管理是把用户所设计的大量图形文件按“工程”或者说“项目”区别开来，要求用户把同属于一个工程的文件放在同一个文件夹下进行管理。

12.1.1 工程管理设置

“工程管理”对话框如图 12.2 所示，它用来建立由各楼层平面图组成的楼层表，在界面上主要有创建立面、剖面、三维模型等图形的工具栏按钮；选项板可设置为自动隐藏，仅显示共用的标题栏，鼠标指针进入标题栏中的工程管理区域，界面自动展开。

命令执行方式如下。

【菜单】：选择“文件布图”→“工程管理”命令。

【命令行】：输入“GCGL”命令。

【快捷键】：按“CTRL+～”组合键。

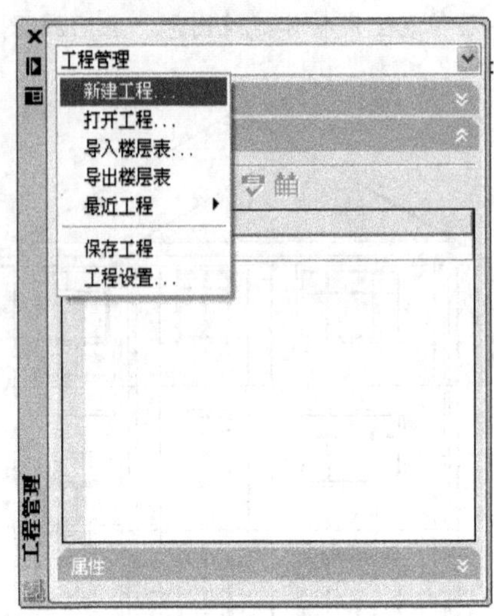

图 12.2 “工程管理”对话框

12.1.2 新建或打开工程

1. 新建工程

命令执行方式：选择“文件布图”→“工程管理”→“新建工程”命令，打开“另存为”对话框，如图 12.3 所示。

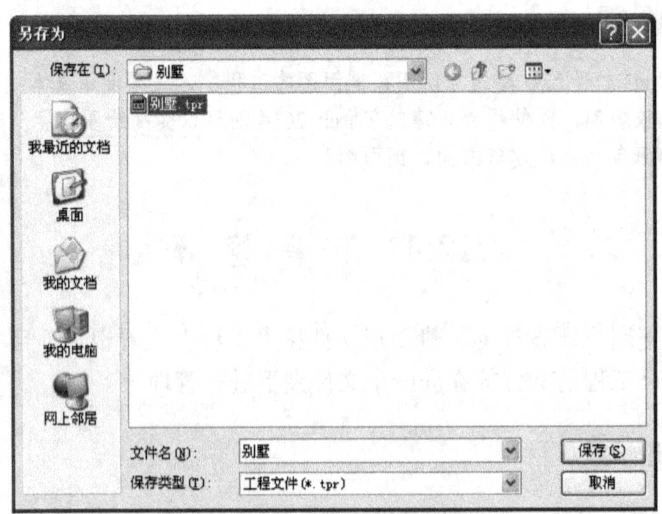

图 12.3 “另存为”对话框

在其中选取保存该工程 DWG 文件的文件夹作为路径，输入新工程名称。

单击“保存”按钮把新建工程保存为“工程文件(*.tpr)”文件，按当前数据更新工程文件。

2. 打开工程

本命令打开已有工程，在图纸集中的树形列表中列出本工程的名称与该工程所属的图形文件名称，在楼层表中列出本工程的楼层定义。

【命令执行方式】：选择“文件布图”→“工程管理”→“打开工程”命令，打开“打开”对话框，如图 12.4 所示。

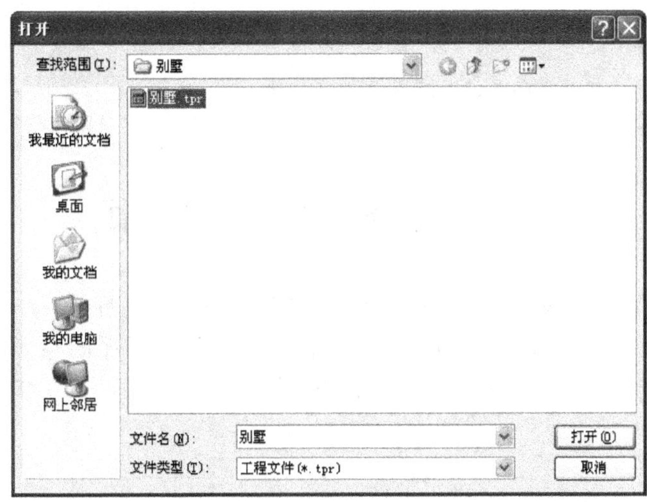

图 12.4 “打开”对话框

【打开最近工程】：单击工程名称下拉列表，选择最近工程，可以看到最近打开过的工程列表，单击其中一个工程即可打开。

12.1.3 楼层表

工程管理允许用户使用一个 DWG 文件通过楼层框保存多个楼层平面，通过楼层框定义自然层与标准层的关系，也可以使用一个 DWG 文件保存一个楼层平面，直接在楼层表定义楼层关系，通过对齐点把各楼层组装起来，如图 12.5 所示。

把多个平面图放在同一图形文件中，直接通过框选在楼层表定义楼层关系，通过对齐点组合楼层。

定义楼层操作如下。

首先打开图形文件，然后单击相应按钮，命令行提示如下。

```
选择第一个角点<取消>:  //选择所选标准层左上角
另一个角点<取消>:      //选所选标准层右下角
对齐点<取消>:          //选择开间与进深的第一轴线交点
```

成功定义楼层，如图 12.6 所示。

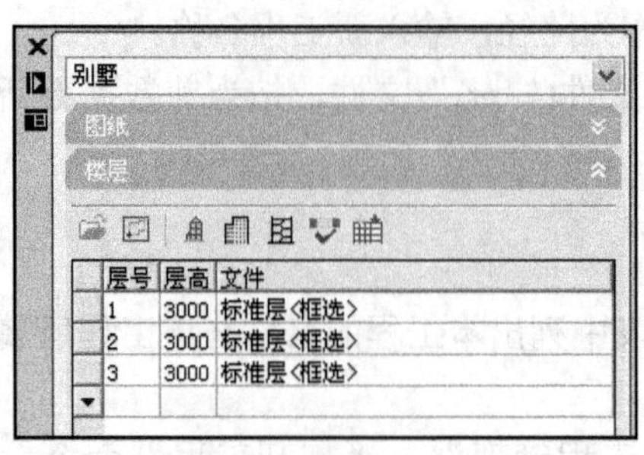

图 12.5 “楼层表”对话框

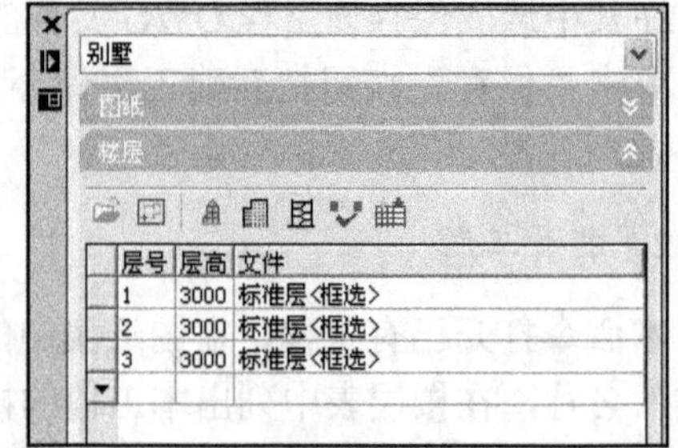

图 12.6 定义楼层

定义楼层属性时，可以将序号、层高及文件直接输入。

12.2 立面图的创建与编辑

建筑立面生成是由“工程管理”功能实现的，在“工程管理”界面中，选择“新建工程”→“添加图纸(平面图)”命令建立工程，在工程的基础上定义平面图与楼层的关系，从而建立平面图与立面楼层之间的关系，如图 12.7 所示。

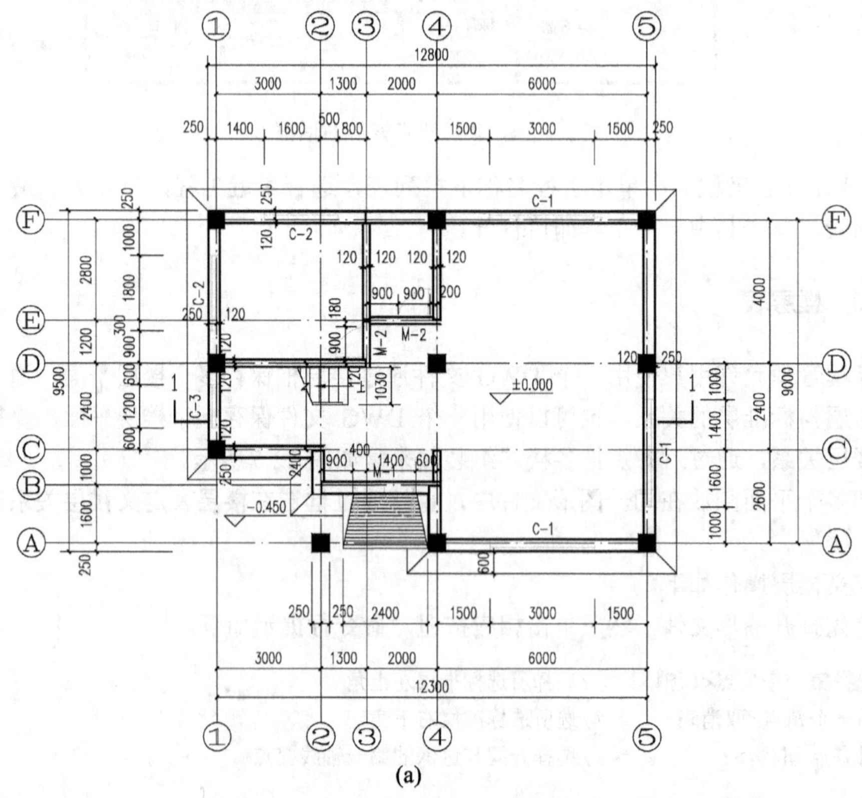

(a)

图 12.7 平面图

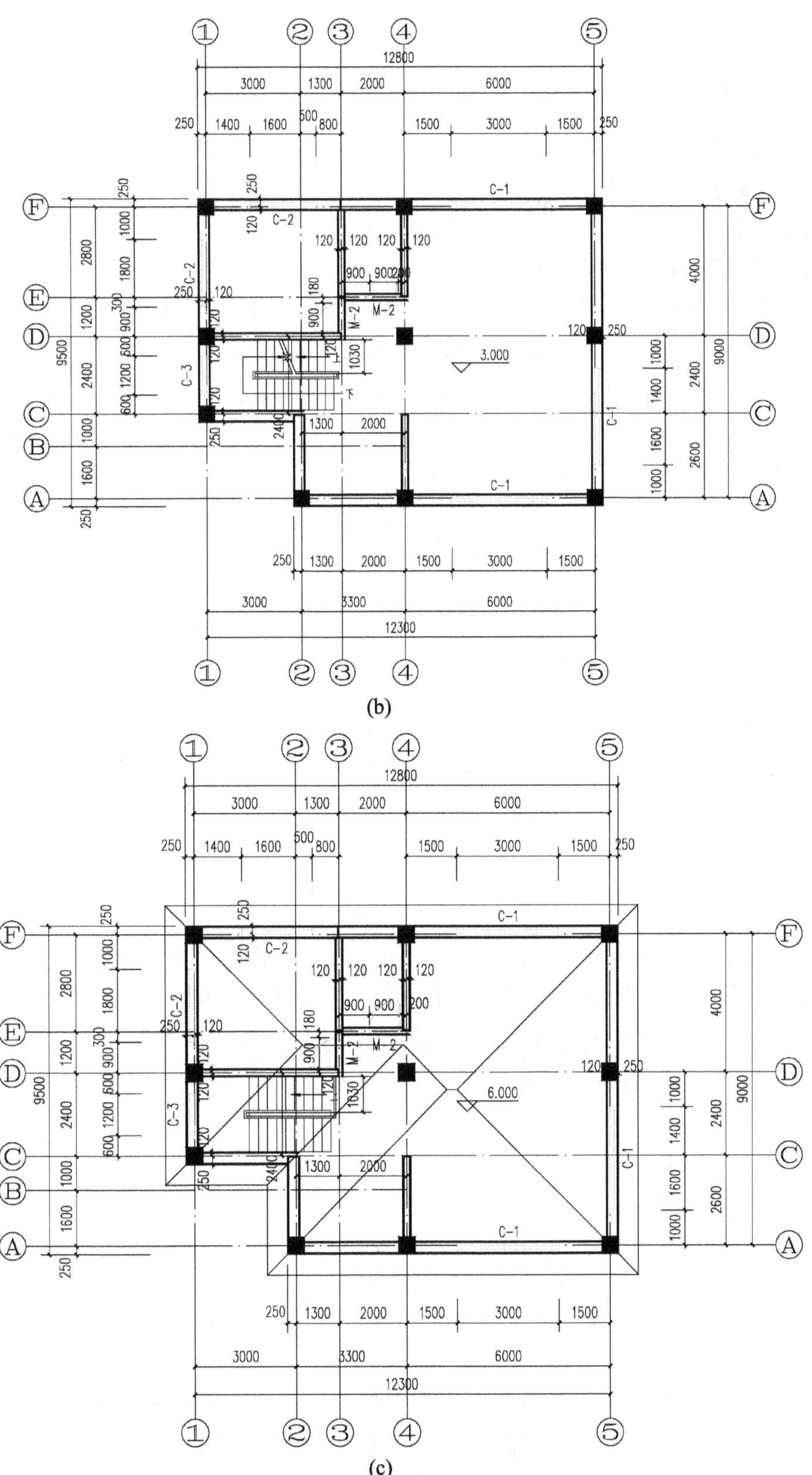
①
②
③
④
⑤
12800
3000 1300 2000 6000
250 1400 1600 500 800 1500 3000 1500 250
Ⓕ
Ⓔ
Ⓓ
Ⓒ
Ⓑ
Ⓐ
C-1
C-2
C-3
M-2
3.000
9500
2800
2400
1000
1600
4000
9000
2600
250 1300 2000 1500 3000 1500
3000 3300 6000
12300
(b)
6.000
(c)

图 12.7 平面图

12.2.1 建筑立面

命令执行方式如下。

【命令行】：输入“JZLM”命令。

【菜单】：选择“立面”→“建筑立面”命令。

创建建筑立面操作步骤如下。

(1) 新建工程：通过第 12.1 节介绍的方法新建工程，打开已绘制的平面图，定义楼层关系，单击“建筑立面”按钮，命令行提示如下。

```
请输入立面方向或 [正立面(F)/背立面(B)/左立面(L)/右立面(R)]<退出>: //选择正立面 L
请选择要出现在立面图上的轴线:                                    //选择轴线 A
请选择要出现在立面图上的轴线:                                    //选择轴线 F
请选择要出现在立面图上的轴线:                                    //按 Enter 键结束
```

“立面生成设置”对话框如图 12.8 所示。

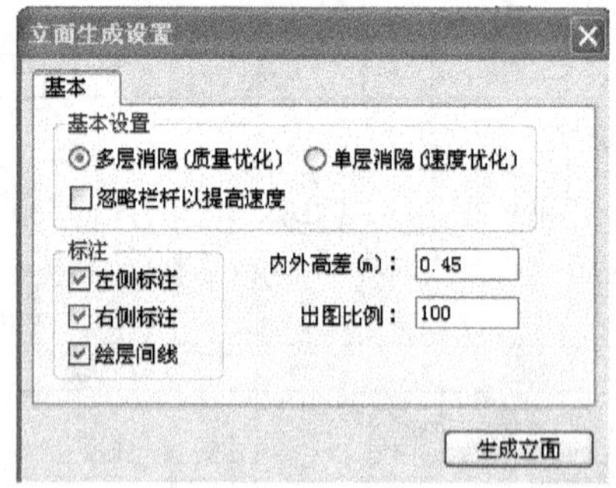

图 12.8 “立面生成设置”对话框

在对话框中输入参数，单击“生成立面”按钮，弹出“输入要生成的文件”对话框(图 12.9)，在此设置立面图文件的名称和位置，生成建筑立面图。

图 12.9 “输入要生成的文件”对话框

(2) 单击“保存”按钮即可得到所需的立面图，如图 12.10 所示。

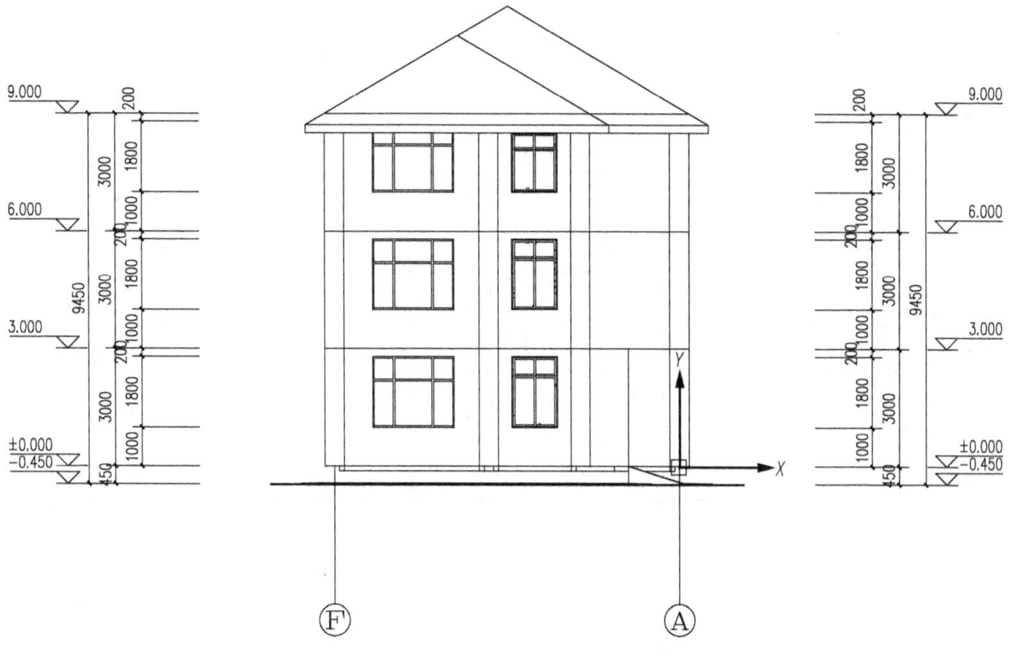

图 12.10 直接生成的立面图

在菜单“立面”中主要包括“建筑立面”、“构件立面”，在操作过程中根据命令行提示进行选择。

12.2.2 立面门窗

本命令用于替换、添加立面图上的门窗，同时也是立面图的门窗图块管理工具，可处理带装饰门窗套的立面门窗，并提供与之配套的立面门窗图库。

命令执行方式如下。

【命令行】：输入“LMMC”命令。

【菜单】：选择“立面”→“立面门窗”命令。

操作步骤如下。

(1) 替换窗，打开需要编辑的立面图进行编辑，如图 12.11 所示。

选择“立面门窗”命令后，弹出“天正图库管理系统”对话框，在该对话框中选择门窗样式，如图 12.12 所示。

单击“替换”按钮，命令行提示如下。

```
选择图中将要被替换的图块:
选择对象:A
选择对象:B
选择对象:C
```

按 Enter 结束，系统自动替换原有窗，替换后如图 12.13 所示。

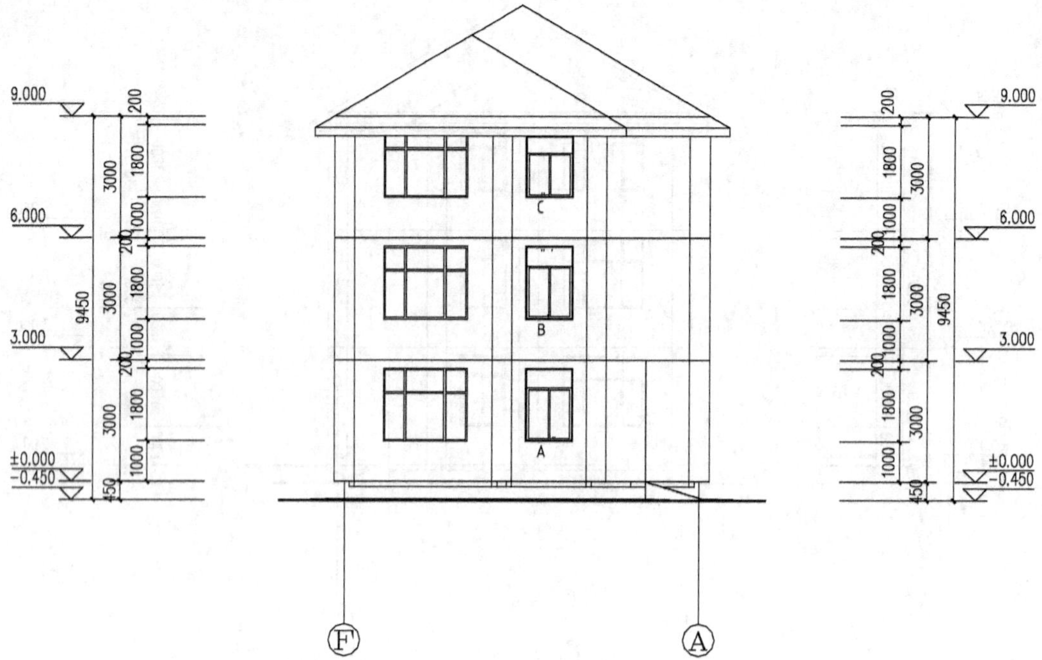

图 12.11　立面图

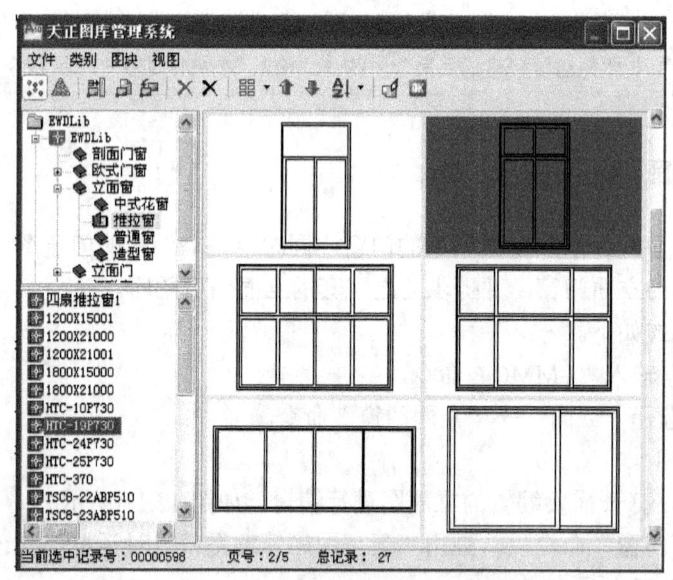

图 12.12　“天正图库管理系统”对话框

(2) 生成窗，单击“立面门窗”按钮，弹出“天正图库管理系统”对话框，在该对话框中选择窗样式，如图 12.14 所示。

命令行提示如下。

点取插入点[转 90(A)/左右(S)/上下(D)/对齐(F)/外框(E)/转角(R)/基点(T)/更换(C)]<退出>:E

第一个角点或 [参考点(R)]<退出>:D

另一个角点:E

点取插入点[转 90(A)/左右(S)/上下(D)/对齐(F)/外框(E)/转角(R)/基点(T)/更换(C)]<退出>:E

第一个角点或 [参考点(R)]<退出>:F

另一个角点:G

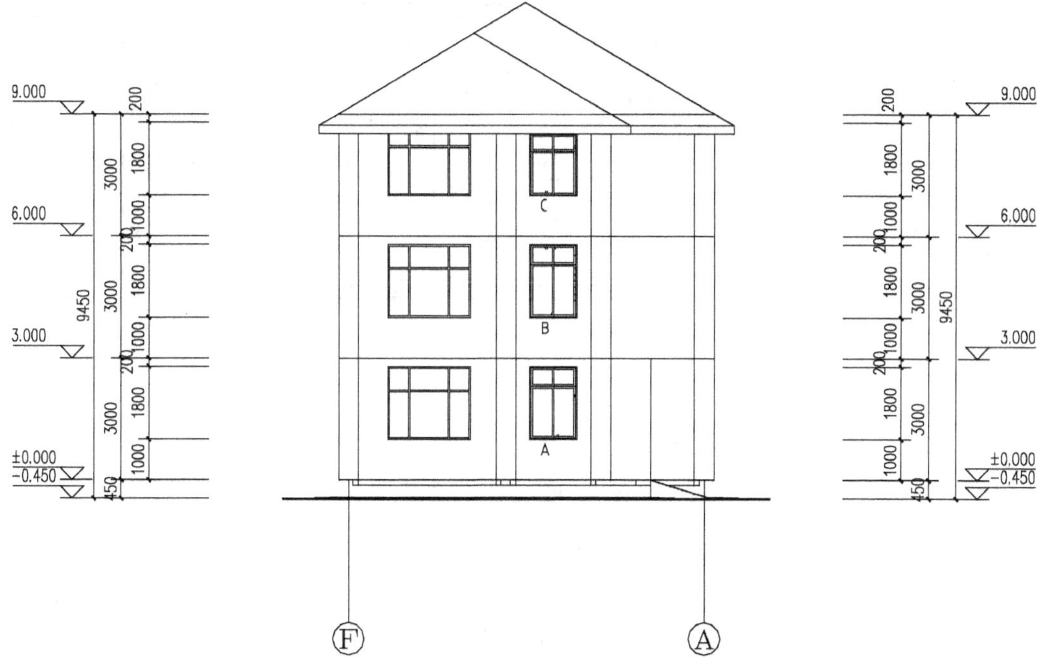

图 12.13　替换后立面图

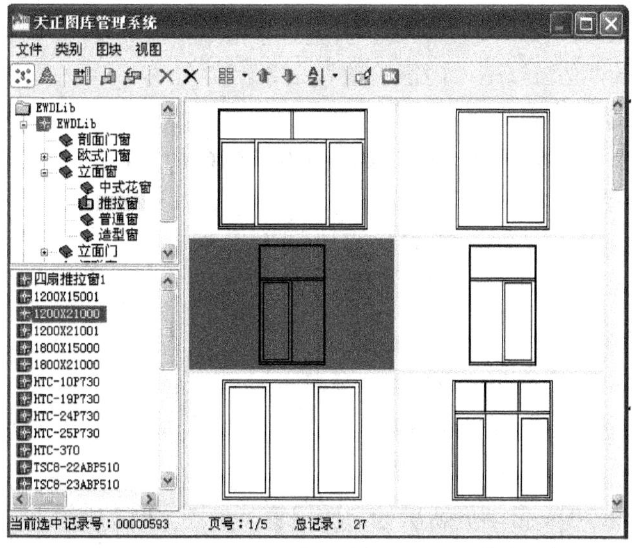

图 12.14　选择要生成的窗

按 Enter 键退出，系统自动按照选取图框的对角范围插入窗，如图 12.15 所示。

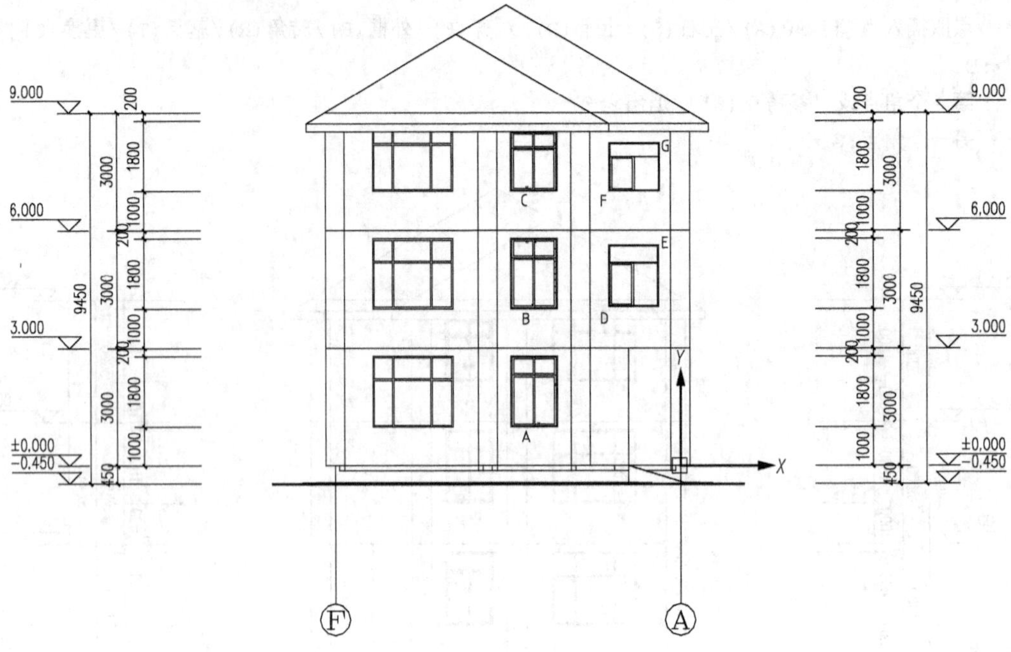

图 12.15　立面门窗图

12.2.3　门窗参数

本命令把已经生成的立面门窗尺寸以及门窗底标高作为默认值，用户修改立面门窗尺寸，系统按尺寸更新所选门窗。

命令执行方式如下。

【命令行】：MCCS。

【菜单】：选择“立面”→“门窗参数”命令。

立面门窗参数操作步骤如下。

(1) 打开需要修改门窗参数的立面图，如图 12.16 所示，单击“门窗参数”按钮，命令行提示如下。

```
选择立面门窗:                //选择要改尺寸的门窗 A、B、C
选择立面门窗:                //按 Enter 键结束
```

标高从 1000～7000 不等。

```
底标高:                      //不变
高度<1800>:                  //1400
宽度<2100>:                  //2100
```

天正建筑 TArch 2014 自动更新所选立面门窗，如图 12.17 所示。

(2) 单击“门窗参数”按钮，命令行提示如下。

```
选择立面门窗:                //选择要改尺寸的门窗 D、E、F
选择立面门窗:                //按 Enter 键结束
```

标高从 1000～7000 不等；高度从 1511～1800 不等。

```
底标高:                    //不变
高度<不变>:                //1400
宽度<1200>:                //1200
```

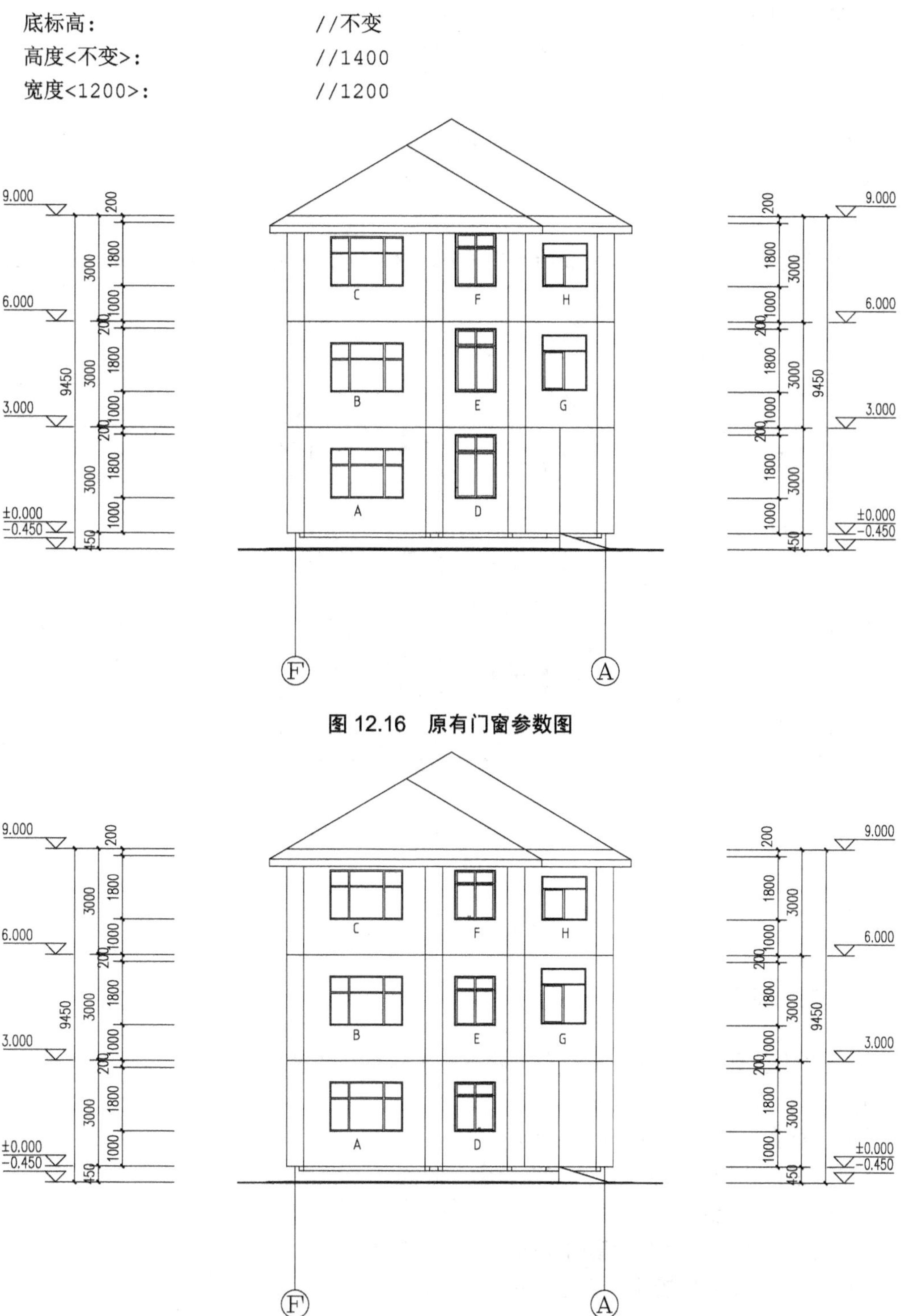

图 12.16　原有门窗参数图

图 12.17　门窗参数图

(3) 单击“门窗参数”按钮，命令行提示如下。

```
选择立面门窗:                //选择要改尺寸的门窗 G、H
选择立面门窗:                //按 Enter 键结束
```

底标高从 4000～7000 不等。

```
底标高<不变>:                //按 Enter 键确定
高度<1600>:                  //1400
宽度<1200>:                  //1200
```

天正建筑 TArch 2014 自动更新所选立面窗，该窗位于 4 号轴线对应的墙体，如图 12.18 所示。

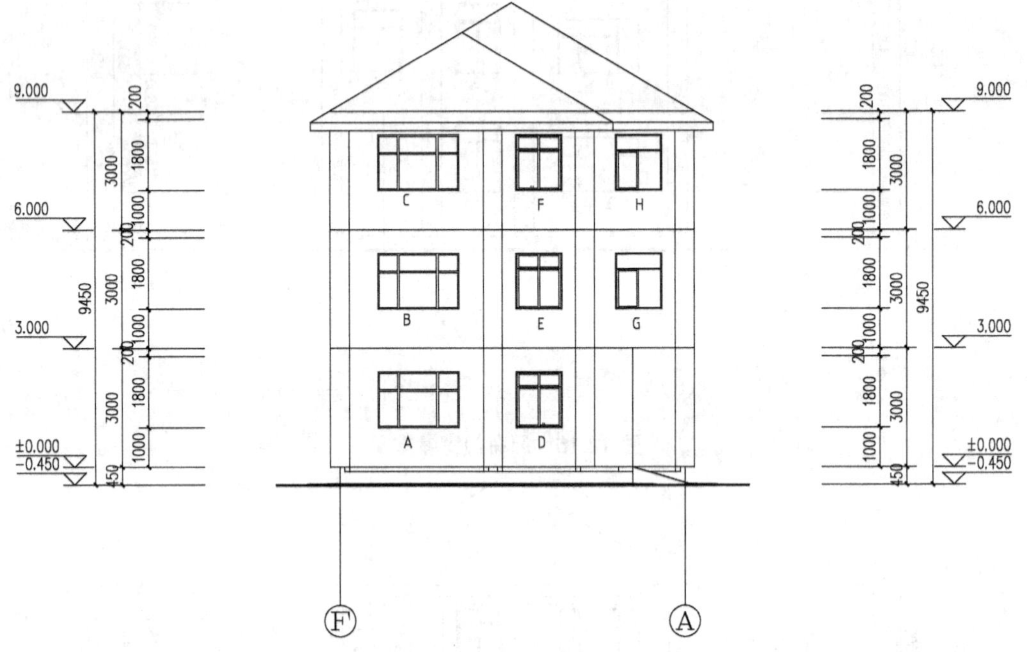

图 12.18　立面门窗图

12.2.4　立面窗套

本命令为已有的立面窗创建全包的窗套或者窗楣线和窗台线。

命令执行方式如下。

【命令行】：输入“LMCT”命令。

【菜单】：选择“立面”→“立面窗套”命令。

立面窗套操作步骤如下。

(1) 打开需要添加立面窗套的立面图，如图 12.19 所示。

单击“立面窗套”按钮，命令行提示如下。

```
请指定窗套的左下角点 <退出>:      //选择窗 A 的左下角
请指定窗套的右上角点 <推出>:      //选择窗 A 的右上角
```

弹出“窗套参数”对话框，选择全包模式，输入相应的参数，如图 12.20 所示。

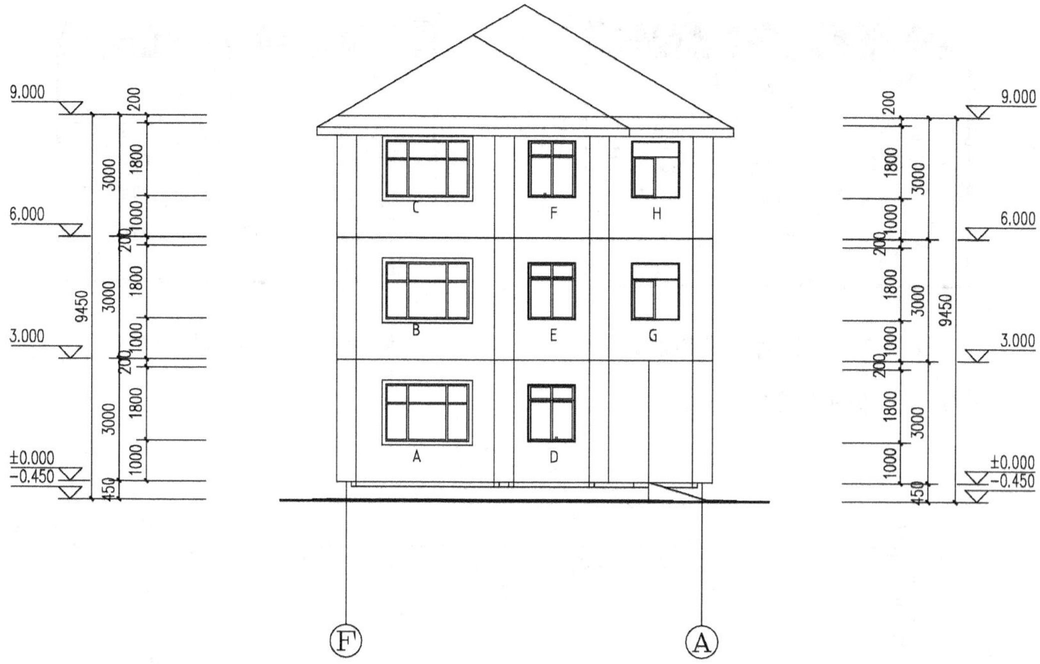

图 12.19　立面门窗图

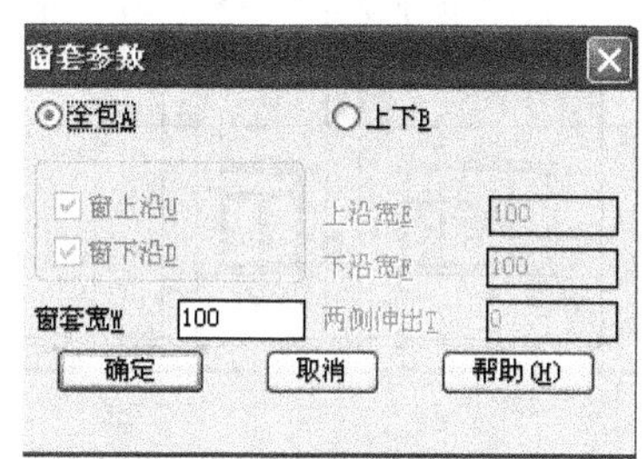

图 12.20　“窗套参数”对话框

单击“确定”按钮，对 A 窗加上窗套，用同样的方法为 B、C 窗也加上窗套。

(2) 单击“立面窗套”按钮，命令行提示如下。

```
请指定窗套的左下角点 <退出>:      //选择窗 D 的左下角
请指定窗套的右上角点 <推出>:      //选择窗 D 的右上角
```

弹出“窗套参数”对话框，选中“上下”单选按钮，输入相应的参数，如图 12.21 所示。单击“确定”按钮，D 窗加上窗套，同理对 E、F 窗添加窗套。

(3) 单击“立面窗套”按钮，命令行提示如下。

```
请指定窗套的左下角点 <退出>:      //选择窗 G 的左下角
请指定窗套的右上角点 <推出>:      //选择窗 G 的右上角
```

弹出“窗套参数”对话框，选中“上下”单选按钮，输入相应参数，如图 12.22 所示。

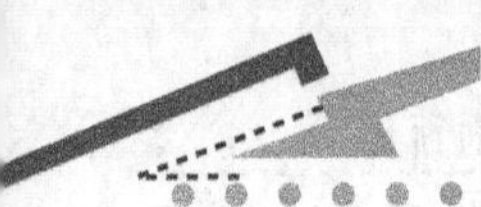

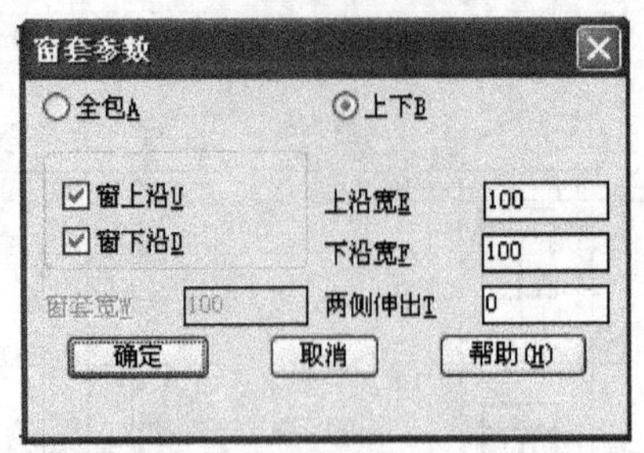

图 12.21 “窗套参数”对话框

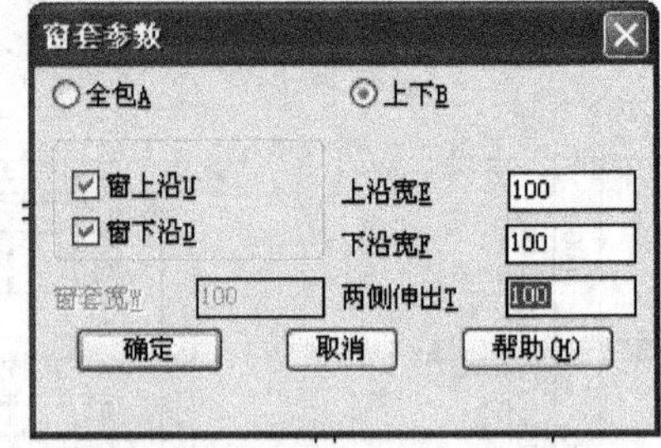

图 12.22 “窗套参数”对话框

最终结果如图 12.23 所示。

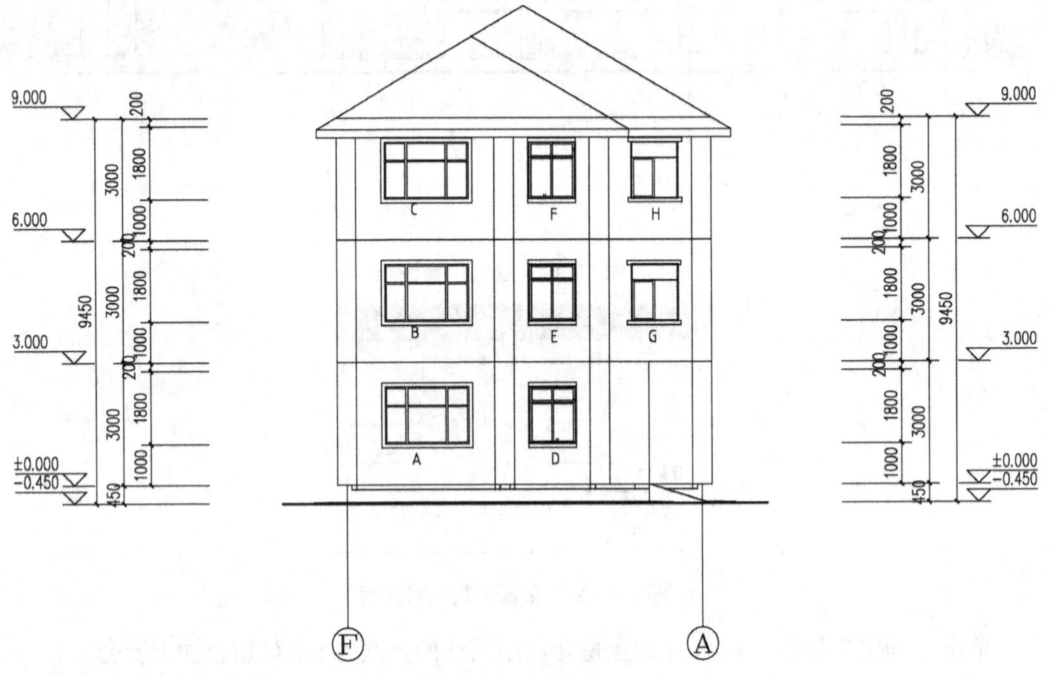

图 12.23 立面窗套图

12.2.5 立面阳台

立面阳台命令用于替换、添加立面图上阳台的样式，同时为对立面阳台图块的管理工具。

命令执行方式如下。

【命令行】：输入“LMYT”命令。

【菜单】：选择“立面”→“立面阳台”命令。

立面阳台操作步骤如下。

(1) 打开需要编辑立面阳台的立面图，如图 12.23 所示，单击“立面阳台”按钮，弹出“天正图库管理系统”对话框，在该对话框中选择相应的阳台图块，如图 12.24 所示。

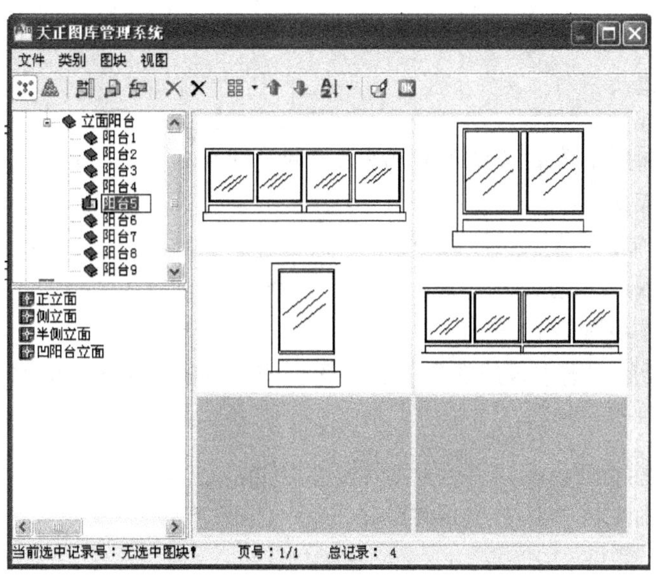

图 12.24 “天正图库管理系统”对话框

命令行提示如下。

单击选择插入点[转 90(A)/左右(S)/上下(D)/对齐(F)/外框(E)/转角(R)/基点(T)/更换(C)]<退出>:E

第一个角点或 [参考点(R)]<退出>: //选择阳台的左下角 A

另一角点: //选择阳台的右上角 B

(2) 同样的方法，完成其他立面阳台的生成，如图 12.25 所示。

图 12.25 立面阳台

12.2.6 雨水管线

本命令在立面图中按给定的位置生成竖直向下的雨水管。

命令执行方式如下。

【命令行】：输入“YSGX”命令。

【菜单】：选择“立面”→“雨水管线”命令。

雨水管线操作步骤如下。

(1) 打开需要添加雨水管线的立面图，先生成左侧的，单击“雨水管线”按钮，命令行提示如下。

```
请指定雨水管的起点[参考点(P)]<起点>:        //立面左上侧
请指定雨水管的终点[参考点(P)]<终点>:        //立面左下侧
请指定雨水管的管径 <100>:                   //100
```

生成左侧的立面雨水管。

(2) 单击“雨水管线”按钮，命令行提示如下。

```
请指定雨水管的起点[参考点(P)]<起点>:        //立面右上侧
请指定雨水管的终点[参考点(P)]<终点>:        //立面右下侧
请指定雨水管的管径 <100>:                   //100
```

生成右侧的立面雨水管。

立面雨水管线如图 12.26 所示。

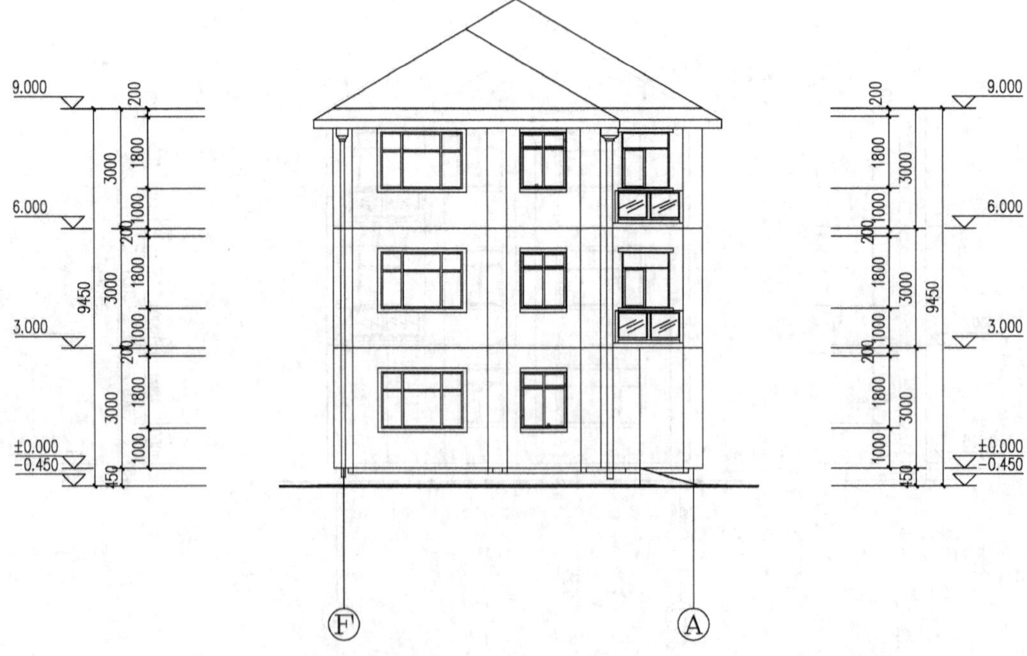

图 12.26 雨水管线立面图

12.2.7 立面轮廓

本命令自动搜索建筑立面外轮廓，在边界上加一圈粗实线，但不包括地坪线在内。

命令执行方式如下。

【命令行】：输入“LMLK”命令。

【菜单】：选择“立面”→“立面轮廓”命令。

立面轮廓操作步骤如下。

打开需要生成立面轮廓的图形，单击“立面轮廓”按钮，命令行提示如下。

```
选择二维对象:              //框选立面图
请输入轮廓线宽度<0>:      //50
```

生成的立面轮廓线如图 12.27 所示。

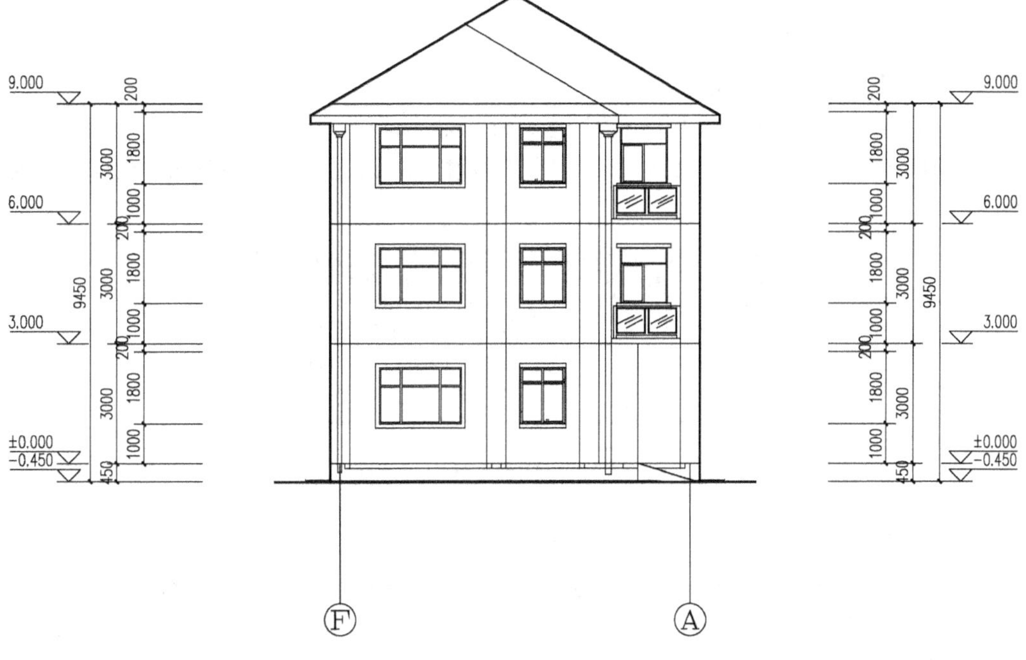

图 12.27 立面轮廓图

12.2.8 插入图框及图名标注

1. 插入图框

命令执行方式如下。

【命令行】：输入“CRTK”命令。

【菜单】：选择“文件布图”→“插入图框”命令。

选择命令后，弹出如图 12.28 所示的“插入图框”对话框。

单击插入按钮，命令行提示“请单击选取插入位置<返回>:完成插入图框”。

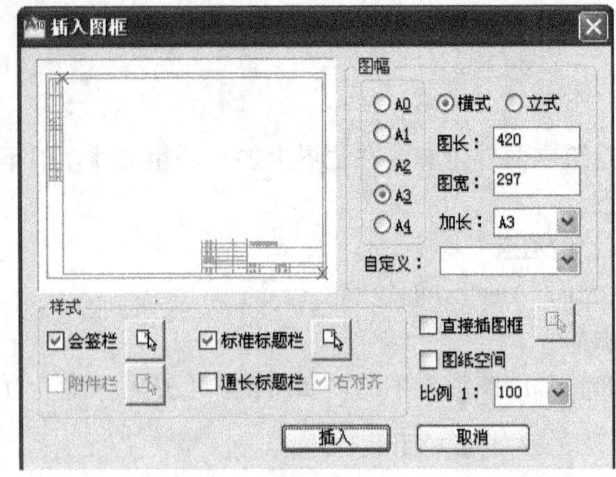

图 12.28 “插入图框”对话框

2. 图名标注

命令执行方式如下。

【命令行】：输入“TMBZ”命令。

【菜单】：选择“符号标注”→“图名标注”命令。

选择命令后，弹出如图 12.29 所示“图名标注”对话框，输入相应的参数即可得到图名标注。

图 12.29 “图名标注”对话框

案例小结

本节通过介绍使用天正建筑 TArch 2014 绘制建筑立面图的方法，掌握建筑立面的创建及编辑，掌握绘图过程中 AutoCAD 2014 与天正建筑 TArch 2014 软件联合使用的方法，达到快速绘图绘制施工图的目的。

12.3 剖面图的创建与编辑

建筑剖面图表现的是建筑三维模型的一个剖切与投影视图，与立面图同样受到模型细节和视线方向建筑物遮挡的影响，天正剖面图形是通过平面图构件中的三维信息在指定的剖切位置消隐获得的二维图形，建筑剖面图的创建可以通过天正命令自动生成。

建筑剖面图可以由“工程管理”功能从平面图开始创建，在“工程管理”界面中，通过“新建工程”→“添加图纸(平面图)”的操作建立工程，在工程的基础上定义平面图与楼层的关系，从而建立平面图与剖面楼层之间的关系。

12.3.1 建筑剖面图

建筑剖面命令可以生成建筑物剖面图，首先根据 12.1 节中的方法建立一个工程管理项目，在建筑平面图中确定剖切位置线，然后利用“建筑剖面”命令直接生成建筑剖面，如图 12.30 所示。

本命令按照“工程管理”命令中的数据库楼层表格数据，一次生成多层建筑剖面，在当前工程为空的情况下执行本命令，会出现警告对话框“请打开或新建一个工程管理项目，并在工程数据库中建立楼层表！”

命令执行方式如下。

【命令行】：输入“JZPM”命令。

【菜单】：选择“剖面”→“建筑剖面”命令。

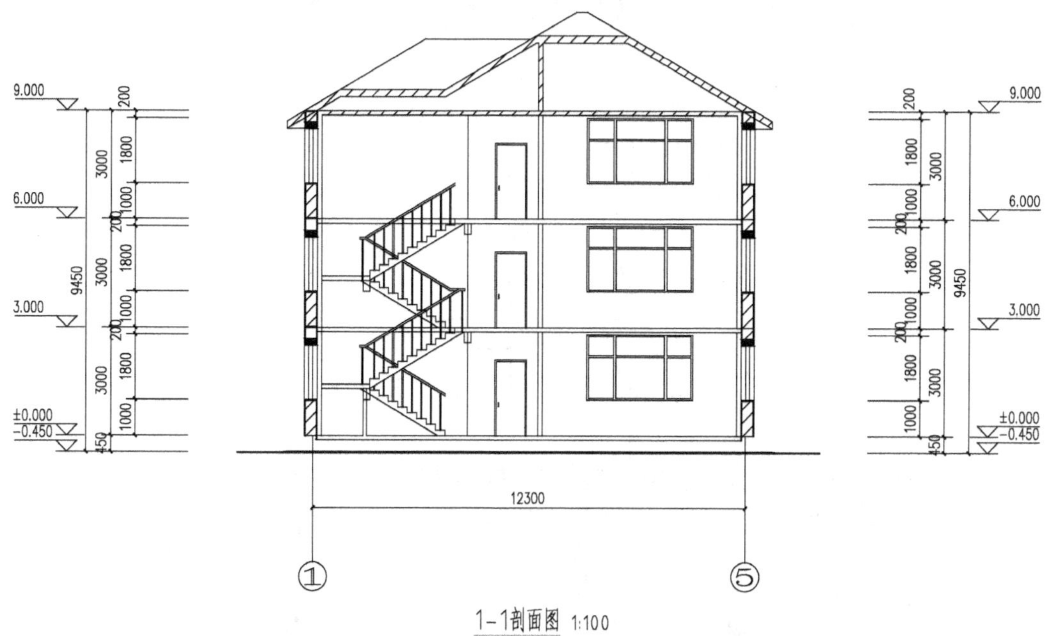

图 12.30 建筑剖面图

建筑剖面图生成操作步骤如下。

打开需要生成剖面图的平面图，如图 12.31 所示。

在首层确定剖切位置，然后建立工程项目，单击“建筑剖面”按钮，命令提示如下。

```
请选择一剖切线：                //选择剖切线
请选择要出现在立面图上的轴线：  //1
请选择要出现在立面图上的轴线：  //5
请选择要出现在立面图上的轴线：  //按 Enter 键结束
```

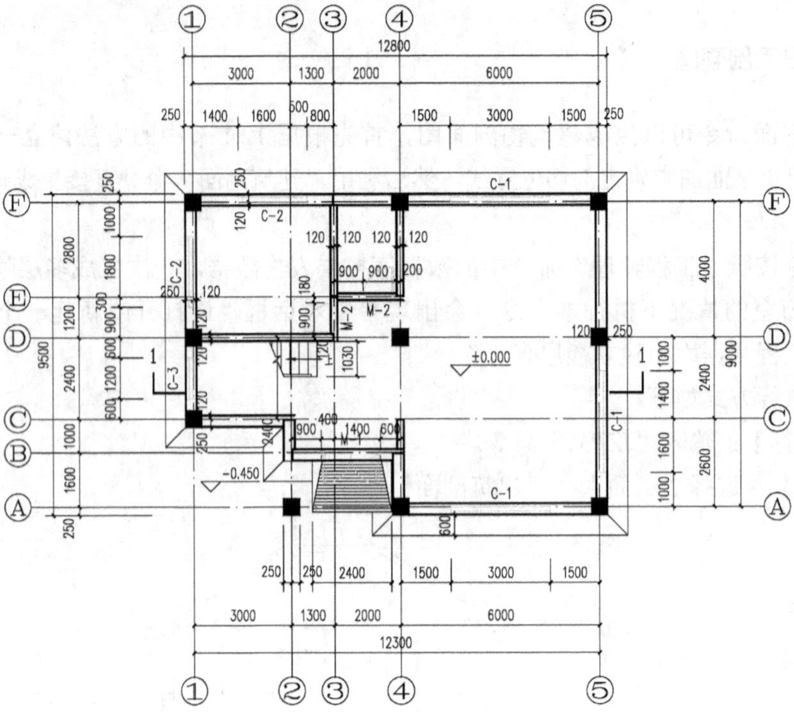

(a)

(b)

图 12.31　平面图

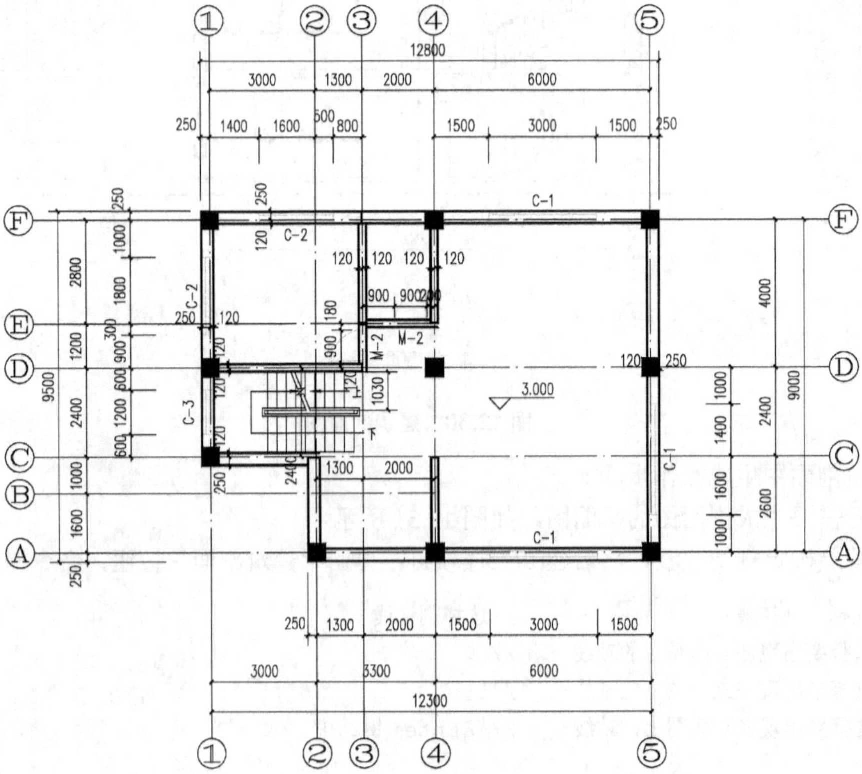

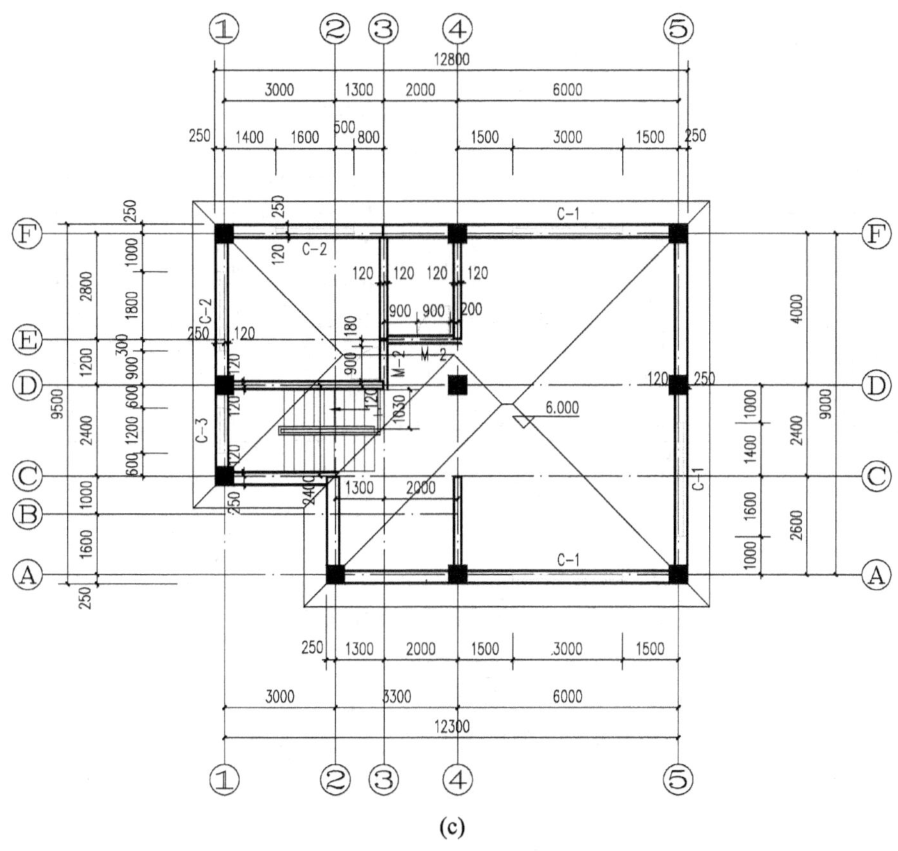

(c)

图 12.31　平面图(续)

弹出“剖面生成设置”对话框，如图 12.32 所示，其中包括基本设置与楼层表参数。

在该对话框中输入相应参数，然后单击“生成剖面”按钮，弹出“输入要生成的文件”对话框，在此设置剖面文件的名称和保存位置，如图 12.33 所示。

单击“保存”按钮，即可在指定位置生成剖面图，如图 12.34 所示。由天正建筑 TArch 生成的剖面图一般不可以直接使用，应进行适当的调整，如图 12.35 所示。

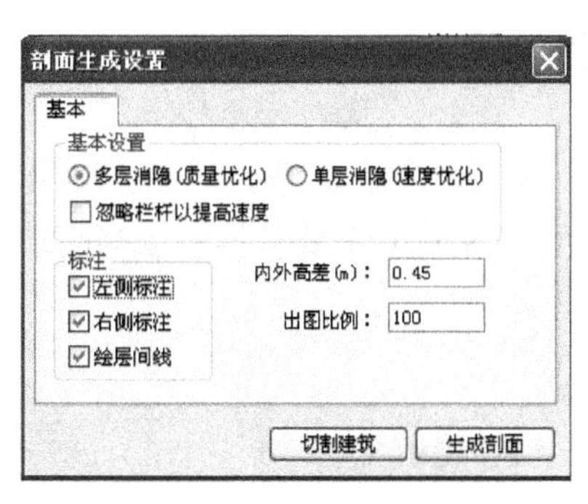

图 12.32　“剖面生成设置”对话框

图 12.33　“输入要生成的文件”对话框

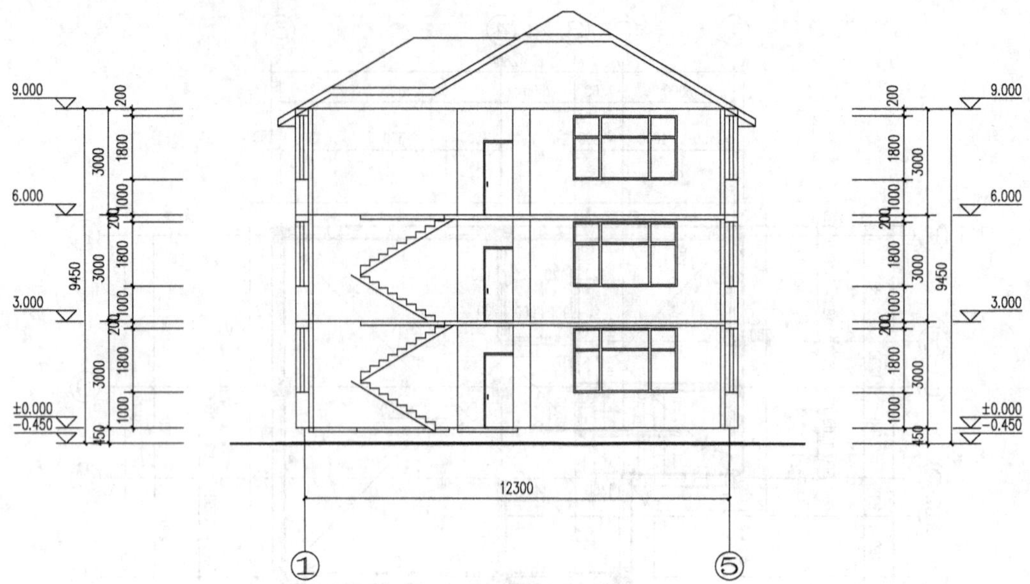

图 12.34　生成的建筑剖面

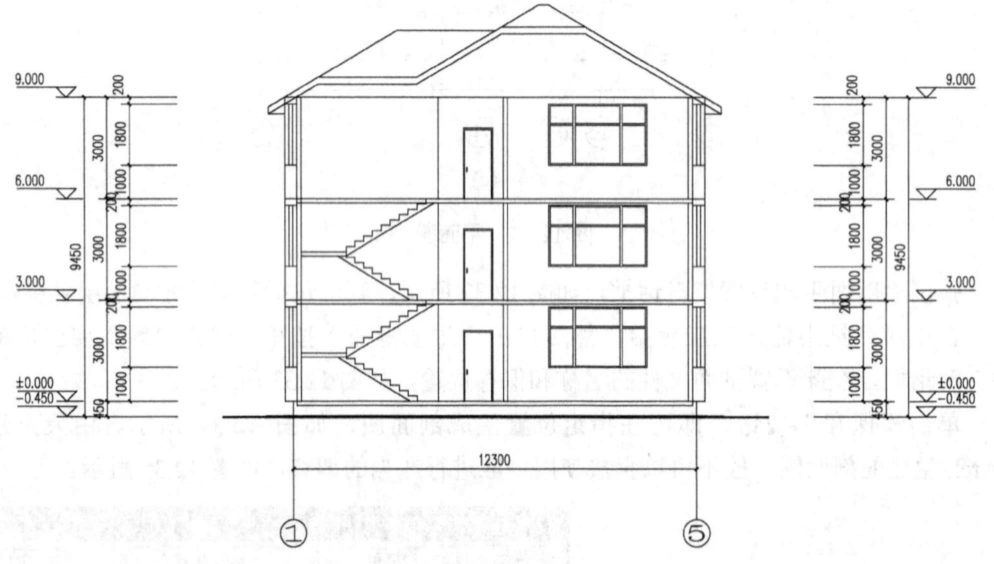

图 12.35　调整编辑后的剖面图

12.3.2　画剖面墙

本命令用一对平行的 AutoCAD 直线或圆弧对象，在 S_WALL 图层直接绘制剖面墙。

命令执行方式如下。

【命令行】：输入“HPMQ”命令。

【菜单】：选择“剖面”→“画剖面墙”命令。

画剖面墙操作步骤如下。

打开需要添加剖面墙的建筑剖面，如图 12.35 所示，单击“画剖面墙”按钮，命令行提示如下。

```
请单击选取墙的起点(圆弧墙宜逆时针绘制)[取参照点(F)单段(D)]<退出>:          //选择A
墙厚当前值:                                                              //左墙 120,
                                                                           右墙 240
请单击选取直墙的下一点[弧墙(A)/墙厚(W)/取参照点(F)/回退(U)] <结束>:w
请输入左墙厚 <120>:50
请输入右墙厚 <240>:50
墙厚当前值:                                                              //左墙 50,
                                                                           右墙 50
请单击选取直墙的下一点[弧墙(A)/墙厚(W)/取参照点(F)/回退(U)] <结束>:      //选择B
请单击选取直墙的下一点[弧墙(A)/墙厚(W)/取参照点(F)/回退(U)] <结束>:      //按 Enter
                                                                           键结束
```

绘制剖面墙如图 12.36 所示。

单击“画剖面墙”按钮，命令行提示如下。

```
请单击选取墙的起点(圆弧墙宜逆时针绘制)[取参照点(F)单段(D)]<退出>:          //选择C
墙厚当前值:                                                              //左墙 50,
                                                                           右墙 50
请单击选取直墙的下一点[弧墙(A)/墙厚(W)/取参照点(F)/回退(U)] <结束>:w
请输入左墙厚 <50>:65
请输入右墙厚 <50>:65
墙厚当前值:                                                              //左墙 65,
                                                                           右墙 65
请单击选取直墙的下一点[弧墙(A)/墙厚(W)/取参照点(F)/回退(U)] <结束>:      //选择D
请单击选取直墙的下一点[弧墙(A)/墙厚(W)/取参照点(F)/回退(U)] <结束>:      //按 Enter
                                                                           键结束
```

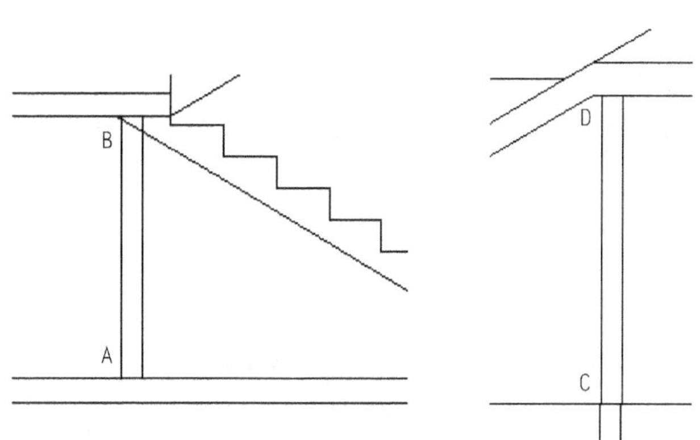

图 12.36　绘制的剖面墙(一)

绘制剖面墙如图 12.37 所示。

12.3.3　双线楼板

本命令用一对平行的 AutoCAD 直线对象，直接绘制剖面双线楼板。

命令执行方式如下。

【命令行】：输入“SXLB”命令。

【菜单】：选择“剖面”→“双线楼板”命令。

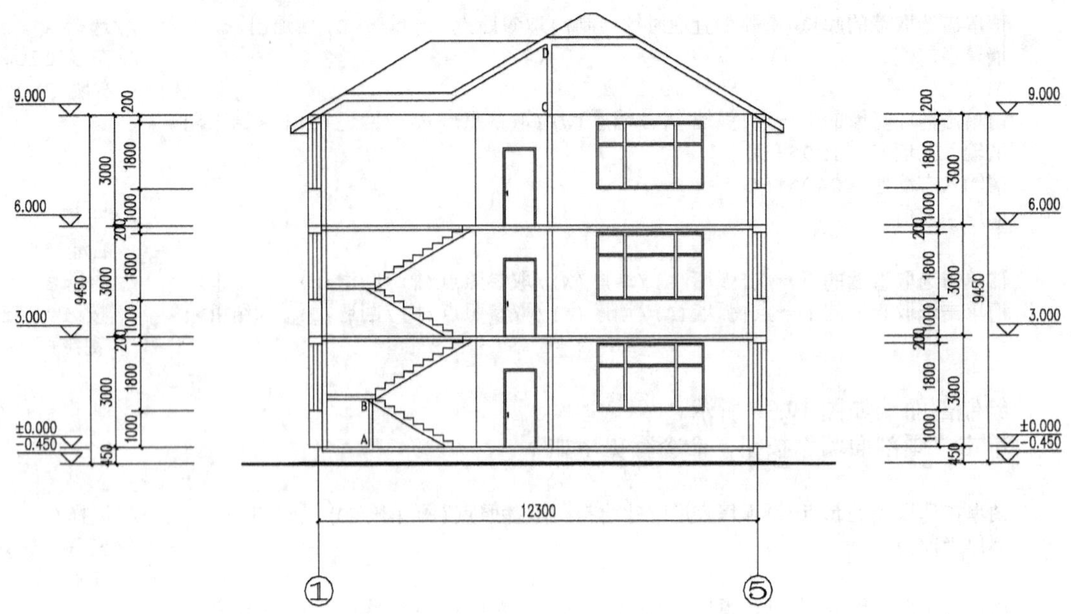

图 12.37　绘制的剖面墙(二)

双线楼板绘制操作步骤如下。

打开需要生成双线楼板的剖面图，单击“双线楼板”按钮，命令行提示如下。

```
请输入楼板的起始点 <退出>:                    //选 A
结束点 <退出>:                                //B
楼板顶面标高 <9000>:                          //按 Enter 键
楼板厚度(向上加厚输入负值)<200>:              //120
```

双线楼板及绘制双线楼板后的剖面图如图 12.38 所示。

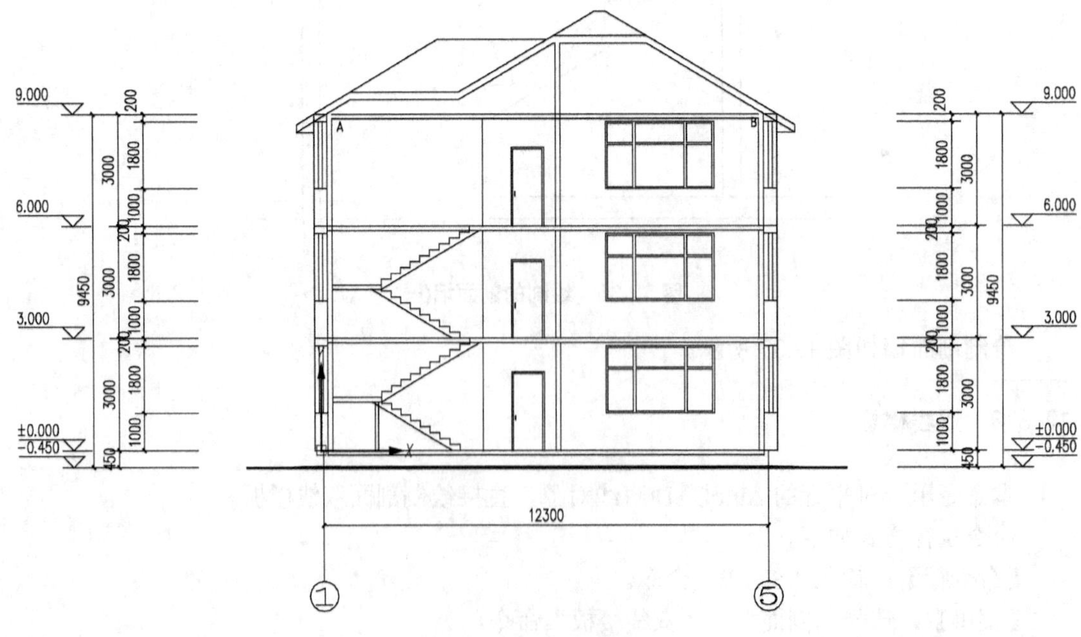

图 12.38　双线楼板图

12.3.4 加剖断梁

本命令在剖面楼板处按给出尺寸加梁剖面，剪裁双线楼板底线。

命令执行方式如下。

【命令行】：输入“JPDL”命令。

【菜单】：选择“剖面”→“加剖断梁”命令。

加剖断梁操作步骤如下。

(1) 打开需要生成剖断梁的图，单击“加剖断梁”按钮，命令行提示如下。

```
请输入剖面梁的参照点 <退出>:A
梁左侧到参照点的距离 <100>: 100
梁右侧到参照点的距离 <100>: 100
梁底边到参照点的距离 <300>: 300
```

生成的剖断梁图如图 12.39 所示。

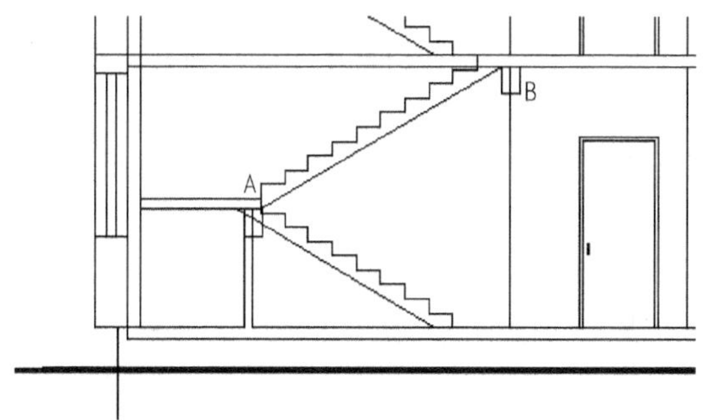

图 12.39　剖断梁图

(2) 用同样的方法完成 B、C、D 加剖断梁的绘制。

生成的剖断梁图如图 12.40 所示。

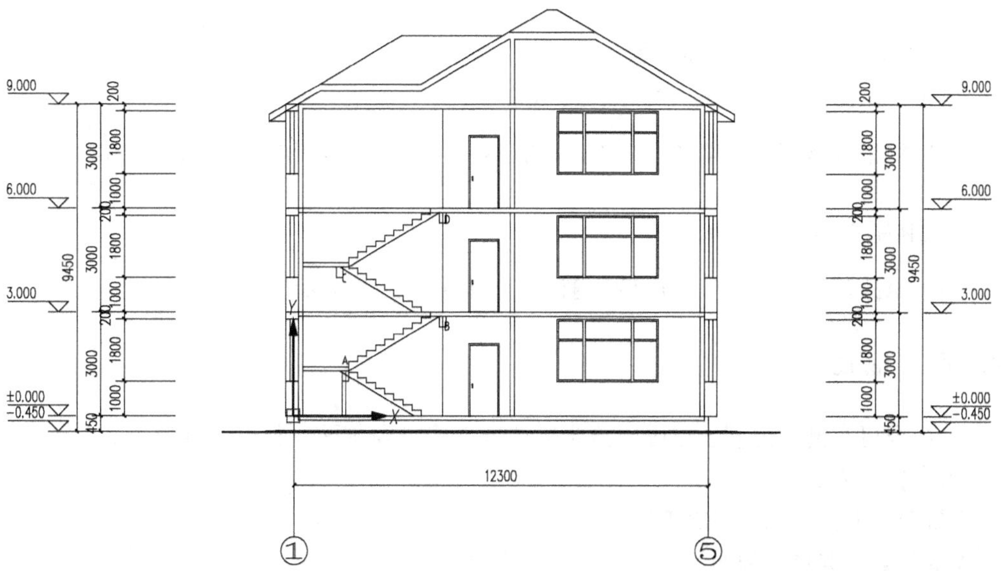

图 12.40　生成的剖断梁图

12.3.5 剖面门窗

本命令可直接在图中插入剖面门窗，可替换已经插入的剖面门窗，此外还可以修改剖面门窗高度与窗台高度值，为对剖面门窗详图的绘制和修改提供了全新的工具。

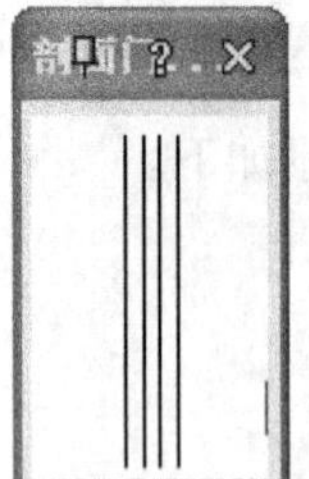

图 12.41 剖面门窗形式

命令执行方式如下。

【命令行】：输入“PMMC”命令。

【菜单】：选择“剖面”→“剖面门窗”命令。

剖面门窗绘制操作步骤如下。

(1) 单击“剖面门窗”按钮，弹出“剖面门窗”对话框，如图 12.41 所示。

命令行提示如下。

```
请单击选择剖面墙线下端或 [选择剖面门窗样式(S)/替换剖面门窗(R)/改窗台高(E)/改窗高(H)]<退出>:H
请选择剖面门窗<退出>:A
请选择剖面门窗<退出>:B
请选择剖面门窗<退出>:C
请选择剖面门窗<退出>:D
请选择剖面门窗<退出>:E
请选择剖面门窗<退出>:F
请选择剖面门窗<退出>:        //按 Enter 键退出
请指定门窗高度<退出>:1500
请单击选择剖面墙线下端或 [选择剖面门窗样式(S)/替换剖面门窗(R)/改窗台高(E)/改窗高(H)]<退出>:        //按 Enter 键退出
```

(2) 同理完成该窗台高度的操作。

单击“剖面门窗”按钮，命令行提示如下。

```
请单击选择剖面墙线下端或 [选择剖面门窗样式(S)/替换剖面门窗(R)/改窗台高(E)/改窗高(H)]<退出>:E
请选择剖面门窗<退出>:A
```

同理修改其他窗台高，完成后的剖面门窗如图 12.42 所示。

12.3.6 门窗过梁

本命令可在剖面门窗上方画出给定梁高的矩形过梁剖面，带有灰度填充。

命令执行方式如下。

【命令行】：输入“MCGL”命令。

【菜单】：选择“剖面”→“门窗过梁”命令。

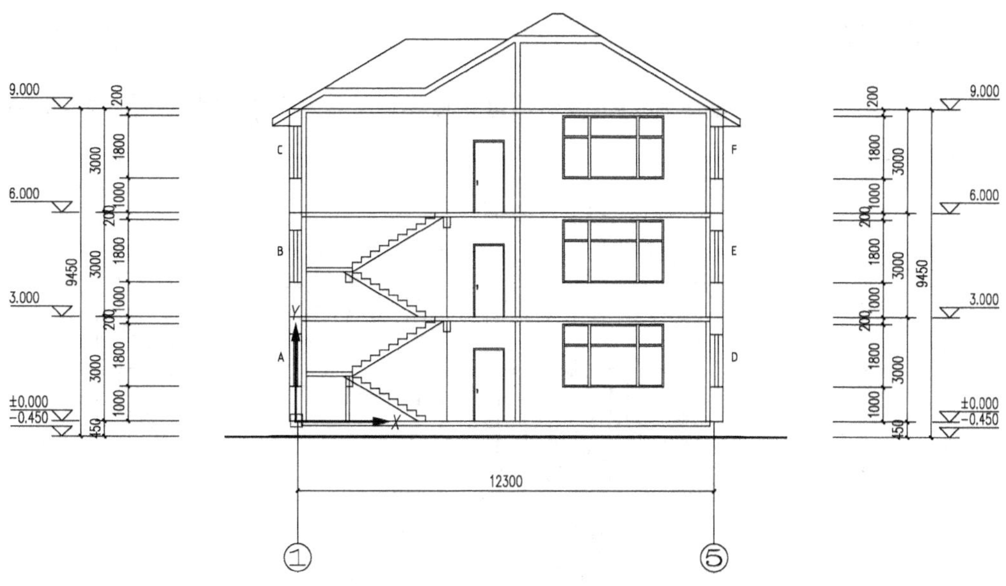

图 12.42 剖面门窗图

门窗过梁绘制操作步骤如下。

打开需要生成门窗过梁的剖面图，单击“门窗过梁”按钮，命令提示如下。

```
选择需加过梁的剖面门窗:        //选择 A 窗
选择需加过梁的剖面门窗:        //选择 B 窗
```

依次选中 C、D、E、F 窗。

```
选择需加过梁的剖面门窗:        //按 Enter 键退出选择
输入梁高<120>:                //180，按 Enter 键结束命令
```

生成的剖面门窗过梁如图 12.43 所示。

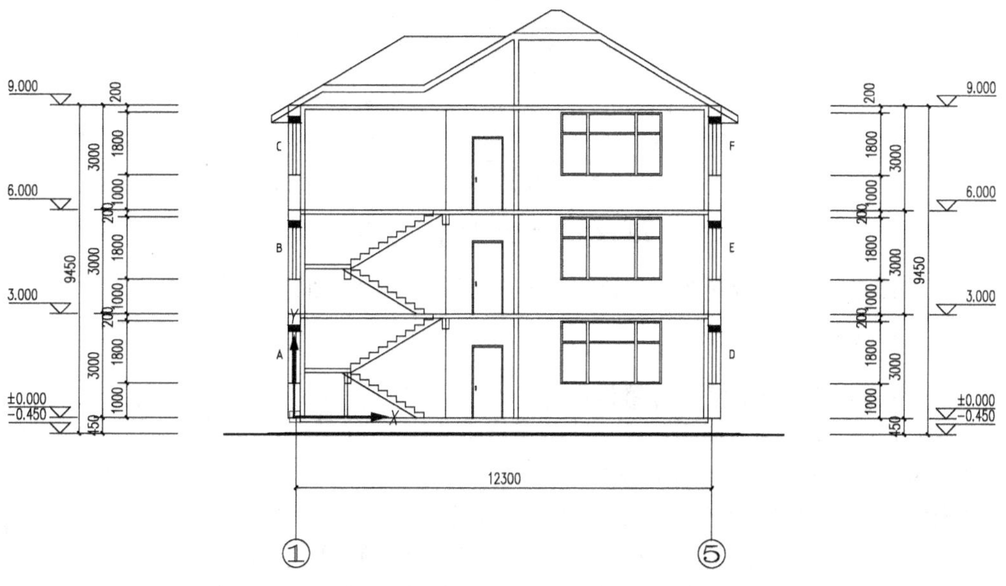

图 12.43 剖面门窗过梁图

12.3.7 剖面楼梯与栏杆

楼梯栏杆命令可以自动识别剖面楼梯与可见楼梯，绘制楼梯栏杆和扶手。楼梯栏杆如图 12.44 所示。

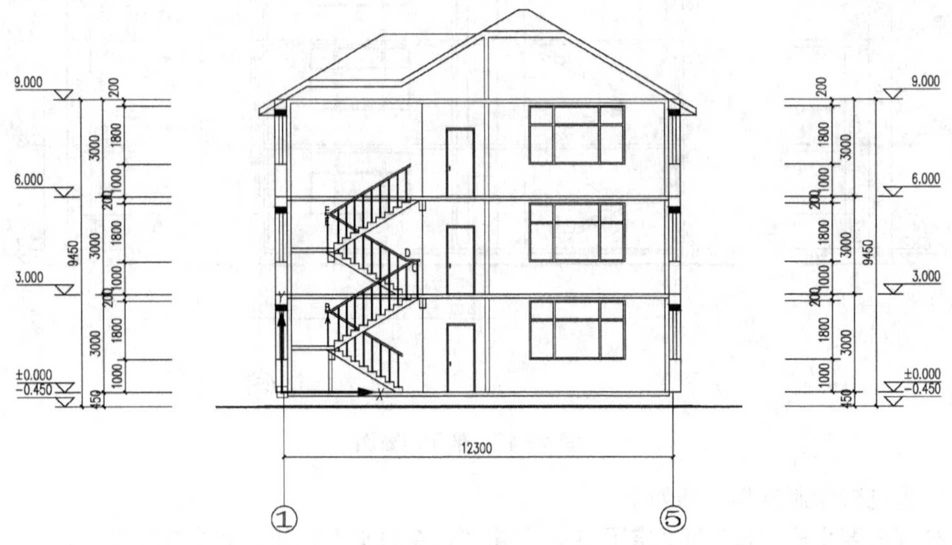

图 12.44 楼梯栏杆图

1. 参数楼梯

本命令可以按照参数交互方式生成剖面或可见的楼梯。

命令执行方式如下。

【命令行】：输入“CSLT”命令。

【菜单】：选择“剖面”→“参数楼梯”命令。

选择命令后，弹出“参数楼梯”对话框，如图 12.45 所示。

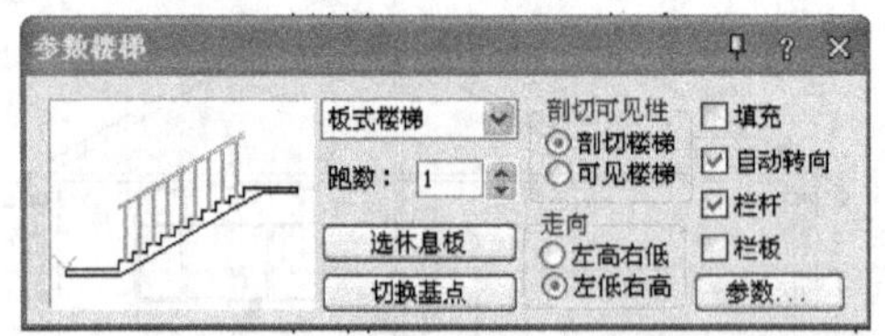

图 12.45 “参数楼梯”对话框

在对话框中设置相应参数，单击“确定”按钮，即可得到剖面梯段图。

2. 参数栏杆

本命令按参数交互方式生成楼梯栏杆。

命令执行方式如下。

【命令行】：输入“CSLG”命令。

【参数】：选择“剖面”→“参数栏杆”命令。

选择命令后，弹出“剖面楼梯栏杆参数”对话框，如图 12.46 所示。

在该对话框中输入相应参数，单击“确定”按钮即可得到剖面楼梯栏杆。

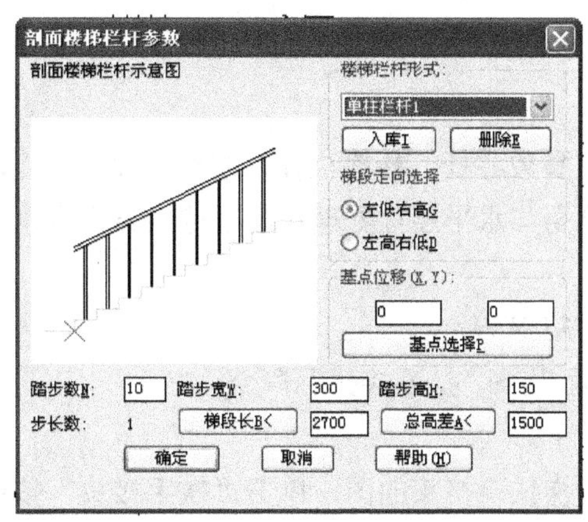

图 12.46 “剖面楼梯栏杆参数”对话框

3. 楼梯栏杆

本命令根据图层识别在双跑楼梯中剖切到的梯段与可见的梯段，按常用的直栏杆设计，自动处理两相邻梯跑栏杆的遮档关系。

命令执行方式如下。

【命令行】：输入“LTLG”命令。

【菜单】：选择“剖面”→“楼梯栏杆”命令。

生成楼梯栏杆的操作步骤如下。

打开需要生成楼梯栏杆的剖面图，如图 12.43 所示，单击“楼梯栏杆”按钮，命令行提示如下。

```
请输入楼梯扶手的高度 <1000>:1000
是否要打断遮挡线(Yes/No)? <Yes>:          //默认打断，直接按 Enter 键
再输入楼梯扶手的起始点 <退出>:             //选 A
结束点 <退出>:                             //选 B
再输入楼梯扶手的起始点 <退出>:             //按 Enter 键退出
```

同样的方法可以完成以上楼层的栏杆的绘制，如图 12.47 所示。

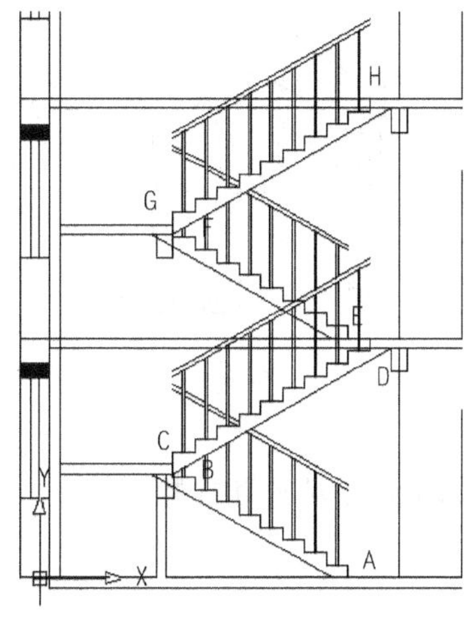

图 12.47 楼梯栏杆图

4. 扶手接头

本命令与剖面楼梯、参数栏杆、楼梯栏杆、楼梯栏板等命令均可配合使用，对楼梯扶手和楼梯栏板的接头作倒角与水平连接处理，水平伸出长度可以由用户输入。

命令执行方式如下。

【命令行】：输入“FSJT”命令。

【菜单】：选择“剖面”→“扶手接头”命令。

扶手接头操作步骤如下。

打开需要进行生成楼梯扶手接头的图，单击“扶手接头”按钮，命令行提示如下。

```
请输入扶手伸出距离<0>: 250
请选择是否增加栏杆[增加栏杆(Y)/不增加栏杆(N)]<增加栏杆(Y)>:   //默认是在接头处增加栏杆
                                                            (对栏板两者效果相同)
请指定两点来确定需要连接的一对扶手，选择第一个角点<取消>:    //选择 A 点
另一个角点<取消>:                                            //选择 B 点
请指定两点来确定需要连接的一对扶手，选择第一个角点<取消>:    //按 Enter 键退出命令
```

完成一层平台处楼梯扶手接头绘制。同样的方法完成其他平台处扶手接头的绘制。如图 12.48 所示扶手接头。

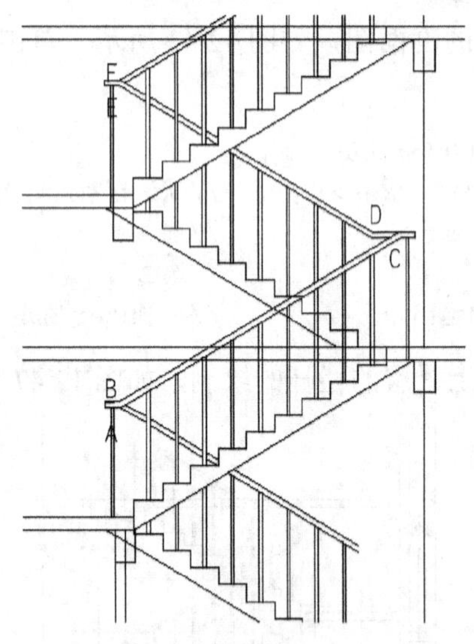

图 12.48 扶手接头

12.3.8 剖面填充与加粗

通过该命令可以直接对剖面墙进行填充和加粗。

1. 剖面填充

剖面填充可以识别天正建筑 TArch 2014 生成的剖面构件，进行图案填充，本命令将

剖面墙线与楼梯按指定的材料图例作图案填充。

命令执行方式如下。

【命令行】：输入“PMTC”命令。

【菜单】：选择“剖面”→“剖面填充”命令。

剖面填充操作步骤如下。

打开需要进行剖面填充的图，单击“剖面填充”按钮，命令行提示如下。

```
请选取要填充的剖面墙线梁板楼梯<全选>:        //框选 1 轴墙
选择对象:                                  //框选 5 轴墙
选择对象:                                  //选择屋面
选择对象:                                  //按 Enter 键退出
```

回车后弹出如图 12.49 所示的对话框，从中选择填充图案与比例，单击“确定”按钮后执行填充。

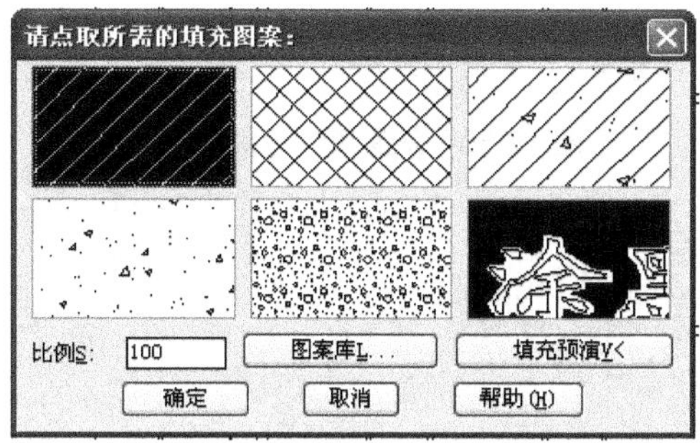

图 12.49 “请点取所需的填充图案：”对话框

2. 向内加粗

本命令将剖面图中的墙线向墙内侧加粗，能做到窗墙平齐的出图效果。

命令执行方式如下。

【命令行】：输入“XNJC”命令。

【菜单】：选择“剖面”→“向内加粗”命令。

向内加粗操作步骤如下。

打开需要进行向内加粗的图，单击“向内加粗”按钮，命令行提示如下。

```
请选取要变粗的剖面墙线梁板楼梯线(向内侧加粗) <全选>:      //框选 1 轴线墙
选择对象:                                              //框选 5 轴线墙
选择对象:                                              //按 Enter 键退出完成操作
```

向内加粗图如图 12.50 所示。

特别提示

建筑剖面图绘制完成后，可以使用 AutoCAD“图案填充”命令对剖切到的对象进行材料符号的填充。

图 12.50　剖面填充与向内加粗图

12.3.9　插入图框及图名标注

1. 插入图框

命令执行方式如下。

【命令行】：输入“CRTK”命令。

【菜单】：选择“文件布图”→“插入图框”命令。

选择命令后，弹出“插入图框”的对话框，如图 12.51 所示。单击“插入”按钮，命令行提示：请点取插入位置<返回>:完成插入图框。

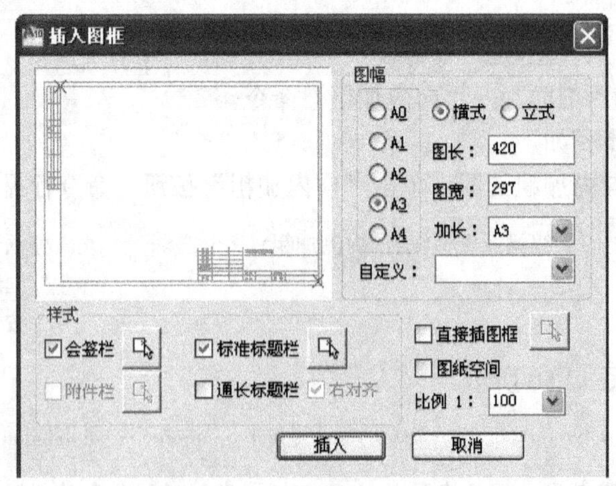

图 12.51　“插入图框”对话框

2. 图名标注

命令执行方式如下。

【命令行】：输入“TMBZ”命令。

【菜单】：选择“符号标注”→“图名标注”命令。

选择命令后，弹出“图名标注”对话框，如图 12.52 所示，输入相应的参数即可得到图名标注。

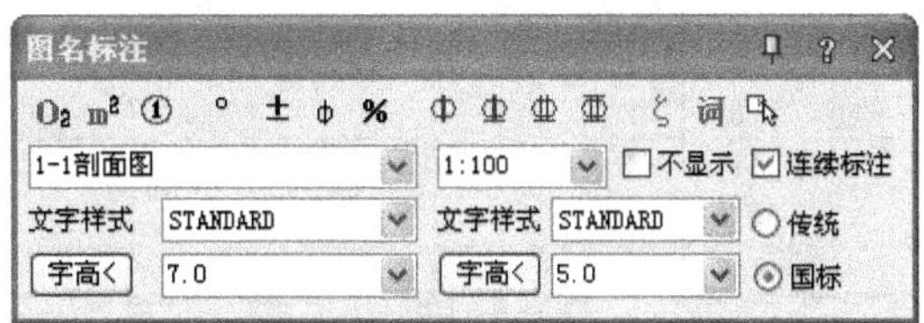

图 12.52 “图名标注”对话框

案例小结

本案例通过介绍使用天正建筑 TArch 2014 绘制建筑剖面图的方法，有助于学生掌握建筑剖面图的创建及编辑，掌握在绘图过程中 AutoCAD 2014 与天正建筑软件联合使用的方法。

本章小结

通过本章的学习，掌握天正建筑 TArch 2014 中工程管理功能的使用方法，熟练掌握楼层表的定义方法，掌握建筑立面图、剖面图的生成及编辑命令的使用方法。

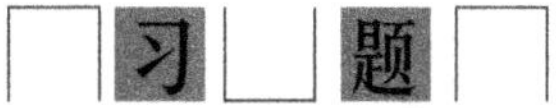

习题

1．根据第 11 章绘制的建筑平面图，利用工程管理的功能创建立面图，绘制效果如图 12.53 所示。

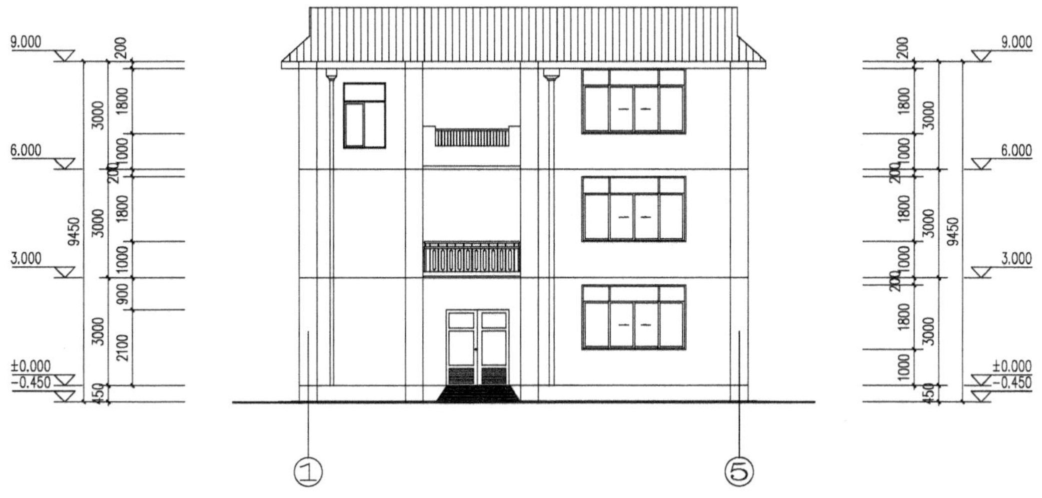

图 12.53 正立面图

2．根据第 11 章绘制的建筑平面图，改变底层平面图剖切位置如图 12.54 所示，绘制 1—1 剖面图。

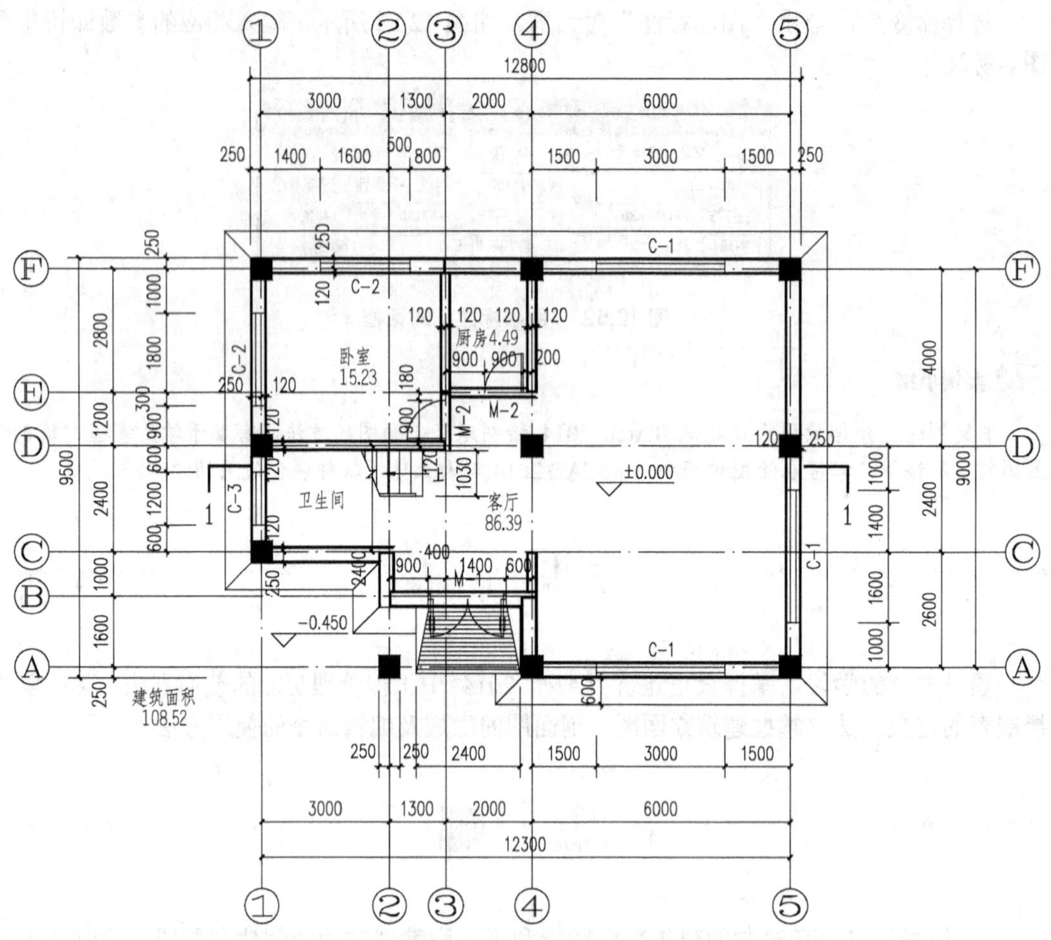

图 12.54　底层平面图

附录　AutoCAD 常用命令

序号	名称	命令	别名	图标	主要功用
1	直线	line	l		画直线
2	构造线	xline	xl		画辅助参考线，Mline 多重平行线
3	圆	circle	c		画圆
4	多段线	pline	pl		带宽度的整段直线、圆弧线 pedit
5	正多边形	polygon	pol		正多边形
6	矩形	rectang	rec		矩形
7	圆弧	arc	a		圆弧
8	同心圆	donut	do		画填色同心圆，fill
9	样条曲线	spline	spl		打剖面线
10	徒手画	sketch			画草图、徒手画
11	点	point	po		画点，ddptype
12	插入块	insert	i		插入块
13	创建块	block	bl		Attdef 定义属性
14	图案填充	bhatch	bh		用于打剖面线
15	面域	region	reg		做面域，拉伸立体模型
16	表格	table	tb		表格
17	多行文字	mtext	t	A	多行文字
18	单行文字	dtext	dt		动态文字 mirrtext(0 保持文字方向)
19	删除	erase	e		擦除
20	复制	copy	co		复制
21	镜像	mirror	mi		镜像
22	偏移	offset	o		偏移
23	阵列	array	ar		矩形、环形阵列、路径阵列
24	移动	move	m		移动

续表

序号	名称	命令	别名	图标	主要功用
25	旋转	rotate	ro		旋转
26	比例缩放	scale	sc		选 R 参照
27	拉伸	stretch	s		拉伸，lengthen 改变长度
28	修剪	trim	tr		修剪
29	延伸	extend	ex		延伸
30	打断	break	br		打断
31	倒角	chamfer	cha		倒角
32	圆角	fillet	f		倒圆角
33	分解	explode	x		块、尺寸、剖面线等炸开
34	合并	join	j		合并直线
35	屏幕缩放	zoom	z		选 A 全部；选回退；Pan、regen
36	绘图次序	draworder	dr		改变对象前后顺序
37	显示分辨率	viewres			显示分辨率
38	线型比例	ltscale	lts		整体线型缩放，cescale 局部
39	文字样式	style	st		文字样式
40	标注样式	ddim	d		尺寸样式
41	标尺寸	dim			尺寸总比例 dimscale，dimlfac
42	图层	layer	la		线型、线宽、颜色等设定
43	特性	properties	ch		对象线型、线宽、颜色等修改
44	设计中心	adcenter	adc		管理和插入块、外部参照、填充图案等
45	工具选项板	toolpalettes	tp		各种块、图案及自定义工具
46	定位点	id	id		查点坐标
47	距离	distance	di		查距离
48	面域/质量特性	area	aa		查面积、质量特性
49	列表	list	li		列表
50	定数等分	divide	div		与定距 measure 类似，等分直线、圆

续表

序号	名称	命令	别名	图标	主要功用
51	图形界限	limits	lim		打开时，无法输入栅格界线以外点
52	图形单位	units	un		设定长度、角度单位、精度
53	外部参照	xattach	xa		引用外部图形为块
54	用户坐标系	ucs	ucs		建立用户坐标系，三维建模

参 考 文 献

[1] 曹岩，秦少军．AutoCAD 2010 基础篇[M]．北京：化学工业出版社，2009．

[2] 郭慧．AutoCAD 建筑制图教程[M]．2 版．北京：北京大学出版社，2010．

[3] 程绪琦．AutoCAD 2010 中文版标准教程[M]．北京：电子工业出版社，2010．

[4] 曹磊，等．AutoCAD 2010 中文版建筑制图教程[M]．北京：机械工业出版社，2009．

[5] 宿晓辉，张传记，等．AutoCAD 2010 建筑制图实训教程[M]．北京：清华大学出版社，2010．

[6] 胡仁喜，等．AutoCAD 2013 中文版入门与提高[M]．北京：化学工业出版社，2013．

[7] 徐文胜，郑阿奇．AutoCAD 实用教程[M]．4 版．北京：电子工业出版社，2012．

[8] 巩宁平．建筑 CAD[M]．4 版．北京：机械工业出版社．2014．

[9] 卓晓波．AutoCAD 2010 基础案例教程[M]．北京：科学出版社，2011．

[10] 李航，等．中文版 AutoCAD 2012 从入门到精通：实战案例版[M]．北京：机械工业出版社，2012．

[11] 陈柄汗．中文 AutoCAD+天正 TArch 建筑绘图标准教程[M]．北京：机械工业出版社，2008．

[12] 张日晶，等．天正建筑 TArch 8.0 建筑设计经典案例指导教程[M]．北京：机械工业出版社，2010．

[13] 王兰兰，等．TArch 8.0 天正建筑设计与工程应用案例教程[M]．北京：清华大学出版社，2010．

[14] 麓山文化．AutoCAD 和 TArch 2013 建筑绘图实例教程[M]．北京：机械工业出版社，2013．